普通高等教育"十三五"规划教材
（风景园林/园林）

城乡绿地系统规划

段晓梅　主编

中国农业大学出版社
·北京·

内 容 简 介

本教材以知识和经验的导入性教学及生产过程导入性教学为编写理念,共包括 12 章及云南省普洱市城市绿地系统规划实践案例一个,主要内容为:城乡绿地系统发展概况与城乡绿地分类;规划思想、规划理论与原理、规划依据、规划原则;规划方法与规划指标体系构建;城乡绿地系统构建,绿地系统分类规划,分期建设规划与投资估算,效益分析与规划实施的保障措施等内容。每章附有思考题,帮助学生更好掌握基础知识、学习重点和难点。通过本课程的学习,旨在使学生全面了解城乡绿地系统规划对城乡建设可持续发展的重要意义,掌握城乡绿地系统规划的基本理论、方法和内容,能结合城乡自然地理、社会经济发展水平、生态环境现状、山水空间格局等,因地制宜地确定规划指标体系、构建绿地系统以及进行市域、规划区、建成区三个层次的分类规划、分期规划等。

图书在版编目(CIP)数据

城乡绿地系统规划/段晓梅主编. —北京:中国农业大学出版社,2017.6(2022.5 重印)
ISBN 978-7-5655-1840-9

Ⅰ.①城… Ⅱ.①段… Ⅲ.①城乡规划-绿化规划 Ⅳ.①TU985.12

中国版本图书馆 CIP 数据核字(2017)第 125229 号

书　　名	城乡绿地系统规划		
作　　者	段晓梅　主编		
策划编辑	梁爱荣	责任编辑	王艳欣
封面设计	郑　川	责任校对	王晓凤
出版发行	中国农业大学出版社		
社　　址	北京市海淀区圆明园西路 2 号	邮政编码	100193
电　　话	发行部 010-62818525,8625	读者服务部	010-62732336
	编辑部 010-62732617,2618	出　版　部	010-62733440
网　　址	http://www.cau.edu.cn/caup	E-mail	cbsszs@cau.edu.cn
经　　销	新华书店		
印　　刷	北京时代华都印刷有限公司		
版　　次	2017 年 8 月第 1 版　　2022 年 5 月第 2 次印刷		
规　　格	889×1 194　　16 开本　　16 印张　　430 千字　　插页 5		
定　　价	43.00 元		

普通高等教育风景园林/园林系列
"十三五"规划建设教材编写指导委员会

（按姓氏拼音排序）

编写人员

主 编 段晓梅（西南林业大学）

副主编 何新东（成都理工大学）
何嵩涛（贵州大学）

参 编 （按姓氏拼音排序）
包润泽（铜仁学院）
高宇琼（铜仁学院）
林开文（西南林业大学）
明 珠（西南林业大学）
杨茗琪（西南林业大学）

出 版 说 明

　　进入 21 世纪以来,随着我国城市化快速推进,城乡人居环境建设从内容到形式,都在发生着巨大的变化,风景园林/园林产业在这巨大的变化中得到了迅猛发展,社会对风景园林/园林专业人才的要求越来越高、需求越来越大,这对风景园林/园林高等教育事业的发展起到巨大的促进和推动作用。2011 年风景园林学新增为国家一级学科,标志着我国风景园林学科教育和风景园林事业进入了一个新的发展阶段,也对我国风景园林学科高等教育提出了新的挑战、新的要求,也提供了新的发展机遇。

　　由于我国风景园林/园林高等教育事业发展的速度很快,办学规模迅速扩大,办学院校学科背景、资源优势、办学特色、培养目标不尽相同,使得各校在专业人才培养质量上存在差异。为此,2013 年由高等学校风景园林学科专业教学指导委员会制定了《高等学校风景园林本科指导性专业规范(2013 年版)》,该规范明确了风景园林本科专业人才所应掌握的专业知识点和技能,同时指出各地区高等院校可依据自身办学特点和地域特征,进行有特色的专业教育。

　　为实现高等学校风景园林学科专业教学指导委员会制定规范的目标,2015 年 7 月,由中国农业大学出版社邀请西南地区开设风景园林/园林等相关专业的本科专业院校的专家教授齐聚四川农业大学,共同探讨了西南地区风景园林本科人才培养质量和特色等问题。为了促进西南地区院校本科教学质量的提高,满足社会对风景园林本科人才的需求,彰显西南地区风景园林教育特色,在达成广泛共识的基础上决定组织开展园林、风景园林西南地区特色教材建设工作。在专门成立的风景园林/园林西南地区特色教材编审指导委员会统一指导、规划和出版社的精心组织下,经过 2 年多的时间系列教材已经陆续出版。

　　该系列教材具有以下特点:

　　(1)以"专业规范"为依据。以风景园林/园林本科教学"专业规范"为依据对应专业知识点的基本要求组织确定教材内容和编写要求,努力体现各门课程教学与专业培养目标的内在联系性和教学要求,教材突出西南地区各学校的风景园林/园林专业培养目标和培养特点。

　　(2)突出西部地区专业特色。根据西部地区院校学科背景、资源优势、办学特色、培养目标以及文化历史渊源等,在内容要求上对接"专业规范"的基础上,努力体现西部地区风景园林/园林人才需求和培养特色。院校教材名称与课程名称相一致,教材内容、主要知识点与上课学时、教学大纲相适应。

（3）教学内容模块化。以风景园林人才培养的基本规律为主线，在保证教材内容的系统性、科学性、先进性的基础上，专业知识编写板块化，满足不同学校、不同授课学时的需要。

（4）融入现代信息技术。风景园林/园林系列教材采用现代信息技术特别是二维码等数字技术，使得教材内容更加丰富，表现形式更加生动、灵活，教与学的关系更加密切，更加符合"90后"学生学习习惯特点，便于学生学习和接受。

（5）着力处理好4个关系。比较好地处理了理论知识体系与专业技能培养的关系、教学体系传承与创新的关系、教材常规体系与教材特色的关系、知识内容的包容性与突出知识重点的关系。

我们确信这套教材的出版必将为推动西南地区风景园林/园林本科教学起到应有的积极作用。

编写指导委员会

2017.3

前　言

　　本教材是高校城乡绿地系统规划课程的配套教材,城乡绿地系统规划是以园林植物学、植物地理学、城乡规划原理、园林设计、景观生态学、气象学等多门学科为基础,多学科交叉、结合的产物,是一门实践性很强的课程。

　　城乡绿地系统规划的主要任务是,在深入调查研究的基础上,根据城乡总体规划中的城市性质、发展目标、用地布局等规定,结合城市绿地类型与指标体系科学确定市域、规划区、建成区三个层次的绿地建设特色、绿地系统结构布局,建立各类绿地体系,确定绿地发展指标、城市绿地建设的途径等,以达到保护和改善城市生态环境、优化城市人居环境质量、促进城市可持续发展的最终目标。

　　目前我国高等学校本科层次的城乡规划、园林、人文地理与城乡规划、环境艺术等专业,研究生层次的风景园林学、城乡规划学、风景园林等多个学科、专业均开设了城乡绿地系统规划课程。本教材编写的目的是向学生和教师提供绿地系统规划的课堂理论教学及规划实践的专业理论知识和技能指导,是绿地系统规划课程的核心教学材料,让学生配合城乡绿地系统规划的理论学习,全面掌握城乡绿地系统规划的方法和内容。

　　本教材包括12章和附录1绿地系统规划案例——云南省普洱市城市绿地系统规划、附录2城市绿线管理办法及附录3国家园林城市系列标准及相关指标解释,具体内容及编写人员如下:第1章 城乡绿地系统规划基础知识与城乡绿地发展概况由杨茗琪、段晓梅编写,第2章 绿地系统规划指导思想与理论由何新东、杨茗琪编写,第3章 城乡绿地系统规划的编制方法由杨茗琪、何新东编写,第4章 城乡绿地系统的构建由何嵩涛编写,第5章 城市绿地分类规划由明珠、包润泽、何嵩涛、杨茗琪编写,第6章 城乡绿地植物规划由段晓梅编写,第7章 生物多样性保护与建设规划由包润泽编写,第8章 古树名木保护规划由林开文、高宇琼编写,第9章 避灾绿地规划由段晓梅编写,第10章 绿线及生态控制线管理规划、第11章 分期建设规划与投资估算由明珠编写,第12章 效益分析与规划实施的保障措施由何新东、段晓梅编写,绿地系统规划案例——云南省普洱市城市绿地系统规划文本由段晓梅提供,“图则”绘制由段晓梅、柴静、张良、喜晟乘完成。

本教材适用于本科及研究生层次绿地系统规划的教学。各学校可根据不同专业教学计划中绿地系统规划课程的具体理论教学学时安排选择课堂教学内容和布置课外阅读内容。建议本教材的理论教学安排32学时。

本书是普通高等教育"十三五"规划教材和云南省高校教学质量工程——城市绿地系统规划教学团队建设项目成果,是编写人员长期进行绿地系统规划教学、科研和实践的经验和成果积累。在编写过程中得到国务院风景园林学位委员会委员樊国盛教授、博导的悉心指导,在此表示衷心感谢!编写力求内容的科学性、准确性和实用性,因城乡绿地系统规划涉及多学科、实践性强,编写过程中难免存在不足之处,敬请读者批评指正,请联系段晓梅(842543697@qq.com),衷心感谢!

编 者

2017 年 4 月

目 录

第 1 章

城乡绿地系统规划基础知识与城乡绿地发展概况

城乡绿地系统规划是多学科交叉、结合的产物，以园林植物学、植物地理学、城乡规划学、园林设计学、景观生态学、气象学等多门学科为基础。本章主要围绕城乡绿地系统规划的相关基础知识、该体系在整个城乡规划体系中所处地位以及国内外研究综述展开论述，旨在使读者对城乡绿地系统规划有整体的初步认识，以便更好地学习本书其他章节的内容。

1.1 城乡绿地系统及功能

1.1.1 城乡绿地

1.1.1.1 绿地

绿地是现代城乡生活和生产不可缺少的组成部分，也是城乡绿地系统的主要组成内容，具有稳定持久的生态和社会效益。《辞海》中对"绿地"释义为"配合环境创造自然条件，适合种植乔木、灌木和草本植物而形成一定范围的绿化地面或区域"；或指"凡是生长植物的土地，不论是自然植被或人工栽培的，包括农林牧生产用地及园林用地"。因此绿地有三层含义：植物所构成的绿色地块，如森林、花园、草地等；植物生长占大部的地块，如城市公园、自然风景区等；农业生产用地。

西方城市规划中一般不使用绿地一词，而称为开放空间（open space）。美国学者对城市开放空间的理解是"城市内保持着自然景观或自然景观得到恢复的地域，即游憩地、保护地、风景区或为调节城市建设而预留下来的土地，其具有娱乐价值、自然资源保护价值、历史文化价值、景观价值"；波兰认为："开放空间是指向大众敞开的、较开阔和空间限定因素较少的空间，包括公园绿地、街道、广场、巷弄、庭园等"；英国则将城市开放空间定义为："任何围合或是不围合的用地，其中没有建筑物，或者建筑物少于用地的 1/20，其余用地作为公园、娱乐场所、共有地或杂草丛生的荒地以及林地"；日本认为开敞空间是："包括公共绿地和私有绿地在内的供游憩活动，保持良好生活环境，保护步行者安全及整顿市容等具有公共需要的土地、水、大气为主的非建筑用且能保证永久性的空间，无论其所有权属个人或集体"。

1.1.1.2 城市绿地

城市绿地（urban green space，urban greenspace，urban greenland）在各国学者的概念中其内涵是比较统一的，是指城市范围内覆盖有树木和花草的一类城市用地。但各国学者因对城市绿地在习惯和空间上的理解不同，在概念的描述上又有些不同。中华人民共和国行业标准《园林基本术语标准》中规定，城市绿地（urban green space）指以植被为主要存在形态，用于改善城市生态，保护环境，为居民提供游憩场地和美化城市的一种城市用地。

目前国内学者对城市绿地的理解有狭义和广

义之分。狭义城市绿地指城市中种植木本植物的绿化用地，不包括农田等非建设用地在内，是现行城市绿地系统规划的主要对象，行业标准《城市绿地分类标准》(CJJ/T 85—2002)基本涵盖了狭义城市绿地的全部类型。广义城市绿地指城乡地域范围内所有可生长植物的用地，包括农林用地等非建设用地，是构建完整的绿地系统规划的基础，目前尚缺乏分类规范。当前我国业界未对"城乡绿地"做出明确定义，为论述方便，本书中将狭义城市绿地称为城市绿地，将广义城市绿地称为城乡绿地。

1.1.1.3 镇（乡）村绿地

行业标准《镇（乡）村绿地分类标准》(CJJ/T 168—2011)中对其的定义为：镇（乡）村绿地是指以自然植被和人工植被为主要存在形态的镇（乡）村用地。它包含两个层次的内容：一是镇（乡）区或村庄建设用地范围内用于绿化的土地；二是镇（乡）区或村庄建设用地之外，对镇（乡）区或村庄生态、景观、安全防护、生产和居民休闲生活具有积极作用、绿化环境较好的区域。

1.1.2 城乡绿地系统

所谓"城市绿地系统"，《园林基本术语标准》(CJJ/T 91—2002)将其定义为："由城市中各类型和规模的绿化用地组成的整体。"《中国大百科全书（环境科学、土木工程、建筑、园林、城市规划）》将其定义为："城市中由各种类型，各种规模的园林绿地组成的生态系统，用以改善城市环境，为城市居民提供游憩境域。"

《中华人民共和国城乡规划法》(2008年颁布，2015年修订)颁布实施至今，城乡规划体系发生了巨大变化，在城乡规划统筹的大背景下绿地系统规划的工作重心已从规划区向整个市域扩展，规划对象也正在从城市规划区内绿地向范围更广、绿地类型更丰富的市域绿地转变。因此可以将城乡绿地系统理解为：城乡地域范围内不同类型、性质和规模的各种绿地，为促进城乡协调、稳定、健康发展，进行合理的空间配置，共同组合构建而成的可持续发展的各类绿地。

1.1.3 城乡绿地的功能

城乡绿地对城乡生态环境起着十分重要的作用，其本身是一个由气候、地形、土壤、光照、空气、水分、地下资源、植物、动物以及微生物等组成的生态系统，为人类社会的持续发展发挥着复杂的功能，概括为生态功能、社会功能和经济功能三个方面。

1.1.3.1 生态功能

城乡绿地具有生态服务功能，维持着绿地生态系统与生态过程所形成的人类赖以生存的自然环境条件。在城市这个人口高度密集化和土地高度集约化利用的区域，城市绿地系统具有调节小气候、改良土壤、保持水土、防风固沙、涵养水源、美化环境、防灾避险、吸收有毒有害气体、杀灭病菌、净化空气、吸滞粉尘、降低噪声、平衡碳氧等多种生态功能。通过合理地发挥城市绿地系统的生态功能，能使城市居民生活在一个清洁优美的生活环境和生态环境中，更好地防治各种污染可能对城市居民的干扰和危害，以保证城市人口的正常再生产和城市各种产业的合理再生产。

1.1.3.2 社会功能

城乡绿地是人类文明发展的产物，具有深厚的文化底蕴，其文化性随国家及地区的政治、经济变化而不同，各国乃至各地均有国树、国花或市树、市花，且有不同的造园风格。植物在塑造城乡风貌特色方面因其种类的多样性及季相变化、演替变化、植物文化等，能形成比城市建设格局、建筑风格等更丰富多彩的个性特色。城乡绿地是保持和塑造城乡风情、文化特色的重要方面，应以自然生态条件和地带性植物为基础，将民族风情、传统文化、历史等融合在绿化中，使城乡绿地系统具有地域性和文化性特征。城乡绿地与历史文化不同风格和建筑物的结合，是美化市容、增加城市建筑艺术效果、丰富城市景观、开发旅游产业的有效措施。城乡绿地的地方特色和风格是经过漫长的历史阶段，依据当地的地理、气候和自然植被等自然条件，经济发展和民族风情等社会条件，顺应自然和社会发展规律,自然和人工选择的结果。通过绿地能把城乡的地方特色与风格充分体现出来。

在城乡绿地的众多功能中,明显被人们实际使用的功能是满足居民日常生活的游憩娱乐、文化教育、科学普及等精神生活的需要。随着社会与人类的进步和发展,居民对生活环境的需求在不断提高,休闲和游憩的意识在不断加强。城乡绿地系统已经成为城乡居民生活中的一个主要成分,具有重要的社会功能。主要表现为:满足社会各方面需求,促进精神文明建设,改善生产生活环境,增进人们健康,改善投资环境,吸引建设资金,提供良好的休息环境,缓解人们心理压力等。

1.1.3.3　经济功能

城乡绿地的经济功能是指绿地经济系统在生态系统进行物质循环、能量转换和信息传递的同时,各类经济要素的投入和产出形成了满足人类不同需求的各种有形和无形的中间品和最终产品,再通过有形和隐形市场的交换,提供给本地区生产消费、居民消费和经过国内外贸易,满足国内外市场需求的诸功能的总称。包括城乡绿地产品本身的经济功能,还有改善环境、美化城乡促进其他行业,如旅游业和房地产业增值的功能。众所周知,大多数价格昂贵的居住小区是最靠近公园或者建筑密度低而绿地多的区域。英国商人们早已承认这一概念:"绿化就是高价格房地产"。美国曾研究绿地对居住地产评价是否有效益和作用,并考虑对地产价格影响的其他因素,发现理想的绿地覆盖可以使地产价格提高6%,甚至15%。与城市绿地以间接经济效益为主不同,乡村绿地中种植的各种兼具观赏价值的林木、果蔬等植物,不仅具有生态和社会效益,还能通过产品获得直接经济效益。

1.2　城乡绿地分类

1.2.1　城市绿地分类

1.2.1.1　城市绿地分类研究概况

科学的城市绿地分类应能客观反映城市绿地

的功能、性质、价值及管理要求,为科学地编制、审批、实施城市绿地系统规划,规范绿地的保护、建设和管理提供依据,对改善城市生态环境,促进城市的可持续发展起引导和推动作用。

世界各国由于国情不同,绿地规划、建设、管理、统计的机制不同,所采用的绿地分类方法也不统一。如:前苏联将城市绿地分为公共绿地、街区内绿地、各机关单位专用绿地、防护绿地、特种绿地、行道树以及规划区以外绿地等七类。美国将城市绿地分为公园、自然保护区、名胜区、历史古迹及聚居区的绿地斑块与绿道。日本将城市绿地分为共有绿地和私有绿地,前者包括公共绿地、自然绿地和公开绿地,后者包括公用绿地和专用绿地。

我国不同时期对绿地的分类各不相同,经历了逐步发展的过程,中华人民共和国成立以来,有关行政主管部门、研究部门和学者从不同的角度出发,提出过多种绿地的分类方法。1973年国家建委将绿地分为公共绿地、庭院绿地、行道树绿地、郊区绿地、防护林带五大类;1990年国家建设部颁发的《城市用地分类与规划建设用地标准》(GBJ 137—90)将绿地分为公共绿地、生产防护绿地,简称二类法;1992年国务院颁发的《城市绿化管理条例》将城市绿地分为公共绿地、居住区绿地、单位附属绿地、防护林绿地、生产绿地、风景林地、干道绿化等,简称七类法;2002年由国家建设部颁布、至今仍在执行的《城市绿地分类标准》(CJJ/T 85—2002)以主要功能和性质为主要分类依据,较客观地反映了绿地的实际情况以及绿地与城市其他各类用地之间的层次关系,最大限度满足绿地的统计、规划设计、建设管理和科学研究等工作使用的需要,是现行的行业标准,此外与绿地相关的现行法规和标准主要还有:《中华人民共和国城乡规划法》、《城市绿化条例》、《城市用地分类与规划建设用地标准》(GB 50137—2011)、《公园设计规范》(GB 51192—2016)、《城市绿地设计规范》(GB 50240—2007)(2016年局部修订版)、《城市居住区规划设计规范》(GB 50180—2012)(2016年局部修订版)、《城市道路工程设计规范》(CJJ 37—2012)(2016年修订版)

和《城市道路绿化规划与设计规范》(CJJ 75—97)等,这些法规、标准和规范从不同角度对各类绿地做了明确规定。

1.2.1.2 城市绿地分类的原则和依据

城市绿地分类的依据可以有多种,如:按范围、位置、功能、空间属性、服务对象等划分。城市绿地分类的目的是对绿地进行科学规划和管理,作为城市绿地系统的组成部分,每一类绿地的主要功能、性质、划分标准都应显著区别于其他绿地类型,并且易于统计和计算,反映出城市绿地建设的不同层次和水平。以绿地主要功能作为城市绿地类型划分的主要依据,分类时遵循以下原则:

1)全面性

各类绿地应全面地反映城市绿地系统的组成,应包括城市范围内对改善城市生态环境和对城市生活具有直接影响的所有绿地,包括城区、近郊及远郊等整个市域范围。

2)功能性

城市绿地依据不同的构成因素,从不同的角度,可形成多种分类系统。根据我国城市绿地的现状和规划特点,从城市建设发展,尤其是经济与环境发展同步的需要出发,以城市绿地的功能作为分类的核心依据,有利于绿地的合理布局和综合效益的充分发挥。但同一绿地可以具有生态、景观、游憩、防灾避险等多种功能,因此,分类时应以其主要功能为依据,力求分类和命名准确,名实相符。

3)科学性

城市绿地类型的划分必须是科学的,各类绿地应概念清楚,含义准确,内容不相互交叉,分类方法及计算能反映出各类城市绿地的特点、水平、发展趋势,能为制定绿地系统规划等提供科学依据。

4)协调性

作为城市绿地分类方面的标准,既要保证自然性,又必须与已颁布的相关标准充分协调,才能够满足城市绿地规划和建设管理的需求,如:绿地分类应与城市用地平衡的计算一致,我国现行城市用地分类中属于绿地的部分,尤其要参与城市用地平衡的绿地,应列入城市绿地类型,有利于专项规划

与总体规划的协调统一,避免城市用地平衡计算上的重复或遗漏。

5)可比性

充分考虑与以往城市建设管理及统计资料的纵向可比性及与其他城市及其他国家的横向可比性。这就要求各类绿地及其技术指标能直接反映出城市绿地建设数量及质量水平,具通行性,可操作性强。目前世界各国城市绿地分类标准和各项指标不尽一致,不易比较,可采取有代表性的几项绿地指标进行比较,灵活应用。

1.2.1.3 我国现行的城市绿地分类标准

目前,国际上对城市绿地类型尚无统一的分类标准或方法。我国现行的绿地分类参照 2002 年颁布的《城市绿地分类标准》(CJJ/T 85—2002),将城市绿地分为 5 个大类、13 个中类和 11 个小类。该分类方法以城市绿地的核心功能为分类依据,采用分级代码法,涵盖了城市范围内的所有绿地,突破了城市建设用地的有限配额,将城市绿化的范围延伸到城市外围地带,是一种比较科学的分类方法。此方法使用英文字母与阿拉伯数字混合型分类代码。大类用英文 green space(绿地)的第一个字母 G 和一位阿拉伯数字下标形式表示;中类和小类各增加一位阿拉伯数字下标形式表示。同层级类目之间存在着并列关系,不同层级类目之间存在着隶属关系,即每一大类包含着若干并列的中类,每一中类包含着若干并列的小类。如:G_1 表示公园绿地,G_{11} 表示公园绿地中的综合公园,G_{111} 表示综合公园中的全市性公园。该标准的 5 个大类分别为:公园绿地(G_1)、生产绿地(G_2)、防护绿地(G_3)、附属绿地(G_4)、其他绿地(G_5)。这 5 类绿地共同构成了城市的绿地系统。公园绿地指各种公园和向公众开放的绿地,包括综合公园、社区公园、专类公园、带状公园和街旁绿地 5 个中类,含其范围内的水域;其中综合公园包括全市性公园和区域性公园两个小类,社区公园包括居住区公园和小区游园,专类公园包括儿童公园、动物园、植物园、历史名园、风景名胜公园、游乐公园、其他专类公园 7 个小类,附属绿地包含居住绿地、公共设施绿地、工业绿地、仓储绿地、对外交通绿地、道路绿地、市政设施绿地、特殊绿

地8个中类。详见城市绿地分类表(表1-1)。

1.2.1.4 城市各绿地类型的特征及用地选择

1)公园绿地(G₁)

公园绿地是具有公园功能的所有绿地的统称,即具有公园性质的绿地,进一步分为5个中类,11个小类。是城市中向公众开放的,以游憩为主要功能,有一定的游憩设施和服务设施,同时兼有健全

生态、美化景观、防灾避险等综合作用的绿化用地。它是城市建设用地、城市绿地系统和城市市政公用设施的重要组成部分,是表示城市整体环境水平和居民生活质量的一项重要指标。

依据各种公园绿地的主要功能和内容,将其分为综合公园、社区公园、专类公园、带状公园和街旁绿地5个中类。

表1-1 城市绿地分类表

类别代码			类别名称	内容与范围	备注
大类	中类	小类			
G₁			公园绿地	向公众开放,以游憩为主要功能,兼具生态、美化、防灾等作用的绿地	
	G₁₁		综合公园	内容丰富,有相应设施,适合于公众开展各类户外活动的规模较大的绿地	
		G₁₁₁	全市性公园	为全市居民服务,活动内容丰富、设施完善的绿地	
		G₁₁₂	区域性公园	为市区内一定区域的居民服务,具有较丰富的活动内容和设施完善的绿地	
	G₁₂		社区公园	为一定居住用地范围内的居民服务,具有一定活动内容和设施的集中绿地	不包括居住组团绿地
		G₁₂₁	居住区公园	服务于一个居住区的居民,具有一定活动内容和设施,为居住区配套建设的集中绿地	服务半径:0.5～1.0 km
		G₁₂₂	小区游园	为一个居住小区的居民服务、配套建设的集中绿地	服务半径:0.3～0.5 km
	G₁₃		专类公园	具有特定内容或形式,有一定游憩设施的绿地	
		G₁₃₁	儿童公园	单独设置,为少年儿童提供游戏及开展科普、文体活动,有安全、完善设施的绿地	
		G₁₃₂	动物园	在人工饲养条件下,移地保护野生动物,供观赏、普及科学知识,进行科学研究和动物繁育,并具有良好设施的绿地	
		G₁₃₃	植物园	进行植物科学研究和引种驯化,并供观赏、游憩及开展科普活动的绿地	
		G₁₃₄	历史名园	历史悠久,知名度高,体现传统造园艺术并被审定为文物保护单位的园林	
		G₁₃₅	风景名胜公园	位于城市建设用地范围内,以文物古迹、风景名胜点(区)为主形成的具有城市公园功能的绿地	
		G₁₃₆	游乐公园	具有大型游乐设施,单独设置,生态环境较好的绿地	绿化占地比例应大于等于65%
		G₁₃₇	其他专类公园	除以上各种专类公园外具有特定主题内容的绿地。包括雕塑园、盆景园、体育公园、纪念性公园等	绿化占地比例应大于等于65%
	G₁₄		带状公园	沿城市道路、城墙、水滨等建设,有一定游憩设施的狭长形绿地	
	G₁₅		街旁绿地	位于城市道路用地之外,相对独立成片的绿地,包括街道广场绿地、小型沿街绿化用地等	绿化占地比例应大于等于65%

续表1-1

类别代码			类别名称	内容与范围	备注
大类	中类	小类			
G₂			生产绿地	为城市绿化提供苗木、花草、种子的苗圃、花圃、草圃等圃地	
G₃			防护绿地	城市中具有卫生、隔离和安全防护功能的绿地。包括卫生隔离带、道路防护绿地、城市高压走廊绿带、防风林、城市组团隔离带等	
G₄			附属绿地	城市建设用地中绿地之外各类用地中的附属绿化用地。包括居住用地、公共设施用地、工业用地、仓储用地、对外交通用地、道路广场用地、市政设施用地和特殊用地中的绿地	
	G₄₁		居住绿地	城市居住用地内社区公园以外的绿地,包括组团绿地、宅旁绿地、配套公建绿地、小区道路绿地等	
	G₄₂		公共设施绿地	公共设施用地内的绿地	
	G₄₃		工业绿地	工业用地内的绿地	
	G₄₄		仓储绿地	仓储用地内的绿地	
	G₄₅		对外交通绿地	对外交通用地内的绿地	
	G₄₆		道路绿地	道路广场用地内的绿地,包括行道树绿带、分车绿带、交通岛绿地、交通广场和停车场绿地等	
	G₄₇		市政设施绿地	市政公用设施用地内的绿地	
	G₄₈		特殊绿地	特殊用地内的绿地	
G₅			其他绿地	对城市生态环境质量、居民休闲生活、城市景观和生物多样性保护有直接影响的绿地。包括风景名胜区、水源保护区、郊野公园、森林公园、自然保护区、风景林地、城市绿化隔离带、野生动植物园、湿地、垃圾填埋场恢复绿地等	

（1）综合公园（G_{11}）

指内容丰富,设置有游览、休闲、健身、儿童游戏、运动、科普等多种设施,适合于公众开展各类户外活动的规模较大的绿地,面积不小于 5 hm²。因各城市的性质、规模、用地条件、历史沿革等具体情况不同,综合公园的规模和分布差异较大。包括全市性公园和区域性公园两个小类。

①全市性公园（G_{111}） 是为全市居民服务,活动内容丰富、设施完善的绿地。居民乘车 30 min 可达。

②区域性公园（G_{112}） 是为市区内一定区域的居民服务,具有较丰富的活动内容和设施完善的绿地。面积不限,步行 15 min 可达,服务半径 1～1.5 km,居民可进行半天以上的活动。

（2）社区公园（G_{12}）

为一定居住用地范围内的居民服务,是具有满足儿童及老年人等人群日常游憩需要的设施的集中绿地,其不包括居住组团绿地。包括居住区公园和小区游园两个小类。

①居住区公园（G_{121}） 服务于一个居住区的居民,具有一定活动内容和设施,为居住区配套建设的集中绿地,服务半径为 0.5～1.0 km。

②小区游园（G_{122}） 为一个居住小区的居民服务、配套建设的集中绿地,服务半径为 0.3～0.5 km。

（3）专类公园（G_{13}）

指具有特定的主题内容或形式,有一定游憩设施的绿地,包括儿童公园、动物园、植物园、历史名园、风景名胜公园、游乐公园、其他专类公园 7 个小类。

①儿童公园（G_{131}） 单独设置,为少年儿童提供游戏及开展科普、文体活动,有安全、完善设施的

绿地。

②动物园（G₁₃₂）　在人工饲养条件下，移地保护野生动物，供观赏、普及科学知识，进行科学研究和动物繁育。应有适合动物生活的环境，供游人参观、休息、科普的设施，安全、卫生隔离的设施和绿带，后勤保障设施等；面积宜大于 20 hm²，其中专类动物园面积宜大于 5 hm²。

③植物园（G₁₃₃）　是进行植物科学研究和引种驯化，并供观赏、游憩及开展科普活动的绿地。具有适于多种植物生长的环境条件，以及体现本园特点的科普展览区和科研实验区；面积宜大于 40 hm²，其中专类植物园面积宜大于 2 hm²。

④历史名园（G₁₃₄）　历史悠久，知名度高，体现传统造园艺术并被审定为文物保护单位的园林。历史名园的内容应具有历史原真性，并体现传统造园艺术。

⑤风景名胜公园（G₁₃₅）　位于城市建设用地范围内，以文物古迹、风景名胜点（区）为主形成的具有城市公园功能的绿地。

⑥游乐公园（G₁₃₆）　具有大型游乐设施，单独设置，生态环境较好的绿地。大型游乐场作为城市旅游景点和居民户外活动的场所，绿化占地比例应大于等于 65%，已建成的游乐场所，如达不到该项要求，不能按"公园绿地"计算。

⑦其他专类公园（G₁₃₇）　除以上各种专类公园外具有特定主题内容的绿地。包括雕塑园、盆景园、体育公园、纪念性公园等，绿化占地比例均应大于等于 65%。其他专类公园，应根据其主题内容设置相应的游憩需要的设施。

（4）带状公园（G₁₄）

沿城市道路、城墙、水滨等建设，有一定游憩设施的狭长形绿地。带状公园的宽度受用地条件的影响，一般呈狭长形，以绿化为主，辅以简单的设施，在带状公园的最窄处必须满足游人的通行、绿化种植带的延续以及小型休息设施的布置。

（5）街旁绿地（G₁₅）

位于城市道路用地之外，相对独立成片的绿地，包括街道广场绿地、小型沿街绿化用地等，是散布于城市中的中小型开放式绿地，虽然有的街旁绿地面积较小，但具备游憩和美化城市景观的功能，有一定街景效果，具备基本休憩设施。是城市中量大面广的一种公园绿地类型。绿化占地比例应大于等于 65%。

其中街道广场绿地是我国绿地建设中一种新的类型，是美化城市景观，降低城市建筑密度，提供市民活动、交流和避难场所的开放型空间。街道广场绿地在空间位置和尺度上，在设计方法和景观效果上不同于小型的沿街绿化用地，也不同于一般的城市游憩集会广场、交通广场和社会停车场库用地。街道广场绿地与道路绿地中的广场绿地的主要区别是街道广场绿地位于道路红线之外，而广场绿地在城市规划的道路广场用地（即道路红线范围）以内。

2）生产绿地（G₂）

生产绿地不管是否为园林部门所属，只要是被划定为城市建设用地，为城市绿化服务，能为城市提供苗木、花草、种子的苗圃、花圃、草圃等的各类圃地或科研实验基地，均应作为生产绿地。其他季节性或临时性的苗圃和花卉、苗木市场用地，如从事苗木生产的农田、花卉展销中心不应计入生产绿地。单位内附属的苗圃，应计入单位用地，如学校自用的苗圃，与学校一并作为教育科研设计用地，在计算绿地时则作为附属绿地，而不作为生产绿地。

3）防护绿地（G₃）

针对城市的污染源或可能的灾害发生地，为满足城市对卫生、隔离、安全的要求而设置的，对自然灾害和城市公害起到一定的防护或减弱作用的绿地。不宜兼作公园绿地使用，一般游人不宜进入。防护绿地包括卫生隔离带、道路防护绿地、城市高压走廊绿带、防风林、城市组团隔离带等，但不包括城市之间的绿化隔离带。因所在位置和防护对象的不同，对防护绿地的宽度和种植方式的要求各异，目前较多省（自治区、直辖市）都有相关法规针对当地情况做了规定。

4）附属绿地（G₄）

是城市建设用地中除绿地之外的各类用地中的附属绿化用地。包括居住用地、公共设施用地、工业用地、仓储用地、对外交通用地、道路广场用地、市政设施用地和特殊用地中的绿地。附属绿地

分为居住绿地、公共设施绿地、工业绿地、仓储绿地、对外交通绿地、道路绿地、市政设施绿地、特殊绿地8个中类。

"附属绿地"在过去的绿地分类中,被称为"专用绿地"或"单位附属绿地"。"附属绿地"不能单独参与城市建设用地平衡。附属绿地的分类基本上与国家现行标准《城市用地分类与规划建设用地标准》(GB 50137—2011)中建设用地分类的大类相对应。附属绿地因所附属的用地性质不同,而在功能用途、规划设计与建设管理上有较大差异,应符合相关规定和城市规划的要求,如"道路绿地"应参照国家现行标准《城市道路绿化规划与设计规范》(CJJ 75—97)、《城市道路工程设计规范》(CJJ 37)(2016年修订版)的规定执行。

(1)居住绿地(G$_{41}$)

指居住区、居住小区、居住街坊、居住组团和单位生活区等各种类型的成片或零星用地内的绿化用地。居住绿地在城市绿地中占有较大比重,与城市生活密切相关,是居民日常使用频率最高的绿地类型。在《城市绿化条例》中将居住绿地作为一个大类,考虑到分类依据的统一性,以及居住绿地是附属于居住用地的绿化用地,因此将居住绿地作为中类归入附属绿地。居住绿地不能单独参加城市建设用地平衡。居住绿地的规划设计应参照国家现行标准《城市居住区规划设计规范》(GB 50180)的规定执行。

(2)公共设施绿地(G$_{42}$)

指居住区及居住区级以上的行政、经济、文化、教育、卫生、体育以及科研设计等机构和设施用地内的绿地,不包括居住用地中的公共服务设施用地内的绿地。

(3)工业绿地(G$_{43}$)

指工矿企业的生产车间、库房及其附属设施等用地,包括专用的铁路、码头和道路等内的绿地。

(4)仓储绿地(G$_{44}$)

仓储企业的库房、堆场和包装加工车间及其附属设施等地的绿地。

(5)对外交通绿地(G$_{45}$)

指铁路、公路、管道运输、港口和机场等城市对外交通运输及其附属设施等地的绿地。

(6)道路绿地(G$_{46}$)

道路广场用地内的绿地,包括行道树绿带、分车绿带、交通岛绿地、交通广场和停车场绿地等。

(7)市政设施绿地(G$_{47}$)

市政公用设施用地内的绿地。

(8)特殊绿地(G$_{48}$)

指军事用地、外事用地、保安用地等的绿地。

5)其他绿地(G$_5$)

位于城市建设用地之外、城市市域范围以内,生态、景观和游憩环境较好,面积较大,对城市生态环境质量、居民休闲生活、城市景观和生物多样性保护有直接影响的绿地。包括风景名胜区、水源保护区、郊野公园、森林公园、自然保护区、风景林地、城市绿化隔离带、野生动植物园、湿地、垃圾填埋场恢复绿地等。

这些绿地承担着城市生态、景观保护和居民游憩的职能,使市区与周边环境的结合更加有机,使居民生活更加丰富。这些区域能够体现出城市规划区中的生态、景观、旅游、娱乐等资源状况,是城市建设用地范围内上述诸系统的延伸,与城市建设用地内的绿地共同构成完整的绿地系统。一般是植被覆盖较好、山水地貌较好或应当改造好的区域。这些区域对城市居民休闲生活的影响较大,不但可以为本地居民的休闲生活服务,还可以为外地和外国游人提供旅游观光服务,优秀景观甚至可以成为城中的景观标志。其主要功能偏重生态环境保护、景观培育、建设控制、减灾防灾、观光旅游、郊游探险、自然和文化遗产保护等。

"其他绿地"不能替代或折合成为城市建设用地中的绿地,它只是起到功能上的补充、景观上的丰富和空间上的延续等作用,使城市能够在一个良好的生态、景观基础上进行可持续发展。"其他绿地"不参与城市建设用地平衡,它的统计范围应与城市总体规划市域范围一致。

城市绿化隔离带包括城市绿化隔离带和城市组团绿化隔离带。城市绿化隔离带是指我国已经出现的城镇连片地区,有些城镇中心相距10余千米,城镇边缘已经相接,为防止城镇的无序蔓延和建设效益的降低而建立的城镇间的绿色空间分隔带。

1.2.1.5　现行的城市绿地分类标准存在的问题

现行的我国城市绿地分类标准为科学地编制、审批、实施城市绿地系统规划,规范绿地的保护、建设和管理,改善城市生态环境,促进城市的可持续发展提供了统一的标准和依据,是一种比较科学的分类方法,但自2002年实行后也有一些学者提出以下一些问题,有待于在今后实际工作中加以研究。

1)附属绿地类型应随《城市用地分类与规划建设用地标准》变更

2012年1月1日开始执行的国家标准《城市用地分类与规划建设用地标准》(GB 50137—2011)对原执行的《城市用地分类与规划建设用地标准》(GBJ 137—90)进行了用地类型的部分修订,具体为将原标准中"公共服务设施用地"分化为"公共管理与公共服务用地"与"商业服务业设施用地"两大类;"仓储用地"内涵在原来的基础上增加物资中转、配送、批发、交易等用地内涵,名称改为"物流仓储用地";将原标准中的"对外交通用地"、"交通设施用地"中与城市生活较为密切的站场设施用地与"道路广场用地"相结合,形成"交通设施用地";"市政设施用地"改为"公用设施用地",对其下中类也做了调整,取消了原标准中的"特殊用地"。现行的城市用地分类将原来标准中除绿地之外的八大类建设用地变更为七大类,因此,如果现行的城市总体规划是2012年之后完成的,绿地系统规划中对附属绿地的分类应相应按总规中的新的建设用地命名附属绿地名称,附属绿地类型也相应比现行的城市绿地分类标准减少一类——特殊绿地。

2)城市范围内的农林生产用地是否应纳入城市绿地

在标准中生产绿地仅限于"只要是为城市绿化服务,能为城市提供苗木、草坪和种子的各类苗圃,均应作为生产绿地"。但是以第一产业经济的形式存在于城市范围的种植用地如农田,果、茶、桑、橡胶等经济林,用材林以及薪炭林等林业生产用地虽以获得直接经济价值为目的,但它们在一定时期内同样具有改善城市生态,调节环境,提供休闲、游憩的功能,如:农田固碳释氧、降温增湿、缓解城市热岛效应的作用都比城市的草坪大,据测定,1 hm² 农田碳氧平衡的生态作用相当于 1/5 hm² 的森林。虽然农田也是绿地系统中应受保护的对象,常需要防护林带保护,以避免遭到风沙等灾害,但是从其功能和占有的面积来看,应该是城市绿地系统的内容之一。这类绿地虽不受城市建设与管理部门直接监管,但需要政府机构与规划部门共同科学规划、有效调控和引导利用,使其在实现经济功能的同时,成为城市大环境绿色体系的有机组成部分,为保护和改善城市整体生态环境发挥应有的积极乃至关键性作用。这也是"田园城市"运动和"城乡一体化"的重要内容之一。

3)小区游园应归入居住绿地

小区游园是指为一个居住小区的居民服务、配套建设的集中绿地。在现行分类标准中小区游园划归为公园绿地大类,与居住区公园共同组成社区公园中类,服务半径0.3~0.5 km,必须与住宅开发配套建设,合理分布。但从实际情况看,居住小区内的小区游园,尤其绿化配套建设较好的小区游园,一般管理严格,仅供本小区居民使用,因而小区游园不具有对公众开放的公园特征,将小区游园划归公园绿地不太符合现实的使用情况。其次,按国家现行标准《城市用地分类与规划建设用地标准》的规定,小区游园应属于居住用地中绿地的范畴,《城市绿地分类标准》将其划为公园绿地,造成用地分类不统一,势必造成城市规划和绿地系统指标统计中的混乱。因此,小区游园的划分以沿用《城市用地分类与规划建设用地标准》仍将其归为居住区绿地之中更为科学合理。

4)带状公园与街旁绿地应有尺度上的明确规定

现行分类标准中对带状公园的定义为:沿城市道路、城墙、水滨等建设有一定游憩设施的狭长形绿地。这一定义只对带状公园的用地形状进行了定性的描述,未对其尺度及性质做进一步的规定和说明。因此可以认为带状公园的尺度可大可小,大可到与城市的环城水系等相邻的环城公园,如成都的府南河环城公园绿地、合肥环城公园绿地等,而这些尺度巨大的环城公园绿地往往由宽窄不一的

绿带联系着数个或十几个公园绿地而成，这些公园中有的划归区域性公园，有的划归专类公园等，这样在公园绿地的划分上出现了双重性。这种双重性同样出现在尺度较小的带状公园中，如沿街道布置的具有一定休憩设施的狭长形绿地，如昆明市由废弃的米轨铁路改建的绿地就既可属于带状公园，又可属于街旁绿地。由此可见，现行标准中对带状公园的分类具有不确定性和不唯一性，不利于城市绿地的明确划分。有人认为带状公园绿地宽度应大于等于 8 m，街旁绿地面积应不小于 400 m²，这种划分也有不合理之处，事实上有的带状公园最窄处并未达到 8 m，许多城市中见缝插针式的街旁绿地面积也未达 400 m²，因此更加科学合理的带状公园的划分除标准中现行的规定外，还应以公园的长宽比和最小宽度作为划分带状公园的依据。

应说明的是 2017 年出台的国家标准《公园设计规范》中取消了带状公园这个公园绿地的类型，认为带状公园应根据其具体的功能归类为社区公园、游园或其他。

5）城市绿化隔离带是否仅指城市之间的绿带

现行分类标准中划分了城市绿化隔离带和城市组团隔离带两种绿地类型，这两类绿地分别归属于其他绿地和防护绿地两个不同的大类。这两类绿地是根据近几年我国许多城市的绿地系统建设实践需要而提出来的，这两类绿地的存在对于城市绿地和城市本身的可持续发展都起到了非常重要的作用。但分类标准中对城市绿化隔离带概念阐述不够清晰，易造成以上两类绿地概念上的模糊和分类上的混淆。标准中指出城市绿化隔离带包括城市绿化隔离带和城市组团绿化隔离带。不同于城市组团绿化隔离带的城市绿化隔离带是指我国已经出现的城镇连片的地区，有的城镇中心相距 10 余千米，城镇边缘已经相接，这些城镇应当用绿色空间分隔，以防止城镇的无序蔓延和建设效益的降低。这里的城市绿化隔离带包括城市绿化隔离带和城市组团绿化隔离带的说法使其从属关系不明确。其次城市组团绿化隔离带是否与防护绿地中的城市组团隔离带同为一概念也不清楚。若为同一类型的绿地，则这一绿地既属于防护绿地又属于

其他绿地，这样的分类显然不合逻辑；若城市组团绿化隔离带和城市组团隔离带是两种不同类型的绿地，应在标准中分别给出能加以区分的明确定义，以避免混淆，达到指导城市绿地系统建设实际工作的目的。

6）生产绿地是否应作为一类城市绿地

现行绿地分类标准中，把生产绿地专门作为一类绿地，而在实际城市绿地建设与规划中，基于目前城市用地紧张，城市土地价格高，用作苗圃等的生产绿地往往不设置在城市范围中，这一类型的生产绿地其实失去了真正的城市绿地的意义，因此这一类型的生产绿地在城市绿地统计中应该不计算在城市绿地中。

1.2.2 我国现行的镇（乡）村绿地分类

随着《中华人民共和国城乡规划法》的实施，统筹城乡发展、推进城乡一体化成为规划建设的重要内容。《中华人民共和国城乡规划法》提出要建立包括城镇体系规划、城市规划、镇规划、乡规划和村庄规划在内的城乡规划体系。作为与城乡规划体系相对应的专业规划——绿地系统规划也应该建立市域绿地系统规划及城区、镇、乡、村庄的绿地系统规划体系，不能只局限于规划的建设用地范围内的绿地建设，应该考虑更大区域的生态环境建设。

目前我国的社会主义新农村建设正在深入推进，优化镇（乡）村人居环境，建设舒适、宜人的镇（乡）村公共环境已成为人们的共识。为统一全国镇（乡）村绿地分类，科学地编制、审批、实施镇（乡）村绿地系统规划，规范绿地的规划、建设、保护和管理，优化镇（乡）村生态环境，促进镇（乡）村的可持续发展，住房和城乡建设部下发了于 2012 年 6 月 1 日起施行的行业标准《镇（乡）村绿地分类标准》(CJJ/T 168—2011)。镇（乡）村绿地这个概念是建立在统筹城乡发展，充分认识镇（乡）村绿地生态功能、游憩功能、景观功能和生产功能基础上的，是对绿地的一种广义的理解，有利于建立科学的镇（乡）村发展与环境建设互动的绿地系统。在现行的分类标准中，乡绿地分类按镇绿地

分类标准执行。

1.2.2.1　我国现行的镇(乡)村绿地分类

1)分类概况

《镇(乡)村绿地分类标准》(CJJ/T 168—2011)结合国情,根据各地区镇(乡)村绿地现状和规划特点以及镇区建设发展的需要,以绿地的功能和用途作为分类的依据。由于同一块绿地同时可能具备生态、景观、游憩、防灾避险等多种功能,因此,以绿地的主要功能作为分类的主要依据。

与镇(乡)村绿地相关的现行法规和标准主要有:《镇规划标准》(GB 50188—2007)、《土地利用现状分类》(GB/T 21010—2007)等。这些标准从不同角度对某些种类的绿地作了明确规定。从行业要求出发编制《镇(乡)村绿地分类标准》时,与相关标准进行了充分协调。

《镇(乡)村绿地分类标准》(CJJ/T 168—2011)将镇绿地分为大类和小类两个层次,共 4 个大类、12 个小类,以反映镇绿地的实际情况以及镇绿地与镇区其他各类用地之间的层次关系,满足建制镇绿地的规划设计、建设管理、科学研究和统计等工作使用的需要。为使分类代码具有较好的识别性,便于图纸、文件的使用和镇绿地的管理,标准使用英文字母与阿拉伯数字混合型分类代码。镇绿地大类用英文 green land(绿地)的第一个字母 G 和一位阿拉伯数字下标形式表示,小类增加一位阿拉伯数字下标形式表示。如:G_1 表示公园绿地,G_{11} 表示公园绿地中的镇区级公园。本标准同层级类目之间存在着并列关系,不同层级类目之间存在着隶属关系,即每一大类包含着若干并列的小类。详见表 1-2 镇(乡)绿地分类表。

表 1-2　镇(乡)绿地分类表

类别代码		类别名称	内容与范围	备注
大类	小类			
G_1		公园绿地	向公众开放,以游憩为主要功能,兼具生态、美化等作用的镇区绿地	
	G_{11}	镇区级公园	为全镇区居民服务,内容较丰富,有相应设施的规模较大的集中绿地	包括特定内容或形式的公园以及大型的带状公园
	G_{12}	社区公园	为一定居住用地范围内的居民服务,具有一定活动内容和设施的绿地	包括小型的带状绿地
G_2		防护绿地	镇区中具有卫生隔离和安全防护功能的绿地	
G_3		附属绿地	镇区建设用地中除绿地之外各类用地中的附属绿化用地	
	G_{31}	居住绿地	居住用地中宅旁绿地、配套公建绿地、小区道路绿地等	
	G_{32}	公共设施绿地	公共设施用地内的绿地	
	G_{33}	生产设施绿地	生产设施用地内的绿地	
	G_{34}	仓储绿地	仓储用地内的绿地	
	G_{35}	对外交通绿地	对外交通用地内的绿地	
	G_{36}	道路广场绿地	道路广场用地内的绿地	包括行道树带、交通岛绿地、停车场绿地和绿地率小于 65% 的广场绿地等
	G_{37}	工程设施绿地	工程设施用地内的绿地	

续表1-2

类别代码		类别名称	内容与范围	备注
大类	小类			
G₄		生态景观绿地	对镇区生态环境质量、居民休闲生活、景观和生物多样性保护有直接影响的绿地	
	G₄₁	生态保护绿地	以保护生态环境,保护生物多样性,保护自然资源为主的绿地	包括自然保护区、水源保护区、生态防护林等
	G₄₂	风景游憩绿地	具有一定设施,风景优美,以观光、休闲、游憩、娱乐为主要功能的绿地	包括森林公园、旅游度假区、风景名胜区等
	G₄₃	生产绿地	以生产经营为主的绿地	包括苗圃、花圃、草圃、果园等

2)各绿地类型的特征及用地选择

(1)公园绿地(G_1)

镇(乡)绿地采用"公园绿地"主要是充分体现绿地的功能和用途,适应绿地建设与发展的需要,有利于和《城市绿地分类标准》(CJJ/T 85—2002)衔接。

根据公园绿地的服务对象和范围,镇"公园绿地"进一步划分为镇区级公园和社区公园两小类。镇区级公园为全镇区居民服务,为镇区内面积较大,设施较齐全,内容较丰富的综合型绿地。社区公园是为一定的地域、一定的人群服务,具有一定活动内容和设施的绿地。这样划分充分考虑了公园的服务半径和居民出行的需求,便于对公园进行有效的管理。

(2)防护绿地(G_2)

防护绿地是镇区中具有卫生隔离和安全防护功能的绿地,用于安全、卫生、防风等。其功能是对自然灾害和其他公害起到一定的防护或减弱作用,不宜兼作公园绿地。因所在位置和防护对象的不同,对防护绿地的宽度和种植方式的要求各异,可参照国家及各省、自治区、直辖市的相关法规、标准和规范执行。镇区防护绿地参与镇区建设用地平衡,镇区外防护绿地纳入生态保护绿地范畴,不参与镇区建设用地平衡。

(3)附属绿地(G_3)

附属绿地的分类与《镇规划标准》(GB 50188—2007)中建设用地分类的大类相对应,这样既概念明确,又便于绿地的统计、指标的确定和管理上的操作。附属绿地因所附属的用地性质不同,而在功能用途、规划设计与建设管理上有较大差异,应符合相关规定要求。附属绿地在镇规划中不单独参与镇区建设用地平衡。

(4)生态景观绿地(G_4)

生态景观绿地一般是位于镇区建设用地以外,对镇区生态、景观、安全防护和居民休闲生活具有积极作用、绿化环境较好的区域。它是镇区绿地的延伸,与建设用地内的绿地共同构成完整的绿地系统。生态景观绿地包括生态保护绿地、风景游憩绿地、生产绿地三小类。

①生态保护绿地 生态保护绿地是以保护生态环境,保护生物多样性,保护自然资源为主的绿地,是维持自然生态环境,实现资源可持续利用的基础和保障,包括自然保护区、水源保护区、生态防护林等。

②风景游憩绿地 风景游憩绿地是位于镇区建设用地以外的生态、景观、旅游和娱乐条件较好的区域,如森林公园、旅游度假区、风景名胜区等。这类绿地既可以影响镇区的景观风貌,为本镇区的居民提供良好的环境;也可为城市居民提供休闲、度假、娱乐的场所。由于此类绿地与镇区景观和居民的关系较为密切,故应当按规划和建设的要求保持现状或定向发展,一般不改变其土地利用现状分类和使用性质。

③生产绿地 生产绿地一般是位于镇区建设用地以外的苗圃、花圃、草圃、果园等用地,属于广义的绿地。此类绿地以生产经营为主,既为城市提供苗木,为居民提供丰富的农产品,又影响着镇区的景观,同时具有一定的生态功能,应当按镇区规

划和建设的要求保持现状或定向发展,一般不改变其土地利用现状分类和使用性质。

生态景观绿地不能替代或折合成为镇区建设用地中的绿地,它只是起到功能上的补充、景观上的丰富和空间上的延续等作用,使镇区能够在一个良好的生态、景观基础上进行可持续发展。生态景观绿地不参与镇区建设用地平衡,它的统计范围应与镇区总体规划控制用地范围一致。

1.2.2.2　我国现行的村绿地分类

1)村绿地分类概况

结合我国国情,根据各地区主要村庄的绿地现状和规划特点以及村庄建设发展需要,以绿地的功能和用途作为分类的依据。由于同一块绿地同时可能具备生态、景观、游憩、防灾等多种功能,因此以绿地的主要功能作为分类的主要依据。

《镇(乡)村绿地分类标准》(CJJ/T 168—2011)将村绿地分为一个层次,共3类,分别是公园绿地(G_1)、环境美化绿地(G_2)和生态景观绿地(G_3),以反映村庄绿地的实际情况,满足村庄绿地规划设计、建设管理、科学研究和统计等工作使用的需要。

使用英文字母与阿拉伯数字混合型分类代码。村绿地分类用英文 green land(绿地)的第一个字母 G 和一位阿拉伯数字下标形式表示。如:G_1 表示公园绿地。详见表1-3村绿地分类表。

表1-3　村绿地分类表

类别代码	类别名称	内容与范围	备注
G_1	公园绿地	向公众开放,以游憩为主要功能,兼具生态、美化等作用的绿地	包括小游园、沿河游憩绿地、街旁绿地和古树名木周围的游憩场地等
G_2	环境美化绿地	以美化村庄环境为主要功能的绿地	
G_3	生态景观绿地	对村庄生态环境质量、居民休闲生活和景观有直接影响的绿地	包括生态防护林地、苗圃、花圃、草圃、果园等

2)各绿地类型的特征及用地选择

(1)公园绿地(G_1)

根据《中华人民共和国城乡规划法》第十八条规定"村庄规划的内容应当包括公益事业等各项建设的用地布局、建设的要求"。其中"公益事业等各项建设的用地"应该包括村庄的公园绿地。随着全国新农村建设的开展,《村庄整治技术规范》(GB 50445—2008)和各地制定的新农村建设导则对村庄公共环境提出了相应的要求,要求"靠近村委会、文化站及祠堂等公共活动集中的地段设置公共活动场所。公共活动场所整治时应保留现有场地上的高大乔木及景观良好的成片林木、植被,保证公共活动场所的良好环境;并配套设置座凳、儿童游玩设施、健身器材、村务公开栏、科普宣传栏及阅报栏等设施,提高综合使用功能"。公共活动场所一般就是村中的公园绿地。因此村庄公园绿地设置是必需的,其在改善农村人居环境,提高居民生活质量等方面起着积极的作用。

实际调查中,许多条件较好的村庄结合村口和公共中心、村中的古树名木或沿主要道路和水系布置绿地,适当布置桌椅、儿童活动设施、健身设施等满足村民休息、娱乐需要。其规模一般不大,因地制宜建设,具有公园绿地的性质。

(2)环境美化绿地(G_2)

环境美化绿地是以美化村庄环境为主要功能的绿地。一般村庄居民在房前屋后、水旁、路边、村庄周围,即四旁进行绿化,栽植风水林,起到美化周围环境的作用,同时有利于改善居民的居住环境。

(3)生态景观绿地(G_3)

生态景观绿地一般位于村庄建设用地以外,包括生态防护林地、苗圃、花圃、草圃、果园等。这类区域是维护自然生态环境的基础和保障,影响村庄的景观风貌,为居民提供良好的环境。由于上述区域与村庄景观和居民的关系较为密切,故应当按规划和建设的要求保持现状或定向发展,一般不改变其土地利用现状分类和使用性质。

1.3 城乡绿地系统规划

1.3.1 城乡绿地系统规划的性质与任务

《城市绿地系统规划编制纲要（试行）》（2002年）对城市绿地系统规划做出如下描述："城市绿地系统规划是城市总体规划的专业规划，是对城市总体规划的深化和细化。城市绿地系统规划由城市规划行政主管部门和城市园林行政主管部门共同负责编制，并纳入《城市总体规划》"。纲要中也明确指出要"构筑以中心城区为核心，覆盖整个市域，城乡一体化的绿地系统"。随着2008年《城乡规划法》的颁布实施，明确了城乡规划的指导思想由"城乡二元化"转变为"城乡统筹"，绿地系统规划的工作重心也由城市规划区为主向城市规划区内外并重转变。这对绿地系统规划的指导思想、规划对象、组织系统、技术系统、规划内容等方面均提出了新的要求。

城乡绿地系统规划的任务主要包括以下几个方面：

a) 在对城乡绿地现状进行深入调查的基础上，对其进行分析与评价，并依据城市发展优劣势对现状绿地提出改造规划；

b) 协调城乡绿地系统与市域其他要素的空间与功能关系，协调城乡绿地子系统之间的空间与功能关系，统筹安排市域大环境和城乡各类绿地的空间布局与结构；

c) 根据城乡自然条件、社会经济条件、城市性质、发展目标、用地布局等，科学制定城乡绿化建设的发展目标和规划指标，包括数量指标与质量指标，重点是合理确定城乡各类绿地的位置、性质、范围、发展指标和建设期限；

d) 指导城乡园林绿地详细规划和建设管理；

e) 达到保护和改善城市生态环境、优化城市人居环境、促进城市可持续发展的目的。

1.3.2 城乡绿地系统的空间组成层次

我国行业标准《城市规划基本术语标准》（GB/T 50280—98）中对城市空间层次做了如下定义：

市域：城市行政管辖的全部地域。

城市规划区：城市市区、近郊区以及城市行政区域内其他因城市建设和发展需要实行规划控制的区域。（2008年实施的《城乡规划法》对"规划区"做出了不同的定义：城市、镇和村庄的建成区以及因城乡建设和发展需要，必须实行规划控制的区域。）

城市建成区：城市行政区内实际已成片开发建设、市政公用设施和公共设施基本具备的地区。

现行的《城市绿地系统规划编制纲要（试行）》（2002年）提出城市绿地系统规划分为"城市各类园林绿地的规划建设"和"市域大环境绿化空间的规划布局"两个空间层次。

"城市各类园林绿地的规划建设"的对象是城市规划建设用地范围内的绿地；而"市域大环境绿化空间的规划布局"则仅仅是"阐明市域绿地系统规划结构布局和分类发展规划，构筑以中心城区为核心，覆盖整个市域，城乡一体化的绿地系统"。由此可以看出，城市绿地系统规划的重点内容为城市建设用地内的各类绿地。

随着2008年《城乡规划法》的实施，统筹城乡发展、推进城乡一体化成为规划建设的重要内容。《城乡规划法》提出要建立包括城镇体系规划、城市规划、镇规划、乡规划和村庄规划在内的城乡规划体系。与城乡规划体系相对应，作为专业规划，绿地系统规划不能只局限于规划建设用地范围内的绿地建设，应该考虑更大区域的生态环境建设，建立市域绿地系统规划及城区、镇、乡、村庄的绿地系统规划体系。有条件的地区，应对作为市域绿地系统子系统的各城区、镇、乡、村的绿地系统进行独立的绿地系统规划编制。

为使城乡绿地规划更为规范，我国相继出台了相应的政策法规，例如在2012年实施了《镇（乡）村绿地分类标准》（CJJ/T 168—2011），统一了其绿地名称、规划建设和统计口径，使镇（乡）村的绿地规划建设工作规范开展。然而目前依然缺乏相应的指导性法规和纲要性文件的规范，由于绝大部分城市建设用地与非建设用地的管理部门及权属等的不同，造成了城乡绿地规划对象本身已经丧失了管理系统的完整性，必然会导致规划的片面性。因此,在国家还未完善相关政策法规的情况下,各级部门可结合编制该城市的《国家森林城市建设总体规划》,对该城市整个市域范围的绿地进行更全面的管控,使其发挥更大的生态效益。

1.3.3　城乡绿地系统规划与其他相关规划的关系

1.3.3.1　城市绿地系统规划与现行城乡规划体系的关系

《城市绿地系统规划编制纲要(试行)》(2002年)对城市绿地系统规划与城市总体规划关系的解释是,城市绿地系统规划是城市总体规划的专业规划,是对城市总体规划的深化和细化。城市绿地系统规划纳入《城市总体规划》实施。由此可见,目前我国的城市绿地系统是总规阶段的专业规划,上位规划是城市总体规划及土地利用规划。城市绿地系统规划与城市规划体系之间的关系主要有以下几个方面:

1)衔接关系

即城市绿地系统规划与上位规划的关系,城市总体规划、土地利用规划等是城市绿地系统规划的上位规划,上位规划可以从指标性要求及规划结构方面指导城市绿地系统规划的建设。

2)协调关系

城市绿地系统规划作为总规阶段的专业规划,应与地位相当的总规阶段的其他专项规划,如:森林城市建设总体规划、城市防灾避灾规划、城市湿地保护规划、城市历史风貌保护规划、城市交通系统规划等,在编制过程中充分交流协调,保持一致。

3)指导关系

城市绿地系统规划可以作为上位规划进行指导的规划,有城市控制性详细规划、修建性详细规划、城市公园绿地规划、城市绿地树种规划、城市生物多样性保护规划、风景名胜区规划、郊野公园规划等,城市绿地系统规划为以上规划提供依据。

1.3.3.2　城乡绿地系统规划在城乡规划体系中的定位

《城乡规划法》的颁布实施形成的城乡统筹、协同发展背景下的新规划体系对绿地系统规划提出了新的要求。即绿地系统规划不但要与城乡规划体系中的城市规划对接,还要与体系中的城镇体系规划、镇规划、乡规划和村庄规划衔接,使城乡绿地系统中各个子系统相互联系,最终形成完整的城乡绿地系统。

1.4　城乡绿地系统发展及研究概况

1.4.1　发展概况

绿地是相对于非绿地而言,即绿色植物覆盖的地表,其在人类出现以前就存在于天地之间。城市绿地是人类聚居后才逐渐产生并发展的。城市绿地发展的历史与社会经济的发展、人类文明进步密切相关,其随城市的产生而产生,是城市中各种因素相互作用和矛盾冲突的结果,体现了人类对生存环境的认知水平。对城市绿地的研究是人类对城市绿地功能和价值认知水平的提高。由此指导城市绿地系统规划理论与方法的发展。按照城市绿地发展的进程,将城市绿地系统的发展和研究分为城市绿地思想启蒙阶段、城市绿地系统规划思想形成阶段、城市绿地系统规划理论和方法发展阶段、城市绿地系统生态规划和建设探索阶段四个阶段。

1.4.1.1　城市绿地思想启蒙阶段

在我国最早出现于 2 000 多年前的秦汉时代,从商殷时期的苑,到后来的皇家宫苑和贵族宅院都有大量花草树木,以模拟自然的山水园林为主,东晋后又逐渐向抽象自然的写意山水园林过渡。在西方开始于古希腊时期,希腊人把荷马时期产生的果蔬园改造成栽培观赏花的装饰性庭院。十六世纪至十七世纪初随经济和自然科学的快速发展,以往庭院绿地演变成为大规模的园林庄园,以意大利台地式园林占主导,提出了综合城市便利生活设施和农村自然风光于一体的"新和谐村"。

这个阶段的城市中出现的园林绿地,为皇家及贵族所有,没有统一的空间规划,完全依附于城市设计的需要,从内容上看,主要依据设计者或所有者的审美观和喜好而定,缺少科学的依据,功能单一,只是为了满足人的游憩和观赏需要。其原因主

要是工业革命以前，城市规模普遍较小，人容易接触到大自然，同时，因城市工业化程度较低，城市内没有出现大量的破坏生态环境的技术，城市中的生态问题和游憩问题没有暴露出来，因此，这个阶段对城市绿地的功能和价值没有涉及，城市绿地规划也处于思想萌芽阶段。

1.4.1.2 城市绿地系统规划思想形成阶段

从 19 世纪后半叶到 20 世纪初出现了对城市绿地的基本构想和展望。西方资本主义制度建立后出现了免费向公众开放的公园，随着西方 18 世纪末工业革命的开始，城市的性质和功能及其规模结构都发生了极大的变化，城市规模不断扩大，自然环境状况趋于恶化，环境污染加剧，大工业城市外围的森林和林间空地以惊人的速度消失，取而代之的是发出恶臭的垃圾堆和农田灌溉水的污染，迫使人类重新思考城市发展与城市生存空间的环境质量问题。欧洲和北美掀起第一次公园绿地研究和建设高潮，相继出现许多城市绿地规划的思想和理论，如：19 世纪初美国学者倡导的"城市公园运动"，19 世纪末英国霍华德（Ebenezer Howard）提出的"田园城市理论"，20 世纪初美国科拉伦斯·佩里（Clarence Perry）提出的"邻里单位理论"，法国勒·柯布西埃（le Corbusier）提出的"绿色城市理论"，芬兰建筑师沙里宁（Eliel Saarinen）提出的"有机疏散理论"等。

此时中国还没有针对城市绿地规划的思想和理论，城市绿地规划主要借用西方的城市规划理论和风景园林理论，如 1848 年开展的《上海都市计划》便采用了当时国际上普遍推崇的大绿化带环城的思路与有机疏散理论。

这个时期人类对城市绿地的功能与价值有了进一步的了解，普遍认识到城市绿地除游憩观赏外在保障公众健康、滋养道德精神、体现浪漫主义、提高劳动力工作效率、促进城市地价增值等方面发挥着重要作用。城市绿地结构的系统性、绿地属性的自然性、绿地功能的游憩性得到一定程度的认同，对城市绿地的规划和建设进行了有益的尝试，对城市绿地规划理论活动发展、逐步完善和科学化奠定了坚实的基础，但由于这些构想具有浓厚的乌托邦色彩，最终没有得到社会的反响。

1.4.1.3 城市绿地系统规划理论和方法发展阶段

1945 年第二次世界大战结束后，随着经济的复苏，欧亚各国开始大力拓建绿地和建设新城。城市绿地迈入第二次高潮，促使人们对城市的发展再认识，旧城改造和新城的不断涌现，为城市绿地研究提供了实践的广阔舞台。这一时期出现的理论和方法主要有：英国"大伦敦规划"把距市中心 48 km 内的地区划分为城市内环、郊区环带、绿化带、农村环带等 4 个同心圆，以限制城市膨胀、保护农业等而提出的环形绿带规划模式；丹麦大哥本哈根、美国华盛顿和苏联莫斯科的楔形绿地发展模式；荷兰兰斯培德地区，包括鹿特丹、阿姆斯特丹和海牙等城市的绿心（绿地核心式）与建成区之间绿色缓冲地带以保护绿心的模式；美国和朝鲜的组团发展模式；英国的城市绿带网络系统模式；而巴黎沿塞纳河两侧建 8 个新城，在塞纳河两岸形成了 2 条平行轴线，是绿地系统带形相接方式的代表。

在中华人民共和国成立前我国沦为半殖民地国家，由外国专家建设了一批公园，主要供给外国人和国内上层人士游览观光，如广州的越秀公园、位于上海外滩北部的外滩花园、上海中山公园、南京玄武湖公园等。中华人民共和国成立后，结合苏联的建设经验，国内开始大规模的城市公共绿地建设活动，新建了大批公园绿地，在当时中国的第一个五年规划（1953—1958 年）时，提出了绿地系统的概念，毛泽东提出"大地园林化"的伟大思想以及"分散集团式"的城市布局模式。借鉴国外相关理论，我国的绿地系统规划理论初步形成。

这个阶段的环境保护由被动保护走向通过城市规划进行的主动保护，人们希望通过城市绿地整体规划的方式来解决环境问题。但人们对绿地的认识仍然比较模糊，表现在城市规划中，绿地是为解决城市问题而设，是城市建筑等设施的陪衬，绿地的面积、形状、位置设计有很大随意性，绿地的功能和地位仍不完整，仍然把人与城市凌驾于自然生态系统之上，甚至为了建立人工绿地而破坏原本不错的自然系统。

1.4.1.4　城市绿地系统生态规划和建设探索阶段

20世纪70年代初,全球兴起了保护环境的高潮,《设计结合自然》(*Design with Nature*)提出了景观规划结合生态思想的新概念和新方法,《生态学与人类聚居学》《绿色城市》《大地景观》等都对宏观范围内的生态绿地进行了研究,受到了社会各界的关注,掀起了"绿色城市"运动,人们开始强调人类社会与自然环境之间的协调关系,生态学原理作为规划理论引入绿地系统规划,城市绿地开始了以改善城市环境及满足景观审美为目的的生态绿地规划阶段。以生态理论为指导,世界许多城市就绿地的功能及存在问题,开始从绿地的生态性、游憩性等方面全面思考城市绿地系统的规划,如:环状、楔状相结合的绿地系统布局模式、"楔形网络"布局的绿地系统等。20世纪80年代,城市绿地规划建设进入生态园林的理论探讨和实践摸索阶段,如:澳大利亚墨尔本全面开展了以生态保护为重点的公园整治;英国摄政公园建立苍鹭栖息区。1992年世界环发大会上可持续发展战略的提出和生物多样性保护的热潮,使城市绿地在城市实现可持续发展战略和城市生物多样性保护中的地位和作用越来越受到世界各国的重视,生态规划思想及理论得到进一步发展和完善。这些研究和实践改变了绿地受城市建设所支配的从属地位,使城市绿色空间成为城市的有机组成部分,在城市绿地规划中把人工和自然作为一个生态系统考虑,实现人与自然和谐共处。为达到人类与自然环境的协调发展,世界上许多国家从不同角度提出"生态城市"、"森林城市"、"生态园林城市"、"城市林业"等概念。我国学者也提出了"山水城市"、"大地园林化"的概念和思想。目前,世界上许多大城市如罗马、华盛顿、东京等均在城市的进一步建设与改造中重新确立了城市发展的新目标——"生态城市"。

1.4.2　研究现状

1990年,我国开始施行《中华人民共和国城市规划法》,要求将城市绿地系统规划列为城市总体规划的专项规划;1992年开始,原国家建设部在全国范围内开展"园林城市"评选活动,并颁布了《城市绿化条例》,指出城市人民政府应组织城市规划行政主管部门和绿化行政主管部门等共同编制城市绿地系统规划,并将其作为考核园林城市的标准之一;2001年7月,国务院发布了《关于加强城市绿化建设的通知》,再次掀起继国家园林城市创建活动开展以来的第二次城市绿地系统规划的高潮;2002年,建设部颁发了《城市绿地系统规划编制纲要(试行)》,同年颁布了《城市绿地分类标准》(CJJ/T 85—2002),从此城市绿地系统规划的编制有章可循;2008年1月1日起施行《中华人民共和国城乡规划法》,相应的也将绿地系统规划的规划范围从以城市规划区为主推进到整个市域范围;2012年实施了《镇(乡)村绿地分类标准》(CJJ/T 168—2011),使镇(乡)村的绿地规划建设工作得以规范开展。

针对近年来城乡绿地系统规划发展研究,以下着重从规划理论、规划技术手段、规划评价体系三方面进行论述。

1.4.2.1　规划理论

1)城市绿地生态效益的研究

城市绿地是城市生态系统的重要组成部分,发挥着重要的生态功能,为城市提供了诸多的生态服务。城市化、工业化的社会发展带来了诸如热岛效应、大气污染、土壤污染、水污染、生物多样性丧失等一系列的环境问题,随着诸多环境问题的加剧,城市绿地的生态效益日益受到重视。尤其世界各国燃烧矿物燃料的数量急剧增加,进入大气中的二氧化碳随之激增,碳循环、碳平衡成为全球变化研究的热点。城市绿地在城市碳氧平衡中有不可替代的作用,近几年城市绿地生态功能研究方面主要有绿地三维绿量、碳储存量、碳氧平衡和固碳效应等,测定植物生物量、净生产量、净生产量中的碳量以及绿地吸碳放氧、增湿降温、吸收有害气体、滞尘降尘、杀菌、减噪、抗污等能力。但总体上目前对绿地系统层面的综合效益的研究大多还停留在定性阶段,只对一些具体地块绿地的生态效益进行测定和绿地景观价值的数量化分析。将城市绿地系统视为一整体,全面系统地进行区域性城乡绿地生态效益的研究很少。严晓、王希华等通过建立城市绿地生态效益评价指标体系,对城市现有绿地的结构与吸收有害气体量、降尘滞尘量等生态功能进行定

量分析,揭示绿地系统的组成与分布的生态效益。吴桂萍在"关于城市绿地生态评价不同指标的比较"研究中对叶面积指数、郁闭度、绿视率、复层绿色量、绿化建设指数等 20 多个指标进行了概念和计算方法的详细阐述,并比较了某些相似指标之间的差别。这些研究对我国城市绿地生态效益研究中指标的选用具有一定的参考价值。

城市绿地综合效益是生态、社会及经济效益的统一。国内外除了对绿色植物各种生态效益进行定量测定外,也对植物单体、群落、不同规模的各类绿地及绿地系统的生态、经济、社会、游憩、审美与观赏等综合效益进行定性与半定量研究。我国的研究发现:城市绿地建设水平高的环境,人的耐力持久度平均为 1.42,差的为 1.00,平均可提高 20% 以上。日本也曾研究过公园绿地对居民健康的影响,得出类似的结论。据法国研究,百货商店空气中含菌量高达 400 万个/m³,林荫道 58 万个/m³,公园 1 000 个/m³,而林区只有 55 个/m³。美国曾研究树木对居住地产评估及地产价格影响,发现理想的树木覆盖的环境使地产价格提高 6%~15%。经过对我国上海宝钢厂绿地的评估和计算,认为绿地面积 455 万 m²,绿地率 33.14%,人均绿地面积 4.55 m²,其年环境效益为 8 860 万元。吴彤等对南京市城市绿地规模与经济发展关系进行了定量分析,表明城市绿地规模的增大对经济发展水平的提升有重要促进作用。也有学者以北京市建成区城市绿地生态效益量化数据为基础,采用生态效益经济评价中常用的方法,对绿地的生态价值进行了评价。

2)城市绿地指标研究

1979 年,我国确定了人均公园绿地面积、城市绿化覆盖率和城市绿地率作为考核城市绿地的三大基本指标。它们在评价不同城市绿化水平时有可比性,但在评价不同植物种类及其空间结构的绿地功能,特别在系统分析园林绿化生态效益时很难准确测算。国内外研究发现,在绿化二维指标相近时,不同的城市绿地结构和布局会产生不同的绿地功能。近 10 年来,绿地指标的研究文献很多,众多学者从生态、园林、景观生态学、经济等方面做了大量探索。如:城市绿量指标[指植物生长中茎叶占据的空间体积(m³)]日益受到重视,克服了二维指标的不足,可更有效地反映城市绿地生态效益,使绿地评价向三维化迈进了一步。周一凡等基于绿量建立了上海市生态环境评价系统,还进行了环境质量预测、绿化方案决策等研究。对湖南省岳阳市的研究也认为用城市人均公园绿地面积、城市绿地率和城市绿化覆盖率三项指标来衡量城市绿地系统建设,无法正确地反映出城市绿地系统建设的水平,也不能真实地反映出城市绿地的生态效益和绿化质量。城市绿地指标除原有的这三项指标外,还应包括生态、环境、景观、园林、分布的均匀度、植物结构、配置模式和规划与管理等方面的内容,以及应用景观生态学的相关指标对城市绿地空间格局、空间分布进行分析,提出景观异质性、景观多样性指数、景观均一度等指标。衡量城市绿地系统更需要建立综合指标体系,从生态功能评价指标、游憩指标、美学指标、景观评价指标等方面对城市绿地系统进行分析和规划。

3)景观生态学应用研究

城市是以人类干扰为主、多种生态斑块的嵌合体,相当于自然生态本底嵌入一个人为干扰斑块。城市绿地包括自然生态残余斑块或引入斑块,残余斑块是基本上没有人工干扰的自然绿地,引入斑块指从自然生态保存下来但经过人工改造或完全新建的绿地。景观生态学"斑块"、"廊道"、"基质"、"网络"、"结点"等概念把绿地与城市整体景观联结,为城市绿地整体描述提供了手段,其许多原理已引入城市绿地规划,如整体化原则、多样性原则、生态协调原则等,城市绿化遵循自然与文化并重的传统与景观生态学遗留地保护原则和综合性原则一致。以景观生态学的观点分析城市绿地系统的结构,通过合理构建城市绿地系统结构最大限度实现生态、社会和经济效益。

日本提出"都市景观计划",大力建造城市林业,保持城市景观为一种和谐的土地利用格局,目标是将城市环境和绿地逐步发展成能自我调节的自然区域。国外学者利用景观生态学理论,研究纽约市绿地景观类型和结构 40 年的变化,进行了城市大、中、小尺度下的城市绿地规划。另外"3S"技术应用常与景观生态学方法相结合,主要研究内容有绿地景观格局、景观层次的生物多样性、植物群落功能、生态廊道、景观动态演变、自然保护等。这些研究不仅丰富了城市绿地评价标准，增强了规划的科学性，而且还可对区域绿地生态景观多样性进行定量分析。

4）城市森林植被研究

1898年，德国林学家 K·盖耶尔提出"接近自然林业理论"，主张地区植物群落的本源树种化，使之接近自然发生。此理论已在德国、瑞士、波兰、法国、匈牙利、挪威等国被广为认可，建设了许多地带性特色突出的城市植物群落。20世纪后期，城市植物选择与应用开始受到关注，众多国外学者研究了城市植物群落组成、分类和城市化对植物的影响等。瑞典学者以造林学理论为基础研究了城市绿地植物的栽培理论与技术。美国学者偏重于城市化对森林植被、土壤和景观影响的研究。我国学者认为人类活动的干扰使城市绿地土壤成为退化的土壤，提出恢复生态学的理论和方法可以用于城市绿地土壤的生态恢复与重建，从而达到城市绿地土壤和植物的协调发展，并对退化的绿地提出了不同的恢复与重建措施，恢复生态学为城市绿地土壤的恢复提供了新的思路。香港学者 Jim C. Y. 研究了香港土地特征及其植物影响、道路土壤理化性质与城市林业消长关系，制定了提高香港城市道路植被多样性和生物量的战略。城市绿地系统是一个有着强烈人为干扰的特殊系统，可以作为检验和发展恢复生态学理论的平台。也有学者从研究的尺度、内容、方法三个方面综述了国内外城市森林生态效益及其价值的研究进展，对城市森林规划的空间布局模式、总体结构规划与多功能目标规划、生态网络等理论与方法作了综述。在《城市绿地群落构建现存问题与优化》中，秦忠民研究了开发以地带性物种为核心的多样化绿化植物品种，培育苗木产业，模拟地带性群落的结构特征，遵从"生态位"原则，构建乔灌草复层群落结构；适当恢复和重建城市近自然绿地群落，创建野生动植物的适宜栖息地等的城市绿地群落构建途径。

5）城市绿地可持续性的研究

有国外学者提出城市绿地的可持续性，即保存并维持健康的植被以及生态系统，保持生态功能的持续发挥，为人类提供长期的生态服务和收益的能力。城市绿地可持续性是城市绿地的健康、生态功能和生态服务的可持续性。

目前对城市绿地的可持续性研究主要集中在对城市森林可持续性的探索阶段。城市森林是城市绿地重要的组成部分，城市森林功能的多样性，城市森林与其他城市要素的连通性以及城市绿地动态的变化都保证了城市植被结构、功能、效益的可持续性。在内容上，城市森林可持续发展模式囊括了城市森林资源和城市植物的健康、公众的广泛认可和支持以及科学合理的管理策略。在此基础上，Clark 和 Matheny 综合了资源健康和资源管理，运用20个评价标准从不同尺度对美国25个城市进行森林资源评价和森林资源管理的可持续性评价研究。

城市森林的可持续研究可以直接为城市绿地可持续研究提供重要的参考。城市绿地可持续性的评价结果可直接为城市绿地规划、建设和管理提供重要的信息和科学依据。随着城市可持续发展理论的深入，绿地系统的可持续发展将占据重要的地位。

1.4.2.2　规划技术手段

"3S"技术是遥感（remote sensing，RS）、地理信息系统（geographical information system，GIS）、全球定位系统（global positioning system，GPS）等新技术的统称。

"3S"技术在国外的绿地系统等相关景观规划领域有着广泛的应用。1997年印度遥感研究院的 S. K. Bhan，S. K. Saha，L. M. Pande 和 J. Pras-ad 在对印度南部热带雨林地区研究的过程中建立了遥感地理信息模型，为利用"3S"技术对可持续发展的研究提供了范例。1997年瑞典隆德大学的 Jo-nas Ardo 利用"3S"技术对由于森林破坏导致的位于捷德边境的 Krusne Hory 山区受到严重污染的范围、速率及空间特征进行了研究，对森林的破坏程度进行了评估，探讨了森林破坏与海拔高度及坡向的关系，为环境监测提供了依据。在美国，目前GIS应用非常广泛，涉及众多领域，如土地管理、林业、水资源保护、生物资源保护、商业、军事等，特别是在森林资源管理中，不但建立了大量的 GIS 数据库,而且开发了一些基于 GIS 的决策支持系统。

20 世纪 90 年代开始,我国的专家学者也对"3S"技术在城乡绿地系统规划中的应用进行了大量的探索,并进行了相关实践,主要包括:利用"3S"技术获取卫星影像图、航测图、GPS 定位数据等最新的地面数据信息,实现资料收集、数据共享与信息交流,其优点是比人工普查效率高、结果准确;通过 GIS 对 RS、GPS 等收集的各种资料中的相关绿地信息进行提取与空间分析,并进行用地规划适宜性评价;运用"3S"等多种技术,可将规划的山、水、树、路、建筑等要素置于基地场景中进行规划效果模拟分析与评价。以上方面的研究目前尚属初步,还未出现完整的、规范的理论与方法体系。

1.4.2.3 规划评价体系

城市绿地系统规划评价的指标,客观描述城市绿地系统某一方面的规划效益,体现城市绿地系统规划对于城市绿地发展与建设的适宜程度。不同层次、不同内容与不同角度的评价指标组成的指标体系,可以系统、全面地衡量规划成果的优劣,各个单项指标可以度量系统的某种特征,共同完成对系统的完整评价。

从世界各国城市绿地规划与建设的发展过程来看,绿地系统规划的评价指标历经了数量、质量、综合指标三个阶段。相对于西方国家,我国绿地系统规划评价的研究开展较晚,且发展的过程较为缓慢。20 世纪 70 年代,我国的绿化建设刚刚起步,城市绿地系统规划主要关注绿地的数量与面积等二维评价指标,以此来指导城市绿地规划与建设的相关工作;20 世纪 80 年代,陈自新等学者通过实验验证,绿化植物与绿地布局可以有效调节城市的湿度、温度,引发了对绿地系统规划的生态效益的关注;20 世纪 90 年代,随着生态学、地理学等在绿地规划中的应用,逐渐推动了城市绿地系统结构、布局与功能等方面评价指标的研究。

步入 21 世纪,城市化的扩展带来了一系列环境问题,加速了我国的城市绿地建设。2001—2010 年,我国城市建成区的绿化覆盖率从 28.4% 提升到 37.37%,人均公园绿地面积从 4.6 m² 上升到 9.71 m²。人们逐渐发现,城市绿地系统的评价有助于为绿地规划与管理提供科学的理论支撑与技术支持,并提升政府决策的效率。同时,绿地规划评价也扩展至生态服务功能、景观效益、城市游憩功能与自然文化遗产保护等内容,并逐渐在各个城市的绿地系统规划实践中加以体现。最近的 20 年间,国内城市绿地系统规划的评价研究内容愈加全面,趋向于从绿地规划的单一方面指标的量化研究走向综合评价指标体系的研究。综合指标主要以多层次、多学科的效益评价指标为主,不仅关注绿地规划的数量与质量,同时关注绿地规划的可持续发展方面。

1.4.3 发展趋势

城市绿地系统研究不仅包括绿地系统结构、机理、布局、功能、过程等方面,还包括与其相关的自然地理、历史人文、社会经济等因素,因此城市绿地系统研究需要综合众多学科的研究成果,特别是景观生态学强调空间结构、空间格局及过程、空间尺度与等级关系,将会在城市绿地系统研究中发挥重要作用,为城市的可持续发展绿地系统规划提供指导。

1.4.3.1 城乡绿地系统规划方面

21 世纪是城市与大自然和谐共生的时代,在西方发达国家,城市绿地建设日益强调生态效益,建设绿色地球、森林都市、生态宜居城市、生态区域等,这些设想和实践已成为当今世界的主流和发展趋势。城市绿地系统已成为城市生态环境可持续发展的基本保障。城市绿地系统的建设以协调城市发展与生态环境的关系为重要任务,城市绿地系统健康、安全、可持续发展,才能有力地支持城市物质流、能量流、信息流、价值流等的通畅,并与城市生态要素功能耦合得更为密切,使城市生态系统持续运行。城乡绿地系统结构和功能要高度统一和谐,不仅外部形式符合美学规律,内部结构更应符合生态学原理和生物学特性。要从空间异质性、生境连通度、人为活动、生物多样性等方面研究,完善绿地系统功能,提高绿地质与量,并在改善生态环境、满足人类生活需要的同时,为生物提供适合生存发展的环境条件。城乡绿地建设将更多引入景观生态学理论、风景园林理论、恢复生态学理论及众多交叉学科的研究成果,按照自然环境的循环规律,对气候、大气、地形、水文、土壤、植物、动物、微生物及景观等合理配置,在充分研究自然环境资源及其承载力的基础上,以有限的投入获得最大的城市生态效益、社会效益、经济效益为目标,优化城乡绿地结构,建立功能高效、物能消耗低的城乡绿地系统,增强城市绿地系统对外部条件变化的缓冲能力和抗干扰能力,建设城市绿地的自然生态与地域特色。

城乡绿地规划要体现可持续发展、开放性、人文性、区域整体及系统观念,要改变传统园林绿地规划观念为景观生态规划理念,重视绿色空间开放性,实现科学规划,即自然、生态、区域、文化乡土、科学艺术、立体的设计,建立生态型、景观型、防灾型、休闲娱乐型等多功能的绿色开放空间。并将以经济为主导的规划转化为以环境为主导的规划,改变将城乡绿地系统规划仅仅作为城乡总体规划体系的后续和补充的观点和做法,改变将绿化停留在空间视觉效果形式以及减缓环境污染的层面上,突出绿地系统恢复自然、维护城市生态和重塑城乡景观的功能。城乡绿地系统规划应保护和加强生态廊道建设,完善城乡绿地系统网络结构和功能,积极引导城乡绿地的合理布局和规划,使之具有系统性和有机性。绿地规划应以土地使用适宜性评价为基础,保证城乡生物因子生态位配合的适宜性,使整个城市减缓环境压力,实现良好的生态维持能力。

1.4.3.2　高新技术应用方面

高新技术在城市绿地系统规划及建设管理中的应用研究今后将会得到进一步加强和普及。利用现代信息技术可实现城市绿地的研究、规划、模拟、监测、评价等方面的更加科学化。

1)资料收集与数据共享

应用"3S"技术调查城市绿地效率高,结果准确可靠,能方便地实现图形与数据相互查询,做出各类专题图,直观了解城市绿化覆盖率、绿地范围及面积、树种结构、植物种类及生长状况等,为城市绿地规划提供最新基础数据和图面资料。

2)空间分析与信息提取

运用层叠加功能,通过用地属性分解与统计,形成专题图层,根据不同专题图层进行用地开发适宜性评价。

3)动态监测与管理

现代信息技术用于城市绿地动态监测,其信息范围广、时相一致、准确性高、分布均匀,容易做出绿地各类信息和图件。用 RS 获取城市绿化信息和图件,可进行绿化与环境、绿化与人口密度、绿化与建筑容积率等分析,能动态研究绿化的社会、经济及环境效益和园林绿化合理布局。用卫星 TM(多光谱扫描仪)数据及气象统计资料,结合地图矢量信息,可进行城市热场动态监测和综合分析。

1.4.3.3　城市绿地植物群落构建方面

根据恢复生态学的基本原理,如:限制因子原理、生态系统结构原理、生态适宜性原理、生态位理论、群落演替理论、生物多样性原理和景观生态学斑块-廊道-基质理论等,城市绿地系统建设正向着人工再建的第二自然方向发展,城市绿地植物群落构建更注重在城市中进行生态恢复或生态重建。

利用植物群落结构与功能关系,在满足景观需要和使用功能的同时,构建单位空间生态功能最大、维护成本最低的最佳植物群落结构,充分发挥群落整体功能研究的优势。植物群落稳定性取决于其总生物量、空间结构的多样性、恢复和再生能力以及抗干扰能力。通过合理利用乔木、灌木、草本、藤本等多层次的垂直空间配置,能增加绿量,增强群落稳定性,提高绿地生态效益,达到改善城市生态环境的目的。另外,城市生物多样性的存在,可使绿地植物群落物质循环、能量流动渠道复杂化、多样化,增强抗干扰和灾害能力,创造自然美和艺术美。从绿地垂直结构及水平结构研究城市绿地群落,充分考虑光合效益及种间生态协调,形成多层、混合、远近、高矮、错落有致的植物群落,并注意针、阔叶植物,乡土与外来植物,常绿与落叶植物,植物的花、果、形、香特征,不同季相景观的搭配,模拟自然植物群落等,提高城市绿地系统的稳定性、生物多样性和景观多样性。

1.4.3.4　集雨型城市绿地规划建设方面

目前低影响开发(LID)在国外的研究比较成熟,但学术研究基本集中在 LID 设施的控制效果上,并没有关于 LID 理论与城市绿地系统如何衔接的研究。

针对我国城市面临的洪涝灾害和水资源短缺问题,融合最新雨洪利用与管理理念,提出海绵城市规划建设理念,从城市规划层面前瞻性提出雨水资源化的途径。研究探讨"生态海绵"的构建技术

方案和评价指标体系,通过"海绵"对雨水的渗透及滞留利用,实现水资源保护、城市防洪、水景观及水污染控制的综合效益。住房和城乡建设部于2014年下发了《海绵城市建设技术指南——低影响开发雨水系统构建(试行)》。国务院办公厅2015年10月印发《关于推进海绵城市建设的指导意见》,提出使70%的降雨就地消纳和利用的核心目标,从国家的层面部署推进海绵城市建设工作。该指导意见中明确指出"推进公园绿地建设和自然生态修复。推广海绵型公园和绿地,消纳自身雨水,并为蓄滞周边区域雨水提供空间"。

城市绿地系统作为低影响开发雨水系统的主要载体,对雨水的渗透贮存可以减缓地表的雨水径流,缓解城市排水基础设施的压力,在海绵城市体系中承担重要的角色,不同类型的城市绿地在海绵城市体系中可发挥不同的功能。

针对宏观层面的城市绿地系统的生态安全空间格局进行研究,解决城市绿地系统对海绵城市建设提出的对城市雨水管理的"渗、滞、蓄、净、用、排"功能的贡献等问题,形成科学的指标体系和具有实际指导意义的典型规划模式,将会是今后一段时间研究的热点问题。

1.4.3.5 组织管理系统方面

虽然2008年实施城乡规划法标志着我国已经进入城乡一体化建设的阶段,但当前在我国仍然存在城乡二元结构的问题和对城市绿地分头管理的现象。全国层面,《城市绿化条例》规定"国务院城市建设行政主管部门和国务院林业行政主管部门等,按照国务院规定的职权划分,负责全国城市绿化工作"。地方层面,在规划编制时,由城市规划行政主管部门和城市园林行政主管部门共同负责编制城市绿地系统规划,以指导城市规划区范围内,特别是建成区内的绿化建设;由林业部门负责编制的林业发展规划主要对城市规划区以外的绿化建设进行指导。在规划实施时,建成区内外由城市园林部门与林业部门分别负责。现行绿化规划建设组织系统容易造成绿地空间系统的分解、功能定位的偏失、工作范围的重叠或遗漏以及投资建设管理上寻租活动的增加等一系列问题,不利于城乡绿地的统筹发展。

城乡绿地系统规划的独立地位要求无论是规划的编制还是实施,都有相应的组织系统予以保障。近年来,部分城市的园林局与林业局合并,暗示着绿化工作的城乡融合趋势,为绿地系统规划的城乡统筹奠定了良好的基础。与城乡二元结构相比,城乡统筹的组织系统有利于在城乡地域范围内统一配置绿地系统的功能结构、空间结构、建设力量与资金,有利于规划建设的管理和实施。

1.4.3.6 规划技术系统方面

规划技术系统指各层面规划应完成的目标、任务和作用,以及完成这些任务必要的内容和图纸,也包括各层面上规划编制的技术规范。当前我国城市绿地系统规划技术系统有三大缺失:一是空间层面上的缺失,还没有建立国家、地区、省域、市域、规划区等不同空间层面的规划类型,划定空间边界时,在保证规划实施的基础上,如何保持自然地理以及生态系统的完整性,避免单纯依据行政界限划分空间层次需要进一步研究;二是规划层次的缺失,当前城市绿地系统规划停留在总体规划阶段的专项规划层面,还没有形成从战略规划到总体规划、详细规划等完整的绿地系统规划体系,自然也就无法在国土层面上实现从近期到长远、从微观到宏观、从指标到政策等方面对绿地系统发展进行引导与控制的目的;三是规划编制技术规范的缺失,由于第一、二个方面的缺失,绿地系统规划编制的技术规范还没有形成系统。为保证绿地系统规划的科学性,从以上三方面入手完善技术系统是当前迫切的任务。

思考题

1. 简述我国现行的绿地分类标准。

2. 我国现行的城市绿地分类标准存在哪些问题?应如何解决?

3. 城乡绿地系统规划与现行城乡规划体系是怎样的关系?

4. 城乡绿地系统规划的主要任务是什么?

5. 城市绿地的发展历程包括哪些阶段?

6. 城市绿地系统规划对城市雨洪管理的贡献主要表现在哪些方面?

规划思想是城乡绿地系统规划的灵魂,决定了城乡绿地系统规划的质量,是规划师价值判断、学术思想、文化素养和对规划对象认知程度的综合反映,因此规划思想的确定是一个规划中非常重要,而且必须先行的一项工作;指导城乡绿地系统规划的理论是长期绿地系统规划实践基础上进行的合乎逻辑的推论性总结。尤其是第一次工业革命以来,工业的迅猛发展导致了城市环境急剧恶化,前人提出了一系列的规划思想和理论,科学指导绿地规划和建设实践,理论随着人类科学、技术的进步而不断发展。

绿地系统规划作为总体规划阶段的专项规划,应严格遵守国家层面及地方政府的相关法律法规,与现行的城市总体规划、土地利用规划等上位规划保持一致,与城市控制性详细规划及总规阶段的其他专项规划协调,并严格依据行业的技术标准及规范等进行编制。

本章节主要从规划思想、规划理论以及应遵循的规范标准三个方面进行阐述。

2.1 城乡绿地系统规划指导思想

2.1.1 规划思想的来源

规划思想的产生有其一定的经济、社会、文化、历史背景和渊源。在长期的规划实践中,生态理论、哲学、文化与宗教、历史经验和自然事物等都对规划思想的产生有着重要影响。

1)生态理论对规划思想的影响

早在2 000多年前,中国就形成了一套"观乎天文以察时变,观乎人文以化天下"的人类生态理论体系,包括道理、事理、义理及情理。中国封建社会正是靠着对这些天时、地利、人和人之间关系的正确认识,靠着物质循环再生、社会协调共生和修身养性自我调节的生态观,形成了独具魅力的华夏文明,并深深影响了城市规划的布局与设计,进而影响到城乡绿地的建设。

第二次世界大战后,资本主义世界经济和社会迎来了黄金发展期。由于长期不重视环境保护,出现了很多环境问题,使社会和民众付出了惨痛的代价。这些环境问题使得保护自然生态环境逐渐成为国际社会的共识,并对城市规划和管理、经济和社会发展产生了深远的影响。1971年,联合国教科文组织在第16届会议上提出了"关于人类聚居地的生态综合研究"(MBA第11项计划)。生态城市的概念就是在这个研究中提出来的,并与城市生态学的发展密切相关。1972年斯德哥尔摩联合国人类环境会议以后,欧美等西方国家掀起了"绿色城市"运动,把保护城市公园和绿地的活动扩大到保全自然生态环境的区域范围,并将生态学、社会学原理与城市规划、园林绿地建设工作相结合。1987年联合国世界环境与发展委员会提交的研究报告《我们共同的未来》(*Our Common Future*)中正式提出了"既能满足当代人的需求,又不危及后代人满足其需求"的可持续发展概念。它包括自然资源与生态环境的可持续发展、经济的可持续发展和社会的可持续发展三个方面。1990年，第一届国际生态城市会议在美国加利福尼亚伯克利城召开，与会专家介绍了生态城市建设的理论与实践。1991年国际自然保护同盟公布的《可持续社会发展战略》（A Strategy for Sustainable Living）中，确定了实现可持续的生活方式的战略措施，提出了应该重视以生态性的生活方式为中心的环境伦理，保护生物多样性。1992年联合国环境与发展大会通过了《环境与发展宣言》和《全球21世纪议程》，确立了环境和发展的综合决策。1993年生效的《生物多样性公约》，目的在于达到生态系统、物种、遗传因子等不同层次的生物多样性的保护和持续利用。1996年，第三届国际生态城市会议进一步探讨了"国际生态重建计划"。同年，联合国第二次人居大会，其主题之一是"城市化进程中人居环境的可持续发展"。

麦克哈格是较早提出在规划设计中运用生态思想的学者，他在其1969年出版的著作《设计结合自然》（Design with Nature）中提出了在对区域环境综合评价的基础上进行城市和区域开发。在自然环境的评价中，他提出了自然价值的概念和运用叠加法分析评价环境状况，这一方法被引入GIS中，成为GIS进行空间分析的基础方法。这一方法的特征在于从区域的角度分析和划分自然条件，提供用来判断土地开发适宜性的材料。他的方法从总体上而言就是生态的规划分析法，规划应该在充分掌握各种自然条件和相关关系的基础上制定，规划的结果和产生的开发活动不应当对环境和生态系统产生严重破坏。拉尔鲁（Lyle）和特纳（Tuener）继承了麦克哈格的生态规划思想，将绿地规划和自然生态系统保护相结合。

2）哲学对规划思想的影响

（1）古希腊哲学对西方绿地系统规划思想的产生有着深刻的影响

古希腊哲学是一种以理性为取向的自然哲学，承认世界运动是有规律的，整个宇宙万物之间是和谐有序的。其中代表的思想有以泰勒士（Thales）和德谟克利特（Demokritos）所代表的自然实体主义和以毕达哥拉斯（Pythagoras）与柏拉图（Plato）所代表的数学形式主义。后者在园林规划设计中的表现就是追求形式美，从而表现某种秩序。

17—19世纪，在园林建设中，强调唯理秩序的古典主义占据了绝对的统治地位。从思想根源上来说，此时的古典主义是唯理主义的直接产物。在唯理主义思想的主导下，西方古典主义园林呈现出一个个完整而有序的景观。

18—19世纪，怀有社会良知的思想家们开始构思他们心目中理想的国家和城市形态。具有代表性的是霍华德（Ebenezer Howard）的"田园城市"和盖迪斯（Patrick Geddes）的区域协同的区域规划思想，这对近现代园林设计和建设、绿地系统规划的出现产生了深远影响。

（2）中国古代哲学对规划思想的影响

中国古代哲学思想对园林建设的影响主要表现在"阴阳八卦"和诸子百家的诸多学术著作中。

其中"天人合一"、"知行合一"和"情景合一"思想对中国古代园林营造产生了深远影响。"天人合一"是形成古代园林建设的思想基石，对中国古代园林营造中如何掌握天地、祖宗、社稷、阴阳、方位、虚实、对称、轴线等起着重要作用。"知行合一"是形成中国古代园林建设"对称"结构的思想基础。"情景合一"是古代园林重立意、讲理性、象征主义美学思想的基础。园林营造中常用的"相土"、"尝水"、"卜居"、"形胜"、"值景构筑"、"借景"、"对景"等造园手法，都来源于"情景合一"理论。

3）文化与宗教对规划思想的影响

人类文明数千年的历史发展中，拥有悠久的历史文化和众多的宗教形式，这些优秀的文化精髓和宗教思想从古至今都反映在我们的生活中。包罗万象的文化与宗教思想对规划的影响难以在此全部一一分析，仅以神话和中国禅宗思想为例进行一些分析，启发读者不断深入思考。

（1）中国神话

中国神话中以神山和大海相结合的景观，呈现出水围山绕，山上植物和建筑俱全的空间模式。这种模式也奠定了后世中国园林建筑中"一池三山"的景观格局。中国的理想景观模式偏重于"围合"、

"隐匿",是一种依恋于自然的模式。这种模式在皇家宫苑的建造上集中体现出来。秦始皇建造规模空前的"阿房宫",在中国历史上首次确立了"神仙意境"的园林。汉武帝时,"上林苑"建筑出现"一池三山"为主体的神仙意境。北京的"中、南、北海",南京的"玄武湖"等也是"一池三山"思想指导下的产物。

(2)古希腊神话

古希腊神话传说中的理想景观模式,以诸神聚居的奥林匹斯山为代表。受地中海式气候影响,欧洲人更强调对制高点的控制,与之相匹配的是一种外向型的炫耀式的园林营造模式。园林表现其宏大,注重构图,体现出对自然的征服和对自身的炫耀。

(3)中国的禅宗思想

禅宗思想是中国人经过近千年的文化积淀而形成的,在创作思想、审美情趣等方面深刻地影响着中国园林景观艺术的发展。禅宗强调从自然中"悟"到事物的真谛,而中国古典园林就是以自然山水为摹本,在造景手法上力求源于自然而又高于自然,使古典园林与禅宗思想进行了紧密的结合。这种寄情于自然山水之中的理念,特别是意境的创造理念,契合了现代城市绿地系统建设生态城市的目标,将为城乡绿地系统规划提供丰富的文化底蕴和造园思想。

4)历史经验对规划思想的影响

(1)西方历史经验对规划思想的影响

19 世纪之前的欧洲传统园林规则式与自然式并存。通常作为住宅、宫殿的附属物,供社会某一特定团体或阶层使用。在建设中纯粹是利用自然的景物,极少用人工的方法来加以装饰。直到近代,欧美的园林才趋向对色彩和构图的重视,利用对比、鲜艳的色彩和几何图案来强调整个庭园。

19 世纪之后,在城市中系统地建造公园绿地成为主流。这一潮流最早开始于 19 世纪的英国。这一时期英国首次提出应该通过公园绿地的建设来改善不断恶化的城市环境。主要表现为城市公园大部分开始面向社会全体大众开放,具有真实意义

上的公共性,是顺应社会上改善城市卫生环境的要求而建造的,具有生态、休闲娱乐、创造良好居住与工作环境的功能。在设计上采取的人车分离手法,较好地解决了交通矛盾,成为后来城市规划中普遍采用的方法。19 世纪英国城市公园的发展,为公园绿地系统的形成奠定了基础。与此同时,公地(common)保护运动与开放空间法案(Open Space Act)的制定对绿地系统的形成也具有特别重要的意义。法国巴黎、西班牙巴塞罗那、意大利佛罗伦萨、奥地利维亚纳也紧随其后开始了城市改造运动,公园绿地的配置成为改造亮点。

欧洲的这股潮流也影响到了美国。1851 年纽约州议会通过《公园法》,1857 年奥姆斯特德(F. L. Olmsted)与沃克斯(Vaux)的"绿色草原"方案(Greensward Plan)体现出这一趋势。1873 年纽约中央公园(Central Park)建成,它和布罗斯派克公园(Bross Pike Park)引发了美国的城市公园运动,进而推动美国的城市公园向公园系统的方向发展。1871 年芝加哥大火后灾后重建过程中,提出了通过建造公园系统,以绿地开敞空间分隔原来连成一片的市区,提高城市的抗火灾能力,形成秩序化的城市结构,引导城市向良性发展。杰克逊公园(Jackson Park)和华盛顿公园(Washington Park)的规划设计贯彻了这一思想,提高了城市抵抗自然灾害的能力,极大地丰富了公园绿地的功能,成为后来防灾型绿地系统规划的先驱。波士顿公园系统从 1878 年开始建设,历经 17 年完成,开创了城市生态公园规划与建设的先河,是美国历史上第一个比较完整的城市绿地系统。

伦敦郡的绿带规划对绿地系统发展产生了深远影响。1890 年密斯提议在伦敦郡的外围设置环状绿带(The Green Circle Round London)。1898 年霍华德提出了"田园城市"理论,对绿地系统规划产生了很大影响。1910 年乔治·佩普勒进一步发展了密斯的环状绿带规划思想。1933 年昂温提出了伦敦绿带(Green Girdle)规划方案。1938 年议会通过了《绿带法案》(The Green Belt Act)。1944 年帕特里克·艾伯克隆比(Patrick Abercrombie)的大伦敦区规划中提出了绿带制约区域开发的管理方

式,达到建设和保护绿地的目的,同时通过公园路连接绿带和伦敦市区的公园绿地,形成区域性的绿地系统。20世纪70年代以后,伦敦郡内的很多行政区都制定并公布了关于绿带建设和管理的政策措施。

(2)中国历史经验对规划思想的影响

魏晋南北朝时期是我国古典造园艺术的一个转折点。之前的造园活动主要体现了生产、狩猎、祭祀、求仙功能,之后的造园活动中游赏、视觉享受、寄托情感等功能日渐凸显,并升华到艺术创作的境界。私家园林、寺庙园林和浏览胜地成为这个时期造园的主流。隋唐时期的皇家宫苑园林,宋代的写意山水园,都是我国园林艺术发展到一定高度的重要标志。明清以后,造园专著相继问世,如:明末计成的《园冶》,文震亨的《长物志》,李渔的《闲情偶寄》等。作为元、明、清三朝故都的北京,则宫苑众多,总结了数千年中国传统的造园经验,融合了南北各地主要的园林风格流派,充分体现了中国古典园林艺术的精湛水平,成为中国集锦式园林艺术的一种传统。随着西方殖民者入侵,中国封建社会日趋没落,仅供达官贵人、文人墨客赏玩的造园艺术,由于与社会大众生活相脱节,在当时的历史发展条件下注定了衰败的命运。

20世纪50年代,我国的城市绿地建设主要受到苏联绿化建设思想的影响,重视植树造林而轻视系统布局。20世纪80年代以来,国家把实现城市园林化作为实现城市现代化的重要标志之一。1985年安徽省合肥市的绿地系统规划成为我国“以环串绿”的现代城市绿地系统规划的范例。这一时期,马世骏院士提出“社会-经济-自然复合生态系统”的概念后,生态学理论开始逐步融入城市绿地系统规划中。

1990年,钱学森先生提出“山水城市”概念,强调建设具有中国特色的山水城市,将生态环境、历史传承和文化脉络综合起来。同年,上海市浦东新区环境绿化系统规划把城市生态绿化置于城市发展的大系统中予以考虑。2002年建设部颁布了《城市绿地系统规划编制纲要(试行)》,在我国城市规划史上第一次以部门规章的形式规定了城市绿地系统规划的基本定位、主要任务和成果要求。

5)自然事物对规划思想的影响

自然事物各种各样,千差万别,植物、动物、地形地势、河流、建筑等各种造型为规划提供了无穷的想象空间和以此为依据的规划思想的来源。19世纪30年代英国园艺师约翰·克劳迪斯·路登(John Claudius Loudon,1783—1843)认为人们不能总是生活在城市或总是生活在郊区中,城市与郊区对人来说都是非常重要的。这一观点在他为整个大伦敦区作的一个同心圆式的区域景观(相当于绿地系统)规划中得到了体现,也进一步体现了自然事物对城市与人的重要性。同时现代各类城市在城市绿地系统规划中,以绿楔、绿带、绿圈、绿环、绿心等来创造城市环境,也都是依山就势、依景借势形成规划思想进行规划的成果。

中国古代园林营建中,天、地、雷、风、水、火、山、泽八种自然事物有着深刻的影响。古建园林中水面以静为主,一般采用小则聚大则分的处理手法。大水面常会形成“湖中三岛”的布局,用象征性的手法模拟人间仙境,以表现出吉祥如意、长生不老。

对园林植物的选择我国自古以来不仅着眼于其视觉景观效果,更注重意境的表达,如:紫薇象征高官厚禄,玉兰牡丹寓意玉堂富贵,石榴多子多福。承德避暑山庄内的文园,在植物配置构成佳景秀色的同时,也用植物点明意境。沿岸植柳,满山碧桃丛林,以此衬托“世外桃源”的意境;由树木、山石、清溪三者组成姿态各异的群狮集聚,引人遐想,意在体现“狮子林”之意。

因此,在绿地系统规划中如何继承和发扬中国古典园林对意境的表达,充分挖掘植物及绿地空间的意境,吸收、融合国外优秀规划思想,形成中国特色的绿地系统规划思想,是值得思考的问题。

2.1.2 针对具体城市的绿地系统规划思想的确定

2.1.2.1 规划思想确定的过程

在实际规划项目中,确定一个城市的绿地系统规划思想,一般分为以下几个步骤:

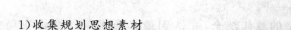

1)收集规划思想素材

规划组需要仔细认真地对当地各种相关素材进行收集,包括当地的人文与历史、自然与风貌、民族与宗教、经济与社会状况、人口与资源状况等,还包括当地各个社会阶层的发展期望和利益诉求。

2)分析规划思想素材

对众多的规划思想素材进行认真分析,筛选有代表意义的素材作为提取规划思想的主要资料。

3)提出初步规划思想

对有代表意义的规划思想素材进行综合分析,确定 2～3 个初步的规划思想。

4)确定规划思想

邀请专家、政府领导、人民群众参加论证会,对上述初步的规划思想进行论证,提出主要规划思想,再用公众评价方法进行评价,确定规划思想。

2.1.2.2　规划思想确定案例

以下以国家首批历史文化名城大理市绿地系统规划思想的确立为例说明规划思想的确定。

1)收集规划思想素材

(1)壮观的苍洱风光

苍山是我国横断山脉的南端,青藏高原的前缘,具有连绵十九峰蕴藏清澈十八溪的独特景观。苍山群峰海拔均在 3 000 m 以上,山间绿树遮天蔽日,山顶常年积雪。

与挺拔俊秀的苍山息息相依的是烟波浩渺、映月如镜的洱海。洱海海拔 1 966 m,水域辽阔,总面积达 250 km²,海中冲积洲和弯曲的岸线曾有"三岛、四洲、五湖、九曲"之胜。

(2)丰富的植物和地热资源

苍洱风景区植物区系复杂、种类繁多,而且天然植被垂直分布明显,植物资源优势显著。

此外,苍洱风景区地处剑川断裂带、乔巍断裂带、红河断裂带等构成的断层构造地带,到处有矿泉出露。下关碳酸盐高热温泉水温高达 76℃,具有较高的医疗效果,是不可多得的疗养和旅游资源。

(3)悠久的历史文化

大理是西南部开发较早的地区之一,文物古迹众多,名人辈出,素有"文献之邦"的美誉。独具风格的白族建筑艺术,以及优美的神话传说都构成了

大理深厚的文化底蕴。

大理是国务院批准的第一批国家级历史文化名城,有文物古迹 50 余处,其中国家级重点文物保护单位 2 处,省级文物保护单位 9 处。

(4)多样的宗教信仰

大理地区宗教信仰比较繁杂,主要包括佛教、道教、伊斯兰教、天主教、基督教及白族特有的本主崇拜(即多神教)等,构成大理特有的民族宗教文化资源。

(5)优美的神话传说

长期以来劳动人民创造了无数动听的故事和传说,如:蝴蝶泉霞姑与霞郎相爱的故事,观音塘观音负石阻兵的故事,蛇骨塔段赤城斩巨蟒的故事,三塔与金鸡的传说等,大理是一山一水、一草一木、一村一桥,乃至一云一石都饱含了美丽传说的神话世界,为大理增添了无数的神秘色彩和诗情画意。

(6)多彩的民俗风情

大理除白族外还有彝族和回族等少数民族,每个民族都具有自己独特的生活习俗、服装服饰。各民族婚丧嫁娶、待客会友等习俗丰富多彩,如典型的对歌定情,三道茶待客,独特的新娘装扮等历代相传至今。

大理地区各民族节日繁多,有近几十个自己的民族节日。这些盛大的民族节日不仅包含着传说,而且围绕每个节日主题都有相应的活动内容,几乎包含了生活的每个方面,成为苍洱风景区内人文景观的重要组成部分。

大理的民族舞蹈、民间曲艺和以白剧为代表的地方民族戏曲等,内容饱含当地民众的艺术才能,不仅在云南,在全国的艺术舞台上也占有重要地位,给人以美的享受,是极其宝贵的人文景观资源。

大理的土特产品也深受各民族人民尤其是旅游者的喜爱。大理的饮食风格也独具特色,是滇味菜系的重要组成部分。

(7)四季如春的气候

大理坝区海拔约 2 000 m,年温差小,昼夜温差大,冬暖夏凉,年平均气温 15℃左右,全年几乎无四季划分,春秋日数可达约 300 天,"四时之气,初如常春,寒止于凉,暑止于温"。这样的气候为旅游业发

展提供了极佳的条件。

（8）独有的奇观异景

下关风、上关花、苍山雪、洱海月是大理独具特色的自然现象，在长期历史积淀和提炼中大理人民精练地以"风、花、雪、月"四字进行了准确而又充满浪漫气息的概括，使之成为大理城市特色之一。同时，苍山洱海还形成了天然与人文景观兼容并蓄的苍洱三十二景。

（9）旖旎的田园风光

苍山十九峰和洱海之间是百里平川、万顷良田。春夏之时极目远望，郁郁葱葱、绿浪无边。秋冬之日则红黄蓝绿、色彩斑斓。白族村落星星点点坐落其间，白墙灰瓦，炊烟袅袅，耕者时隐时现。苍山溪流清澈蜿蜒，潺潺流入洱海，把这块高原坝区造就得宛若世外桃源，为大理农业生态观光旅游提供了绝好的先天条件。

2）分析规划思想素材

通过对以上规划思想素材的分析可知，大理市具有自然与风貌独特、资源丰富、人文与历史久远多样等突出特点。

3）提出初步规划思想

把以上规划思想素材所具有的特点和大理市创建国家园林城市的目标结合起来，规划组初步确立了充分利用城市所依托的大环境，特别是对城市空气质量、气候影响较大的郊野绿色空间，运用景观生态学"斑块-廊道-基质"理论、"以人为本"的思想和城市绿地系统可持续发展观进行绿地系统规划。

4）确定规划思想

经过和地方政府、专家及当地群众的多次沟通，为有效发挥大理市自然优势和绿色资源潜力，建立科学、完整、开放的城市绿地网络系统，最终提出了构建"山水相依、青山碧水、古城秀美、新城简洁、清新自然"的山水生态园林城市绿地体系的规划思想。

在本案例中，规划方案充分挖掘大理优势，围绕大理市创建国家园林城市的目标，顺应天时地利人和，结合大理市背山面水的自然山水空间格局和气候条件，探求人与绿色环境，绿色环境与社会、经济的最佳结合，并达到最终形成空间结构布局合理，生态良好，"历史立市，文化强市"的彰显白族地区文化特色、弘扬古城历史文化、发展休闲旅游度假为主导产业的国际化宜居绿色生态城市。

2.2　指导城乡绿地系统规划的理论

2.2.1　城市绿地系统规划的早期理论及发展

2.2.1.1　田园城市理论

18世纪工业革命以来，世界城市化进程明显加速，作为人类主要住所的城市，面临着生存与发展的严重挑战。城市问题一直成为社会关注的焦点，人们以极大的热情从理论与实践上致力于对"理想城市"的探索，以寻求解决城市在发展过程中出现的一系列矛盾。1898年霍华德提出了"田园城市"构想，他认为，城市的无限制发展与城市土地的投机是资本主义城市灾难的根源。他建议，限制城市的无限膨胀，主张"城市应与乡村结合"，建设健康、舒适的生活场所。他从生态学、经济学和社会学的观点出发，提出了实现田园城市规划构想的基本要点：

a) 把城市与乡村作为一个统一体来加以考虑，提出城乡结合的城市模式，把生动活泼、充满活力的城市生活的优点和优美、愉快的乡村环境和谐地综合在一起。

b) 把城市发展规模自觉地控制在一定的范围之内。规划一条用于农业的永久性开敞地带，作为城市的组成部分并用这种手段限制城市的物质建设从内部向外部蔓延或者防止四周地区无控制的城市开发的侵入。

c) 有充分的就业岗位和完善的公建设施，城市地区的工业能够养活大部分城市居民，居住条件优于大城市。

d) 建立城镇群体系。以中心城市为核心，周围环绕小城市，其间建立永久隔离的农业地带。中心城市与小城市以及小城市与小城市之间用快速、便捷的公路、铁路相联系。

可以说霍华德是这一时期所有的城市改革家

中一位最具远见卓识并勇于大胆实践的思想家。田园城市所体现的光辉思想,特别是从生态学、经济学和社会学的观点出发综合考虑城市发展形态,提高城市的居住、工作环境质量的思想;从区域的观点出发,研究地区工农、城乡之间的平衡与协调发展的思想;分散大城市过分集中的工业与人口,建设小城市(镇)的思想;城镇体系的整体规划建设思想;重视城市基础设施的建设以及城市的财政、行政管理与效率的思想等,对于我国当今城市规划理论建设与实践,仍然有着重要的现实意义。

2.2.1.2　城市公园运动

城市公园运动(The City Park Movement)自19 世纪中叶以来在美国蓬勃开展。一些专家在看到利用科学技术改造城市的可能性时,提出了如何保护大自然和充分利用土地资源的问题。马歇(G. P. March)从人与自然、动物与植物之间相互依存的关系出发,主张人与自然的正确合作。他的观点在美国得到了重视,许多城市相继开展了保护自然、建设公园系统的城市公园运动。1825 年迪尔伯恩(Dearborn)改造了美国第一个公园墓地——金棕山,将公园的功能与墓地的功能结合在一起,为美国的城市带来了新的活力,从而拉开了美国城市公园建设的序幕。1851 年纽约州议会通过《公园法》。同年在纽约市开始规划第一个公园,即后来的纽约中央公园(Central Park)。在美国第一个造园家唐宁(A. J. Downing)的积极倡导下,同时在借鉴英国利物浦附近伯肯亨德公园(Birkenhead Park)成功经验的基础上,规划中要求公园既是纽约市民休闲娱乐的场所,同时作为面向社会公众开放的场所。

纽约市政府于 1858 年通过了由风景园林建筑师奥姆斯特德(F. L. Olmsted)主持的公园设计方案,并依法在市中心划定了一块大约 3.4 km² 的土地用于公园建设。在各方面的支持下,纽约中央公园取得极大成功,其建设成就受到了高度赞扬。人们普遍认为,中央公园改善了纽约城市的经济、社会和美学价值,改善了环境条件,提高了城市土地利用的税金收入,继而纷纷仿效,在全美掀起了一场“城市公园运动”。

2.2.1.3　带形城市研究

西班牙工程师索里亚·伊·马塔(Arturo Soria Y. Mata)于 1882 年提出了带形城市(linear city)理论。“带形城市”的规划原理是以交通干线作为城市布局的主脊骨骼;城市的生活用地和生产用地平行地沿着交通干线布置;大部分居民日常上下班都横向地来往于相应的居住区和工业区之间。该理论主张城市沿一条 40 m 宽的交通主干道发展,与主干道平行的次干道宽 10 m。城市总用地宽为500 m,每隔 300 m 设一条 20 m 宽的横向道路,联系干道两旁的用地。用地两侧布置宽 100 m 的公园和林地,用绿地夹着城市建筑用地并随之不断延伸,他认为城市居民应“回到自然中去”。1884—1904 年间,在索里亚的倡导下,马德里规划建设了第一段带形城市,长约 5 km。到 1912 年有居民4 000 人。直至今天,它的绿化比周围地区都要好许多,因此不少人认为,索里亚的“带形城市”应称为第一代田园城市。

2.2.1.4　雷德伯恩体系与绿带城研究

在美国社区运动影响下,1929 年建筑师斯泰因(Clarence Stein)和规划师赖特(Henry Wright)按照“邻里单位”理论模式,在美国新泽西州规划了雷德伯恩(Radburn)新城,1933 年开始建设。在该新城中,绿地、住宅与人行步道得到有机配置,人车分离,建筑密度低,住宅被成组配置,位于道路的尽端,住宅区中相应配置公共建筑,商业中心则被布置在住宅区中间。这种规划布局模式被称为雷德伯恩体系。后来斯泰因又把它运用于 20 世纪 30 年代美国的其他新城建设,如森纳赛田园城(Sunnyside Garden City)以及位于马里兰、俄亥俄、威斯康星和新泽西的四个绿带城。

2.2.1.5　卫星城镇理论

卫星城镇(satellite town)理论是田园城市理论的发展。1922 年,霍华德的追随者雷蒙·恩维(R. Unwin)出版了《卫星城镇的建设》一书,建议在大城市外围建立卫星城镇,以疏散人口,控制大城市的规模。1927 年他提议在大伦敦城外围建设环城绿带,控制城市无限制地蔓延,而将多余的人口和就业岗位疏散到一连串的“卫星城镇”中去。卫星城与"母城"之间保持一定的距离,但有便捷的交通联系,二者间以农田或绿带隔离。

2.2.1.6 有机疏散理论

芬兰建筑师伊·沙里宁(E. Saarinen)为缓解由于城市过分集中所产生的弊病提出了关于城市发展及其布局结构的"有机疏散理论"(Theory of Organic Decentralization)。沙里宁在他 1942 年写的《城市,它的生长、衰退和将来》一书中认为,城市的结构既要符合人类聚居的天性,便于人们过共同的社会生活,感受城市的脉搏,而又不脱离自然。有机疏散的城市发展方式能使人们居住在一个兼具城乡优点的环境中。

沙里宁认为城市是一个有机体,其内部秩序实际上是和生命机体的内部秩序一致的。因此,没有理由把重工业布置在城市中心,轻工业也应疏散出去,腾出的大面积工业用地应用来开辟绿地。对于城市生活中"日常活动"的区域可作集中的布置,不经常的"偶然活动"场所则作分散的布置。

1918 年,沙里宁按照有机疏散理论做了赫尔辛基城市规划。这一理论在二战之后对欧美各国建设新城市、改造旧城,以至大城市向城郊疏散扩展的过程,产生了重要影响。

2.2.1.7 绿色城市理论

绿色城市(green city)理论最早由现代建筑运动大师法国人勒·柯布西埃(le Corbusier)提出,他认为要从规划着眼,以技术为手段,改善城市的有限空间。他在 1930 年的"光明城"规划里设计了一个由高层建筑构成的"绿色城市":房屋底层透空,屋顶设花园,地下通地铁,距地面 5 m 高的空间布置汽车运输干道和停车场网。居住建筑相对于"阳光热轴线"的位置处理相当合理,形成宽敞、开阔的空间。他对自然美很有感情,竭力反对城市居民同自然环境割裂开的现象。他主张"城市应该修建成垂直的花园城市",每平方千米土地的居住密度达 3 000 人,并希望在房屋之间能看到树木、天空和太阳。

自 1972 年斯德哥尔摩联合国人类环境会议以来,在欧美等西方发达国家里掀起了"绿色城市"运动,将城市绿地的景观建设、生态建设和自然保护相结合,不断形成新的理论。

绿色城市运动迄今已在全球范围内获得了许多重要成果,国际上愈来愈多的城市开始注重城市规划建设与自然环境的有机融合,特别是利用林地与河川来形成城市绿化的基础。例如俄罗斯莫斯科市利用绿带、水系和路网组成生态城市建设的骨架,澳大利亚墨尔本市利用水系组织绿地生态系统,德国科恩市利用森林和水边地形构成环状绿地系统,美国的芝加哥至明利波里之间出现了环绕"绿心"农业地区的环形城市等。

日本横滨市的市内公园面积有 660 hm²,市郊还有 4 500 hm² 林地。多年来,市政府一直在郊区购买用于造林的土地,将其作为"绿化保护区"或"市民林"加以保护。1980 年制定了绿化总体规划,要求进一步保护和扩大城郊绿地,并列入了横滨"21 世纪计划"。20 世纪 90 年代以来,政府正按照计划,从莳田公园到横滨公园、日本大街、山下公园总长约 2.5 km 的地区,修建"绿色中轴线",并使之成为新横滨都市空间的象征。

巴西新首都巴西利亚市内有连片的草地、森林和人工湖,人均绿地面积达 72 m²;人工湖周长约 80 km,面积达 44 km²;大半个城市傍水而立,湖畔建了不少俱乐部和旅游点。市内无污染工业,环境质量优良。

21 世纪生态优先的理念愈来愈深入人心,可以预见"绿色城市"运动必将给城市绿地建设与发展带来一场根本性的革命。

2.2.2 现代城市绿地系统生态规划建设理论的探索

20 世纪 60 年代后,随着世界范围内城市化的发展和社会、经济的进步,西方国家的社会价值观发生了重要变化。人们将衡量城市先进与否的标准,逐渐由过去强调"技术、工业和现代建筑"向"文化、绿野和传统建筑"的方向发展,提出了"回归自然"的口号。城市绿地系统的规划与建设,受到了普遍的重视。

2.2.2.1 设计结合自然理论

由美国著名景观生态学家麦克哈格(I. L.

McHarg)于 1969 年提出,他在《设计结合自然》一书中提出了建立一个城市与区域规划的生态学框架,认为生态规划(ecological planning)是在没有任何害处的情况或多数无害的条件下,对土地的某种可能用途进行的规划。他通过案例研究,对生态规划的工作程序、应用方法及绿地在其中的结构和功能、作用做了较全面的探讨。

麦克哈格法的核心思想在于:根据区域自然环境与自然资源性能,对其进行生态适宜性分析,以确定土地利用方式与发展规划,从而使自然的利用与开发及人类其他活动与自然特征、自然过程协调统一。他的生态设计理论在田纳西河流域绿带及美国一些高速公路绿带的规划建设工作中得到了充分体现。

2.2.2.2　可持续发展理论

现代可持续发展思想是伴随着 20 世纪中叶以来,人类对赖以生存的资源和环境的破坏以及尝到环境恶化导致的恶果后而逐渐形成的。1980 年 3 月,由联合国环境规划署(UNEP)、国际自然资源保护同盟(LUCN)和世界野生生物基金会(WWF)共同组织发起,多国政府官员和科学家参与制定《世界自然保护大纲》,初步提出可持续发展的思想,强调"人类利用对生物圈的管理,使得生物圈既能满足当代人的需求,又不危及后代人满足其需求"。1983 年,联合国第 38 届大会通过第 38/161 号决议,批准成立世界环境与发展委员会(WCED),其后经过近 3 年的紧张工作,于 1987 年 2 月在日本东京召开大会,正式公布了世称"布伦特兰报告"的《我们共同的未来》,同时发表了"东京宣言",呼吁全球各国将可持续发展纳入其发展目标,并提出八大原则作为行动指南。1989 年 12 月 22 日,联合国大会通过了 44/228 号决议,决定召开环境与发展全球首脑会议。1990 年,联合国组织起草会议主要文件《21 世纪议程》。1992 年 6 月 3 日至 14 日,在"布伦特兰报告"发表 5 年之后,联合国环境与发展大会(地球高峰会议)在巴西里约热内卢召开,大会通过"里约宣言",102 个国家首脑共同签署《21 世纪议程》,普遍接受了可持续发展的理念与行动指南。

可持续发展在《我们共同的未来》中的定义为:"既能满足当代人的需求,又不危及后代人满足其需求"。可持续发展理论包括三大原则,即公平性原则、持续性原则和共同性原则。公平性原则要求同代人之间、代际之间、物种之间和地区之间的协调发展。持续性原则要求不仅一国之内的人口、资源、环境与发展协调,也涉及不同国家和地区之间的人口、资源、环境与发展的矛盾与冲突解决。共同性原则要求通过国际合作解决全球性问题。可持续发展理论主要包括自然资源与生态环境的可持续发展、经济的可持续发展和社会的可持续发展三个方面,在当前国内外的经济和社会发展、生态与环境保护、国际合作中发挥着重要的影响,也对包括绿地系统规划在内的规划设计产生着深远影响。

2.2.2.3　城乡一体化理论

日本学者岸根卓郎于 1985 年提出,21 世纪的国土规划目标应体现一种新型的、集成了城市和乡村优点的规划理念。其核心是创造自然与人类的信息交换场。实现其新国土规划的具体方式是以农、林、水产业的自然系为中心,在绿树如荫的田园上、山谷间和美丽的海滨井然有致地配置学府、文化设施、先进的产业、住宅,使自然与学术、文化、生活浑然一体,形成一个与自然完全融合的"物心与丰"的社会。实际上,他提出的"新国土规划"是自然系、空间系、人工系综合组成的三维立体规划,其目的在于创建一个建立在"自然-空间-人类系统"基础上的"同自然交融的社会",亦即"城乡融合社会"。实现这一目标的具体方法是"产-官-民一体化地域系统设计"。

2.2.2.4　循环经济理论

循环经济的思想萌芽可以追溯到环境保护思潮兴起的时代。20 世纪 80 年代,人们注意到要采用资源化的方式处理废弃物,但对于污染物的产生是否合理这个根本性问题,以及如何从生产和消费源头上防止污染产生,大多数国家仍然缺少理论上的洞见和政策上的举措。20 世纪 90 年代,伴随着可持续发展战略成为世界潮流,人类对全球环境问题的认识以及环境管理的思想和观念也在不断变

化和发展，人类系统地认识到与线性经济相伴随的末端治理的局限性，源头预防和全过程治理成为国家环境与发展政策的真正主流，一套系统的循环经济战略逐步发展起来。

循环经济（circular economy）是物质闭环流动型（closing materials cycle）经济、资源循环（resourses circulate）经济的简称。与传统工业社会的"资源→产品→污染排放"单向流动的线性经济模式不同，它倡导的是一种与资源环境和谐共生的经济发展模式。它要求把经济活动组织成一个"资源→产品→再生资源"的反馈式流程。所有的物质和能源要在这个不断进行的经济循环中得到合理和持久的利用，从而把经济活动对自然环境的影响降低到尽可能小的程度。循环经济本质上是一种生态经济，它要求运用生态学规律而不是机械论规律来指导人类社会的经济活动。

循环经济是一种善待地球的经济发展新模式，它要求人们在生产和消费活动中倡导新的行为规范和准则。4R原则就是实施循环经济战略思想的基本指导原则。

减量化原则（reduce）：要求用较少的原料和能源，特别是控制使用有害于环境的资源投入来达到既定目的或消费目的，从而在经济活动的源头就注意节约资源和减少污染。

再回收原则（recovery）：要求将人类生活和生产产生的废物再分类回收。

再利用原则（reuse）：要求制造的产品和包装容器能够以初始的形式被多次使用和反复使用，而不是用过一次就废弃。

再循环原则（recycle）：要求生产出来的物品在完成其使用功能后能重新变成可再利用的资源，而不是不可恢复的垃圾。再循环有两种情况：一种是原级再循环，即废品被循环用来产生同种类型的新产品，例如，纸张再生纸张、塑料再生塑料等等；另一种是次级再循环，即将废物资源化为其他类型的产品原料。原级再循环在减少原料消耗上达到的效率比次级再循环高得多，是循环经济追求的理想境界。

城乡绿地系统是区域和城乡发展的重要资源，

在规划建设过程中既要注重生态和环境保护的目标，也要灵活运用循环经济的基本理论，把绿地系统建设和当地的经济社会持续发展有机融合起来，使政府和老百姓切实感受到绿地系统建设的重要性和不可或缺。

2.2.2.5　恢复生态学理论

恢复生态学是1985年由Aber和Jordan提出来的。它是应用生态学的一个分支，已成为国际生态环境学界的重要研究分支之一。

恢复生态学是研究生态系统退化的原因，退化生态系统恢复与重建的技术与方法、生态学过程与机理的科学。基础理论研究包括：①生态系统结构（包括生物空间组成结构、不同地理单元与要素的空间组成结构及营养结构等）、功能（包括生物功能；地理单元与要素的组成结构对生态系统的影响与作用；能流、物流与信息流的循环过程与平衡机制等）以及生态系统内在的生态学过程与相互作用机制；②生态系统的稳定性、多样性、抗逆性、生产力、恢复力与可持续性研究；③先锋与顶级生态系统发生、发展机理与演替规律研究；④不同干扰条件下生态系统的受损过程及其响应机制研究；⑤生态系统退化的景观诊断及其评价指标体系研究；⑥生态系统退化过程的动态监测、模拟、预警及预测研究；⑦生态系统健康研究。应用技术研究包括：①退化生态系统恢复与重建的关键技术体系研究；②生态系统结构与功能的优化配置与重构及其调控技术研究；③物种与生物多样性的恢复与维持技术；④生态工程设计与实施技术；⑤环境规划与景观生态规划技术；⑥典型退化生态系统恢复的优化模式试验示范与推广研究。

由于人类活动对城乡地域生态系统扰动的增强，城乡生态系统退化已经成为区域发展重点关注的问题之一。因此，在城乡绿地系统规划中，要系统应用恢复生态学的基本原理，恢复生态系统的结构和功能，以达到保护城乡生态环境、美化人居环境的目的。

2.2.2.6　景观生态学理论

"景观生态"概念是德国地理学家特罗尔（Carl Troll）于1939年提出的，他认为景观生态是指某一地段上生物群落与环境间的主要的、综合的和因果的关系。其中"景观"是指一个广义的"人类生存空间的视觉空间总体"，包括地圈、生物圈和智能圈的人工产物。景观生态学是以地理学与生态学为基础多学科交叉形成的产物，是研究景观单元的类型组成、空间配置和生态学过程相互作用的综合性学科。

在景观生态学中，景观的含义是指栖息地（生境）、群落及各种土地覆盖类型的组合，这些景观单元的空间配置是各环境因素以及人类活动共同作用的结果。资源价值和整体生态特性是景观生态学中景观的本质含义。景观由景观要素组成。景观要素指基本的、相对均质的土地生态要素或单元。从生态学观点来看，这些要素相当于生态系统。景观基本要素有3种类型：斑块（patch）、基质（matrix）和廊道（corridor）。

景观结构是指景观要素（地形、水文、气候、土壤、植被、动物）和组分（森林、草地、农田、果园、水体、道路等）的种类、大小、形状、轮廓、数目和它们的空间配置。景观的功能是指要素和组分的相互作用，即能量、物质和生物有机体在组分之间的流动。景观结构决定着景观功能。以景观生态学的观点来分析城市绿地系统的结构，其结构是：公园、花园、小游园、广场绿地相当于"斑块"；街道绿化、城市滨水绿带相当于"廊道"；城市的其他部分，如工业区、商业区、居住区等为"基质"。希望通过合理的城市绿地系统结构来最大限度地体现其环境、社会、经济效益，所以合理的城市绿地系统构成应是多样化的生态环境、优良的植物立地条件、贴近自然的地形营造、良好的植物群落、丰富的立体种植、多样性的植物种类、适度的目标小品、完善的园林设施、有效的自然保护、完美的景观生态。

总之，城乡绿地系统应建立绿色廊道组成的网络骨架，其中公园绿地等"斑块"一般位于重要的"节点"位置，提供休闲和游憩场所。只有以整体观来规划，城乡绿地系统才能达到最优化，也正因为如此，在城乡绿地系统规划中，公园绿地往往成为规划布置的重点，以此"斑块"结合"廊道"、"基质"构成城乡绿化网络，并且和区域原有的自然生态系统共同构成更广泛的绿地生态系统。

2.2.2.7　碳汇理论

碳汇是植物通过光合作用吸收大气中的二氧化碳并把二氧化碳固定在自身和土壤中的活动过程和机制。它主要是指森林吸收并存储二氧化碳的多少。它的重要作用在于对太阳能的有效转换，以维持地球上包括人类在内的一切生命和生态系统的生存和进化。它是人类及其环境存在的基础和前提。绿色植物及一些自养细菌在这个过程中起到了关键作用。因此，全球已经形成共识，即增加碳汇是应对全球气候变化的重要途径，而实现这一目标的关键在于植树造林、保护自然生态系统。

因此，在当代城乡绿地系统规划建设中，规划师和园林绿化部门不仅仅要关注绿地植物的绿化和美化功能，也应该关注它们的碳汇功能。所以，规划建设健康型的绿地系统，恢复地带性植被，选育配置高碳汇植物，提高生物多样性是绿地系统规划的重要研究课题和任务。

2.2.2.8　城市碳氧平衡理论

碳氧平衡是人类活动排碳吸氧与植物吸碳放氧的总量相平衡的理论，即大气中碳排放量与碳吸收量保持在一定的平衡范围，以维持生态安全。在现阶段，人类聚居区是产生二氧化碳的主要场所。国内外许多学者的研究都证实了这一点。而我国目前尚处于快速城市化时期，随着城镇居民数量的不断上涨，很多大中型城市不得不占用森林绿地等来开发房产，使得城市大多数植被、农田等都受到了严重的破坏，导致中国城市的二氧化碳排放量居高不下，加大了我国减排压力。城市绿地是城市生态系统中人与自然沟通的桥梁，也是生态系统当中其他动物赖以生存的重要区域，它不仅可以改善人类的居住环境，也可以净化城市的空气。这是因为绿色植物在维持城市碳氧平衡方面起着关键性作用。绿色植物在光合作用中制造的氧量大于自身呼吸作用所需的氧量，其余的氧都以气体的形式排到了大气中。绿色植物还通过光合作用，不断消耗大气中的 CO_2，维持了生物圈中 CO_2 和 O_2 的相对平衡。植物光合作用制造的碳水化合物与放出的氧的重量比例为 $1:1.067$，放出氧气量与吸收 CO_2

之比为 1：1.375，植物自身消耗碳水化合物是光合作用的反向过程，所需氧量小于光合作用放氧量，排出 CO_2 小于光合作用时 CO_2 吸收量。这就是碳氧平衡理论的基本原理。

在城乡绿地系统规划中，科学估算城市绿地系统的生态效益，结合城市的生态需求合理规划绿地结构、绿地面积及绿量，以保证城市生态系统的碳氧平衡，可为社会、经济与环境的可持续发展创造良性的物质循环基础。对城市绿地的碳氧平衡作用进行分析，研究其 CO_2 和 O_2 的消耗与供应关系及其分配特征，可为当地的绿化树种优化配置提供参考依据，并有助于测算生态用地需求量，为编制绿地系统规划提供科学依据。

2.2.2.9 绿廊绿道理论

绿廊绿道理论与景观生态学的"斑块-廊道-基质"理论密不可分，是由一系列的概念组成的理论。

绿道规划与建设的理念最早起源于 19 世纪的欧美国家。目前，世界范围内的专家和学者普遍认为美国人弗雷德里克·奥姆斯特德是绿道运动的创始人。

绿道是以自然要素为依托和构成基础，串联城乡游憩、休闲绿色开敞空间，沿着河流、溪谷、山脊、风景道等自然和人工廊道建立的以游憩、健身为主，兼具市民绿色出行和生物迁徙等功能的廊道。由绿道构成的网络状绿色开敞空间系统称为绿道网。绿道由游径系统、绿化和设施三大部分组成。

绿廊是以自然生态系统和人工生态系统为基底，为植物生长和动物繁衍提供廊道和生境的绿色空间，以及发挥安全防护作用、美化景观的绿色隔离区域。由绿廊组成的绿廊系统是绿道控制范围内的主体。

绿廊绿道是指顺着常年风向，以道路和河流为主干的带状绿化带。绿化带内设有人行景观彩色道路，居民可以在景观路上徒步，也可以骑行，来观赏道路两侧的美景。

1）绿廊绿道的主要功能

生态功能：绿廊绿道可以有效地保护生物栖息地和生态环境，形成动物迁徙和通风的廊道；同时还具有防洪、蓄水净水、清新空气、降解有机废物和减少城市热岛效应等功能，人类能够从中直接获益。

游憩教育功能：绿廊绿道可以提供亲近自然的空间；是开展慢跑、徒步、骑行、垂钓、泛舟等户外运动的场地，是居民出行、健身的清洁通道。绿廊绿道中设置科普教育和文化娱乐场所可以开展多种形式的活动，丰富群众的业余文化生活。

景观美学功能：景观破碎化严重威胁景观的美学价值，城市绿廊绿道将破碎化的景观通过线性自然要素连接起来，维系和增强了景观的美学价值。城市绿道网络布局结构的不同以及各地不同植物所表现的不同地域特征，有助于形成不同的地域特色。

连接功能：绿廊绿道可以代替柏油路连接城市和乡村，而且为野生动物提供迁徙通道。

社会与文化功能：城市绿廊绿道建设可以保护和利用文化遗产；是串联城市社区与历史建筑、古村落和文化遗迹的通道；为居民提供交流的空间场所，对促进人际交往及社会和睦有重要作用。

经济功能：实施城市绿廊绿道建设，不仅能体现社会、生态效益，而且能产生巨大的经济效益，成为区域重大的经济产业；能积极推动风景名胜区发展，为周边居民提供多样化的就业机会，提升周边土地价值。

2）绿廊绿道的建设内容

主要包括：景观节点、慢行道、标识系统、基础设施、服务系统。

景观节点：包括风景名胜区、各类城市绿地、城市特色区域、乡村自然风景、人文景点等重要游憩空间。

慢行道：包括自行车道、步行道、无障碍道（残疾人专用道）、水道等非机动车道；一般生态、郊野型绿道建设综合慢行道。

标识系统：包括标识牌、引导牌、信息牌等标识设施。

基础设施：包括出入口、停车场、环境卫生、给排水、照明、通信等配套设施。

服务系统：包括换乘、租售、露营、咨询、救护、保安等服务设施。

3）绿廊绿道的分类

根据形成条件与功能的不同,绿廊绿道可以分为下列 5 种类型。

城市河流型(包括其他水体):这种绿道极为常见,在美国通常是作为城市衰败滨水区复兴开发项目中的一部分而建立起来的。

游憩型:通常建立在各类有一定长度的特色游步道上,主要以自然走廊为主。

自然生态型:通常是沿着河流、小溪及山脊线建立的廊道。

风景名胜型:一般沿着道路、水路等路径而建,往往对各大风景名胜区起着相互联系的纽带作用。

综合型:通常是建立在诸如河谷、山脊类的自然地形中,很多时候是上述各类绿道和开敞空间的随机组合。它创造了一种有选择性的都市和地区的绿色框架,其功能具有综合性。

绿廊绿道可以在不同的空间尺度上规划建设,大到国家尺度,小到一个空间片段尺度。它作为城乡绿地系统的有机组成部分,能够有效地遏制城市蔓延,为居民提供健康的健身、游憩、休闲场地,保护和改善城市公共空间。因此,可在城乡绿地系统规划中加以灵活运用。

2.2.2.10　海绵城市建设理论

建设海绵城市,即构建低影响开发雨水系统,主要是指通过"渗、滞、蓄、净、用、排"等多种技术途径,实现城市良性水文循环,提高对径流雨水的渗透、调蓄、净化、利用和排放能力,维持或恢复城市的"海绵"功能。海绵城市构建从源头到末端的全过程控制雨水系统,与传统雨水利用相比,海绵城市更注重雨水的自然积存、自然渗透和自然净化,是一种绿色可持续的雨水排放模式。海绵用以比喻城市或土地的雨涝调蓄能力。它更注重城市在自然灾害发生时能有效应对,在环境发生变化时能及时适应。它具有很好的弹性功能:在雨水降临时,能将其迅速地吸收、储存、渗透、净化。在缺水时,能及时地将其抽取出来并循环利用。要解决城乡水问题,必须把研究对象从水体本身扩展到水生态系统,通过生态途径,对水生态系统结构和功能

进行调理,增强生态系统的整体服务功能:供给服务、调节服务、生命承载服务和文化精神服务。这四类生态系统服务构成水系统的一个完整的功能体系。从生态系统服务出发,通过跨尺度构建水生态基础设施,并结合多类具体技术建设水生态基础设施,是"海绵城市"的核心。

海绵城市的建设途径主要有对城市原有生态系统的保护、生态恢复和修复、低影响开发等三个方面。首先应保护现有河网水系、湿地、绿地等城市雨水滞纳区,对城市建设中已遭到破坏的,应采用生态手段尽可能恢复,提升城市滞纳雨水的能力;其次通过绿色屋顶、下凹式绿地、雨水花园、植草沟、绿色街道、生态湿地、透水铺装、雨水调蓄池等低影响技术措施,强化雨水的积存、渗透和净化。

水系湿地、广场绿地、城市道路、地块内部等城市空间是建设海绵城市,构建低影响开发雨水系统的主要载体。城市绿地系统作为建设海绵城市的主要组成部分,为城市提供了大量的可透水面,保证了区域水资源的正常循环,维护了城市的健康水环境。

2.3　绿地系统规划的依据

2.3.1　相关法律法规

法律法规包括法律、法律解释、行政法规、地方性法规、自治条例、单行条例和规章。行政法规由国务院制定,是对法律的补充。国家及各级政府颁布的有关法律、法规是编制绿地系统规划最为重要的法定依据。相关的法律法规主要包括(最新的发布年限以国家相关部门颁布的最新文件为准):

①全国人民代表大会　《中华人民共和国城乡规划法》(2008 年 1 月 1 日颁布施行,2015 年 4 月 24 日修订并施行)。

②全国人民代表大会　《中华人民共和国土地管理法》(1987 年 1 月 1 日施行,2004 年 7 月 19 日

修订并施行）。

③国务院 《中华人民共和国土地管理法实施条例》（2014 年 7 月 29 日修订并施行）。

④全国人民代表大会 《中华人民共和国环境保护法》（1989 年 12 月 26 日施行，2014 年 4 月 24 日修订通过，2015 年 1 月 1 日起施行）。

⑤全国人民代表大会 《中华人民共和国森林法》（1985 年 1 月 1 日施行，1998 年 7 月 1 日修订并施行）。

⑥国务院 《中华人民共和国森林法实施条例》（2011 年 1 月 1 日修订并施行）。

⑦全国人民代表大会 《中华人民共和国文物保护法》（1982 年 11 月 19 日施行，2015 年 4 月 24 日修订并施行）。

⑧全国人民代表大会 《中华人民共和国野生动物保护法》（1989 年 3 月 1 日起施行，2004 年 8 月 28 日修订并施行）。

⑨国务院 《中华人民共和国野生植物保护条例》（1997 年 1 月 1 日起施行）。

⑩国务院 《中华人民共和国自然保护区条例》（1994 年 12 月 1 日起施行，2011 年 1 月 1 日修订）。

⑪国务院 《风景名胜区条例》（2006 年 12 月 1 日施行）。

⑫国务院 《城市绿化条例》（1992 年 8 月 1 日施行，2011 年 1 月 1 日修订并施行）。

⑬住房和城乡建设部 《城市绿线管理办法》（2002 年 11 月 1 日施行，2011 年 1 月 26 日修订）。

⑭建设部 《城市古树名木保护管理办法》（2000 年 9 月 1 日起施行）。

⑮住房和城乡建设部 《城市蓝线管理办法》（2006 年 3 月 1 日起施行，2011 年 1 月 26 日修订）。

⑯其他 各地政府颁布的相关条例、办法及规章等。

2.3.2 标准、规范及相关文件

标准是对科学技术和经济领域中某些多次重复的事物给予公认的统一规定；规范指明文规定或约定俗成的标准，或是指按照既定标准、规定的要求进行操作，使某一行为或活动达到或超越规定的

标准。国家及行业各类技术标准、规范从技术的角度对绿地系统规划编制做出了相应的规定，也是规划编制不可缺少的依据。相关的标准、规范等主要包括（最新的发布年限以国家相关部门颁布的最新文件为准）：

①行业标准 《城市绿地分类标准》（CJJ/T 85—2002）。

②行业标准 《镇（乡）村绿地分类标准》（CJJ/T 168—2011）。

③行业标准 《园林基本术语标准》（CJJ/T 91—2002）。

④行业标准 《城市规划制图标准》（CJJ/T 97—2003）。

⑤行业标准 《城市道路绿化规划与设计规范》（CJJ 75—97）。

⑥国家标准 《公园设计规范》（GB 51192—2016）。

⑦国家标准 《城市园林绿化评价标准》（GB/T 50563—2010）。

⑧国家标准 《城市规划基本术语标准》（GB/T 50280—98）。

⑨国家标准 《城市绿地设计规范》（GB 50420—2007）（2016 年修订）。

⑩住房和城乡建设部 《城市绿线划定技术规范》（GB/T 51163—2016）。

⑪国家标准 《城市居住区规划设计规范》（GB 50180—98）（2016 年修订）。

⑫国家标准 《风景名胜区规划规范》（GB 50298—1999）。

⑬林业部 《森林公园总体设计规范》（LY/T 5132—95）。

⑭住房和城乡建设部 《城市规划编制办法》（2006 年 4 月 1 日起实施）。

⑮住房和城乡建设部 《城市绿地系统规划编制纲要（试行）》（2002 年）。

⑯住房和城乡建设部 《城市绿化规划建设指标的规定》（建城〔1993〕784 号）。

⑰住房和城乡建设部 《国家园林城市系列标准》（建城〔2016〕125 号）。

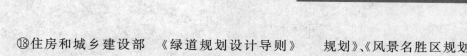

⑱住房和城乡建设部　《绿道规划设计导则》（2016 年）。

⑲住房和城乡建设部　《关于加强城市绿地系统建设提高城市防灾避险能力的意见》（建城〔2008〕171 号）。

⑳住房和城乡建设部　《全国环境优美乡镇考核验收规定（试行）》（2002 年）。

㉑其他　各级政府颁布的地方性技术规范等。

2.3.3　现行的相关规划

现行的《城市总体规划》、《土地利用规划》是《城市绿地系统规划》的上位规划，需将其作为绿地系统规划编制的重要依据。

现行的《城市绿地系统规划》。如果之前已经做过城市绿地系统规划，并已批复执行，需对绿地系统规划的执行情况进行分析，为新的绿地系统规划提供参考。

现行的《森林城市建设总体规划》、《城市林业规划》、《风景名胜区规划》、《自然保护区规划》、《森林公园规划》、《城市公园规划》等各类绿地的规划均作为编制参考依据。

2.3.4　其他相关资料

当地的自然地理、人文历史、经济环境等城市概况以及城市发展情况、城市绿地现状均为规划编制的基础依据。

当地的市/县志、年鉴、林业志等相关资料也是参考依据。

思考题

1. 请阐述规划思想对城乡绿地系统规划的重要意义。

2. 目前指导城市绿地系统生态规划建设的理论有哪些？

3. 目前我国城乡绿地系统规划依据的相关法律法规和标准规范有哪些？

可操作性是城乡绿地系统规划编制的最根本要求。要提高城乡绿地系统规划的可操作性，就需要基于我国的规划编制体系要求，制定与相关规划衔接的刚、弹性内容，基于绿地管理程序，为管理实施部门制定便于操作的文图规划成果。

城乡绿地指标是指能体现绿色环境数量及质量的量化标准，是衡量一个城市绿地数量和质量水平的基本值，指标的确定包括城市绿地的各种计量单元的选择以及指标高低的制定。根据城市具体情况选择合理的城市绿地计量单元，制定合理的绿地指标有利于城市生态环境水平及人民生活环境质量的提高，有利于城市可持续发展及人与自然和谐共处。

本章主要从规划编制的程序与内容、绿地指标体系的构建以及现状调查方法与规划方法等方面展开论述。

3.1 规划编制程序与内容

根据多年来全国各城市的实践，编制绿地系统规划的主要工作程序包括：规划编制组织、基础资料收集与现状调查研究、规划编制、规划成果审批、规划实施与调整修改五个环节，各环节具体内容如下：

3.1.1 规划编制的组织

按照1992年国务院颁布的《城市绿化条例》规定，城市绿地系统规划由城市人民政府组织城市规划和城市绿化行政主管部门共同编制；依法纳入城市总体规划。目前，我国各地城市绿地系统规划的编制组织形式大致有三种：

a) 由城市绿化行政主管部门与城市规划行政主管部门合作编制；

b) 由城市规划行政主管部门主持编制，规划方案需征求城市绿化行政主管部门及农林、水利、交通、环保等相关部门的意见后，再进行调整、论证和审批；

c) 由城市绿化行政主管部门主持编制，城市规划行政主管部门配合，规划成果经专家和上级行政管理部门审定、批复后，交由城市规划部门纳入城市总体规划实施。

这三种规划编制的组织形式都切实可行，可以根据各城市的具体情况选择应用。一般由以上部门通过法律程序委托具有相应城乡规划资质的单位完成城乡绿地系统规划编制。

3.1.2 基础资料收集与现状调查研究

现状调查研究是城乡绿地系统规划必需的前期工作。通过该项工作，可以达到对现状资料和信息的全面、系统、准确掌握，主要包括基础资料的收集、后期分析研究两个步骤。基础资料的收集又可通过现场调查、查阅文献资料、由当地有关部门提供基础资料三种途径获得。一般需要收集和分析的资料包括以下内容：

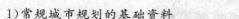

1）常规城市规划的基础资料

地形图（图纸比例为1:5 000 或 1:10 000，通常与城市总体规划图的比例一致）、卫星影像图、电子地图等。

2）自然地理概况资料

气象资料：包括历年及逐月的气温、湿度、降水量、风向、风速、风力、霜冻期、冰冻期等。

动植物及植被资料：包括森林植被类型；主要植物种类，包括乔木种类、经济林种类、灌木种类、草本种类、竹类等；野生动物；珍稀动植物等。

土壤资料：包括土壤类型，土层厚度，土壤物理及化学性质，不同土壤分布情况，地表水、地下水深度，冰冻线高度等。

3）城市社会经济发展资料

a）城市历史、典故、传说，文物保护对象、名胜古迹、革命旧址、历史名人故址等各种保护地的位置、范围、面积、性质、环境情况及用地可利用程度。

b）城市社会经济发展水平，如：生产总值、财政收入及产业产值状况，城市特色产业资料等。

c）城市建设现状与规划资料，如：城市总体规划，城市土地利用总体规划，道路交通系统现状与规划，自然保护区规划，风景名胜区规划，旅游规划，农业区划，农田保护规划，林业产业发展规划及其他相关规划。

4）城乡绿地建设现状资料

a）原有绿地系统规划及实施情况。

b）市域范围内重点生态绿地（如：自然保护区、风景名胜区、森林公园、郊野公园、林地、农田林网、各类防护林、城市绿化隔离带、垃圾填埋场恢复绿地等）的位置、范围、面积与开发利用状况。

c）市域范围内重点生态区（如：水力滞留区、河岸消落带、水源保护区、湿地等）的现状情况。

d）市域内现有河湖水系的位置、流量、流向、面积、深度、水质、库容、卫生、岸线情况及可利用程度。

e）镇（乡）村内各类绿地的位置、范围、面积、性质、植被状况及建设状况。

f）城市现有各类公园绿地的位置、范围、性质、面积、建设年代、用地比例、主要设施、经营与养护情况、平时及节假日游人量、人均面积指标等。

g）城市规划区内现有生产绿地的数量、面积与位置，生产苗木的种类、规格、生长情况，苗木自给率等情况。

h）城市规划区内现有各类防护绿地、各类附属绿地的数量、面积与位置。

i）城市规划区内适于绿化而又不宜建筑的用地的位置与面积。

j）城市规划区内适于用作防灾避险绿地的位置与面积。

k）城市的环境质量与环保情况，主要污染源的分布及影响范围，环保基础设施的建设现状与规划，环境污染治理情况，生态功能分区及其他环保资料。

5）植物物种资料

a）当地自然植被物种调查资料。

b）现有城市植物的应用种类及其对生长环境的适应程度（含乔木、灌木、木质藤本、草本植物、水生植物等）。

c）相邻地区城市绿化植物种类及其对生长环境的适应情况、主要植物病虫害情况。

d）当地有关园林绿化植物的引种驯化及科研进展情况等。

e）城市古树名木的数量、位置、种名、树龄、生长状况等资料。

6）绿化管理资料

a）城市园林绿化建设管理机构的名称、性质、归属、编制、规章制度建设情况。

b）城市园林绿化行业从业人员概况：职工基本人数、专业人员配备、科研与生产机构设置等。

c）城市园林绿化维护与管理情况：最近5年内投入的资金数额、专用设备、绿地管理水平等。

3.1.3　规划编制

在经过基础数据收集、现场调查、综合分析研究后进行规划具体内容的编制，规划需提交的成果包括规划文本、规划图则、规划说明书以及基础资料汇编四个部分。其中，经依法批准的规划文本与规划图件具有同等法律效力。

3.1.3.1　规划文本

以章、条形式阐述规划成果的主要内容，应按

法规条文格式编写,行文力求简洁准确,使用陈述句。使用"必须"、"应"、"宜"等语气词反映应执行的程度,使用"严禁"、"不得"、"不宜"等语气词反映禁止的程度,并说明强制执行的内容。

城市绿地系统规划文本应至少包括以下章的内容:第一章总则、第二章规划目标与指标、第三章市域绿地系统规划、第四章城市规划区绿地结构布局与分区、第五章城市规划区绿地分类规划、第六章树种规划、第七章生物多样性保护与建设规划、第八章古树名木保护规划、第九章避灾绿地规划、第十章城市绿线及生态控制线管理规划、第十一章分期建设规划、第十二章规划实施的保障措施、第十三章附则。

以第一章的条款为例说明条文的内容,如:第一章总则,一般应包括以下8个方面的条文:第一条编制的必要性、第二条规划的性质、第三条规划编制依据、第四条规划范围、第五条规划期限、第六条规划规模、第七条绿地系统空间构建、第八条强制性内容。

3.1.3.2　规划图则

规划图则主要以图的形式表现城乡绿地系统各类绿地的结构、布局、分区等空间要素,表达的内容应与文本一致。城市绿地系统规划图件的比例尺应与城市总体规划相应图件基本一致,并标明风玫瑰;城市绿地分类现状图和规划布局图,大城市和特大城市可分区表达。为实现绿地系统规划与城市总体规划及相关规划的更好对接,方便实施信息化规划管理,规划图件应是 AUTOCAD 或 GIS 格式的数据文件。

规划图则一般包括如下图纸:

a)城市区位关系图;

b)城市概况与资源条件分析图(包括城市综合现状图、规划区用地现状图以及古树名木和文物古迹分布图等);

c)城市用地现状与自然条件综合评价图(1∶10 000～1∶50 000);

d)城市绿地分布现状分析图(1∶5 000～1∶25 000);

e)市域绿地系统结构布局图(1∶5 000～1∶2 5000);

f)城市绿地系统规划布局图(1∶5 000～1∶25 000);

g)城市绿地系统分类规划图(1∶2 000～1∶10 000):包括公园绿地、生产绿地、防护绿地、附属绿地和其他绿地规划图等;

h)主要植物规划意向图;

i)古树名木及后备资源现状分布图;

j)各规划期限绿地建设规划图(1∶5 000～1∶10 000);

k)避灾绿地规划图(1∶5 000～1∶25 000);

l)城市绿线及生态控制线规划控制图(1∶2 000～1∶10 000);

m)城市绿地分期规划图;

n)其他需要表达的规划意向图(如城市重点区域绿地建设规划方案等)。

3.1.3.3　规划说明书

规划说明书是对规划文本和规划图则所表达内容的进一步说明,应阐述清楚规划背景、规划依据、规划的具体内容、规划实施后可以达到的目标等方面的内容,要求阐述符合科学规律、逻辑性强,规划的内容具有先进性,结合实际,具有可操作性。规划说明书的内容主要包括:

1)自然地理与城市发展概况

包括自然地理与人文历史条件、社会经济条件、环境状况和城市基本概况等。

2)绿地现状与分析

包括各类绿地现状统计分析,并阐述城市绿地发展优势与动力,存在的主要问题与制约因素。

3)规划总则

包括规划编制的意义,规划的依据、期限、范围与规模,规划的指导思想与原则,规划目标、规划指标,以及现行城市总体规划概况及上版城市绿地系统规划实施情况,本次绿地系统规划对现行总规中的绿地和上版绿规的调整等内容。

4)市域绿地系统规划

以构筑以中心城区为中心,覆盖整个市域,城

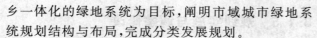

乡一体化的绿地系统为目标,阐明市域城市绿地系统规划结构与布局,完成分类发展规划。

5)城市规划区绿地系统规划结构布局与分区规划

包括城市规划区的规划结构、规划布局和规划分区三个方面的内容。

6)城市绿地分类规划

包括公园绿地(G_1)规划、生产绿地(G_2)规划、防护绿地(G_3)规划、附属绿地(G_4)规划、其他绿地(G_5)规划。分述各类绿地的规划原则、规划内容和要点、规划指标和空间布局,并确定相应的基调树种、骨干树种、特色植物和一般树种的种类。

7)植物规划

建立植物规划的基本原则;确定城市所处地带的植物地理位置,包括植被气候区域与地带性植被类型,建群种,地带性土壤与非地带性土壤类型;确定技术经济指标,如裸子植物与被子植物的比例,常绿树种与落叶树种比例,乔木与灌木比例,木本植物与草本植物比例,乡土树种与外来树种比例,速生与中生和慢生树种比例,确定绿化植物名录,确定基调树种、骨干树种、特色植物和一般树种,市花、市树的选择与建议。

8)生物(以植物为重点)多样性保护与建设规划

包括总体现状分析,生物多样性保护与建设的目标与指标,生物多样性保护的层次与规划,含物种、基因、生态系统、景观多样性规划,生物多样性保护的措施与生态管理对策,珍稀濒危植物的保护措施与管理对策。

9)古树名木保护规划

包括古树名木的现状名录及分析,保护原则及措施等内容,分总体保护规划和针对每一株古树的保护措施规划两个层次。

10)避灾绿地规划

包括避灾绿地的现状分析,中心防灾绿地、固定防灾绿地、紧急防灾绿地、救灾通道、避灾通道、缓冲隔离绿带等各类防灾绿地的规划布局,避灾设施及避灾植物规划等。

11)城市绿线及生态控制线管理规划

包括绿线及生态控制线管理规划的原则、规划的目标、各类绿地绿线及生态控制线控制指标等。

12)分期建设规划

规划期限与城市总体规划一致,一般划分为近、中、远三个期限,依据城市总体规划的建设时序和城乡绿地自身发展规律与特点合理安排各期规划目标和重点项目。近期规划应提出规划目标与重点,具体建设项目、规模和投资估算;中、远期建设规划的主要内容应包括建设项目规划和投资匡算等。

13)城市绿地系统效益分析

包括生态效益、经济效益、社会效益的量化分析。

14)实施规划的保障措施

包括法规性、政策性、行政性、技术性、经济性等措施。

3.1.3.4 基础资料汇编

1)城市概况

包括自然条件、经济与社会条件、环境保护及城市历史与文化等方面。

自然条件:包括地理位置、地质地貌、气候、土壤、水文、植被与主要动植物状况等。

经济及社会条件:包括经济、社会发展水平,城市发展目标,人口状况,各类用地状况。

环境保护资料:包括城市主要污染源、重污染分布区、污染治理情况与其他环保资料。

城市历史与文化资料:充分掌握城市的历史发展脉络及由此形成的文化特色等方面的资料。

2)城市绿化现状资料

绿地及相关用地资料:包括现有各类绿地的位置、面积及其景观结构;各类人文景观的位置、面积及可利用程度;主要水系的位置、面积、流量、深度、水质及利用程度。

技术经济指标:绿化指标,如:人均公园绿地面积、建成区绿化覆盖率、建成区绿地率、人均绿地面积、公园绿地的服务半径覆盖率等,公园绿地、郊野公园等的日常和节假日的客流量,生产绿地的面积、苗木总量、种类、规格、苗木自给率,古树名木的数量、位置、种名、树龄、生长情况等。

园林植物、动物资料:包括现有园林植物名录、动物名录;主要植物常见病虫害情况等。

3)管理资料

管理机构及人员状况：包括机构名称、性质、归口，编制设置，规章制度建设；职工总人数，专业技术人员配备，工人技术等级。

园林科研：园林科研机构，近年园林科研项目及成果，尤其是乡土园林植物推广应用、园林新技术应用等方面的成果。

资金与设备：近年投入到城乡绿地建设的财政专项资金、社会招商引资的资金，用于维护城乡绿地的设备情况。

城乡绿地养护与管理情况：城乡绿地养护管理的机制、技术水平等。

3.1.4　规划成果审批

规划初步成果完成后，应请当地业务主管部门和各相关单位的专家和领导对规划成果进行意见征询、评估、论证和评审，并注意听取当地群众及有关方面的专业工作人员的意见，根据评估、论证或评审意见进行认真研究和必要的修改，最后形成正式成果。

按照国务院《城市绿化条例》的规定，由城市规划和城市绿化行政主管部门等共同编制的城市绿地系统规划，经城市人民政府依法审批后颁布实施，并纳入城市总体规划。住房和城乡建设部所颁布的有关行政规章、技术规范、行业标准以及各省、自治区、直辖市和城市人民政府所制定的相关地方性法规，是城市绿地系统规划的审批依据。在实际操作中，一般的审批程序为：

a)建制市的城市绿地系统规划，由城市总体规划审批主管部门(通常为上一级人民政府的建设行政主管部门)主持技术评审并备案，报城市人民政府审批。

b)建制镇的城市绿地系统规划，由上一级人民政府城市绿化行政主管部门主持技术评审并备案，报县级人民政府审批。

c)大城市或特大城市所辖行政区的绿地系统规划，经同级人民政府审查同意后，报上一级城市绿化行政主管部门会同城市规划行政主管部门审批。

3.1.5　规划实施与调整修改

规划一经批准，即具有法律效力，是指导城市绿化建设的法定文件和进行绿化管理的基本依据，并由城市人民政府监督实施。

在实施规划过程中，要跟踪调查规划的实施情况，考查规划的可行性和实际效益，并根据城市发展变化、上位规划修改及其他特殊情况，对原规划做出必要的调整、补充和修改。各级国家机关、单位、团体、个人，无权擅自改变绿地系统规划，如需进行调整或修改，必须报请有关部门审核批准，并按有关的法定程序进行。

3.2　城乡绿地系统规划指标体系

3.2.1　绿地指标及指标体系构建的意义

城市绿地指标是指能体现城市绿色环境数量及质量的量化标准，是衡量一个城市绿地数量和质量水平的基本值，指标的确定包括城市绿地的各种计量单元的选择以及指标高低的制定。根据城市具体情况选择合理的城市绿地计量单元，制定合理的绿地指标有利于城市生态环境水平及人民生活水平的提高，有利于整个城市可持续发展及人与自然和谐共处。

绿地指标是城市绿化水平的基本标志，反映着一个时期城市的经济水平、环境质量及文化生活水平。为了能够充分发挥城市绿地保护环境、改善和调节气候等方面的功能，兼顾节省城市用地及城市建设的投资，方便人们的生产、生活，城市中绿地的比例要适当合理，在一定时期内应有一合理的指标。

3.2.1.1　量化衡量城市绿地的质量与数量水平

城市绿地系统具有净化空气、降低噪声、改善小气候等生态功能，满足居民日常生活的休闲游憩、文化教育、科学普及等精神生活的需要以及丰富城市建筑轮廓线，装点市容市貌等美化功能。绿地指标较高的城市，说明其绿地的数量多、质量好，因此绿地所有能发挥的各项功能的效益也就越大。由此可见，城市绿地指标不仅可以体现一个城市绿

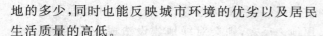

地的多少,同时也能反映城市环境的优劣以及居民生活质量的高低。

3.2.1.2 为城市总体规划调整和修改及规划方案评价提供依据

城市绿地是城市建设用地的重要组成部分,在城市总体规划修改和各阶段的用地调整中,必须将各类用地量化,用以比较和确定各类用地规模、所占比例以及位置、总体布局等,通过量化比较及调整,可以使规划更趋于合理。在定量指标基础上,各种规划之间的优劣才有可比性,因此城市绿地指标也是评价一个规划方案经济性、合理性的一项重要依据。

3.2.1.3 估算绿地建设投资金额,利于规划的实施

在规划中通过各种绿地指标确定各类绿地的规模,估算所需资金数额,并考虑资金来源,可为城市绿地系统规划的顺利实施奠定良好的基础。

3.2.1.4 统一全国计算口径,便于管理和研究

科学合理的绿地指标有利于在统计及研究工作中统一全国的计算口径,为科学研究和管理积累可靠数据,便于不同城市和国家之间的横向比较及同一城市不同时期的纵向比较。当今的时代是一个数字化的时代,各学科的工作及研究都需要借助于计算机。城市规划中的定量分析,数理统计,制定相关的技术标准或规范,许多资料都必须数字化,因此城市绿地指标可为使用高科技手段进行城市规划工作提供基础数据。

3.2.2 影响规划指标高低的因素

城市是一个复杂的生态系统,每个城市的地理位置、自然条件、历史发展、城市性质、城市规模、经济发展水平、绿地现状、生态平衡、市民价值取向等因素都存在很大的差异性,由于各城市具体条件不同,绿地指标也有所不同,影响城市绿地指标的因素主要有以下几个方面:

3.2.2.1 国民经济发展水平

城市绿地指标的高低与城市经济发展水平密切相关。当经济处于只能解决人民温饱的水平时,没有更多的财力投入城市绿地的建设,绿地规划指标就较低。随着国民经济不断发展,人民的生活水

平不断提高,对环境的要求也越来越高,城市绿地指标也随之提高,如:根据住建部公布的城建统计数据,我国 1981 年末,人均公园绿地面积 1.5 m^2;2015 年年末,城市建成区绿化覆盖率 40.12%,绿地率 36.36%,人均公园绿地面积 13.35 m^2。

同一时期内发达城市的绿地指标总体上往往会远远高于欠发达城市,如:2015 年我国城市绿地率排名前五位分别为:东南沿海发达地区的广东省珠海市,绿地率为 54.5%;西藏地级市日喀则市,绿地率为 53.19%;江西景德镇市,绿地率为 49.87%;江西井冈山市,绿地率为 49.1%;江西新余市,绿地率为 48.54%。而地处经济欠发达西南地区的云南省昆明市,虽然素有植物王国、花卉王国之称,但绿地率仅 37.25%。

3.2.2.2 城市规划的理论与指导思想

城市化初期,城市规划的重点在城市道路及建筑的布局以及城市的生长扩张,这时对城市绿色环境的重视不够,城市绿地指标也定得较低。随着城市化进程的不断加快,城市问题也越来越严重,规划的重点转向控制城市的无序生长及野蛮扩张,提倡城市中历史、文化和绿色环境的融合,注重城市生态平衡。人与自然和谐共处的生态规划理论、城市可持续发展理论、碳氧平衡理论、景观生态学等理论的出现也大大促进了城市绿地系统规划指标的提高。

3.2.2.3 城市性质

不同性质的城市对于不同类型的绿地及绿地指标的需求也有所不同。如一些以风景游览、休闲度假性质为主的城市,由于旅游、休闲等功能的要求,绿地指标规划较高。例如云南省大理市,是国家历史文化名城、我国著名的旅游城市,绿地系统规划中规划大理市将发展为以休闲旅游度假为主导产业的国际化宜居绿色生态城市,在绿地系统规划中,规划了较高的人均公园绿地面积指标;一些钢铁工业及交通枢纽城市,由于环境保护的需求,防护绿地的指标较高,例如云南省曲靖市,是云南省重要的现代工业城市,绿地系统规划中规划在工业区下风向设置大量防护绿地。

3.2.2.4　城市规模

在我国,1 000万以上人口的城市定为超大城市,500万~1 000万人口的城市为特大城市,100万~500万人口的城市为大城市,50万~100万人口的城市为中等城市,50万人口以下的城市为小城市。城市规模大小的不同,绿地数量亦不同。由于中、小城市与自然环境联系较为密切,居民出行方便,因此,绿地系统中各种类型的园林绿地不一定像大城市那样齐全。大城市由于人口密集、工业多、建筑密度高、居民远离郊区自然环境,为了缓解这些因素带来的城市问题,应该有更多的绿地,尤其是公园绿地。但由于历史的原因,以往规划中对城市绿色环境重视不够,现实中大城市的绿地指标往往较低,这已带来了城市拥挤、城市环境恶化等问题。因此在大城市新区的规划中,应充分重视各类绿地的合理布局,提高绿地指标。

3.2.2.5　城市自然条件

不同地域的城市自然条件往往不同,而绿化水平的高低与城市绿地植物的生长状况密切相关。植物的生长离不开温度、光照、水分、空气、土壤等自然条件,自然条件好的地区绿化投入成本较低,绿化水平一般来说相应较高,如:南方的城市气候温暖,土壤肥沃,降雨充足,周年日照时间长,植物生长速度快,植物种类丰富,绿化景观也丰富,这些城市的绿地指标可规划得相对较高;而北方城市、西部城市则气候寒冷,干旱多风,自然条件不利于植物的快速生长,植物种类也较单一,因此绿地指标规划相对应较低。因此,绿地指标的制定还应从城市的自然条件出发,因地制宜,切合实际,不可一味追求高指标。

城市中的地形、地貌、水文、地质、土壤等条件对城市绿地面积也有重要影响。城市用地中地形起伏大或地块破碎、低洼等不宜建筑的用地,辟作园林用地,将增加园林艺术的景观效果,并改善城市卫生环境。如贵州省会城市贵阳,就是著名的山城,绿地率较高。反之,城市用地是平地或良田,则要考虑适当减少园林绿地面积。

水资源条件对城市园林绿地面积的确定和选择有决定意义。水源丰富,且分布均匀,或地下水

位较高,有利于绿地建设,这样的用地适合于绿化用地。反之,则会对绿地建设造成较大困难,并增加日常管护的费用。地下水位过高或沼泽地,土壤常处于水分饱和状态,对部分植物的生长不利,需经过大量的工程处理才能进行绿化,这类绿地面积过多也将增加绿地建设的费用。

土壤条件是确定城市绿地植物类型和绿地面积的依据。石砾地、沙荒地、盐碱地的土壤缺乏团粒结构,无法保持供应多数植物生长所需要的水分和肥料,盐碱地则因土壤的盐碱性较高而无法为多数植物提供良好的生长环境,在这些情况下,绿化时应进行局部换土,以便为植物生长创造良好的条件。确定这类城市绿地指标应以土壤条件为主要依据,城市公园绿地面积不宜过大,否则将大量增加绿地建设的费用。

3.2.2.6　城市绿地现状

城市现状条件的不同也会影响绿地指标的制定。如北京、杭州、苏州等历史文化名城,城内名胜古迹众多,自然山水条件也好,同时还有发展绿地的潜力和余地,城市的绿地指标可以规划较高,而像另一些老的商业或工业城市,如上海、天津、重庆等,旧城中建筑密度大,用地紧张,本身的绿化基础差,另外发展绿地也较困难,城市的绿地指标就可以相应规划较低。

3.2.2.7　国家相关标准

1992年以来,随着创建"园林城市"的活动在全国普遍开展,出现了参照"国家园林城市系列标准"进行城市绿地系统规划指标定位的趋势。2016年修订的《国家园林城市系列标准》从综合管理、绿地建设、建设管控、生态环境、市政设施、节能减排、社会保障共七个方面提出明确的要求,分地域和城市人口规模明确提出园林城市应达到的三大绿地基本指标(人均公园绿地面积、绿地率、绿化覆盖率),并对道路、居住区、单位等的绿地面积做了具体规定。(详见附录3)

需要说明的是,国家和行业有关规定及标准规范之间有矛盾时,应以时间上后颁布的规定和标准规范为指标的制定依据。

总之,国民经济发展水平、城市规划的理论与

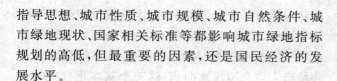

指导思想、城市性质、城市规模、城市自然条件、城市绿地现状、国家相关标准等都影响城市绿地指标规划的高低,但最重要的因素,还是国民经济的发展水平。

3.2.3 绿地指标的分类

为实现绿地系统规划目标需制定一系列的指标,这些指标是反映城市绿化建设质量和数量的量化方式。指标主要根据国家或地方政府有关部门制定的相关指标体系及城市的实际情况计算与分析得出。

在现状调查基础上根据城市绿地发展目标,制定各类绿地不同时期应达到的指标。由于城市绿地系统规划的综合性、规划实践涉及群体的广泛性以及其本身是针对未来城市绿地发展和建设的安排而具有的不确定性,城市绿地系统规划历来是一个较为综合性的课题,各学者大多基于自身的专业背景提出的规划及评价指标或评价方法各有侧重,国内外的绿地相关指标主要是衡量城市绿地数量、质量、结构和功能等方面的指标。目前,在城市绿地系统规划编制和国家园林城市系列标准中主要控制的绿地三大基本指标为:城市人均公园绿地面积(m^2/人)、城市绿地率(%)和城市绿化覆盖率(%)。我国城市绿地系统所选取的三大基本指标,是根据我国的实际情况及发展速度制定的经过努力可以达到的最低标准。

在绿地系统规划中一般会引入一些更为科学合理、更具实际指导意义的深层次参考标准全面反映绿地的质量和空间分布特征,如:城市绿化三维量、城市绿化结构指标、游憩指标、计划管理指标、景观空间结构指标、景观空间特征指标、异质性指标等,并构成不同的评价指标体系,如:生态效益评价指标体系、景观效益评价指标体系、经济效益评价指标体系与防灾避险效益评价指标体系等。近几年,评价体系趋向于从绿地规划的单一方面的量化研究走向综合评价指标体系的研究。

3.2.4 规划指标体系的构建

从绿化建设刚刚起步的 20 世纪 70 年代到城市

绿地建设飞速发展的 21 世纪,我国城市绿地系统规划对绿地指标的关注逐渐从单一方面的量化研究扩展至综合评价指标体系的研究。综合指标主要以多层次、多学科的效益评价指标为主,在关注绿地规划的数量与质量的同时,也注重绿地规划的可持续发展。

1)生态效益评价指标体系

生态效益评价指标体系是反映绿地在固碳、净化空气等改善生态环境方面的能力,也可反映出绿地的三维空间状态。目前我国学者研究的指标主要有绿容率、绿视率、叶面积指数、城市绿化三维量、乡土树种比例、垂直绿化、郁闭度、复层绿色量、生物丰富度、植物配置合理性及景观引力场等指标。

2)景观效益评价指标体系

绿地的结构和空间布局是城市绿地规划的重要内容,其结构与布局的合理程度影响绿地的景观效益和使用功能。景观效益评价指标体系借助景观生态学理论,研究不同区域尺度的城市绿地结构,评价城市绿地现状及规划的空间布局和结构所产生的环境效益。该类指标主要有:绿地景观连通性、廊道密度、均匀度、破碎化程度、可达性等。

3)经济效益评价指标体系

绿地能对周边环境或城市居民生活提供便利,借助绿地价值转换为其他成本,例如公园绿地的布局对城市房价的影响,绿地与居住区的距离影响游憩成本等;绿地对生态环境的改善产生的间接经济价值,例如绿地建设对减少自然灾害、空气污染与碳氧平衡等环境问题的生态效益转换成的经济价值。

4)防灾避险效益评价指标体系

城市绿地作为城市灾害规划体系中重要的组成部分,在自然或人为灾害时期,具有提供防灾避险的场所、居民转移通道,防护雨洪,保护城市生态结构等作用。在防灾避险方面的指标有:避灾绿地面积、人均有效避灾面积、避灾绿地人口承载量等。

5)政府颁布的综合评价指标体系

20 世纪 90 年代开始,我国全国范围内开始各级园林城市的评比活动,各级城市人民政府开始

关注城市绿地的建设质量,越来越多的学者也开始通过实践开展城市绿地规划编制中绿地质量指标的相关研究。出台了《城市绿化规划建设指标的规定》(建成〔1993〕784 号文件)、《国家园林城市系列标准》(2016 年)、《国家森林城市标准》(2014 年)、《城市园林绿化评价标准》(GB/T 50563—2010)等标准。

《城市园林绿化评价标准》(GB/T 50563—2010)(以下简称《评价标准》),是我国第一个适用于全国范围城市绿地系统规划的评价标准。《评价标准》涉及城市的市域(市区)、规划区和建成区三个层面,以建成区为主。三个层面的划分充分考虑了城乡一体化建设过程中的城乡绿化发展趋势,兼顾与目前的城乡建设统计年鉴所采取的指标相衔接。《评价标准》共包含综合管理、绿地建设、建设管控、生态环境和市政设施五个类型,涵盖 55 个评价指标。《评价标准》对于各级城市的绿地规划提出了更明确的要求,在编制过程中愈加重视园林绿化建设向节约型、生态型、功能完善型发展。

但我国地域辽阔、各级城市绿化建设条件不同,《评价标准》中的部分指标仍缺乏科学性;另外市域和规划区层面的指标相对于建成区的指标较为简单,难以指导规划建设。

3.3 各类指标的计算方法

3.3.1 指标计算的原则

a)计算城市现状绿地和规划绿地指标时,应分别采用相应时期的城市人口数据和城市用地数据;规划年限、城市建设用地面积、规划人口应与城市总体规划一致,统一进行汇总计算。

b)绿地面积应以绿地的垂直投影面积为准,每块绿地只能计算一次。

c)绿地计算所用的图纸比例、计算单位和统计数字精确度均应与城市规划相应阶段的要求一致。

3.3.2 绿地三大基本指标的计算方法

1979 年在国家城建总局转发的《关于加强城市

园林绿化工作的意见书》中首次出现"绿化覆盖率"这个指标,此后,确定了指导我国城市绿地规划建设的三大基本指标:城市绿地率、城市绿化覆盖率和城市人均公园绿地面积,这三个基本指标能较全面地反映城市绿化的水平,同时也便于城市规划用地的计算与平衡,是绿地系统规划的重要指标,也是住建部统计各城市绿地建设的重要指标。

3.3.2.1 城市绿地率

城市绿地率是指城市内各类绿地总面积占建成区面积的百分比。

该指标是考核城市绿地规划控制水平的重要指标。在《国务院关于加强城市绿化建设的通知》以及相关城市园林绿化、生态环境的评价中,建成区绿地率均作为重要评价指标。

现行《城市绿地分类标准》中对绿地率计算做出如下解释:"一般在绿地系统规划中和无特指的情况下,均以城市建设用地范围为用地统计范围"。城市中各类绿地包括公园绿地、生产绿地、防护绿地、附属绿地四大类。

计算公式为:

$$\lambda_g = [(A_{g1} + A_{g2} + A_{g3} + A_{g4})/A_c] \times 100\%$$

式中:λ_g —— 城市绿地率,%;

A_{g1} —— 公园绿地面积,m^2;

A_{g2} —— 生产绿地面积,m^2;

A_{g3} —— 防护绿地面积,m^2;

A_{g4} —— 附属绿地面积,m^2;

A_c —— 城市的用地面积,m^2。

3.3.2.2 城市绿化覆盖率

城市绿化覆盖率是指城市内各类绿地的垂直投影面积占建成区面积的百分比。绿化覆盖面积是指城市中乔木、灌木、草坪等所有植被的垂直投影面积,包括屋顶绿化植物的垂直投影面积以及零星树木的垂直投影面积,乔木树冠下的灌木和草本植物不能重复计算。

在《国务院关于加强城市绿化建设的通知》以及相关城市园林绿化、生态环境的评价中,建成区绿化覆盖率均作为重要评价指标。现行《城市绿地分类标准》中要求"城市绿化覆盖率应作为绿地建设的考核指标"。

计算公式为:

城市绿化覆盖率=城市内全部绿化种植垂直投影面积/城市用地面积×100%

3.3.2.3 城市人均公园绿地面积

城市人均公园绿地面积是指城市中每个居民平均占用公园绿地的面积。

城市人均公园绿地面积是考核城市发展规模与公园绿地建设是否配套的重要指标。在《国务院关于加强城市绿化建设的通知》以及相关城市园林绿化、生态环境的评价中,城市人均公园绿地面积均作为重要评价指标。

计算公式为:

$$A_{glm} = A_{gl}/N_p$$

式中:A_{glm}——城市人均公园绿地面积,m^2/人;

A_{gl}——公园绿地面积,m^2;

N_p——城市人口数量,人。

本项指标计算需注意以下两个方面的内容:

1)公园绿地的统计

公园绿地的统计方式应以现行行业标准《城市绿地分类标准》(CJJ/T 85—2002)为主要依据,不得超出该标准中公园绿地的范畴,不得将建设用地之外的绿地纳入公园绿地面积统计。一些城市利用河滩地、山地进行开发建设,确实起到了部分公园绿地的作用,但若纳入公园绿地统计可能造成公园绿地用地的边缘化,削弱公园绿地在城市中的功能。

2)城市人口数量的统计

按照《全国城市建设统计年鉴》的要求,人均公园绿地的城市人口统计为城区户籍人口和城区暂住人口之和,即城区的常住人口。

这三项指标从数据上反映了城市绿地所占的面积,属于二维指标,为量化指标,能在一定程度上体现绿地的数量、生态效益和景观效益。

3.3.3 其他二维绿地指标的计算方法

以下为国家园林城市系列标准中关于绿地的指标。

3.3.3.1 公园绿地服务半径覆盖率

公园服务半径是指公园为市民服务的距离,即公园入口到游人居住地的直线距离。该指标在一定程度上体现了绿地分布的均衡性及可达性,是用来评价城市公园绿地空间格局方面的指标。

计算公式为:

公园绿地服务半径覆盖率=公园绿地服务半径覆盖的居住用地面积(hm^2)/居住用地总面积(hm^2)×100%

公园绿地为城市居民提供方便、安全、舒适、优美的休闲游憩环境,居民利用的公平性和可达性是评价公园绿地布局是否合理的重要内容,因此,公园绿地的布局应尽可能实现居住用地范围内500 m服务半径的全覆盖。

我国各地公园绿地建设的实践和国内外相关理论表明,居民步行至公园绿地的垂直距离不超过500 m是符合方便性和可达性原则的;《国家园林城市系列标准》中有城市公园绿地布局合理,分布均衡,5 000 m^2以上公园绿地服务半径达到500 m的要求。

公园绿地的内涵与现行《城市绿地分类标准》中的公园绿地相一致,考虑到500 m服务半径可能的居民人口数量,要求将公园绿地的最小规模设在5 000 m^2。而对于城市中已被确定为历史文化街区的区域,考虑到该类地段是以保护原有历史风貌为重点,而绿地建设是在不破坏原有城市肌理的基础上进行,其表现特征为小型而分散,因此,针对该类地区,绿地规模可以下调至1 000 m^2,服务半径缩小至300 m。

3.3.3.2 建成区绿化覆盖面积中乔灌木所占比率

计算方法:

建成区绿化覆盖面积中乔灌木所占比率=建成区乔灌木的垂直投影面积(hm^2)/建成区所有植被的垂直投影面积(hm^2)×100%

该指标是在建成区的尺度上对绿地结构的评估,是体现绿地的生态效益和景观效益的指标,国家园林城市系列标准中,要求达到70%以上。该指标也可以作为规划指标。

3.3.3.3 生产绿地占建成区面积比率

依据《国家绿化规划建设指标的规定》与《城市

绿化评价标准》中的相关规定,该比率应大于或等于建成区面积的2%,且在建成区之外规划区之内的生产绿地面积可以纳入统计。该指标的设定应该相对合理,既不应过大,使园林绿化苗木的数量大于城市园林绿地的需求,也不能太小,使得城市园林绿地的建设成本因为运输、外地选苗等原因而增加。同时,应考虑因为规划而改变的城市各类绿地的数量和面积对生产绿地的影响。

该指标属二维的量化指标,反映当地培育苗木的能力和本地苗木在城市绿地建设中的可使用数量。

计算公式为:

生产绿地占建成区面积比率=生产绿地面积(hm²)/建成区面积(hm²)×100%

由于在城市绿地建设初期,苗木需求量较大,该指标偏高有利于满足城市各类绿地的苗木建设需求,且有助于降低运输等成本。随着城市绿地建设的进程,各类绿地的苗木需求达到一定的饱和状态,对于苗木的需求量会逐渐降低,建成区附近的苗木基地将以供应城市居民中、小型苗木或花卉为主。

3.3.3.4 城市道路绿地系列指标

城市道路绿化是城市道路的重要组成部分,在城市绿化覆盖率中占较大比例,同时也是城市景观风貌的重要体现。

依据《城市道路绿化规划与设计规范》(CJJ 75—97)、《城市道路工程设计规范》(CJJ 37)(2016年版)和《城市园林绿化评价标准》中对城市道路绿地的相关规定,主要采用城市道路绿化指标和景观特色指标为主,计算公式分别为:

1)城市道路绿化普及率

城市道路绿化普及率=道路两旁种植有行道树的城市道路长度(km)/城市道路总长度(km)×100%

2)城市道路绿地达标率

城市道路绿地达标率=符合道路绿地率要求的城市道路长度(km)/城市道路总长度(km)×100%

根据《城市道路绿化规划与设计规范》(CJJ 75—97),在道路红线范围内,不同宽度的道路应达

标的绿地率分别为:

园林景观路绿地率≥40%;

红线宽度≥50 m,绿地率≥30%;

红线宽度40~50 m,绿地率≥25%;

12 m≤红线宽度≤40 m,绿地率≥20%;

道路红线宽度小于12 m的城市道路(支路)和历史传统街区不要求绿地率。

3)林荫路推广率

林荫路推广率=达到林荫路标准的人行道、非机动车道长度(km)/人行道、非机动车道总长度(km)×100%

3.3.3.5 城市防护绿地实施率

防护绿地是为了满足城市对卫生、隔离、安全要求而设置的,其功能是对自然灾害、城市公害等起到一定的防护或减弱作用,不宜兼作公园绿地使用。

城市防护绿地实施率是指依《城市绿地系统规划》在建成区内已建成的防护绿地面积占建成区内防护绿地规划总面积的比例。

计算公式为:

城市防护绿地实施率=城市建成区内已建成的防护绿地面积(hm²)/城市建成区内防护绿地规划总面积(hm²)×100%

3.3.3.6 城市园林绿化建设综合评价值

该指标用于城市园林绿化建设水平、城市园林绿地养护管理水平、城市绿地功能实现水平、城市绿地景观水平及城市绿地人文特性(文化性、艺术性和地域特色性)的综合评价。

该指标由实地考察专家组负责按抽样统计法现场考查、评估、打分、核算;最终结果以住房和城乡建设部专家考查组的综合评价值为准。

计算公式为:

$$E_{综合}=E_{综1}\times0.2+E_{综2}\times0.2+E_{综3}\times0.2+E_{综4}\times0.2+E_{综5}\times0.2$$

代码及评价内容参考《国家园林城市系列标准》中的《城市园林绿化建设综合评价值评价表》(见第230页)。

3.3.3.7 综合物种指数

物种多样性是生物多样性的重要组成部分,用

于衡量一个地区生态保护、生态建设与恢复水平。综合物种指数为单项物种指数的平均值。

计算公式为：

$$H = \frac{1}{n}\sum_{i=1}^{n} p_i \qquad p_i = \frac{N_{bi}}{N_i}$$

式中：H——综合物种指数；

p_i——单项物种指数；

N_{bi}——城市建成区内该类物种数量；

N_i——市域范围内该类物种总数。

本指标选择代表性的动植物（鸟类、鱼类和植物）作为衡量城市物种多样性的标准。$n=3$，$i=1$，$2，3$，分别代表鸟类、鱼类和植物。鸟类、鱼类均以自然环境中生存的种类计算，人工饲养者不计。

3.3.3.8　本地木本植物指数

本地木本植物应包括：

——在本地自然生长的野生木本植物种及其衍生品种；

——归化种（非本地原生，但已逸生）及其衍生品种；

——驯化种（非本地原生，但在本地正常生长，并且完成其生活史的植物种类）及其衍生品种，不包括标本园、种质资源圃、科研引种试验的木本植物种类。

计算公式为：

本地木本植物指数 = 本地木本植物物种数（种）/ 木本植物物种总数（种）

纳入本地木本植物种类统计的每种本地植物应符合在建成区种植数量不小于 50 株的群体要求。

3.3.4　绿地景观生态格局评价指标的计算方法

目前城乡绿地系统景观生态格局评价中应用的指标主要有以下几种类型：斑块类型、面积和数量指标，斑块的边缘与核心区指标，斑块形状指标，整体格局性指标等。

3.3.4.1　绿地斑块类型、面积和数量指标

1）绿地斑块平均面积（mean patch size，MPS）

$$MPS = A/N$$

式中：N——景观中绿地斑块的总数；

A——景观总面积。

绿地斑块平均面积描述景观的粒度大小，在一定意义上揭示景观的破碎化程度。

2）绿地斑块密度（patch density，PD）

$$PD = N/A$$

式中：N——景观中绿地斑块的总数；

A——景观总面积。

绿地斑块密度表达的是单位面积上的斑块数，反映了景观的空间异质性，有利于不同大小景观间的比较。

3）景观多样性指数

多样性指数 H 是基于信息论基础之上，用来度量系统结构组成复杂程度的一些指数。可以通过 Shannon-Weaver 多样性指数来计算。

$$H = -\sum_{k=1}^{n} P_k \ln(P_k)$$

式中：P_k——绿地斑块类型 k 在景观中出现的概率（通常以该类型的像元数占景观像元总数的比例来估算）；

n——景观中绿地斑块类型的总数。

景观多样性指数的大小反映组成景观的景观组分的多少和各景观组分所占的比例。H 值越大，则景观多样性越高。

3.3.4.2　绿地斑块的边缘与核心区指标

1）绿地斑块的边界密度（edge density，ED）

$$ED = E/A$$

式中：E——景观中绿地斑块边界的总长度；

A——景观总面积。

绿地斑块的边界密度表达的是单位面积上的斑块边界长度，给出了一个类型的周长在整个景观中的平均分布比例，揭示出一个景观类型的绿地斑块边界对整个景观的影响程度。

2）绿地斑块核心区面积指数（core areas index）

绿地斑块核心区面积指数 = （核心区面积/斑块总面积）×100%

绿地斑块核心区面积指数反映了核心区面积

占绿地斑块总面积的比例。

3）最大绿地核心区面积指数（maximal core areas index）

最大绿地核心区面积指数＝（最大的绿地核心区面积/景观区域的总面积）×100％

4）绿地核心区数量（number of core areas，NCA）

绿地核心区数量＝景观（斑块）的核心区数量

5）绿地核心区密度（core area density）

绿地核心区密度＝绿地景观或斑块的核心区数量/绿地景观或斑块的面积

绿地核心区密度表达的是单位面积上的绿地核心区斑块数量，反映了景观的空间异质性。

6）绿地核心区面积均值（mean core area，MCA）

$$MCA = \frac{\sum_{i=1}^{m} \sum_{j=1}^{n} a_{ij}^{c}}{NCA}$$

式中：NCA——景观中绿地斑块的核心区数量；

a_{ij}^{c}——绿地斑块类型 m 第 n 个绿地斑块的核心区面积。

7）绿地核心区指数均值（mean core area index）

绿地核心区指数均值＝所有核心区面积指数之和/核心区的总个数

8）边界总长度（length of boundary）

边界总长度＝景观区域中所有绿地斑块边界长度之和

3.3.4.3 绿地斑块的破碎度

绿地斑块的破碎度＝平均绿地斑块面积×（斑块数目－1）/土地总面积

3.3.4.4 绿地斑块形状指标

1）绿地斑块的分维数（mean patch fractal dimension）

$$FD = \frac{2\ln \frac{P}{k}}{\ln A}$$

式中：FD——分维数；

P——绿地斑块周长；

A——绿地斑块面积。

k——常数。对于栅格景观而言，$k＝4$。一般来说，欧几里得几何形状的分维数为1；具有复杂边界绿地斑块的分维数则大于1，小于2。

2）绿地斑块的形状指数（shape index）

$$S = \frac{P}{2\sqrt{\pi A}} \quad \text{（以圆为参照几何形状）}$$

$$S = \frac{0.25P}{2\sqrt{A}} \quad \text{（以正方形为参照几何形状）}$$

式中：P——绿地斑块周长；

A——绿地斑块面积；

S——绿地斑块的形状指数。

当绿地斑块形状为圆形时，$S = \frac{P}{2\sqrt{\pi A}}$，公式的取值最小，等于1；当绿地斑块形状为正方形时，$S = \frac{0.25P}{2\sqrt{A}}$ 公式的取值最小，等于1。对于第一个公式而言，正方形的 S 值为1.128 3，边长分别为1和2的长方形的 S 值为1.196 8。由此可见，绿地斑块的形状越复杂或越扁长，S 的值就越大。

S 值越大，斑块的形状越复杂。

3.3.4.5 整体格局性指标

除了绿地斑块的破碎度外，主要的指标还有绿地斑块的分离度等，其公式如下：

$$F_i = D_i/S_i \quad D_i = 0.5\sqrt{n_i/A} \quad S_i = A_i/A$$

式中：F_i——绿地斑块的分离度；

D_i——绿地斑块 i 的距离指数；

S_i——绿地斑块 i 的面积指数；

n_i——绿地斑块 i 的斑块数目；

A——景观面积总和；

A_i——绿地斑块 i 的面积。

F 值越大，代表绿地斑块的分离度越高。

3.4 城乡绿地系统规划的方法

3.4.1 城乡绿地现状调查方法

3.4.1.1 传统的调查方法

城市绿地现状调查是城市绿地系统规划的重

要工作基础,也是完成科学、合理的城市绿地建设的重要保障。只有通过全面、科学、准确的调查,才能全面摸清城市绿地空间分布与结构性质、绿地建设与管理、园林绿化植物构成与生长状况、古树名木保护等城市绿地现状。

对城市绿地空间分布属性调查主要包含以下几个步骤:

a)查阅调查地的地形地貌、气候、土壤、生态环境、森林植被、生物资源与历史文化等概况,对调查地有总体的了解。

b)依据最新卫星遥感影像数据或卫星影像图、城市规划区地形图、城市用地规划总图,确定实地调查范围并进行合理分区,制定调查路线,设计、制作实地调查表,按现行的城市绿地分类标准或镇(乡)村绿地分类标准中的大类和中类分别做表。

c)进行绿地现状普查,在卫星图及城市用地规划图上复核、标注出现有各类城市绿地的性质、范围、属性等信息,利用测量工具测量实际绿地面积、绿化覆盖面积等信息,并在绿地现状调查表格上记录各类绿地相关信息以及植被状况等内容(《公园绿地现状调查表》、《城市绿地现状统计表》等详见配套实验实习教材《城市绿地系统规划实验实习指导》)。

d)对现场调查资料和信息进行汇总、统计,分析各类绿地的面积、比例、空间分布及植物应用状况,分析城市绿地发展优势与存在问题、城市绿地发展的动力与制约因素,提出解决措施和规划构思。

其中城市绿化应用植物种类的调查包含以下两个方面的内容:

实地调查可与该区域的城市绿地空间分布属性调查同步进行,对调查地的全部城市绿地进行普查,进行植物的识别和登记,对于现场不能识别或难以确定的植物种类,则采集标本,附上标签,进行室内鉴定,确保原始数据的准确性。

将现场调查成果汇总整理并输入计算机,并根据相关文献资料,进行城乡绿地植物应用现状分析,包括园林绿化植物应用的数量、频率、生长状况、群众喜欢程度以及乡土植物的消长、外来物种的推广应用等基本情况,筛选出绿地常用木本植物

和不适宜发展应用的植物。

3.4.1.2　应用"3S"技术的调查方法

"3S"技术是遥感(remote sensing,RS)、地理信息系统(geographic information system,GIS)、全球定位系统(global position system,GPS)的统称。

1)地理信息系统(GIS)

是用于输入、存储、查询、分析和显示地理数据的计算机系统,可分为计算机系统、GIS 软件、智囊和设施。自 20 世纪 60 年代被提出后发展迅速,目前已经进入全面的实用推广阶段,在测绘、国土、环保、交通、农业、林业、水利、军事、经济社会、城市规划等许多领域得到广泛应用。常用的 GIS 软件有美国 ESRI 公司的 ArcGIS,美国 Autodesk 公司的 AutoCAD Map,美国得克萨斯 Baylor 大学的 GRASS,美国克拉克实验室的 IDRISI,荷兰国际航空航天测量与地球科学学会的 ILWIS,美国 MapInfo 公司的 MapInfo,美国 Intergraph 公司的 MGE、Geomedia,中国地质大学开发的 MapGIS,北京超图软件股份有限公司的 SuperMap 等。一般情况下推荐学习使用 ESRI 公司的 ArcGIS。主要理由有二:一是它是全球占据 GIS 软件市场主导地位的产品,使用率高;二是它的产品设计有助于深入学习和理解 GIS。

2)遥感(RS)

就字面含义可以解释为遥远的感知。它是一种远离目标,在不与目标对象直接接触情况下,通过某种平台上装载的传感器获取其特征信息(一般为电磁波的反射或发射辐射能),然后对所获取的信息进行提取、判定、加工处理及应用分析的综合性技术。遥感根据工作平台的不同可分为地面遥感、航空遥感和航天遥感;根据电磁波的工作波段不同,可分为紫外遥感、可见光遥感、红外遥感和微波遥感;根据传感器工作原理,可分为主动式遥感和被动式遥感等。遥感技术具有探测范围广、动态监测、快速更新、技术手段多样、收集资料不受地形限制的特点,是获取区域和城乡地域现状信息的一种快速、高效的现代技术手段。常用的遥感数据处理软件有 Intergraph 公司的 ERDAS IMAGINE,加拿大 PCI 公司开发的 PCI Geomatica,美国 Re-

search System INC. 公司开发的 ENVI，德国 Definiens Imaging 公司开发的 eCognition 等。

3）GPS

当前全球有四大卫星定位系统，美国的 GPS 是其中的一种，另外三种分别是中国北斗系统（COMPASS）、俄罗斯"格洛纳斯"系统（GLONASS）、欧盟"伽利略"系统（Galileo）。全球定位系统（GPS）是由美国国防部于 1973 年组织研制，主要为军事导航与定位服务的系统。历经 20 年，耗资 300 亿美元，于 1993 年研发成功。GPS 是利用卫星发射的无线电信号进行导航定位，具有全球性、全天候、高精度、快速实时三维导航、定位、测速和授时功能，以及良好的保密性和抗干扰性。GPS 导航定位系统不但可以用于军事上各种兵种和武器的导航定位，而且在民用上也发挥重大作用。

在城乡绿地现状调查中，一般都是把 RS、GIS 和 GPS 结合起来，充分发挥三种技术在数据获取、数据分析处理、数据管理等方面的优势。在城乡绿地现状调查中一般情况下主要是通过现场勘查、分析用地现状图或者遥感影像判读进行。现场勘查需要花费大量的人力、物力。分析用地现状图则由于资料的时效性无法及时掌握城乡绿地当前的状况，航片虽然精度高，但是成本高、覆盖范围有限、准备周期长且无法经常组织拍摄，从经济的角度来讲不适宜进行大范围的城乡绿地现状调查。近年来，由于卫星遥感技术的进步，其多空间分辨率、多光谱分辨率、多时间分辨率的优点，在城乡绿地现状调查中已经逐渐得到广泛的应用。城乡绿地系统现状调查经常用到的卫星遥感数据源主要有：美国 QuickBird 的 0.61 m/2.44 m 空间分辨率数据，美国 GeoEye-1 的 0.41 m/1.64 m 空间分辨率数据，美国 LandSat8 OLI 的 15 m/30 m 空间分辨率数据，美国 DigitalGlobe 公司 WorldView-1 的 0.45 m 空间分辨率数据，WorldView-2 的 0.45 m/1.8 m 空间分辨率数据，WorldView-3 的 0.31 m/1.24 m/3.7 m 空间分辨率数据，美国 Spacing Imaging 公司 IKONOS 的 1 m/4 m 空间分辨率数据，中巴资源卫星 CBERS-02C 的 5 m/10 m 空间分辨

率数据，中国资源三号 ZY3 的 2.1 m/3.6 m/5.8 m 空间分辨率数据，中国高分一号卫星的 2 m/8 m 空间分辨率数据，中国高分二号卫星的 1 m/4 m 空间分辨率数据，法国 SPOT-4/5/6/7 的 1.5 m/2.5 m/5 m/10 m/20 m 空间分辨率数据，法国 Pleiades-1/2 的 0.5 m 空间分辨率数据，印度 IRS-P6 的 5.8 m 空间分辨率数据，印度 RISAT-1 的 1 m 合成孔径雷达数据，韩国 KompSat-2 的 1 m/4 m 空间分辨率数据，韩国 KompSat-5 的 1 m 合成孔径雷达数据，西班牙 DEIMOS-2 的 0.75 m 空间分辨率数据等。近几年无人机遥感也成为应用的热点。可根据研究的空间尺度、研究的任务和目标及项目预算选择合适的数据源。宜首先选用能覆盖城乡地域的分辨率在 15～30 m 之间的卫星遥感数据来调查总体绿地系统的现状，再针对重点地段选用分辨率在 1～5 m 之间的卫星遥感数据来进行调查，对于一些分布分散、占地面积小的绿地，则采用亚米级的 0.3～0.6 m 空间分辨率的数据。

绿地系统调查的任务就是查清绿地及湿地植物的种类、数量、结构、分布，客观反映绿地现状。例如先应用遥感技术对城乡绿地系统的现状进行调查，勾绘出绿地图斑，再应用 GIS 数据管理功能进行城乡绿地系统数据库建设，应用 GIS 的空间分析、空间统计功能对现有绿地系统的景观完整程度、植被多样性、绿地分布的均衡性、生态群落结构、绿地率、绿化覆盖率、人均公园绿地面积、乔灌覆盖率等指标进行分析。

具体调查内容包括：绿地边界的准确性及属性（绿地分类、指标类型等）；零星绿地图斑面积调查、增补与汇总；确定乔、灌、草等面积比；古树名木的位置（GPS 采集）、树种、保护级别等属性。

利用"3S"技术调查绿地系统现状时，一般采用以下步骤：收集资料（地形图、航片、卫星遥感影像、土地利用现状数据等）→影像处理（几何校正、影像融合、影像拼接、影像增强等）→选取判读标志→计算机分类（监督分类、非监督分类）→外业调查、目视解译、人机交互解译→绿地信息提取→统计计算分析。具体调查技术流程见图 3-1。

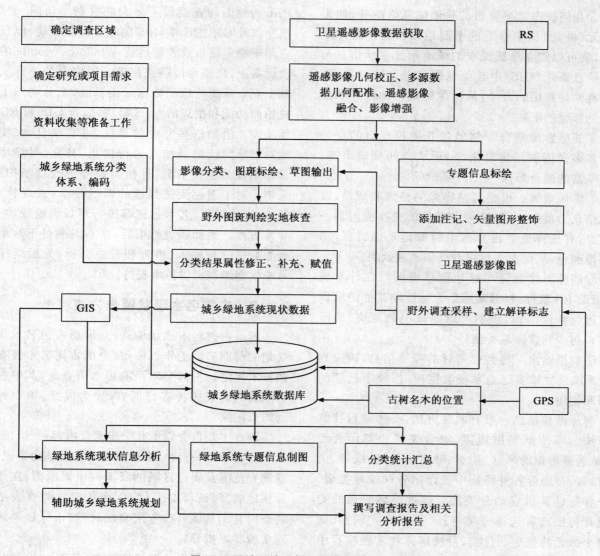

图 3-1　绿地系统现状"3S"技术调查流程图

遥感技术是城乡绿地系统中空间数据调查的基础。经过预处理之后的遥感影像既是目视解译的基本图，也是地面调查的基本图之一（地形图也是基本图）。应用遥感技术的目的就是通过各种手段、方法把城乡绿地系统现状信息提取出来。因此，遥感解译结果的质量好坏直接关系到绿地系统调查的质量和工作效率。一般来讲，遥感技术应用主要有如下过程（具体处理方法请参考所使用遥感软件的帮助文档或者选购专门的参考书）：

①购买遥感影像数据　首先需要根据调查区范围大小、调查的目标和任务来确定遥感影像数据的类型，然后选择时相最新、质量最好（基本无云覆盖）、性价比较高的数据。

②大气校正　主要目的是消除云雾的影响，并为后续定量遥感分析打基础。并不是所有的遥感应用都需要进行大气校正，进行与否和调查的目标和任务相关，但如果应用高光谱遥感进行绿地系统现状调查，此步骤是必需的。

③几何校正 主要目的是消除几何畸变,使影像单元(像元)位于合适的平面地图位置。这样处理后,就可以建立遥感提取的绿地系统现状信息与地理信息系统(GIS)中其他专题信息之间的联系。主要有两种常用的方法:从影像到地图的校正和从影像到影像的配准。

④遥感影像融合 将经过几何校正后的全色波段和多光谱波段进行融合,形成空间分辨率高、色彩丰富的融合影像。

⑤影像增强 根据遥感影像的特点和质量,以绿地信息为重点,对影像进行系列的变换或附加一些信息,有选择地突出影像中的绿地系统特征,增强影像颜色,从而加强目视判读和识别效果。

⑥遥感影像解译与绿地信息提取 在计算机上,借助 RS 软件,根据遥感影像特征和其他的辅助信息进行判读解译,识别出绿地最小的地块(地段或点),初步判读绿地类型。

⑦数据输出 将判读解译的绿地信息,输出到 GIS 系统建立城乡绿地系统数据库,以便于后续的分析和使用。

解译绿地信息一般有两种方法:一种是目视解译方法。即依据光谱规律、地学规律和解译者经验,从遥感影像的形状、图案、颜色或色调、纹理、阴影、位置、布局等各种特征中解译出各种绿地类型。另一种是计算机自动分类法。通过遥感影像的光谱统计特征或者选择分类特征,利用模式识别,确定每个像元的类型。目前,目视解译在实践项目中应用较多,但工作量大、调查速度较慢、人为干扰因素较大,造成解译结果不够稳定。而计算机自动分类方法调查速度快,并可以识别出像元的每一级灰阶差异,但计算机自动分类的缺点是造成一定量类别的误判。因此,必须在分类过程中将二者结合起来,进行较多的人机交互,以提高解译的精度。当前,面向对象的遥感影像分类技术是一个趋势,可以参考相关的技术资料。

仅仅依靠遥感技术来进行城乡绿地系统现状调查是不够的,还必须进行地面现状调查。"3S"技术已经集成应用在地面现状调查工作中。美国 ES-RI 公司专门开发了专业外业数据采集软件 Arc-Pad,为地面调查提供了强大的数据库访问、制图、拍照以及 GIS、RS 和 GPS 的综合应用功能,但只能应用于特定设备或者是运行 Windows Mobile 的移动设备上,需要专门购买配置。国内有公司开发了基于安卓系统的地面数据采集系统,充分利用了手机拍照功能和集成的 GPS 模块,综合 GIS 和 RS 应用功能。借助这些专业的系统,可实现自动、快速地对遥感判读解译结果进行修正、补充,对绿地的其他属性如生长情况、种植类型等进行现场拍照、采集。对于遥感无法判读的面积较小(或点状)的绿地、立体绿化、名木古树等进行现场调绘或输入,非常方便。地面调查结束后,在 GIS 软件下对地面调查数据进行输入、整理和汇总分析,为后续绿地系统规划编制提供技术支持。

3.4.2 古树名木现状调查方法

城市古树名木现状调查,是编制古树名木保护规划的前期基础工作。参照《全国古树名木普查建档技术规定》,古树名木采取每木调查法,其中古树名木树群调查按种进行调查,如为混交,须逐种分别调查记载。

调查主要包含以下几个步骤及内容:

a)查阅相关资料,掌握规划必备的基础知识;下载调查范围及周边区域的高清卫星影像图,在图上标注地名、河流等必要信息;准备现状调查表格和调查用具。具体可参考配套教材《城市绿地系统规划实验实习指导》。

b)对照卫星影像图进行普查,采用 GPS 测量树体所在的经度、纬度以及海拔高度,并用树木测高仪、胸径尺、软尺等仪器工具对古树进行高度、胸径、冠幅的测量。

树高、胸径和冠幅测定:外业用全站仪测定树高、胸径和冠幅;内业实现全站仪与计算机的自动通信。

地理坐标测定:由于古树名木多数比较分散,不采用全站仪建立控制网来测量树的地理坐标。考虑到调查的精度和实用性,采用事后差分定位方式对古树名木进行定位。步骤为:先设置基准站,在基准站上放置 GPS 手持接收机,然后用一台或多台 GPS 手持接收机到每株古树名木处采集数据。采集完成后,对基准站、流动站数据进行差分处理,得到定位结果。

c)记录:古树根部、主干、树冠、生境、长势等相关状况;古树的伴生植物种类、数量;周边土壤状况;人为及其他对古树名木的干扰情况;古树周边建筑物或构筑物所处的坡向、坡度等相关情况。

d)同时拍摄古树名木照片、短片,包括树木全貌、树体的上半部分树冠全貌、树体下部土壤及周边环境照片至少各一张,若有偏冠、树洞、枯桩等树体受损情况需拍照。

e)访谈当地年长者或管理人员,记录访谈中获得的名木俗名、树龄以及与古树有关的历史传说故事等。

城市古树名木现状调查的核心技术是树龄鉴定,因为只有基于准确的树龄才能在是否为古树名木的判断及等级划分上得到正确的结果。目前主要有以下几种方法综合应用:

——文史考证:对于古建筑或古建筑遗址上的古树,以查阅地方志等史料和走访知情人等方法进行考证,并结合树的生长形态进行分析,证据充分者则予以确定。

——年轮读取、取样计算:年轮是早期树木生长时受季节的影响而产生的,年轮在亚热带、温带地区的树木中普遍出现,故依据年轮的数目,可推测出这些地区树木的年龄。方法为:根据被伐树木的树干横截面上的年轮直接进行读取。利用生长锥通过十字交叉法,在树干 1.3 m 处获取 4 根树芯,然后读取年轮,求平均值。对于可以取样但树干半径大于生长锥长度的树,由于生长锥钻取样芯时不能到达树心部位,故不能取样完全,这类古树的树龄可采取精确测定加推断方法确定,即用生长锥取样,然后通过交叉定年技术判读样芯的年龄,再通过周围同种古树的生长数据,然后对剩余长度的年龄进行推断,二者年龄的和即为树龄。利用生长锥测量,对树木有一定损害,一般测量相同小环境下一般树木后推断古树树龄。

——仪器设备测定:该方法主要是利用 ^{14}C、CT 扫描、阻抗仪等,但均存在设备昂贵、技术复杂等现实问题。

以上三种方法各有优缺点,且由于古树名木的生长年代久远,受环境因素的干扰影响大,会给树龄鉴定工作造成许多困难和不确定因素,这就需要由专家针对具体情况做出分析。

f)普查完成后对实地调查的资料进行整理分析,通过查阅资料、腊叶标本对比鉴定,确定古树名木及后备资源的种类、数量,是否珍稀濒危物种,古树名木保护级别,分析古树生长状况、生长环境、管理水平等,重点分析古树名木保护存在的主要问题,具体工作如下:

以文字的形式列出调查记录到的每种古树名木及后备资源的以下信息:识别特征、生态习性、分布、观赏特性、用途,每个树种配照片全貌及花果照片 2~3 张。

完成每一株单株古树及古树后备资源、古树群或名木群的生长状况分级、生境及干扰程度的描述。

g)提出针对每一株古树名木、古树后备资源及古树群的保护管理措施和日常管理措施。

3.4.3　结合自然的规划方法

在中国古代的"风水"文化、麦克哈格的《设计结合自然》(*Design with Nature*)及俞孔坚的《"反规划"途径》等相关著作中,大都提倡绿地系统规划要结合自然。景观生态学提供了理论基础,基于景观生态学的景观规划提供了方法,地理信息系统、空间分析技术和空间决策支持系统的应用为结合自然的规划方法提供了技术支持。

鉴于城乡绿地系统规划和基于景观生态学的景观规划的密切关系,结合自然的规划方法可以参考 Steinitz 的六步骤模式,它提供了一个更现实而可操作的规划框架(图 3-2)。使用这一框架,就可以整合规划设计中可以运用的各种知识,并且可以找到在哪些地方还需要理论的指引。

在结合自然的规划方法中,规划并不是一个被动的,完全根据自然条件、过程和资源禀赋而追求一个最适合、最佳方案的过程。可以是一个自上而下的过程,即规划过程首先明确什么是要解决的问题,目标是什么,然后以此为导向,采集数据,寻求答案。寻求答案的过程也是一个自上而下的过程,即从数据的收集到景观改变方案的制定。

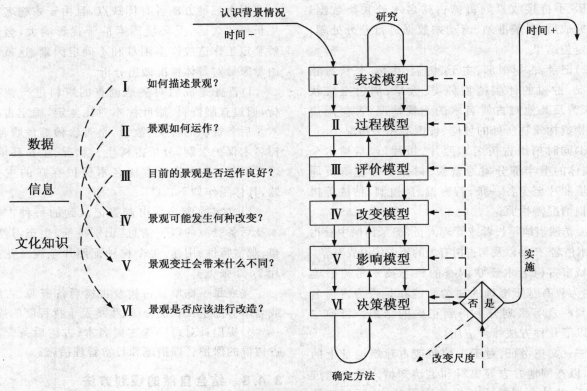

图 3-2　景观规划的理论框架 (Steinitz, 俞孔坚等改绘)

在项目实践中,这六个层次的框架流程都必须至少反复三次:第一次,自上而下明确项目的背景和范围,也就是明确问题;第二次,自下而上明确提出项目的方法,也就是如何解决问题;第三次,自上而下进行整个项目的研究直至给出结论为止,也就是回答问题。这个框架流程可应用于宏观或微观尺度上的规划。第一、第二、第三步骤是分析问题的过程,第四、第五、第六步是解决问题的过程。分析问题的关键是过程分析,解决问题的关键是提出景观改变方案。

第一步,景观表述。

包括对现状景观的表述和对景观改变方案的表述。对于现状景观分别在三种尺度上进行表述,可采用三种基本模式:

一是垂直分层法,即"千层饼"模式。这个模式在麦克哈格的《设计结合自然》中有清楚的阐述。目前在 GIS 技术的支持下,叠加分析可以很好地完成此项工作。

二是水平的空间关系表达,包括景观生态学的"斑块-廊道-基质"模式,或者是点、线、面的方式。

三是环境体验模式,包括可见度和视觉感知的点、线、面模式,以及中国传统景观体验中的左青龙,右白虎,前朱雀,后玄武的"四神兽"模式。

具体技术手段包括:充分收集研究区的历史资料、气象和气候、水文、土壤、地质、动植物相关资料及人文社会经济统计资料;收集以往和当前最新的遥感影像数据;收集以往和最新的土地利用现状数据;收集基本农田和生态林资料;收集国民经济与社会发展规划、产业规划、土地利用总体规划、城乡总体规划、生态与环境保护规划、历史文化保护规划等相应的规划资料;应用 GIS,通过数据空间化和可视化手段建立城乡绿地系统的数字化表述系统,包括地形地物、水文、植被、动物栖息地、土地利用现状等;现场调查珍稀物种与古树名木,历史文化遗存,并利用 GPS 采集空间位置数据,拍摄照片,做文字记录。

对于景观改变方案的表述,也可以采用相同的模式。

第二步,过程分析。

分别对与研究区关系最为紧密的三类过程进行分析,目的是通过这些过程,建立防止和促进这些过程的城乡绿地系统格局。这三种过程的核心是生态系统的服务功能研究,它们包括:

自然过程:例如洪水过程、风速和风向变化过程、山体崩塌和滑坡过程等。

生物过程:动物的栖息和迁徙过程等。

人文过程:历史文化遗产保护、市民的游憩过程和通勤过程、景观感知和体验过程。

景观过程的分析是理解当前和构建未来整个绿地系统格局的关键一步,有许多专业的模型和方法可借鉴应用,如趋势表面和阻力模型。

第三步,景观评价。

这一阶段的重点是评价现状景观格局或绿地系统格局对上述景观过程的价值和意义,即是否有利于或有害于景观过程的健康和安全。简而言之,就是现状景观或绿地系统的生态服务功能如何以及景观格局或绿地系统格局之于景观过程的适宜性,包括对自然过程和生物过程的利害作用,对人文过程的价值。根据不同的景观过程,采用不同的景观评价模型和方法,包括通常采用的生态环境评价方法、景观的美学评价方法、社会经济效益评价方法等。

第四步,景观改变。

在这一步骤中,提出为改善景观过程的健康和安全性,应如何对景观或绿地系统进行规划和改造。包括在不同的生态安全水平上,判别对景观过程具有战略意义的景观元素和空间位置关系,形成高、中、低三种不同安全水平的生态安全格局。景观改变方案有可能是多样化的,特别是在微观尺度上,随着艺术成分的增加,为解决同样的问题,可能会有多种解决方案。遇到这种情形,需要应用情景分析法详细描述不同情境下的不同方案。

对应于各种景观过程的生态安全格局,是城乡生态基础设施的基本构成元素。将不同过程和安全水平的生态安全格局进行组合,可以形成多个可供选择的综合的生态安全格局,进而细分出多个可供选择的绿地系统格局。进一步的工作则是制定相应的规划设计导则,以保障不同空间尺度上生态基础设施的实施。

景观改变是绿地系统规划的核心内容。一个关键的问题,也是难点问题则是如何确定战略性的景观元素和空间位置,又如何来确定生态系统或景观的安全水平。这方面可以在学习和实践的过程中借鉴理论地理学相关的研究成果、城市发展中的门槛概念、生态与环境科学中的承载力概念、生态经济学中的安全最低标准,以及物种生态学和群落生态学中最小面积概念等。国家的一些标准和指标体系也是可借鉴的资料。一些关键的战略思想也是必须考虑的,例如维护和强化整体山水格局的连续性和完整性;保护和建立多样化的乡土生境系统;维护和恢复河流和海岸的自然形态;保护和恢复湿地系统;将城郊防护林体系与城市绿地系统相结合;建立非机动车绿地通道;建立绿地文化遗产廊道;开放部分附属绿地,完善城市绿地系统;融解公园,使其成为城市的生命基质;融解城市,保护和利用高产农田作为城市的有机组成部分;建立乡土植物苗圃基地,为未来城乡绿化提供乡土苗木。

第五步,影响评估。

这一步骤是对上述景观改变方案,或多个生态基础设施方案,或多个绿地系统规划方案,进行生态服务功能的综合影响评估,评估其对上述各种自然过程、生物过程和人文过程的意义是积极的还是消极的? 有多大程度? 对多个方案,还应比较各个不同方案之间的差异,以便决策者进行决策。

第六步,景观决策。

基于上述各种生态基础设施建设和评估结果,决策者可以选择合适的实施方案,并将其作为区域规划的刚性控制条件。通过蓝线、绿线、紫线等的划定,整合到城乡总体规划及绿地系统规划中并予以落实。

3.4.4　城乡绿地系统规划的多种适宜性评价方法

适宜性评价是城乡绿地系统规划的基础性工作。根据规划对象和规划目标的不同,适宜性评价的方法也不同。归纳起来,主要有形态分析法、因子叠置法、因子组合法、逻辑规则组合法和生态位适宜度模型等五大类。

1)形态分析法

形态分析法是适宜性评价最早使用的方法。它以景观类型划分为基础,其基本过程有四个步骤,如图 3-3 所示。

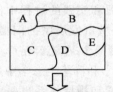

根据实地调查或遥感资料划分同质小区

制定资源利用的适宜性评价表

土地单元	土地使用类型	
	U₁	U₂……
A	☑	⊡
B	☐	☑
C	⊡	⊡
D	☑	☑
E	☑	☐

☑最适宜;⊡较适宜;☐不适宜

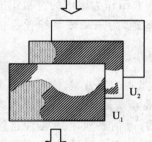

分析各小区对特定土地利用的适宜性等级

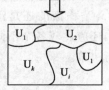

土地利用的综合适宜性

图 3-3　形态分析法的基本过程

第一步,根据对分析对象的实地调查或有关资料,按地形、植被、土壤、地质等地理要素特征将规划区域划分为不同的同质单元或景观类型。

第二步,根据资源利用要求,制定资源利用的适宜性评价表,定性描述每一个景观或同质小区的潜力与限制。

第三步,分析每一个景观或同质小区对特定土地利用的适宜性等级。

第四步,根据规划目标将不同土地利用的适宜性图叠合为综合适宜性图。

形态分析法的特点是较为直观,但存在明显的缺点:一是其景观类型或小区的划分及适宜性的评价需要较高的专业修养和经验;二是适宜性分析没有一个完整的体系,主要取决于规划者的主观判断。这些不足,使形态分析法的应用受到一定的限制。

2)因子叠置法

因子叠置法又称地图重叠法(图 3-4),由麦克哈格最先提出并做了大量实践。现在 GIS 中广泛使用的 Overlay 空间分析功能也是基于他的思想发展起来的。因子叠置法在适宜性评价中主要分为三个步骤:

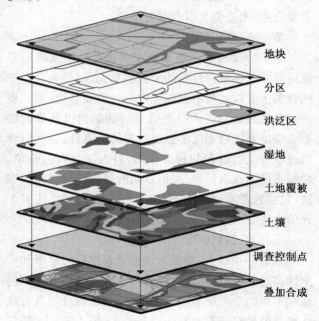

地块

分区

洪泛区

湿地

土地覆被

土壤

调查控制点

叠加合成

图 3-4　因子叠置法示意图

第一步,确定规划的目标与规划范围。

第二步,生态调查与区域数据分析。在规划范围与目标确定之后就应广泛收集规划区域内自然与人文资料,并将其尽可能地落实在地图上,之后,对各因素进行相互间联系的分析。

第三步,适宜性分析。对各主要因素及各种资源开发利用方式进行适宜性分析,确定适宜性等级。在这一过程中,常用的方法有:地图叠置法、因子加权评分法、生态因子组合法等,这是麦克哈格因子叠置法的核心。

因子叠置法是进行各种适宜性评价、影响评价应用最为广泛的方法之一。它直观性强，具有一定开放性。但缺点是过程较为烦琐，当因子多时，使用颜色或符号较为麻烦，有时叠加后不易分辨。另外，有些因子之间或许存在明显的相关性，将其叠加可能出现重复计算问题。

随着 GIS 技术和空间分析技术的发展，许多手工时代的技术瓶颈被突破，因子叠置法依然是进行适宜性评价的重要方法之一。

3) 因子组合法

因子组合法是针对因子叠置法的不足而发展起来的，包括线性组合和非线性组合两种方法。

线性组合法与因子叠置法相似，不同之处在于：一是用定量值代替颜色或符号来表示适宜性等级；二是每个因子视其重要性大小而给予不同的权重值。将每个因子的适宜性等级值乘以权重，得到该因素的适宜性值。最后综合各因素的适宜性空间分布特征，即可得到综合适宜性值及其分布。

在某些情况下，环境资源因子之间具有明确的关系，可运用数学模型进行表达。因而，在进行适宜性分析时，可直接用这些模型进行空间模拟，然后按一定准则划分适宜性等级。因这些模型多属非线性模型，所以称非线性组合法。该方法在水土流失评价、生态系统生产潜力评价、土地承载力评价等方面得到广泛应用。

线性和非线性组合法用于生态适宜性分析，通过对各因子赋予相对分值和权重，克服了因子叠置法的不足，适合于在计算机上进行分析运算，因而得到广泛应用。但该方法也存在一定的缺陷，主要表现为各因子的相对赋值和权重给定没有一个客观的标准，主要依靠评价者的主观判断，将各类因子之间的关系简化为线性关系也有不尽合理的地方。另外，因子组合法的一个基本要求是各类因子之间要保持相对独立，这就要求有一套科学的因子选择判断准则，特别是在评价因子多的情况下因子的组合与选择尤为重要，而目前这一方面还存在一定的困难。

4) 逻辑规则组合法

逻辑规则组合法是针对分析因子之间存在的复杂关系，运用逻辑规则建立适宜性评价准则，再以此为基础进行判别，分析适宜性的方法。该方法包括四个主要步骤：

第一步，确定规划方案及参与评价的资源环境因子。

第二步，对评价的资源环境因子按评价目标和要求进行登记划分。

第三步，制定综合的适宜性评价规则。

第四步，根据评价规则确定综合适宜性。

根据评价的对象和目标不同，逻辑规则也不相同。但关键之处和难点是要建立一套复杂而完整的组合因子和判断准则。随着计算机技术、GIS 技术和空间分析技术的发展及应用，逻辑规则组合法广泛应用于生态规划中。

5) 生态位适宜度模型

该模型的基本原理是根据区域发展对资源的需求，确定发展的资源需求生态位，再与现实条件进行匹配，分析其适宜性。该方法主要有以下三个步骤：

第一步，确定发展资源要求与需求生态位。按照埃尔顿的"超体积生态位"概念，区域的发展以各种资源为基础，构成一个多维的资源需求空间。不同的发展措施对资源的需求空间是不一样的，形成发展的资源需求生态位。由于发展的资源需求涉及很广，在实际工作中，主要根据区域资源的特征，分析那些可能成为制约条件的资源。例如，在许多大城市的绿地系统规划中，环境基础差、人均绿地指标低、土地资源紧张、建设投入大成为制约其老城区绿地发展的主要因素。

第二步，发展的资源需求与现状匹配的适宜性分析。发展对资源的需求与区域现状资源供给之间的匹配关系，反映了资源现状对发展的适宜性程度，可用生态位适宜度来进行度量。假设当区域现状资源条件完全满足发展的要求时，生态位适宜度为 1，当资源条件不满足发展的最低资源要求时，生态位适宜度为 0。

第三步，应用 GIS 进行生态位适宜性空间分析。根据上述步骤,应用 GIS 技术,建立对某一发展方向或措施的单因子适宜性等级空间分布图,再综合各影响因子得到对某一发展方向或措施的综合适宜性等级评价图。最后,根据区域发展的要求,确定发展方向或措施的优先顺序,得到最终的生态适宜性综合评价结果。

城乡绿地系统规划中的适宜性评价为规划过程提供了科学的依据,增强了规划的定量化和可重复使用性,还能在城乡发展中体现区域生态系统的独有价值体系,是一种较好的现状分析方法。

3.4.5 城乡绿地系统的空间布局方法

我国过去的绿地系统规划总体结构和主要绿地的布局,在相当程度上是按照"点、线、面结合"的原则进行的,近年来,这一布局原则进一步演变为类似"斑块、廊道、楔、环、网状绿地等相结合"的绿地布局模式,兼顾城市绿地应满足的生态要求。城乡绿地规划要求绿地系统规划的"生态化"、"系统化"、"整体化",因此在规划中要突出区域特征,强调改善生物多样性及生态环境,实现城乡区域社会、经济、环境和空间发展的有机结合,即绿地系统规划要符合生态性、生物多样性、人居环境舒适性、郊野休闲性和可持续利用性,要建立城郊结合、城乡一体化的大园林、大绿地系统。这需要在布局中始终坚持"城乡一体化"规划理论,贯彻"立体规划"和景观生态安全格局。

1)传统的绿地系统空间布局模式

传统的绿地布局有 8 种基本模式,即点状、环状、网状、楔状、放射状、放射环状、带状、指状(图3-5)。

图 3-5 传统的城市绿地系统布局模式图

在我国常用的绿地空间布局形式有 4 种:

(1)点(块)状绿地布局

将绿地呈块状均匀地分布在城市中,方便居民使用,多应用于旧城改建中,如上海、天津、武汉、大连和青岛等城市。块状布局形式对改善城市小气候条件的生态效益不太显著,对改善城市整体景观面貌的作用也不大。

(2)带状绿地布局

利用河湖水系、城市道路、旧城墙等因素,形成纵横交错绿带、放射状绿带与环状绿地交织的绿地网。这种布局形式有利于改善和表现城市的艺术风貌,使公园绿地、林荫道等联系在一起。如哈尔滨、苏州、西安、南京等城市。

(3)楔状绿地布局

由郊区伸入市中心的由宽变窄的绿地组合布局,为楔状绿地。一般利用面状的天然林、经济林,河流,起伏地形,放射状的干道等结合市郊农田防护林来布置。这种布局形式可将新鲜空气源源不断地引入城市,改善城市通风条件,也有利于城市艺术风貌的体现。

(4)混合式绿地

其布局是前三种形式的综合运用,可以做到城市绿地布局的点、线、面结合,形成较完整的体系。其优点是能使生活居住区域获得最大的绿地接触面,方便居民游憩,有利于局部小气候与城市环境卫生条件的改善,有利于城市景观艺术面貌的展现。

2)城乡一体化的绿地系统布局

城区与郊区在发展经济与生态建设中具有重要的互补作用,是一个统一的复杂生态系统。只有在城乡一体化的基础上,以绿地生态网络连接城区和郊区,乃至更大区域的绿地生态空间,才能实现城市生态的可持续发展,因此,城乡一体化的绿地系统布局模式符合绿地系统布局发展方向。

3.4.6　城乡绿地系统景观生态格局评价方法

城乡绿地系统的一个重要功能是维持良好的区域生态环境。这不仅需要一定绿地数量和质量,还需要具有合理的景观空间格局。同样的景观组分由于其空间格局的不同,可以增强或减少其生态功能的有效发挥。从理论上讲,任何景观都存在一个最佳的空间配置,由此可以达到生态系统的持续性目标。景观生态学已经发展了许多理论上的最佳格局,其中,斑块-廊道-基质模型是空间格局评价的基础模型。该模型认为景观由斑块、廊道、基质通过一定的空间组合而组成,因此在筛选格局指标时分别针对景观的基本组成要素即斑块、廊道、基质以及空间配置进行分析并提出相应的指标。景观生态格局分析与评价是城乡绿地系统规划的基础。

3.4.6.1　景观生态格局分析方法

景观生态格局分析是研究景观构成要素在不同空间和时间尺度下不同组合特征和变化规律的一种分析方法,其研究的焦点聚集于景观的空间异质性和生态学过程在相应时空尺度下的动态变化。景观生态格局分析是研究景观功能和动态变化的前提,其目的在于通过一系列的指标和方法分析景观结构的构成特征及空间配置关系,寻求形成不同格局或特征的内在机理,从而用于绿地系统规划进行生态景观营造,规划建设符合某种规划思想、地域发展目标的绿地系统。

1)景观中斑块的类型、面积以及数目

景观中斑块的类型、面积以及数目对生物多样性和各种生态学过程都有影响。一般而言,物种多样性随着斑块面积的增加而增加,且大、小斑块各自具有一定的生态学价值,在绿地系统规划中需要注意两者之间的关系。大的绿地斑块可以保护更多的生物物种,构成地区物种源地,还可涵养水源,调节城市气候,提供游憩场地,发挥多方面的作用;小的绿地斑块可增加城市的景观异质性,为物种提供迁徙地和扩散暂歇地,创造丰富的生境资源和生态类型。目前反映斑块类型、面积和数目的主要指标有斑块面积、斑块密度、景观多样性等。

斑块面积描述景观的粒度大小,在一定意义上揭示景观的破碎化程度。斑块密度表达的是单位面积上的斑块数,反映了景观的空间异质性,有利于不同大小景观间的比较。从绿地系统的角度来讲,在单位面积上各类公园绿地数量和面积较大,则表明各类公园绿地的空间距离较小,方便市民使用,也有利于物种和能量的流动和多样性保护。

景观多样性指数是基于信息论基础之上,用来度量系统结构组成复杂程度的一些指数。一般可以通过 Shannon-Weaver 多样性指数等来计算。景观多样性指数的大小反映组成景观的景观组分的多少和各景观组分所占的比例。指数值越大,则景观多样性越高。在城乡绿地系统规划中,需要根据本地植物的种类,适当增加单位景观的组分,有利于抵御病虫害,维持绿地系统的正常功能。如果景观多样性过低,在缺乏边缘渗透的情况下极易导致绿地斑块中的物种单一和退化,所以应注意控制人为干扰来加强绿地内的物种保护和适时引入外来种,以维持各个公园绿地斑块内物种的生态平衡。

2)斑块的边缘效应

斑块的边缘效应是指斑块边缘部分由于受外围影响而表现出与斑块中心部分不同的生态学特征的现象。许多研究表明,斑块边缘常常具有较高的物种丰富度和初级生产力。有些物种需要较稳定的环境条件,往往集中分布在斑块中心部位,称为内部种。而另一些物种适应多变的或阳光充足的环境条件,主要分布在斑块边缘部分,称边缘种。也有许多物种分布于这二者之间。一般而言,生境面积增加时,核心区面积比边缘面积增加要快,当斑块面积很小时,核心区与边缘环境差异不存在,

因此整个斑块便全部为边缘种或对生境不敏感种占据。主要指标为：斑块的边界密度、斑块核心区面积、最大核心区面积指数、核心区数量、核心区密度、核心区面积均值、核心区指数均值、边界总长度等。

斑块的边界密度表达的是单位面积上的斑块边界长度，给出了一个类型的周长在整个景观中的平均分布比例，揭示出一个景观类型的斑块边界对整个景观的影响程度。

3）斑块结构性指标

除了斑块密度外，可用的指标主要有斑块边界长度、斑块破碎度等。景观破碎度是指景观被分割的破碎程度，反映了人为干扰的程度，与自然资源保护密切相关。景观的破碎化和斑块面积的不断缩小，适于生物生存的环境减少，将直接影响到物种的繁殖、扩散、迁移和保护。在绿地系统的景观生态格局分析中，通常需要和斑块面积等指标综合应用。例如城市某区域公园绿地斑块普遍较小、数量大而斑块离散程度大、破碎度高，则说明该区域公园绿地受人为干扰程度高，且斑块面积差异度也相当大，不够均衡，也不利于改善城乡人居环境质量。

4）斑块形状指标

主要有斑块的分维数、斑块的形状指数等。分维数表示具有不规则形状对象的复杂性，用来测定形状的复杂程度。绿地景观斑块形状通常是不规则的，带有自相似性，具有分形的性质。一般来讲，斑块形状整体比较简单，则说明是人为生产集约经营的缘故。在城乡绿地系统规划中，应根据不同的规划目标和需求，灵活运用不同的斑块形状及其组合，以实现规划的生态、社会和经济效益。例如带状斑块适合于河流的旅游观光带的规划设计，这种形状有利于沿途打造娱乐休息场所，使交通便捷，方便游客观光；圆形斑块适用于自然保护区规划，这样可以使外界的干扰达到尽可能的小，有利于其中物种的生存，更能保证保护区内物种的多样性以及保护区的生态效益。

5）整体格局性指标

除了斑块的破碎度外，主要的指标还有斑块的分离度等。分离度指数是指某一景观类型中不同元素或斑块个体分布的分离程度。分离度越大，表明景观在地域上分布越分散。

3.4.6.2 景观生态评价方法

所谓评价是通过计算、观察、统计和咨询等方法对某个对象进行一系列的复合分析研究和评估，从而确定对象的意义、价值或者状态。景观生态评价（landscape ecological assessment）是在景观生态分类基础上，根据特定的程序，按照景观生态学有关原理，综合多学科的理论和技术方法，对景观生态结构、空间格局、可利用方案和生态功能进行综合评价的过程。景观生态评价是绿地系统规划的基础，其结果为绿地系统规划提供数据和技术支持。

在明确了景观生态评价的目标和任务以及时空尺度，确定了评价的标准之后，就可以着手建立评价的指标体系，采取多种方法来进行景观生态评价。

1）评价指标体系构建的原则

a）相对完备性，评价指标体系能在生产、生活、社会进步与环境保护方面反映大系统整体性；

b）反映系统时空变化特征，同时各指标应具有一定程度的独立性和稳定性；

c）反映系统层次性，根据评价的需要和详尽程度对指标进行分层分级，满足系统预测和结构、功能分析要求；

d）在计量范围、统计口径、含义解释、计算方法上协调一致；

e）合理性，即可测、可操作、可比较、可推广，在较长时间和较大范围内都能适用。

2）评价指标体系的类型

景观生态评价的指标体系可根据评价对象及评价目的来确定，一般应分社会指标、经济指标、生态环境指标几个大方面，每个方面再包含若干分指标。

（1）社会、经济、环境指标体系

这是应用最为广泛的一类指标体系，针对复合生态系统的特点，分别从社会、经济、环境三方面选取有代表性的指标，并分别赋予不同的权重，从而对系统做出综合评价。

（2）人口、资源、环境、社会、经济指标体系

这一指标体系由人口、资源、环境、社会、经济五个方面的指标构成。每个方面可划分不同的小类，各类别下再明确具体的指标。

（3）生态系统发展指标体系

将生态系统评价的指标引入复杂生态系统中，从系统的结构、功能和协调度方面选取指标，对系统总体发展状况进行评价。

3）选择评价方法

（1）一般常用方法

①主观判断法　这种方法的优点是充分利用了人们积累的经验，具有一定的灵活性。缺点是不同的评价工作者从同一组数据中所得出的结论可能不同，只有当评价工作者具有丰富的经验时，这种方法才可靠。

②因子筛选与因子权重的确定方法　这类方法中主要包括等权重法、经验法、等差法、回归系数法、主成分分析法和层次分析法等。

等权重法：由于评价因子的权重相等，因此等权重法适用范围窄，一般只能用于非常粗略的评价。

经验法：是评价工作者或特邀的评价专家根据已拥有的各专业调查资料和实际经验，在经过科学分析和连贯的思索的基础上给评价因子直接分配权重。经验法的正确性主要依赖于评价者的经验，为了避免评价者经验的局限性或偏见，一般应有多位专家参与。这种方法简单易行，便于推广应用，不足之处在于过分强调决策分析者的主观意见，忽略客观数据的分析调查。

等差法：首先根据评价因素对适宜性影响程度的大小依次排列，称其为作用序列，然后按照等差原则分配权重，使两个相邻因素的权重相差一个公差 d，公差 d 可用等差级数公式求得：

$$d = (a_n - a_1)/(n-1)$$

式中：n——因子个数；

　　　a_1——首项，通常设为 100；

　　　a_n——末项，通常设为 0。

为了保证评价因素之间的可比性，需要把等差法确定的权重进行归一化处理，得到各个评价因素的可比权重，即为最后所获得的权重。可比权重 W_i 的计算公式为：

$$W_i = k_i / \sum k_i \times 100$$

式中：k_i——第 i 项指标等差权重；

　　　$\sum k_i$——各项指标等差权重之和。

等差法考虑了不同评价因子的重要性差别，这是其优点。它的缺点是只有在评价因子的差别接近等差排列时，所计算的权重才能与实际情况较好地吻合。

回归系数法：是应用统计原理确定评价因子权重的一种精确方法，其实质是在生态环境质量等级与评价因子之间建立回归方程，将评价因子的回归系数作为其权重。回归系数法在理论上是完善的，但它需要有大量而准确的实验数据，这在实践中执行起来有一定的困难。

主成分分析法：在综合（减少）评价因子的同时，计算了因子的权重，可以使评价变得简单易行，缺点是很多时候人们无法知道主成分究竟代表什么因素的信息。

③报告卡法　这是一种主观分析法，即根据不同因子的影响，从分类和综合两方面以报告卡方式进行评价，各等级的状况如下：

A.分类评价　分为压力指标、状态指标和响应指标三个方面。

压力指标划分为Ⅰ、Ⅱ、Ⅲ三级。

Ⅲ级：人类干扰活动极强，大量占用土地资源（人类干扰指数小于 2 级）。

Ⅱ级：人类干扰活动较强，占用了一定的土地资源（人类干扰指数为 3 级）。

Ⅰ级：人类干扰活动较少（人类干扰指数大于 3 级），对资源的占用和破坏少。

状态指标划分为Ⅰ、Ⅱ、Ⅲ、Ⅳ、Ⅴ五级。

Ⅴ级：各类指标均在 4 级以上，可有两项指标为 3 级，但均不得低于 3 级，变化指标和疾病性组分指

标必须达到5级。其生态特点为：系统的活力强，斑块类型以基本功能性组分为主，无疾病性组分存在，水体湿地类型变化程度极小，高功能组分对景观具有较强的控制性，破碎性小，无土地退化现象存在。

Ⅳ级：各类指标均在3级以上，可有一项指标为2级，但均不得低于2级，变化指标应达到4级。其生态特点为：系统的活力较强，斑块类型以基本功能性组分为主，无疾病性组分存在，水体湿地类型变化程度较小，高功能组分对景观具有一定的控制性，破碎性较小，区域内具有较大面积的适宜生境，无土地退化现象存在。

Ⅲ级：各类指标均在3级以上，可有一至两项指标为2级，或有一项指标为1级，变化指标应达到3级。其生态特点为：具有一定的系统活力，斑块类型以基本功能性组分为主，存在部分疾病性组分，水体湿地类型面积有一定程度的降低，高功能组分仍对景观具有控制性，破碎化现象明显，区域内具有一定面积的适宜生境，部分地区出现土地退化现象。

Ⅱ级：各类指标均在2级以上，可有一至两项指标为1级。其生态特点为：系统的活力降低，疾病性组分面积较大，水体湿地类型大面积降低，高功能组分的控制性降低，破碎化程度较高，区域内的适宜生境较少，土地退化现象较多。

Ⅰ级：具有3个以上1级指标。其生态特点为：系统的活力极弱，疾病性组分大量存在，水体湿地类型大面积急剧缩小，高功能组分对景观的控制性极低，呈现极度破碎化现象，区域内的适宜生境极少，土地退化现象大面积存在。

响应指标划分为Ⅰ、Ⅱ、Ⅲ三级，需要根据具体的情况和地理条件来确定分级的标准和指标。

Ⅲ级：各指标均达到4级以上。特点为：受保护的区域不仅能够保证保护生物多样性的基本需要，尚能提供更广阔的空间。

Ⅱ级：各指标均达到3级或以上。特点为：受保护的区域能够基本满足生物多样性保护的需要。

Ⅰ级：各指标为1级或2级。特点为：受保护的

区域面积不能满足生物多样性保护的基本需要。

B. 综合评价　划分为Ⅰ、Ⅱ、Ⅲ、Ⅳ、Ⅴ五级。

Ⅴ级：状态指标为Ⅴ级，压力、响应指标均为Ⅲ级。

Ⅳ级：状态指标为Ⅳ级或以上，压力、响应指标为Ⅱ或Ⅲ级。

Ⅲ级：状态指标为Ⅲ级，压力、响应指标均高于Ⅱ级；或状态指标为Ⅳ级，但压力、响应指标有一项为Ⅰ级。

Ⅱ级：状态指标为Ⅱ级，压力、响应指标有一项为Ⅰ级；或状态指标为Ⅲ级，但压力、响应指标均为Ⅰ级。

Ⅰ级：状态指标为Ⅰ级或以上，但不高于Ⅲ级，压力、响应指标均为Ⅰ级。

(2)层次分析法(AHP法)

层次分析法是把复杂问题中的各个因素通过划分相互关系的有序层次使之条理化，根据对一定客观现实的判断就每一层次的相对重要性给予定量表示，利用数学方法确定每一层次的全部因素的相对重要性次序的权值，并通过排序来分析和解决问题的一种方法。它的基本思路是按照各类因素之间的隶属关系把它们排成从高到低的若干层次，建立不同层次因素之间的相互关系。根据对同一层次因素相对重要性相互比较的结果，决定层次各因素重要性的先后顺序，以此作为决策的依据。层次分析法在景观生态系统评价中主要用来确定参评因素及其权重。参评因素的选择是利用各种因素对评价特定目的层次总排序的结果，舍去排序最小的因素，保留排序较大的因素。权重的确定是直接利用层次总排序的结果作为各因素权重分配的结果。其步骤如下：

第一步，建立层次结构。

根据对问题的初步研究，将问题分解为不同的因素并按各因素之间的相互影响和作用将所有因素按不同的层次进行分类，每一类作为一个层次按照最高层、若干中间层和最底层的形式排列，标明上下层因素之间的联系，从而形成一个多层次的结构，层次之间可以建立子层次。层次结构用结构图的形式表示(图3-6)。

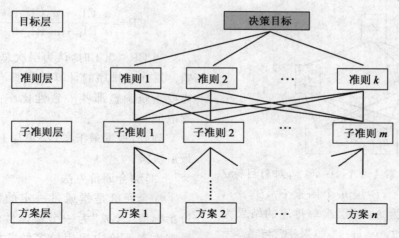

图 3-6　层次结构示意图

第二步,构造判断矩阵。

在确定各层次各因素的权重时,如果只是定性的结果,则常常不容易被别人接受。因此,作为层次分析的出发点,构造判断矩阵是层次分析方法的关键一步。

判断矩阵表示本层所有因素针对上一层某一个因素的相对重要性的比较。它是根据客观数据、专家意见及分析者的认识综合给出的,判断矩阵的质量可以通过一致性检验来检查。判断矩阵的因素 a_{ij} 用 Santy 的 1~9 标度方法给出。

第三步,层次单排序与层次总排序。

根据判断矩阵计算对上一层次某一因素而言本层次与之有联系的因素的重要性次序的权值(权向量)的过程,称之为层次单排序。层次单排序可以归结为计算判断矩阵的特征值和特征向量的问题,即对于矩阵 B,计算满足:

$$B \cdot W = \lambda_{\max} \cdot W_i$$

式中:$\lambda_{\max}$——B 的最大特征根;

　　　W——对应于 $\lambda_{\max}$ 的正规化特征向量;

　　　W_i(W 的分量)——相应因素单排序的权值。

为检验判断矩阵的一致性,需要计算其一致性指标 CI 和一致性比率 CR:

$$CI = (\lambda_{\max} - n)/(n-1)$$

$$CR = CI/RI$$

式中:RI——随机一致性指标。若随机构造 500 个成对比较矩阵 A_1,A_2,$\cdots$,A_{500},则可得一致性指标 CI_1,CI_2,$\cdots$,CI_{500}。

$$RI = \frac{CI_1 + CI_2 + \cdots + CI_{500}}{500}$$

$$= \frac{\dfrac{\lambda_1 + \lambda_2 + \cdots + \lambda_{500}}{500} - n}{n-1}$$

式中:n——大于 1 方阵的阶;

　　　λ——矩阵的特征根。

对于 1~9 阶矩阵,RI 为:

阶数	1	2	3	4	5	6	7	8	9
RI	0	0	0.58	0.90	1.12	1.24	1.32	1.41	1.45

如果 CR<0.10,则判断矩阵具有满意的一致性,否则需要调整判断矩阵。

第四步,层次总排序及其一致性检验。

为了得到某层因素对于总体目标的组合权重和它们与上层因素的相互影响,利用同一层次所有层次单排序的结果,计算针对上一层次而言本层次所有因素重要性的权值,这就是层次总排序。层次总排序需要从上到下逐层顺序进行,对于最高层次下面的第二层,其层次单排序即为总排序。

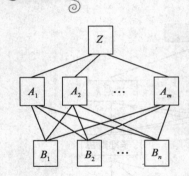

假定 A 层 m 个因素 $A_1, A_2, \cdots, A_m$，对总目标 Z 的排序为 $a_1, a_2, \cdots, a_m$，B 层 n 个因素 $B_1, B_2, \cdots, B_n$，对上层 A 中因素为 A_j 的层次单排序的结果为 $b_{1j}, b_{2j}, \cdots, b_{nj}(j=1,2,\cdots,m)$。如果 B_i 与 A_j 无关，则 $B_{ij}=0(i=1,2,\cdots,n)$。B 层次总排序为：

$$B_1: a_1 b_{11} + a_2 b_{12} + \cdots + a_m b_{1m}$$
$$B_2: a_1 b_{21} + a_2 b_{22} + \cdots + a_m b_{2m}$$
$$\vdots$$
$$B_n: a_1 b_{n1} + a_2 b_{n2} + \cdots + a_m b_{nm}$$

即 B 层第 i 个因素对总目标的权值为：$\sum_{j=1}^{m} a_j b_{ij}$。

结果可列下表：

A 层 B 层	A_1 a_1	A_2 a_2	$\cdots$ $\cdots$	A_m a_m	B 层次总排序
B_1	b_{11}	b_{12}	$\cdots$	B_{1m}	$\sum_{j=1}^{m} a_j b_{1j} = b_1$
B_2	b_{21}	b_{22}	$\cdots$	B_{2m}	$\sum_{j=1}^{m} a_j b_{2j} = b_2$
$\vdots$	$\vdots$	$\vdots$	$\vdots$	$\vdots$	$\vdots$
B_n	b_{n1}	b_{n2}	$\cdots$	B_{nm}	$\sum_{j=1}^{m} a_j b_{nj} = b_n$

$$\sum_{i=1}^{n} \sum_{j=1}^{m} a_j b_{ij} = 1$$

层次总排序是归一化正规向量。

为评价层次总排序计算结果的一致性，需要计算与层次单排序类似的检验量。

设 B 层 $B_1, B_2, \cdots, B_n$ 对上层（A 层）中因素 $A_j(j=1,2,\cdots,m)$ 的层次单排序一致性指标为 CI_j，随机一致性指标为 RI_j，则层次总排序的一致性比率 CR 为：

$$CR = \frac{a_1 CI_1 + a_2 CI_2 + \cdots + a_m CI_m}{a_1 RI_1 + a_2 RI_2 + \cdots + a_m RI_m}$$

当 $CR < 0.1$ 时，认为层次总排序通过一致性检验。层次总排序的计算结果具有满意一致性，否则需要重新调整那些一致性比率高的判断矩阵的因素取值。

到此，根据最下层（决策层）的层次总排序做出最后决策。

（3）综合评价方法

综合评价是指通过一定的数学模型将多个评价指标值"合成"为一个整体性的综合评价值。在景观生态评价中运用较多的是模糊评价法和灰色关联优势度分析法。具体如下：

①模糊评价法　模糊评价法在综合评价中的应用主要是建立单因素评价模型。它是根据模糊数学的基本原理对评价的各因素给予单因素评价评语的一种方法。这个评语是从单因素出发把该因素与生态质量高低的关系用 0～1 连续值中的某一数值来表示的。在建立单因素评价模型前需确定评价单元，选择评价因素，确定各参评因素的权重，这些可以通过其他模型方法或经验判断来实现。

单因素模糊评价采用非线性评价模型，首先，确定各因素Ⅰ级指标。

从单因素出发确定Ⅰ级生态质量标准指标是通过对该因素与评价目的的相关关系综合分析后给出的，然后计算单因素评价评语。

各因素与生态质量的关系主要有渐上型曲线、渐下型曲线和峰型曲线三种类型，分别采用不同的公式计算。

在确定单因素评价评语后，利用累加型模型计算出景观生态质量综合评价，然后进行质量分级。

②灰色关联优势度分析法　1982 年，华中理工大学邓聚龙教授首先提出了灰色系统的概念，并建立了灰色系统理论。之后，灰色系统理论得到了较深入的研究，并在许多方面获得了成功的应用。灰色系统理论认为，人们对客观事物的认识具有广泛的灰色性，即信息的不完全性和不确定性，因而由客观事物所形成的是一种灰色系统，即部分信息已

知、部分信息未知的系统。比如生态环境系统、社会系统、经济系统等都可以看作是灰色系统。人们对综合评价的对象——被评价事物的认识也具有灰色性,因而可以借助于灰色系统的相关理论来研究景观格局与景观生态环境评价问题。

灰色关联分析是一种多因子统计分析方法,以各因素的样本数据为依据,用灰色关联度来描述因子间关系的强弱、大小和秩序。如果样本数据反映出两因子变化的态势如方向、大小、速度等基本一致,则它们之间的关联度较大;反之,关联度较小。

灰色关联分析的核心是计算关联度,灰色关联分析的具体步骤如下:

首先,确定分析系列。在对所研究问题定性分析的基础上,确定一个因变量因子和多个自变量因子,并对变量序列进行无量纲化。一般情况下,原始变量序列具有不同的量纲或数量级,为了保证分析结果的可靠性,需要对变量进行无量纲化。无量纲化后各因子序列形成一定的矩阵。常用的无量纲化方法有均值化法和初值化法。其次,求差序列、最大差和最小差,形成绝对差值矩阵,计算关联系数。对绝对差值矩阵中数据作变换得到关联系数矩阵;关联系数是不超过 1 的正数。最后计算关联度,比较序列 X_i 与参考序列 X_0 的关联程度是通过 N 个关联系数来反映的,求平均就可以得到 X_i 与 X_0 的关联度。

对各比较序列与参考序列的关联度从大到小排序,关联度越大,说明比较序列与参考序列变化的态势越一致。灰色关联度若与模糊分析法结合使用,可以很好地解决模糊分析法的表征问题。

思考题

1. 简述城乡绿地系统规划编制的程序及编制内容。

2. 确定城乡绿地系统规划的指标应综合考虑哪些因素?

3. 如何运用"3S"技术进行城乡绿地的现状调查?

4. 城市规划区绿地系统空间布局的模式有哪几种?

第**4**章

城乡绿地系统的构建

城乡绿地系统是城市及乡村少数具有生命力的子系统之一，一个完整的城乡绿地系统应由城市及乡村范围内的各类绿地及市域范围内与之在生态、景观、休闲、游憩、健身等方面直接相关的绿地共同组成。城市绿地系统规划包括市域大环境生态规划和城市规划区层次规划。乡村绿地系统包括镇（乡）村域大环境绿地规划及镇（乡）村建设用地规划区两个层次的规划。

本章主要从宏观层面学习市域、城市规划区两个层次的绿地系统构建与布局，以及绿地景观分区的相关知识。

4.1 市域绿地系统构建与布局

随着《中华人民共和国城乡规划法》的实施，统筹城乡发展、推进城乡一体化成为规划建设的重要内容，《中华人民共和国城乡规划法》提出要建立包括城镇体系规划、城市规划、镇规划、乡规划和村庄规划在内的城乡规划体系。与城乡规划体系相对应，作为专项规划，绿地系统规划也应该建立市域绿地系统规划及城区、镇、乡、村庄的绿地系统规划体系，不能只局限于城市规划建设用地范围内的绿地建设，应该考虑更大区域的生态环境建设。

市域是指建制市的行政辖区范围。市域生态环境是城市社会经济发展的外部条件，市域绿地的保护、规划建设、管理受到市域土地利用状况的直接影响。

4.1.1 市域绿地系统结构与布局

市域绿地是指为保障城市生态安全、改善城乡环境景观、突出地方自然与人文特色、在城市行政管辖的全部地域内划定并实行长久保护与限制开发的绿色开敞空间。其具有覆盖面大、以自然绿地为主体、生物多样性和文化综合性丰富、经济效益和社会效益高、生态效益特别突出等特点，具有生态环保、农林生产、防护缓冲、休闲游憩、景观美化、科学教育等功能。市域绿地的规划对维护区域自然格局、构建合理的生态网络、优化城乡空间结构、改善区域发展环境、促进城乡可持续发展等具有重要作用。

以市域绿地的生态服务功能重要性为评价目标，以城市的自然资源评估、生态功能重要性评价和社会环境分析为基础，根据城市自然地理地貌特征、生态服务功能需求及潜在的生态安全问题，结合本地区的资源、环境条件、市域绿地规划建设目标及上一层次规划明确的规划准则，合理确定市域各类绿地的空间分布和用地范围，构建分布合理、有机联系、可持续发展的市域绿地系统。

4.1.1.1 规划原则

在确定市域绿地系统的结构与布局规划时，应当遵循以下原则：

1）维护生态安全原则

市域绿地应当以发挥生态功能为主，构筑良好的区域自然生态网络，保护、改善区域生态环境，降

低各类灾害的危害性。

2）保持地方特色原则

要充分考虑本地山脉、河流、海岸的走向和湖泊、丘岗、森林的分布特点，维持和保护自然格局；系统完整地保护域内的历史文化遗存，延续和发扬地方文化传统。

3）改善城乡景观原则

有效发挥市域绿地在城乡之间、城镇之间以及城市不同组团之间的生态景观功能，引导城乡形成合理的空间发展形态，促进社会经济可持续发展。

4）兼顾行政区划与管理单位的完整性原则

在规划市域绿地时，一般应安排在本级政府的行政辖区内，确保现有绿地管理单位（如自然保护区、风景名胜区、森林公园等）行政管理范围与绿地边界的统一性、完整性。

4.1.1.2　规划内容

市域绿地系统规划的内容主要有以下几个方面：

1）市域绿地的自然资源评估

对市域范围的地理环境、地质构造、地形地貌、水文气候等自然地理条件，以及土地、林业、水资源和野生动植物资源的种类、数量与分布状况作尽可能详尽的调查研究和评估，充分把握区域生态特征和资源特点。

对市域范围的灾害敏感区、重大污染源及其分布状况进行调查和评估，综合分析区域环境承载力及现存的生态环境问题。

对市域绿地的生态功能重要性、生态服务功能需求及潜在的生态安全问题进行调查和评估，确定对城市生态安全具有重要作用的绿地区域及面积。

2）社会环境分析

分析市域内社会、经济发展与资源、环境的关系，人口增长趋势及其对资源、环境的需求，把握市域绿地建设对城镇化发展的作用和影响。

对市域内各类绿地的发展脉络、历史文化遗存和传统风貌进行调查评估，为下一步在规划层面实现市域绿地自然价值和人文价值的有机结合打基础。

3）市域绿地的规划目标

时序目标：提出近、中、远期市域绿地系统规划建设应达到的阶段目标和实施效果。阐述市域绿地系统对解决本地区域资源与环境问题所起的作用和意义，预测规划期内通过合理规划建设所能达到的自然生态格局、城乡绿色空间形态和环境质量水平。

规模目标：提出一定时期内市域各类绿地规划建设的规模要求。市域绿地在规划层面控制的总体规模，应根据本地区的资源条件和发展要求一次性确定并长期保持。在市域各类绿地的总体规模和空间格局基本确定之后，还可根据本地区的资源条件和经济水平进一步提出分阶段的建设规模。

4）市域绿地划定和总体布局

结合本地区的资源环境条件、市域绿地的生态功能重要性、生态服务功能需求、潜在的生态安全问题、市域绿地规划建设目标及上层次规划明确的规划准则，合理确定市域各类绿地的空间分布和用地范围。

合理安排市域各类绿地布局，构建分布合理、有机联系、永续利用的绿色空间体系。

在划定市域各类绿地时，可将相连或相邻的多类绿地合并为一个绿色空间单元，使之串接成互联网络，形成覆盖面大、空间连续的大片绿地，充分发挥其生态环保功能并满足野生动物栖息和乡土植物保育的需求。

5）市域绿地系统的控制要求

确定市域各空间单元内绿地的功能类别和控制级别，提出各类绿地的具体控制内容和量化指标。

提出市域内各类绿地的规划控制要求。主要包括：河流、水库、湖泊等地表水沿岸生态廊道，道路景观生态廊道，自然保护区，风景名胜区，森林公园，郊野公园，湿地，其他类型的生态敏感区域以及对城市的生态、景观、游憩产生直接影响的区域。规划上应保持市域绿地功能、界线的完整性和空间的开敞度，尽可能防止和避免已有市域绿地的割裂与退化。

在已规划的市域绿地内部及周边确定交通、市政等城乡建设项目时，要进行严格的环境影响评

估。若建设项目可能对市域绿地带来较大负面影响且尚无相应的补救办法时,应停止该项目的实施。

4.1.2 市域绿地系统分类发展规划

市域绿地系统的基本类型,通常包括生态保育绿地、风景游览绿地、水岸绿地、缓冲绿地、特殊区域绿地、农业生产绿地和小城镇绿地、村庄绿地等类型。由于各城市所处的地理条件不同,需要因地制宜地进行规划布局。

4.1.2.1 生态保育绿地规划

城市生态保育绿地包括水源保护区、水系湿地、自然保护区、水土流失及石漠化治理区、山林地、绿色景观生态廊道等。

1)水源保护区

是在河流、水库的上游、源头及周边地区,为稳定洪、枯水量,保护水质而划定的保护区域。水源保护区应划定禁戒区和限制区,并划定一定范围的水源涵养林。应加强水源涵养林、护岸林及保护区内植被恢复与建设。根据城市饮用水源保护区的生态环境现状、特点,结合政府部门出台的相关水源保护的法规等进行水源保护区生态环境保护与建设,禁止一切破坏水源涵养林、护岸林以及与水源保护相关植被的活动,禁止在25°以上陡坡地开荒种地,已经开垦的应限期退耕还林、还草,25°以下坡耕地发展经果林或实行保土耕作。

2)水系湿地

应规划保护和建设市域内主要河流两侧的河床湿地、河滨绿地,河流流经城区段可作为公园绿地,在满足防洪功能的前提条件下,应保持河流水系自然岸线,减少人工干扰,逐步恢复水系生态湿地。

3)自然保护区

自然保护区是指对具有代表性的自然生态系统、珍稀濒危野生动植物物种的天然集中分布区、有特殊意义的自然遗产等保护对象所在的陆地、陆域水体或者海域,依法划定并予以特殊保护和管理的区域。自然保护区应划定核心区、缓冲区和试验区。已经设立和规划设立的县级以上自然保护区,均应纳入市域绿地系统。

4)水土流失及石漠化治理区

应以保护和修复生态环境为主,通过退耕还林、封山育林、水土保持、石漠化治理、湿地保护和防护林建设等措施,有效保护和修复林草植被。

5)山林地

应有效保护天然林;实施低效林改造,进一步提高现有森林质量;因地制宜地开展荒山造林、封山育林、退耕地造林等工程,提高山体植被覆盖率,改善生态环境;严禁毁林开荒、烧山开荒、滥伐林木及非法征收占用林地。

6)绿色景观生态廊道

规划确定市域内铁路、高速公路、国道省道、县乡道沿线两侧绿带,河湖水系绿色廊道等绿色景观生态廊道。绿色景观生态廊道内禁止开发建设。

4.1.2.2 风景游览绿地规划

1)风景名胜区

按照《风景名胜区保护条例》要求,以保护为主,保护与开发相结合的原则,合理进行风景名胜区规划控制,严格保护各级风景名胜区内的自然环境资源。加强对植物景观的培育,并注重地带性植物群落与风景林的结合,强调生态效益与自然风貌特点,保持自然山体与植被景观风貌的完整性。维护古迹周边环境的历史风貌;宗教寺庙应强调对历史原貌及景观环境的保护和恢复。

2)森林公园

是指森林景观优美,自然和人文景观集中,具有一定规模,可供人们游览、休憩或进行科学、文化、教育活动的场所。森林公园多由原始森林改造而成,改造工程以不破坏自然景观为准则。应规划保护森林及其内部野生动植物资源,提高生物多样性;抚育地带性植被的植物群落,提高森林生态功能;可在森林公园内适度开展游览健身活动。

3)郊野公园

是指位于城市边缘或近郊区的风景点、旅游点,具有较丰富的游憩活动内容,设施较完善的大型自然绿地,服务范围较广。应规划保护自然山体、水系及森林植被;加强生态环境建设,丰富植物景观和物种多样性;在开展观光旅游活动的同时应加强对景观资源及游赏环境的保护。

4.1.2.3 水岸绿地规划

包括众多具有特殊景观价值和科学研究价值的滨海岸线及防护林，部分沿海湿地和集中连片的红树林分布地区，重要海产养殖场及围垦区，特种海洋生物繁衍区，主干河流及堤围，大型湖泊及沼泽，大中型水库及水源林，基塘系统等。上述区域具有蓄水、防洪、滞洪、泄洪、纳洪、补充地下水、净化水体、调节气候、提供动植物栖息地等作用，对维护区域生态环境具有重要作用，同时也是体现城市风貌特色的重要途径。应改善沿岸生态环境，提高生物多样性。

4.1.2.4 缓冲绿地规划

通常包括环城绿带、重大基础设施隔离绿带、大规模的自然灾害防护绿地和城市公害防护绿地等。缓冲绿地是为城镇及重大设施设置的防护和隔离区域，具有卫生、隔离、安全防护的功能。

1）环城绿带或城市组团隔离带

是指在城市或城镇建成区外围一定范围内，强制设定的基本闭合的绿色开敞空间，形成城市或城市组团之间的绿色隔离带。环城绿带或城市组团隔离带具有防止城镇无序蔓延，为相邻城镇或为城乡之间的发展提供绿色缓冲空间，并提供更多的居民休闲游憩场所，以及维护城市生态平衡等多种功能。

2）重大基础设施隔离绿带

是指在重大的交通、电力、通信、输水和供气等基础设施两侧一定宽度内或周边一定范围内划定的安全区域或隔离绿带。如国道、省道、高速公路、铁路沿线的绿化隔离带，骨干输水、供气线路和高压走廊保护区。

3）自然灾害防护绿地

是指对自然灾害起到一定缓解作用的绿地，如防风林、防沙林、水体防护林及各类地质不稳定地段的防护绿地。

4）城市公害防护绿地

是指对废气、废水、粉尘、有毒有害气体、噪声、振动、爆炸以及放射性物质等城市公害有一定隔离防护、缓冲作用的绿地。公害防护绿地所须设置的防护绿带宽度，取决于公害干扰与危害的程度及风向、风力等因素。

4.1.2.5 特殊区域绿地规划

包括特殊的地质地貌景观区、自然灾害敏感区、文物保护单位、传统风貌地区。这类地区虽然不一定为绿化覆盖，但同样具有较高的自然和文化价值，应纳入市域绿地系统，进行严格的保护和开发控制。

1）地质地貌景观区

是指在地球演化的漫长地质历史时期形成、发展并遗留下来的，有重要科学研究价值和观赏价值的奇特地质地貌景观的分布区，如喀斯特地貌、丹霞地貌、古海蚀遗址等。

2）自然灾害敏感区

是指容易发生自然灾害的区域，如泄、滞洪区，地震活动频繁地区，滑坡及泥石流易发地区等。自然灾害敏感区要尽量减少人为活动，加强绿化建设，以降低自然灾害的危害程度。

3）文物保护单位绿地

保护文物保护单位及周边绿化环境，保持景观视线廊，维护文物保护单位整体景观与文化风貌。严格按照古树名木保护要求，保护文物保护单位内外的古树与大树。加强绿地不足单位的绿地建设，改善文物保护单位景观环境。新建及更新绿地要与文物保护单位原有景观风貌保持一致。绿地养护及植物生长影响到文物安全的，要对绿地和植物进行处理，保护文物安全。

4）传统风貌地区

是指文物古迹比较集中，能较完整体现出某一历史时期传统风貌和民族、地方特色的街区或建筑群。传统风貌地区一般应设置绝对保护区及建设控制区，其中有突出价值或对环境要求十分严格的，可划定环境风貌协调区。经县级以上人民政府认定或规划设立的传统风貌保护区，应纳入市域绿地系统。

4.1.2.6 农业生产绿地规划

1）耕地

应加强现有耕地尤其是基本农田的保护，限制农业用地转为建设用地，开发利用现在宜耕后备资源，进行基本农田建设，增加耕地面积；在保护生态环境的基础上,适度发展农业观光、农业体验等生态旅游活动。

2)都市现代特色生态农业产业

规划建设现代都市农业示范区,大力发展果树、生态茶园、花卉苗木和多年生中药材等特色生态农业。

4.1.3 镇(乡)村绿地系统规划

《镇(乡)村绿地分类标准》(CJJ/T 168—2011)对镇(乡)村绿地的定义为:以自然植被和人工植被为主要存在形态的镇(乡)村用地。它包含两个层次的内容:一是镇(乡)区或村庄建设用地范围内用于绿化的土地;二是镇(乡)区或村庄建设用地之外,对镇(乡)区或村庄生态、景观、安全防护、生产和居民休闲生活具有积极作用、绿化环境较好的区域。这个概念建立在统筹城乡发展,充分认识镇(乡)村绿地生态功能、游憩功能、景观功能和生产功能等特点,镇(乡)村发展与环境建设互动的基础上,是对绿地的一种广义的理解,有利于建立科学的镇(乡)村绿地系统。

该标准将镇区绿地划分为公园绿地、防护绿地、附属绿地和生态景观绿地四个大类,其中公园绿地包括镇区级公园和社区公园,附属绿地包括居住绿地、公共设施绿地、生产设施绿地、仓储绿地、对外交通绿地、道路广场绿地和工程设施绿地,生态景观绿地包括生态保护绿地、风景游憩绿地和生产绿地。将村绿地分为公园绿地、环境美化绿地和生态景观绿地。

4.1.3.1 规划原则

1)保护生态环境、尊重自然的原则

在规划建设中必须以保持生态的完整性、保护营造良好生态景观为前提。村镇得以维持的基本自然资源直接来自于它周边的区域,应该尽可能地保留镇(乡)村原有的资源、地貌、自然的形态,生物多样性及人与自然、生物之间的紧密不可分离的共生共存关系。

村庄的"建成区"往往叠加在比它大几十倍的农田和森林之中,规划中应明确基本农田、湿地、水源地、生态用地的保护。尤其某些与村庄日常运行和生态安全有关的地域,应该成为村庄绿地规划的重点。

2)以人为本的原则

在保证生态完整的前提下,充分考虑村民对绿地的需求愿望、当地的自然地貌、气候、社会经济发展水平、村民的生活习惯等因素,结合村民的公共活动场所设置可供娱乐、休憩、健身的绿地,为村民提供良好的户外休憩绿地。

3)美观、功能和空间有机结合的原则

充分考虑实用、经济、环保等各方面因素,遵循构建节约型绿地景观的理念,创造优美舒适、经久实用的景观。乡村生活与生产在土地和空间使用上的混合是一种有效率的存在,绿化中可充分利用当地具有观赏价值的林木、经济林、果蔬等,达到绿化效果的同时可增加一定的经济效益。要坚决反对机械地运用城市绿地规划、工业文明的模式改造农村、农业。

4)传承乡土文化和乡村特色的原则

镇(乡)村的绿地规划、建设、整治应该保留和传承他们熟悉的传统文化场景。绿地规划和建设要尽可能地向历史学习,尊重与保护镇(乡)村的文化遗产、地域文化特征、民族植物以及与自然特征的混合布局相吻合的文化脉络。

总之,按城乡融合的绿地网络结构组织城乡一体化绿地,规划形成绿地布局合理,景观特色突出,与经济发展、耕地保护、生态环境建设、人居环境优化相协调,可持续发展的生态型乡村绿地体系。

4.1.3.2 镇(乡)村绿地规划目标

规划的目标为优化镇(乡)村人居环境,建设舒适、宜人的绿色空间环境。应保护村寨周边山体、林地、农田、河湖水库、湿地等生态功能区。保护重要的生态廊道,连续的河流、道路、山体等都具有生物廊道的功能,此外城镇的村庄还有可能处于区域其他生态廊道范围内,增加植被及防护绿地建设,保证生态廊道畅通,协调相关规划,保护好廊道范围内的各类绿地及水体。保护古迹、古树及历史风貌,保护体现历史文化特色的自然、建筑、布局等各类环境要素,注重保护体现民族、历史与文化特色的风貌。

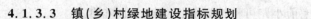

4.1.3.3　镇(乡)村绿地建设指标规划

《镇(乡)村绿地分类标准》指出镇(乡)村绿地的主要统计指标为人均公园绿地面积、绿地率和绿化覆盖率。

结合实际情况,规划村委会所在地及自然村的村庄内部绿地率、绿化覆盖率,进村道路绿化覆盖率,沟渠绿化率,村庄面山绿化率等指标。

村道路两侧、乡村公路两侧的绿化带建设需结合周边景观风貌,形成协调统一的道路绿化带。渠边、路边和田边的空隙地上进行绿化,形成纵横连亘的农田林网。镇(乡)村人均公园绿地面积、绿地率和绿化覆盖率作为基本指标,其他指标,如:沟渠绿化率、进村道路绿化覆盖率、村庄面山绿化率等可作为镇(乡)村绿地建设的参考指标。

一般认为村庄内部绿地率应达 25% 以上、绿化覆盖率达 30% 以上,进村道路绿化覆盖率达 60% 以上,沟渠绿化率达 85% 以上,村庄面山绿化率达 85% 以上。

一般镇(乡)区应有不小于 5 hm² 的有特色的公园绿地至少一个,村委会所在地应有一个面积不小于 2 000 m² 的公园绿地,每个自然村应建成一个不小于 1 000 m² 的公园绿地,并以绿化为主体,同时应配有娱乐和休闲设施。公园绿地规划以自然式布局为主,涉及文物古迹的公园绿地规划需符合文物保护的相关要求。

计算镇(乡)、村现状绿地与规划绿地的指标时,应分别采用相应的镇(乡)、村人口数据和用地数据;规划年限、镇(乡)村建设用地面积、规划人口应与镇(乡)村总体规划一致进行计算。确定相关规划指标时应结合当地的用地情况、社会经济发展水平等客观实际情况,参考国家园林城镇标准等综合考虑。

4.1.3.4　镇(乡)村绿地系统建设分类规划

1)镇(乡)村公园绿地规划

由于城乡差别的客观存在,农村村民与城市居民存在审美情趣、行为心理和对公园绿地的需求等不同,以致两类使用者在对公园的使用上也存在不同的需求。从入园时间方面来讲,城市居民中绝大部分人由于工作、学习时间所限,白天很少有时间进入公园绿地,一般是晚上、周末及节假日等比较空闲的时间使用公园绿地;而农村的居民工作日和假期的区别不大,农忙时节游园少,农闲时节对公园使用较多。从游园方式看,农村居民偏于聊天等公共活动,城市居民更偏好休憩、观赏等静态活动。因而在进行镇(乡)公园绿地规划时不能完全照搬城市公园的规划设计方法,应认识到其与城市公园绿地的不同,充分考虑村民对公园绿地的需求愿望、当地的自然地貌、气候、社会经济发展水平、村民的生活习惯等因素,考虑合理的服务半径,科学合理地进行规划。

（1）规划内容

镇(乡)公园绿地是为镇区内的居民服务,以游憩为主要功能,兼具生态、美化作用的镇区绿地。镇(乡)公园绿地可以分为镇区级公园和社区公园。镇区级公园是面积较大、设施较齐全、活动内容较丰富的综合型绿地,为乡镇居民提供休闲游憩、文化、体育活动和邻里交流的空间,应规划基本的游戏器械、健身器械、各类运动场地(如篮球场、羽毛球场、乒乓球场地以及民族体育运动项目场地)等,可举办民俗活动、展示民族风情、宣传科学技术成果等,并配备茶室、餐厅、小卖部等服务设施。由于乡镇用地紧张,公园绿地的建筑宜小巧并突出当地乡土特色,在植物选择时要遵守适地适树原则,宜选择观赏效果好兼具一定经济效益的乡土树种,植物配置以乔灌草复层结构为主,注意季相变化。

村公园绿地是在村庄用地中向公众开放的,以休闲、游憩为主要功能的有生态、美化作用的绿地,包括小游园、沿河游憩绿地、街旁绿地和古树名木周围的游憩场地。规划村公园绿地时要根据村庄现状情况确定公园绿地的主要功能,如:休闲观光型、文化娱乐科普型、康体健身型、纪念教育型等,规划符合农民乡村生活需要,并结合农村自然条件、人文资源,创造一定的集会场地,交流场所,休闲、健身、娱乐场地,选择观赏价值高,经济价值高,管理较粗放的乔灌木,植物配置需注意植物群落结构和季相变化。

（2）绿地面积和位置要求

镇(乡)公园根据乡镇的定位和乡镇用地结构,

尽量选择有良好基址环境的地块或对废弃地、旧工业区改造建设;针对乡镇传统文化传承,可以选择镇(乡)出入口、地标性建筑和具有地方特色的地块来确定公园绿地的位置;充分利用乡镇自然山水空间、林地及风景区等设置有地域特色的公园绿地。镇区级公园可以根据乡镇的规模设置2~3处,社区公园根据乡镇建设用地的结构设置相应的数量。有研究认为:镇区级公园控制在 5 hm² 以上,人均公园面积为 30~60 m²;社区公园面积宜控制在 0.1~5 hm²,人均公园面积为 20 m² 以上;公园服务半径 500 m,绿化用地比例应≥65%。

村公园大都是因地制宜选择村庄中的古树名木旁、宗祠旁、村活动室旁、村中原有山林、四旁绿地、废弃地等场地,创造具有本地特色的游憩空间。根据对村公园绿地的研究成果,提出公园绿地面积宜控制在 0.1~2 hm²,人均公园面积为 15 m²;公园服务半径为 500 m 以下,绿化用地比例应≥65%。

2)镇(乡)村附属绿地规划

附属绿地因所附属的用地性质不同,而在功能用途、规划与建设管理上有较大的差异,规划应符合相关规定的要求。

(1)居住绿地

乡村的居住用地建筑与城市有很大差别,多以庭院形式存在,庭院是指房前屋后或房屋院墙间的院落。它是乡村内分布最广、与村民生活最贴近的部分,在村庄绿化中占有非常重要的地位。乡村庭院绿化可以结合当地乡村风貌,因地制宜,经济节约,营造出景致怡人的农家田园风光。

庭院的绿化形式可根据喜好和需求分为林木型庭院绿化模式、果蔬型庭院绿化模式、美化型庭院绿化模式、综合型庭院绿化模式等。

林木型庭院绿化模式:指在房前屋后的空地上,栽植以用材树为主的经济林木。其特点是可充分利用庭院的有效空地,根据具体情况组配栽植高产高效的庭院林木以获取经济效益。绿化时因地制宜选择乡土树种,以高大乔木为主,灌木为辅。布置方式:在庭院开敞院落种植枝叶开展的落叶经济树种,既可带来一定的经济效益,又能满足庭院夏季遮阴和冬季采光的需求。在空间较小的庭院、宅前小路可种植树冠相对较小的树种。

果蔬型庭院绿化模式:指在庭院内栽植果树蔬菜,绿化美化、方便食用,同时兼得一定的经济效益。这是一种简单实用的绿化模式,农户可以根据自己的喜好,选择种植不同的果树和蔬菜品种。布置方式:在庭院宽阔空地处种植果树,树下围栏种植蔬菜,形成具有丰富层次的立体绿化效果。选择不同果蔬,成片栽植于院落、屋后或院墙下。

美化型庭院绿化模式:指以绿化和美化生活环境为目的的绿化模式。此类绿化模式通常在房前屋后就势取景,点缀花木,灵活设计。可选择当地常见的观叶、观花、观果等乔灌木作为绿化材料,绿化形式以园林上常见的花池、花坛、花境、花台、盆景为主。美化型庭院绿化可出现在房屋密集、硬化程度高、经济条件较好、可绿化面积有限的家庭和村落。布置方式:在房前、院落墙边种植观叶、观花、观果的花灌木。在庭院空地中央处,种植树形优美的观赏乔木,周围设立石桌、木凳等休憩设施。屋后院落一般设计为竹园、花池、树阵、苗圃等。

综合型庭院绿化模式:是前几种模式的组合,也是常见的村庄庭院绿化形式。以绿化为主、硬化为辅;以果树和林木为主,灌木和花卉为辅。绿化形式不拘一格,采用林木、果木、花灌木及落叶、常绿观赏乔木等多种植物进行科学、合理配置。在绿化布置时因地制宜,兼顾住宅布置形式、层数、庭院空间大小,针对实际条件选择不同的方案进行组合。布置方式:以攀援植物覆盖,形成生态墙体,构成富有个性、活力的绿色庭院,通过增加墙体绿化、阳台绿化改善绿量和景观效果。采用栅栏式墙体,以常绿灌木为基础种植,修剪成近似等高的密植绿篱围墙,既生态、经济、美观,又具有一定的实用性。

(2)广场绿地

广场绿地既是体现乡村绿地建设水平的代表性区域,也是居民进行集体活动、休闲活动的主要区域。广场绿地布局应简洁大方,与周边地形和空间环境协调;同时为满足公共活动需求,场地内要有足够的开敞空间,利用乡土植物和景观小品,体现各村镇的地域特色、历史文化、民族风情等,形成

村镇的标志性景观空间。

（3）道路绿地

主要功能是通过绿地来组织交通路线、保障安全及美化村容，以绿化种植为主，一般不宜进入休憩。

（4）对外交通绿地

对于重要的过境道路，包括铁路、高速公路、快速路、省道等，除道路两侧绿地外，着重加强立交桥、上下高速口两侧、道路交叉口等重要块状绿地建设，通过彩叶植物、观花植物等观赏性强，同时具有一定耐污染能力植物的应用，形成视觉效果突出的景观焦点。

（5）其他附属绿地

公共设施绿地、生产设施绿地、仓储绿地、工程设施绿地的规划应以满足主体设施功能的实现为目的，其位置取决于这些机构的用地要求，在此基础上考虑美化环境、丰富村镇风貌等功能。

3）防护绿地规划

防护绿地是用于安全、卫生、防风等作用的绿地。其功能是对自然灾害和其他公害起到一定的防护或减弱作用，不宜兼作公园绿地。因所在位置和防护对象的不同，对防护绿地的宽度和种植方式的要求各异，防护绿地规划时可参照各省市的相关法规执行。

4）生态景观绿地规划

生态景观绿地一般是位于镇区建设用地以外，对镇区生态、景观、安全防护和居民休闲生活具有积极作用、绿化环境较好的区域。它是镇区绿地的延伸，与建设用地内的绿地共同构成完整的绿地系统。生态景观绿地包括生态保护绿地、风景游憩绿地、生产绿地三小类。

（1）生态保护绿地

生态保护绿地是以保护生态环境，保护生物多样性，保护自然资源为主的绿地。它是维持自然生态环境，实现资源可持续利用的基础和保障，包括自然保护区、水源保护区、生态防护林等。该类绿地规划时侧重对生态环境的保护，以保护生物多样性，保护自然资源为主要目的，条件允许的情况下，可适当考虑一定的游览观光活动。

（2）风景游憩绿地

风景游憩绿地是位于镇区建设用地以外的生态、景观、旅游和娱乐条件较好的区域，如森林公园、旅游度假区、风景名胜区等。这类绿地既可以影响镇区的景观风貌，为本镇区的居民提供良好的环境；也可为城市居民提供休闲、度假、娱乐的场所。由于此类绿地与镇区景观和居民的关系较为密切，对已建的此类绿地应当按规划和建设的要求保持现状或定向发展，一般不改变其土地利用现状分类和使用性质。

（3）生产绿地

生产绿地一般是位于镇区建设用地以外的苗圃、花圃、草圃、果园等用地，属于广义的绿地。此类绿地以生产经营为主，既为城市提供苗木，为居民提供丰富的农产品，又影响着镇区的景观，同时具有一定的生态功能，对已建的此类绿地应当按镇区规划和建设的要求保持现状或定向发展，一般不改变其土地利用现状分类和使用性质。规划新建生产绿地时应遵循能方便、快捷、优质地为城市绿化提供苗木、花草、种子的原则，做好选址、勘查、规划设计、建设施工等一系列工作。生产绿地的规模要根据城市的发展规模、绿化目标和区域的苗木生产市场情况而定。苗圃用地选址时应考虑其经营条件和自然条件。经营条件包括通讯、道路交通、电力供应、水源、周边的科研服务机构、劳动力市场、农用机械服务、地方民情、环境等。在经营条件好的地方建设园林苗圃，可以充分利用社会力量，使用新技术，减少投入，降低经营成本，提高效益。苗圃的自然条件包括地形、水源和地下水位、土壤质地、病虫害及杂草等，应选择自然条件适宜的地方建设园林苗圃。

4.2　城市规划区绿地系统构建与布局

4.2.1　城市规划区绿地系统构建与布局的原则

城市绿地布局要从人与生物圈、人与自然协调发展，城市生态系统的高度来考虑，应按照合理的

服务半径,均衡分布各级公园绿地和居住区绿地,使全市居民都有同样利用的条件,满足全市居民方便地文化娱乐、休憩游览的要求;引导和控制城市空间形态,确保安全健康的城市环境,满足城市生活和生产活动安全的要求,改善和优化城市生态环境,达到城市生态环境良性循环、人与自然和谐发展的目标;满足城市景观艺术的要求,改善和加强城市艺术风貌。

1)依托城市所处的自然山水空间格局

根据地形、地貌、地表水等自然条件和绿地现状特点,充分利用原有的名胜古迹、山川河湖,将其有机地组织在城市绿地系统中。

2)强调生态系统的空间关系及格局与过程的关联性

绿地生态系统在空间的分布可用斑块-廊道-基质的模式来表达,异质性是绿地景观系统规划的基本特点和研究出发点,尤其是空间异质性,包括生态学过程和格局在空间上的不均匀性与复杂性,是规划要重点考虑的内容。

3)强调景观演化的动力机制

景观演化的动力机制有自然干扰和人为影响两个方面。由于人类活动的普遍性和深刻性,特别是对城市及其附近地区的景观演化起主导作用的是人类活动,景观生态学在规划中强调人类尺度的作用也正基于此。

4)强调生态景观与视觉景观的协调统一

注意协调形态与内容、结构与功能的统一,以人类对于绿地景观的感知作为评价的出发点,追求景观、生态、美学和使用等多重价值的实现。

5)强调绿地的实用性

通过绿地的空间布局、景观管理与景观生态建设来进行空间重组与生态过程的调控,营建宜人景观,起到示范作用,达到实现规划区域可持续发展的目的。

6)增强城市绿地的可达性

根据城市用地性质、功能分区的不同以及相应的人口密集度,规划相应面积的公园绿地。城市公园绿地应均衡分布,服务半径合理,满足全市居民休闲游憩的需要。城市的中小型公园的布置必须

按服务半径的相关要求执行,使附近居民在较短的时间内可步行到达。

7)应用推广低影响开发建设模式

城市绿地是建设海绵城市、构建低影响开发雨水系统的重要载体,城市绿地系统规划应明确低影响开发控制目标,在满足绿地生态、景观、游憩和其他基本功能的前提下,合理地预留或创造空间条件,对绿地自身及周边硬化区域的径流进行渗透、调蓄、净化、利用,并与城市雨水管渠系统、超标雨水径流排放系统相衔接。

4.2.2 城市规划区绿地系统布局

城市绿地布局是城市绿地系统的内在结构和外在表现的综合体现,其主要目标是使各类绿地合理分布、紧密联系,有机构成城市绿地系统,保持城市生态系统平衡,实现城市绿地的生态功能、社会功能和经济功能。

城市绿地系统的空间布局虽然有多种形式,但基本构成单元一般包括绿心、绿核、绿地斑块、绿色生态廊道、绿色景观轴线、绿环、绿圈、绿巢、绿楔等。根据景观生态学基本原理,在较小尺度上,城市是一个由基质、廊道、斑块等景观基本要素组成的景观单元,各组成要素之间通过一定的流动产生联系和相互作用。除绿地这个大类以外的各类城市建设用地是城市土地的主要作用类型,可以看作是城市的基质,而城市原有的山体、林地以及绿地系统规划确定的各类公园绿地、风景区等各类绿地形成城市的绿色斑块(含绿心、绿核、绿地斑块等),各类自然山体、水体以及沿水体绿带、道路绿地、生物廊道、通风廊道、防护林带等形成绿色廊道(含绿色景观轴线、楔形绿地、绿环、绿圈、绿带等)。规划布局时充分利用城市内外的景观轴线和河流水系生态廊道纵横交错形成稳定的网状布局,城市外的天然林、经济林连同郊野公园、农田,经河流、道路廊道及城市绿地楔入城市中心,形成联系城乡的楔形绿地,各类型公园绿地均衡分布形成绿地斑块,城市外围面山森林形成城市景观与生态防护的绿色、生态安全保护环或圈,构建山水相依、科学合

理的城市绿地系统。如山地城市可根据城市所处的自然山水空间格局，依山就势构建绿地斑块、按需按规布局公园绿地、顺水顺路打通绿色廊道、绕城环山形成绿色圈层，重视历史文化风貌，彰显城镇特色，应用植物多样性形成景观多样性，构建"平面展开、立面多彩、特色突出、互相联系、内外连通、系统开放"的山地城市绿地系统。以贵州省贵阳市城市绿地系统布局为例进行分析。

贵阳市是贵州省省会，是我国西南地区四大中心城市之一，为西南地区重要的交通通信枢纽、工业基地及商贸旅游服务中心，也是中国重要旅游城市。贵阳市于 2007 年被评为"国家园林城市"，2013 年末城市建成区面积为 299 km²，包括云岩、南明、花溪、观山湖、经开、乌当、白云七个区。贵阳市气候条件优越，植物种类多样，森林资源丰富，总体生态环境良好，至 2013 年全市森林覆盖率达到 44.2%，建成区绿地率达到 37.17%，绿化覆盖率达到 38.57%，人均公园绿地面积 10.95 m²，已初步形成以环城林带为依托，风景林地为基础，干道绿化为骨架，公园、广场、河流、社区、庭院各类绿地相互交融，斑块、廊道、基质、圈环协调发展的城市绿地生态系统（图 4-1）。贵阳市总体绿化水平较高，绿地率和绿化覆盖率均高于国家园林城市标准。从绿地分类构成来看，有防护绿地多、生产绿地少、公园绿地偏少、山体绿地占较大比例的特点，城市建成区绿地率已经达到 37.17%，但是各类公园绿地仅占绿地总量的 28%，而以山体绿地为主的防护绿地比例高达 46%，附属绿地所占比例为 25%，生产绿地比例最低仅为 1%。从绿地系统布局来看，受多山少平坝的地形条件限制，存在分布不均的问题。老城区的大型综合型公园——黔灵山公园和鹿冲关森林公园主要分布在外围，内部绿地主要分布于南明河两侧及零星离散分布于南北中轴线上，总体呈现外多内少的形态。建成区中心区域公园绿地缺乏，缺少贴近市民生活的社区公园和街旁绿地，场地、设施较差的山体公园占有不小比例。新城区公园绿地总量较高但布局不尽合理，同时现有的专类公园主要是湿地公园，缺少有特色的其他类

型专类公园。老城区受用地条件限制，公园绿地数量较少，附属绿地建设水平较低，数量不足。乌当区森林资源丰富，绿地率高，但公园绿地偏少。白云区公园绿地和生产绿地数量多但其应对工业发展的防护绿地偏少，附属绿地的建设也有待加强。从绿地系统功能来看，有生态功能强而游憩休闲功能弱的特点。城市绿地率较高，且建成区内分布有大量植被良好的山体林地，大大提升了城市的生态环境质量，但绿地系统休闲游憩功能有待加强。

贵阳市属于喀斯特地貌，城市多山，具有"山中有城，城中有山"的典型特点，仅建成区范围内就有 118 座自然山体。随着城市的发展，人口增加，建设用地压力很大。绿地系统规划既要增加各类绿地，改善生态环境，提升休闲游憩功能，又要考虑到建设用地紧张的实际情况，充分利用老城改造用地、未利用地、山地、河流两侧用地等优化绿地布局，建设多种类型的绿地。中心城区范围内，林地、园地、耕地等面积较大，而园林绿地仅在建成区内存在，面积较小。绿地系统规划需要协调自然绿地保护与园林绿地建设之间的关系。

《贵阳市城市总体规划（2011—2020 年）》提出至 2020 年，把贵阳市基本建设成为生态环境良好的宜居、宜游、宜业生态文明城市，加强环城林带、红枫湖、百花湖、阿哈水库等重要生态敏感区域的保护，合理利用公园、湖泊、山体等城市生态资源，开展城市绿地建设。贵阳市中心城区规划打造"山中有城，城中有山；城在林中，林在城中；湖水相伴，绿带环抱"，山水林城相融合的城市特色（图 4-2 和图 4-3）。

在充分利用自然资源，以中心城区生态安全格局为基础，结合城市规划用地的功能区划和旧城改造的契机，增加人口密集区的绿地，优化老城区的绿地布局，重点利用老城区内的未利用地和旧城改造的空地进行社区公园和街旁绿地的建设，遵循顺应城市发展要求，保护自然绿地，完善绿地格局，构建稳定的城市绿地网络体系，以"显山露水、因地制宜、合理布局"为原则，将中心城区绿地系统布局为：两环，两湖，三带，多廊，多园。

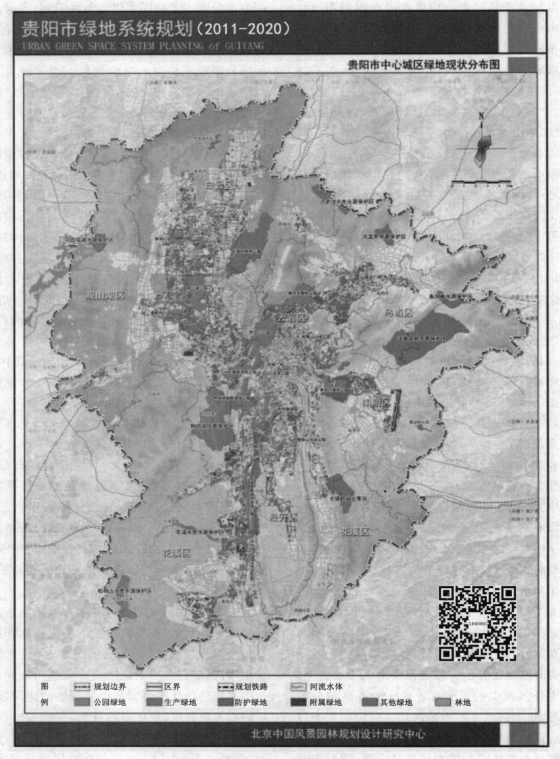

图 4-1　贵阳市中心城区绿地现状分布图

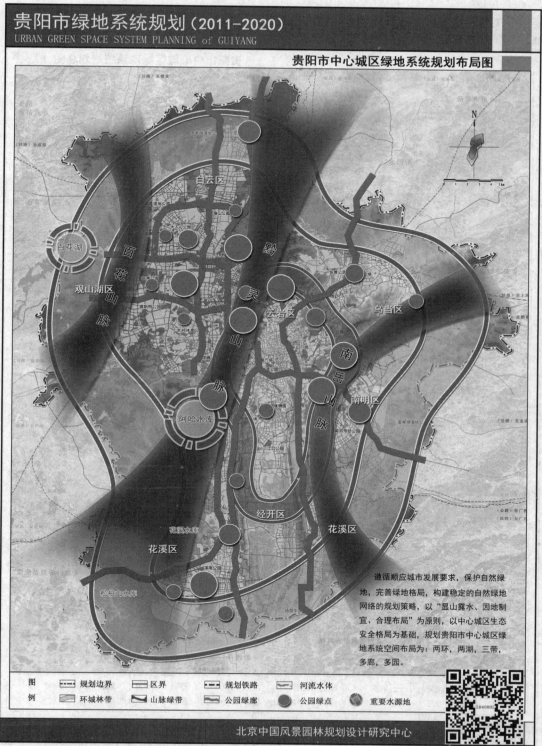

图 4-2　贵阳市中心城区绿地系统规划布局图

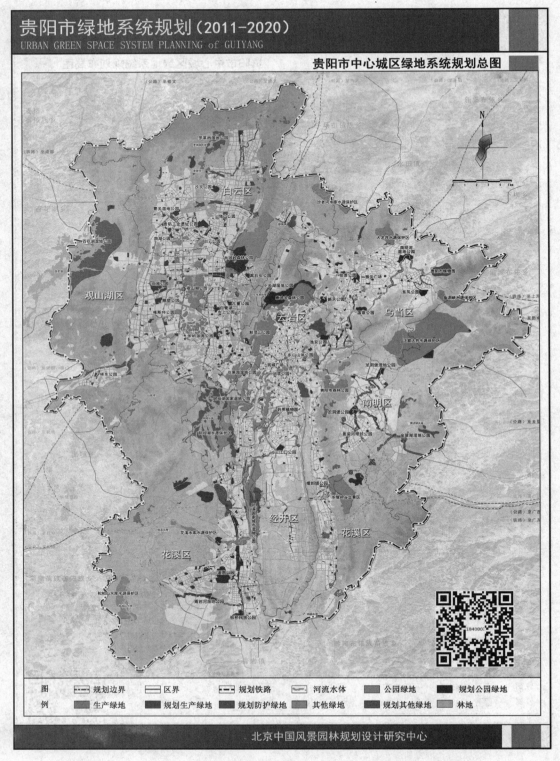

图 4-3　贵阳市中心城区绿地系统规划总图

"两环",外环是指以二环林带为基础的中心城区外围的山体林地、农田等,包括百花山脉、南岳山脉、靛山山脉及农田、园地,形成围合主城区的生态屏障;内环是指黔灵山、鹿冲关森林公园、贵阳市森林公园、孟关林场等形成的一环林带。

"两湖",是指阿哈水库和百花湖,是城市的重要水源地,对城市的发展和生态建设起着重要的战略作用。

"三带",是指通过中心城区的三条山脉,即百花山脉、黔灵山脉和南岳山脉,形成城市内部自然的组团隔离带和中心城区"绿肺",对于控制组团规模,改善城市环境具有重要的作用。

"多廊"是指位于各组团内部,联系外围绿环、山脉的道路和水系廊道、通风廊道等,包括北京西路、北京东路、甲秀路、金朱大道、金阳大道、花溪大道、贵开大道、机场路—解放路、新添大道、南明河以及多条通风廊道等。

"多园"是指位于城市不同位置、功能多样的公园绿地,既能为居民提供休闲活动空间,同时也是城市各区内的重要生态斑块。

4.2.3　城市规划区绿地景观分区

从单纯的感官角度上看,景观就是人们目力所及的景物及景物组合。从这个意义上来讲,城市景观总体上是由以人工构筑为主的硬质景观以及以植被为主的软质"自然"景观——城市绿地景观构成的。

城市绿地景观(cityscape)指城市的绿地空间结构以及城市绿地整体或局部的外观形态,包括城市绿地区域内各种要素的结构组成及外观形态。在城市绿地景观中,人与环境的相互作用关系是核心,是通过人的眼、耳、鼻、舌、身以及思维所获得的感知空间。

保持和塑造城市风情、文脉和特色是城市绿地景观重要而独特的功能。城市绿地景观在美化市容的同时,还能够充分烘托城市环境的文化氛围,体现出城市独有的历史内涵、人文底蕴和地方特色,对保持和塑造城市形象起着重要作用。然而近年来,国内城市绿地建设虽然发展速度很快,在减弱城市"热岛效应"、改善大气环境质量和促进城市生态平衡等方面都起到了重要作用,但在形式上却竞相模仿,使许多城市的绿地景观出现了雷同现象,这种状况大大削弱了城市绿地景观应有的特色效果。如同建筑不是建筑材料的堆砌而是建筑思想的体现,城市不是建筑的胡乱拼凑而是建设思想的物化一样,城市绿地景观也绝非简单地拼贴植物、山水、建筑小品等构成元素,更非仅仅是从生态法则角度来种植好花草树木,而应该是通过对多种元素系统的、有选择性的、艺术化的综合运用,创造出具有美学意义和人文内涵的开放空间。

城市绿地景观作为地域文化的一种载体,体现着特定地区特定时期的人文风格,通过对城市人文资源的整合利用,实现城市文化脉络的延承。对文脉延承的实现必须将文化的历时性的过程转化为一种共时性的存在,将历史中的一个或几个片段加以再现处理后镶嵌在绿地景观中。绿地景观本身是一个可感的实体形象工程,它所表现出的文化脉络不是凭空依靠虚无的意念而是通过具体可感的实物形象传达出来的。物化就其作为手段而言是直观浅显的,但就其功能意义而言又是微妙的,只有将历史文化信息物化在绿地中才能使其得以永久性的呈示,持续不断地向人们传播展示并形成文化传承有节奏的脉动,构成城市历史文化的底蕴和活力。

不同的活动需要不同性质的空间载体,因此在城市不同区域的绿地景观要体现不同的景观特色和功能。城市绿地景观区的划分与功能区划分既相互关联又不完全一致,功能分区突出不同性质的活动空间,绿地景观分区则根据各区的功能形成不同景观主题和风貌特色。

城市规划区绿地景观分区规划在城市总体规划的基础上,结合城市土地性质、土地利用、功能分区及地形、水系等,通过调查和综合分析进行绿地景观分区,提出各功能区如行政办公区、商业区、居住区、工业区等的绿地景观塑造要求,不同的区域在绿化风格的确定、绿化树种的选择、园林景观建设、绿地类型的配置等方面均应各有特色,能与片区城市的主要功能相适应。同时也要使不同的绿地景观区之间协调统一。应充分挖掘城市历史人文资源，合理运用道路、边界、区域、节点和标志物等城市景观元素，结合城市的自然条件、用地功能布局等，以自然生态条件和地带性植被为基础，将民俗风情、传统文化、宗教、历史文物等人文元素融合在绿地中，使城市绿地景观具有地域特色和丰富的人文特征，产生独特性和吸引力，使人们能够从城市绿地景观中读出不同城市的历史文脉，品味出不同城市的人文风格。

以位于云南省西部的全国首批历史文化名城大理市为例，大理市地处云贵高原上的苍山之麓，洱海之滨。现行的城市总体规划将城市规划为四个组团发展，分别是西北部的古城商贸、旅游、居住组团，南部的下关行政、金融、商业组团，东南部的凤仪工业、物流组团，以及东部的海东行政、居住、康体组团。根据城市各组团功能的定位和各组团的地形等情况，将城市绿地景观分区如下：

（1）西北部古城民族园林特色组团

大理古城组团位于大理市城市东北部，规划建设用地面积为 13.30 km²，主要在大理古城的基础上以旅游、商贸、居住用地为主，主要发展特色旅游业，组团内规划多个公园绿地，围绕大理发展旅游，展示民族园林特色为主题的思路规划公园绿地景观，公园绿地植物以当地的冬樱花、云南山茶、马缨花、榆树、滇丁香等乡土植物为特色，打造具有大理古城地方特色的园林景观，创造宜人尺度的古城绿色组团。

（2）南部下关现代园林特色组团

下关组团规划建设用地面积为 35.2 km²，主要发展行政、商业、金融等。本组团位于城市的最低海拔区域，有多条河、溪穿过规划区范围，建设湿地公园、全市性综合公园、景观大道等，同时结合南部入城口面山森林地，展示城市湿地景观，绿地植物乡土与外来相结合，保护生物多样性，为人们创造景观优美、多样的现代化居住、生活、工作环境。

（3）东南部凤仪生态防护绿地特色组团

凤仪生态工业组团规划建设用地面积为 24.6 km²，绿化中应有针对性地选择抗污染性强、景观效果好、适应性强的乡土树种，同时结合组团周边的面山生态防护林等景观共同构成该组团以生态防护功能为主的特色绿地景观。构成富有当地文化特色，同时体现时代特色的工业、物流区绿地景观。

（4）东部海东休闲绿地特色组团

海东组团规划建设用地面积为 14.10 km²，充分利用山地地形布置居住用地、康体设施用地。该区主要应用丰富的植物种类，有针对性地选择观赏价值高的观花、观果及香花树种，避免应用有飞絮、花粉、落花落果等污染的植物，结合环湖路周边的面山景观生态防护林及各类公园绿地等共同构成海东以行政、居住、休闲、康体为主，具有本地特色的绿地景观。

思考题

1. 在城市绿地系统规划中，应如何根据城市依托的自然山水空间格局和城市绿地现状，规划各类绿地空间布局形式？请举例说明。

2. 请阐述应如何进行市域绿地系统与城市规划区绿地系统的构建与布局。

根据目前我国的相关标准,城市绿地分类规划按公园绿地、生产绿地、防护绿地、附属绿地、其他绿地五大类绿地进行,在整个城乡绿地系统中属于较为微观的层次,规划时要达到能指导详细规划和各类绿地具体的规划设计,形成分类引导、指标约束、结构控制、可操作性强的绿地分类规划。

本章主要内容为城市绿地分类规划的内容和要求,镇(乡)村绿地规划具体见第4章的4.1.3镇(乡)村绿地系统规划(第72页)。

5.1 城市公园绿地系统布局与规划

编制城市公园绿地规划,首先应考虑各类型公园的合理规划,规划不同类型的公园绿地,按照综合公园、社区公园、专类公园、街旁绿地等尽可能使城市公园类型多样化,综合公园、社区公园、专类公园、街旁绿地的数量呈现金字塔形。

5.1.1 城市公园绿地规划发展特征

5.1.1.1 公园发展概况

世界有6 000多年的造园史,最初公园绿地和私家园林多数为少数王权和富有阶层服务,很少向公众开放,真正意义的城市公园出现在19世纪西方工业革命之后,其与现代社会的变革和城市化发展

相关。在这一时期,工业革命和城市化扩张导致城市环境的日益恶化,产生了一系列的城市问题,为了解决这些问题,国外景观学家蒙·劳里(M. Laurie)在《19世纪自然与城市规划》一书中首次从城市公园产生的动因角度研究了城市公园的现代概念——工业城市中的一种自然回归理念。1854年奥姆斯特德(Frederick Law Olmsted)主持建设的纽约中央公园(New York Central Park)是世界上第一个城市公园,其显著特点就是公共性。之后奥姆斯特德的波士顿公园体系也大获成功,由此推动了城市公园绿地的发展,对以后城市绿地系统理论及实践都产生了深远的影响。1971年,联合国教科文组织(UNESCO)提出的"人与生态圈"计划从人与自然共生的生态化发展角度出发,赋予城市公园以生态的内涵,促使许多城市生态公园的产生。

在我国历史上公园最早也是作为皇家和特权阶层的娱乐场所,与普通百姓无关。近代我国城市公园的发展主要受西方的公园概念的影响,上海外滩公园成为中国第一个真正意义的公园绿地。20世纪80年代后,我国进入城市公园绿地建设的发展时期,公园在数量和种类上都有了突飞猛进的发展。城市公园不仅为广大市民的游憩生活提供清新、优美、舒适的环境空间,并通过园林的艺术形式

和各种活动来陶冶市民热爱自然、热爱生活的美好情操,促进身心健康,提高社会精神文明水平的作用,同时在调节城市生态系统的动态平衡,提高城市景观的审美价值,以及防灾避难、雨洪管理等方面也具有重要价值。

5.1.1.2 公园绿地发展特征

随着社会经济的进步和公众环境认识的提高,公园经过100多年的发展在许多方面有了较大的进步,目前公园绿地发展主要表现有以下特征:

a)公园绿地数量不断增加的同时,类型多样化,除了传统意义上的公园外,出现了各种新颖富有特色的专类公园,公园绿地的功能不仅是传统的观赏游憩,同时注重向生态休闲,并兼顾避灾功能方向发展。

b)在公园绿地的规划布局和造景方面,以植物造景和发挥生态效益为主,规则式与自然式相结合。园林建筑应具有当地民族文化特色,意在体现城市独特风貌和朴素的自然美。

c)公园绿地的规划、管理采用先进的技术设备和科学的方法,普遍应用计算机进行程序辅助设计、统计和管理。

d)公园绿地建设注重有效地利用雨水资源,减轻城市洪涝灾害。结合公园绿地的功能定位、地形和土质条件,制定公园绿地的雨水控制利用目标。

5.1.1.3 公园绿地指标的规划

1)公园游人容量

$$C = (A_1/A_{m1}) + C_1$$

式中:C——公园游人容量(人);

A_1——公园陆地面积(m^2);

A_{m1}——人均占有公园陆地面积(m^2/人)(表5-1);

C_1——公园开展水上活动的水域游人容量(人),公园有开展游憩活动的水域时,水域游人容量按照150~250 m^2/人计算。

表5-1 各类公园绿地人均占有陆地面积指标

公园类型		人均占有面积/m^2
综合公园	全市性公园	30~60
	区域性公园	30~60
社区公园	居住区公园	20~30
	小区游园	30~60
专类公园	儿童公园	20~30
	动物园	20~30
	植物园	20~30
	历史名园	20~30
	风景名胜公园	>100
	游乐公园	20~30
	其他专类公园	20~30
带状公园		20~30
街旁绿地		30~60

2)公园绿地技术经济指标

编制某城市绿地系统规划时需要确定每个公园绿地的技术经济指标,包括公园占地面积,建筑面积,道路广场铺装面积,绿地面积,人均公园绿地面积,水体面积,绿地率,绿化覆盖率。例如:《大理市城市绿地系统规划》中确定的全市性综合公园——洱海公园,总占地面积57.2 hm^2,其中陆地面积55.48 hm^2,水域面积1.72 hm^2,是一个山地地形的城市综合公园的理想用地。公园面向辽阔的洱海,西侧遥看巍峨的苍山,东侧眺望雾霭蒙蒙的海东群山,南侧可观下关新城。针对这个公园规划,在绿地系统规划中需要控制的技术经济指标如下:

公园总面积: 572 000 m^2	建筑面积: 22 880 m^2	绿地率: 78.0%
游客容量: 9 246 人	绿地面积: 429 000 m^2	绿化覆盖率: 83.0%
公园人均面积: 100 m^2/人	水体面积: 17 200 m^2	道路广场面积: 102 960 m^2

通过确定公园的技术经济指标,可以充分发挥绿地系统规划对详规和设计的指导控制作用。确定公园的建筑面积,园路及铺装面积等,可以参照表 5-2,当水体面积小于滨水绿地面积的 50% 时,公园的绿地率=(公园总面积-建筑面积-道路广场面积)/公园总面积,如大理洱海公园的绿地率为(572 000-22 880-102 960)/572 000=78.0%。

3)公园绿地中水面面积的计算

公园符合现行的《公园设计规范》,园内绿化用地比例≥65%的水面全部计入公园绿地面积和绿化覆盖面积。

城市内部河流,沿岸(单岸)绿化带宽度<30 m,水面不计入绿地面积和绿化覆盖面积。

城市内部河流,沿岸(单岸)种植植物形成宽度≥30 m 的滨水公园绿地,水面面积≤滨水绿地面积的 50%,水面全部计入公园绿地面积,不计入绿化覆盖面积;水面面积>滨水绿地面积的 50%,水面按滨水绿地面积的 50%计入公园绿地面积,不计入绿化覆盖面积。

表 5-2 公园内部用地比例 %

公园陆地面积 /hm²	用地类型	公园类型					
		综合公园	社区公园	专类公园			街旁绿地
				动物园	植物园	其他类型 专类公园	
0～2	园路及铺装	—	15～30	—	15～25	15～25	15～30
	公园建筑	—	<3	—	<8	<6	<1
	绿化	—	≥65	—	≥65	≥65	≥65
2～5	园路及铺装	—	15～30	10～20	10～20	10～25	15～30
	公园建筑	—	<3	<14	<8	<6	<1.5
	绿化	—	≥65	≥65	≥70	≥65	≥65
5～10	园路及铺装	10～25	10～25	10～20	10～20	10～25	10～25
	公园建筑	<7	<2.5	<15	<6	<5	<1.6
	绿化	≥65	≥70	≥65	≥70	≥65	≥70
10～20	园路及铺装	10～25	10～25	10～20	10～20	10～20	—
	公园建筑	<5	<2.0	<15	<5	<4	—
	绿化	≥70	≥70	≥65	≥75	≥70	—
20～50	园路及铺装	10～22	—	10～20	10～20	10～20	—
	公园建筑	<5	—	<14	<4	<3	—
	绿化	≥70	—	≥65	≥75	≥70	—
50～100	园路及铺装	8～18	—	5～15	5～15	8～18	—
	公园建筑	<4	—	<13	<3	<2	—
	绿化	≥75	—	≥70	≥80	≥75	—
100～300	园路及铺装	5～18	—	5～15	5～15	5～15	—
	公园建筑	<2.5	—	<11	<3	<2	—
	绿化	≥80	—	≥70	≥80	≥75	—
≥300	园路及铺装	5～15	—	5～15	5～15	5～15	—
	公园建筑	<1.5	—	<10	<2.5	<1.5	—
	绿化	≥80	—	≥75	≥80	≥80	—

注:表中未列出类型的公园其用地指标按照其他专类公园用地指标取值。

城市内部湖泊,沿岸种植植物形成 1 000 m² 以上的滨水公园绿地,水面面积≤滨水绿地面积的50%,水面全部计入公园绿地面积,不计入绿化覆盖面积;水面面积>滨水绿地面积的50%,水面按滨水绿地面积的50%计入公园绿地面积,不计入绿化覆盖面积。

城市绿地中,平原或平坝区域依托自然水体而建设的,水体和陆地的理想比例为水面占 1/4～1/3,陆地占 2/3～3/4(其中平地 2/3 以上,山地不大于 1/3)。人工水体占总绿地面积不宜超过 10%～15%,人工水体占滨水绿地面积不应超过 50%。

5.1.2　城市公园绿地规划布局原则

公园绿地的布局通常以现行的城市总体规划为依据,结合现有公园基址的自然条件及城市发展的用地尤其是居住用地布局,确定公园绿地建设的范围、性质、规模和内容,同时考虑公园绿地规划与城市建设之间,公园绿地建设与城市近期建设、远期建设之间的关系。规划不同层次和类型的公园绿地,形成类型丰富、个性鲜明的公园绿地系统。城市公园绿地规划需依据一定的原则:

a)贯彻国家在城市绿地建设方面的方针政策,遵守相关规范、标准及文件,现行的城市总体规划等的要求。

b)充分考虑到公众对公园绿地的使用要求,为各种职业、不同年龄的人们创造适当的娱乐休闲条件和优美的休息环境,丰富公园的活动内容及空间类型等。

c)继承和革新我国造园艺术,使公园与当地历史文化及自然特征相结合,同时广泛吸收国外先进经验,创造具有地方特色的园林风格。

d)公园绿地在城市中均衡分布,并与各区域建筑、市政设施融为一体,既充分显现出各自的特色、富有变化而又协调统一。

e)因地制宜,充分利用公园现状、自然地形、乡土园林植物资源有机组织公园各个构成部分,使不同功能区域各具特色,各得其所。

f)规划要切合实际,正确处理近期、中期和远期规划,制定切实可行的分期建设规划。

5.1.3　公园绿地规划内容和要求

根据城市公园绿地类型和城市的区域特色定位每一个公园的功能和景观特色。明确每个公园绿地规划的期限和位置。规划的每一个公园绿地以文字形式说明规划公园绿地的类型、占地面积,周边用地规划情况,规划理念或原则,功能分区、景点特色、建筑布局、建筑风格、道路布局、主要特色植物种类和植物景观特色及文化特色等。

考虑公园所在城市规划区的位置,根据大陆地区年径流总量控制率(参考《海绵城市建设技术指南(试行)》),确定公园的雨水控制利用目标——径流总量控制率,超标雨水径流调蓄容量,雨水利用比例等。依据公园地形规划雨水控制利用设施,包括下沉式绿地、植被浅沟、初期雨水弃流设施、生物滞留设施、渗井、渗透池、调节塘等,雨水控制利用功能已成为公园必不可少的功能。

5.1.4　综合公园规划内容和要求

5.1.4.1　综合公园规划内容

综合公园应划分为观赏游览、安静活动、儿童活动、科普教育文化娱乐、服务休息、公园管理等不同功能区,设置不同的活动内容,或是规划具有当地特色的活动和景观特色,让居民可以在公园内停留半天至一天。

观赏游览区:可规划观赏风景、假山置石、水景、名胜古迹、观赏温室、盆景、园林小品等内容,应与体育活动区、儿童活动区、闹市区分隔。

安静活动区:可规划垂钓、茶艺展示、书画展示、安静水上项目、散步、慢跑、骑自行车、读书等相对安静的内容。

儿童活动区:可规划游戏、植物迷宫、少年气象站、小型动物园、趣味植物园等内容。

科普教育文化娱乐区:本区的功能是向广大群众开展科学文化教育、科学知识普及,使广大游人在游乐中受到文化科学、历史、名人的教育。可规划展览馆、宣传栏、电子屏、科技活动设施、动物园、植物园等内容。

公园服务休息区:可规划餐厅、茶室、休息亭、小卖店、问讯处、厕所等内容。

公园管理区：设置专用出入口，周围利用植物与其他功能区分隔，交通联系方便。本区可以规划治安、苗圃、生产温室、花棚、配电室和变电室、广播室、储藏室等内容。

5.1.4.2　综合公园的面积和位置要求

1) 面积要求

不少于 5 hm²，节假日游人的容纳量为服务范围内居民数量的 15%～20%，每个游人在公园内的活动面积为 30～60 m²/人。城市人口规模在 50 万人以上，全市性公园至少能容纳全市 10% 的居民同时游园。同时综合公园的面积还要考虑城市的规模、性质、用地条件、气候、绿化状况及公园在城市中的位置和功能等多方面的因素。

全市性公园：为全市居民和游客服务，用地面积为 10～100 hm²，服务半径为 3～5 km，步行 30～50 min 可达，利用交通工具 10～20 min 可达，大城市以上可以根据实际情况设置多个市级公园，中小城市可以设置一至数处。

区域性公园：为城市或县城一定区域的居民服务，用地面积由该地区的居民数量确定，一般为 10 hm² 左右，服务半径为 1～2 km，步行 10～15 min 可达，乘坐交通工具 5～10 min 可达，城市各区域可设置 1～2 处。

2) 位置确定

a) 在服务半径以内的居民能方便地使用，与城市的主要交通道路有密切联系。

b) 利用不宜工程建设和农业生产的复杂破碎地形，起伏变化较大的坡地。充分利用地形，节约投资。

c) 选择在有水面及河湖沿岸景色优美的地段，充分利用水面，改善小气候，增加公园景色，开展各种水上活动。

d) 选择树木较多和有古树的地段。

e) 选择在原有绿地的地点，如历史名胜、文物古迹、传说的地点。

f) 选择要为将来公园发展留有余地。

云南省大理市绿地系统规划中，规划的全市性综合公园——海东观景公园的规划说明如下：

海东观景公园：

性质：全市性综合公园。

定位：观景、生态、休闲。

规划期限：远期规划。

地理位置：海东区环海北路西侧。

规划说明：公园位于海东组团环海北路西侧，公园除北侧外，其他均与洱海相邻。占地面积 47.90 hm²，是海东组团重要的综合休闲绿地和城市环境建设的重要景点，以观苍山雪、赏洱海月为主题。规划原则包括：理性与浪漫的结合；动态与静态的结合；使用功能与强烈形式的结合；空间开阔性与围合感的结合；城市协调与场所个性的结合；人文与自然的结合。

依据该公园以观苍山雪、赏洱海月为主题和园林设计原则，游览路线在"海"、"陆"、"空"三个层次上做到互相结合：

"海"路分为环湖和环园两条路线，让游客在各个视角充分欣赏各个景点，海中的小舟同时也是湖中一景。

"陆"路是公园的主要游览路线，该路线有主园路，次园路，游览小径结合草坪区形成一个流畅的循环路网系统。

"空"：海东镇特殊的文化和公园丰富的地形处理结合一起，形成两个制高点，可设置缆车在空中形成两条观赏路线。

"洱海之月"是海东的真实写照，根据这一主题，把公园的空间划分为五大景区：月星之耀、月辰之恋、月露之音、月光之曲、月律之韵。结合各个景区主题，通过空间围合、主题雕塑、景观墙、景观铺地、主题户外家具、植物配置等形式进行表达。

"月星之耀"位于公园体育活动区旁。古有祖逖"闻鸡起舞"、"披星戴月"为典。该区内有星光大道和星光广场两处交叉的景点。

"月辰之恋"位于公园东南部，是一座小岛。该岛专为青年人设计，是恋爱和谈心的好去处。该区主要分为三个景点：印月舫、玫瑰之约和花样年华。

"月露之音"是公园最重要的景区，位于公园的中南部。该区内的景点是公园的主要体现，是源：水之源、光之源、意之源。该区的主要景点：翔亭、

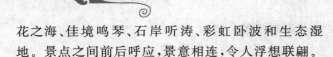
花之海、佳境鸣琴、石岸听涛、彩虹卧波和生态湿地。景点之间前后呼应,景意相连,令人浮想联翩。

"月光之曲"是公园主入口湖滨和星河流玉的重要对景。

"月律之韵"位于公园中部。是一处风情水街。"如风疑细雨","乍若飞烟散",整个画面空中雾似水、湖中水似雾。朦胧美是对该区最贴切的描述。

公园在植物群落的处理上,主要强调两点:生态与多样性。规划中充分利用乡土植物,根据植物的生长习性、质地、色彩进行分类组合,形成可持续的生态体系。并根据景区的不同功能,将植物分为针阔叶树种有机组合、自然式疏林草地、行道树、林荫广场、滨水观赏花灌木等多种类型。在生态化的基础上,通过景观元素的组合,最终达到生态化、景观化和实用化三位一体。公园与洱海相邻处植物选择需耐水湿、抗性强,并具有一定观赏价值,体现地方植物特色。规划的植物种类有:滇朴、滇合欢、黄连木、白缅桂、乐昌含笑、滇楸、鹅掌楸、腊梅、垂丝海棠、碧桃、美丽马醉木、苍山越橘、大白花杜鹃、鸡爪槭、栀子、滇丁香、曼陀罗、八角金盘、金丝桃、重瓣木香、紫藤、铁线莲、金银花、紫竹、孝顺竹等。

技术经济指标:

公园总面积: 479 0000 m²	建筑面积: 18 300 m²	绿地率: 80.0%
游客容量: 7 566 人	绿地面积: 382 800 m²	绿化覆盖率: 85.0%
公园人均面积: 60 m²/人	水体面积: 25 000 hm²	道路广场面积: 52 900 hm²

5.1.5 社区公园规划内容和要求

5.1.5.1 社区公园规划内容

社区公园主要考虑居民中老年人和儿童的需要,可以设置茶座、老年人体育活动场、儿童游戏场、亭、廊、喷泉、雕塑等设施以满足居住区居民日常休闲游憩活动需要。居住区公园和小区游园规划,通常要结合居住区和小区具体情况来确定位置,使得社区公园成为社区居民交往活动的中心。

依据公园周边情况和地形规划一些下沉式绿地、植草浅沟、初期雨水弃流设施、生物滞留设施等雨水控制利用设施。通常情况下小区游园面积较小,与居住用地内其他附属绿地边界不清,无法区分。因此实际工作中通常将小区游园归属到居住用地内的附属绿地。

5.1.5.2 社区公园的面积和位置要求

居住区公园是建于居住片区内,服务于某一特定居住片区的公园绿地,是具有一定活动内容和设施,为居住区配套建设的集中绿地。居住区公园陆地面积随居住区人口数量而定,宜在5~10 hm²之间,也可更大面积,服务半径500~1 000 m,步行约10 min内可达。公园内除设置安静休闲区外可安排少量群众性体育活动场地。按照《城市居住区规划设计规范》(GB 50180—2002),居住区公园服务对象为10 000~15 000 户、30 000~50 000 人。

小区游园是为某一个居住小区的居民服务,配套建设的集中绿地。居住小区游园面积宜大于0.5 hm²,服务半径300~500 m,步行约5 min内可达。按照《城市居住区规划设计规范》,小区游园服务对象为2 000~4 000 户、7 000~15 000 人。

5.1.6 专类公园规划内容和要求

专类公园(G_{13}),包含儿童公园(G_{131})、动物园(G_{132})、植物园(G_{133})、历史名园(G_{134})、风景名胜公园(G_{135})、游乐公园(G_{136})、其他专类公园(G_{137})。

5.1.6.1 儿童公园(G_{131})

1)儿童公园规划内容

儿童公园常常按照儿童的年龄、心理和行为特点进行规划分区布置,可以设置幼儿活动区、儿童活动区、青少年活动区、公园管理区等。

幼儿(6岁以下儿童)活动区:既要有游戏活动场所,又要有陪伴幼儿的成人休息设施。可以设置广场、沙池、小屋、小游具、小山、水池、花架、阴棚、桌椅、游戏室等游戏设施和一定的服务设施。幼儿活动区附近要设置游人休息亭廊、坐凳等服务设施,供幼儿父母等成人使用。

儿童(7~13岁儿童)活动区:除设置与幼儿活动区相同游乐运动设施外,还可增设一些集中活动场地、障碍活动场地、冒险活动设施、戏水池、表演舞台等设施。

青少年活动区:青少年活动区可设置棒球场、网球场、篮球场、足球场、游泳池等运动设施和场地。

公园管理区:有办公管理用房,与活动区之间设有一定隔离设施,造型、色彩应符合儿童的心理特点;根据条件和需要设置游戏的管理监护设施。

儿童公园一般都规划于城市内交通条件好的地块,儿童活动场地与周边安静休息区、城市道路和居住用地之间,应利用园林植物或自然地形等构成隔离地带。园内的建筑、小品等设施应该在色彩、造型等方面符合儿童的心理、行为及安全要求。在保证安全的前提下,依据公园周边情况和地形因地制宜地规划下沉式绿地、初期雨水弃流设施、生物滞留设施等雨水控制利用设施。

儿童公园植物选择时不能用花、叶、果等有毒有刺的植物,这类植物会威胁儿童的健康及生命安全或者容易刺伤儿童皮肤或刮破其衣裤。不用有过多飞絮的植物,此类植物易引起儿童患呼吸道疾病,如杨、柳、悬铃木等;可以用叶、花、果形状奇特、色彩新鲜、能引起儿童兴趣的树木,如合掌木、马褂木、枫香、扶桑、杨梅、竹类等。

2)儿童公园的面积和位置要求

儿童公园的面积不宜小于 2 hm²,公园的服务对象为规划区内的少年儿童以及携带儿童的成年人,人均公园面积为 20 m² 以上。

儿童公园一般规划于要求地形较为平坦、交通便捷,可达性好的区域,同时有自然水面和较好的绿化基础及自然景色的地段更好。

5.1.6.2　动物园(G₁₃₂)

1)动物园规划内容

科普区:主要由科普馆和科普展示空间构成,普及动物科学知识等内容。

科研活动区:主要是研究野生动物的生态习性、驯化繁殖、遗传分类等,这部分通常不对游人开放。

动物展览区:主要是各种动物笼舍及活动场地,以及供游人参观的设施。展区动物笼舍可以按

照动物的进化系统分类布局。可以按照低等动物到高等动物,由无脊椎动物—鱼类—两栖类—爬行类与鸟类—哺乳类的顺序排列,也可以按地理分布布局。根据动物原产地的不同,结合原产地的自然环境及建筑风格来布置。还可以按动物适生的生态环境安排布局,如按水域、草原、沙漠、冰山、疏林、山林、高山等布置或者是根据公园具体情况混合排列。

服务休息区:主要包括为游人设置的休息亭廊、接待室、餐厅、茶室、小卖部等服务网点及休息活动空间。

经营管理区:包括行政办公室、饲料站、兽医站、检疫站等,应设在隐蔽处,单独分区。

2)动物园的面积和位置及其他要求

动物园的功能主要有保护野生动物、进行科普教育、开展科学研究、提供游憩场所,全园面积宜在 20 hm² 以上,其中专类动物园面积宜在 5 hm² 以上。游人人均占有公园面积为 20 m² 以上,绿地率 ≥65%。

动物园选址在地形有高低起伏,有山冈、平地、水面等自然风景条件良好的地块。依据公园周边情况和地形因地制宜地规划下沉式绿地、植草浅沟、初期雨水弃流设施、生物滞留设施等雨水控制利用设施。离居民区有适当距离,设在河流下游、城市的下风向地带,还要在周围设置卫生防护林隔离带。动物园周边道路交通量较大,停车场和动物园宜在道路同侧。

动物园的植物绿化应根据动物园的性质和特点进行配置设计。动物园的动物展示区是绿化配置的重点,应按生态相似性原则,模拟各种动物所需的植物、气候、土壤、水体、地形等自然生态环境,从而保证来自各地的动物能安全生活。在园的外围应设置一定宽度的防污、隔噪、防风、防菌、防尘、消毒的卫生防护林。应选择无毒、无刺、萌发力强、少病虫害的树种,以免动物中毒受伤。

5.1.6.3　植物园(G₁₃₃)

1)植物园规划内容

植物园一般可以分为科普展览区、经济植物展览区、水生植物区、岩石植物区、专类园区、温室

区、引种进化区、科研示范区、苗圃区、管理办公区等。植物园作为城市公园绿地应该有"科学的内容、园林的外貌和文化艺术的内涵"。

科普展览区：以一定的规律来展出植物，供人们参观与学习。该区通常按照植物进化系统分目、分科布置，反映出植物由低级到高级的进化过程，使参观者不仅能得到植物进化系统的概念，而且对植物的分类、各科属特征也有括了解。既要反映植物分类系统，又要满足植物习性要求，植物景观有良好的艺术效果。

经济植物展览区：根据用途分区布置，如药用植物、纤维植物、油料植物、淀粉植物、能源植物等。

水生植物区：根据植物有水生、湿生、沼泽生等不同特点，创造多变地形，创造溪、涧、河、湖，满足植物对静水或动水的不同要求。

岩石植物区：在地形起伏的山坡地上，利用自然裸露岩石造成岩石园，或人工布置山石，配以色彩丰富的岩石植物进行展出，也可适量修建一些体形轻巧活泼的休息建筑，构成园内风景点。

专类园区：把一些具有一定特色、栽培历史悠久、品种变种丰富、具有广泛用途和很高观赏价值的植物，加以搜集，辟为专区集中栽植，如百草园、竹园、牡丹园、月季园、棕榈园、阴生植物园、山茶园、杜鹃园、梅园、仙人掌及多肉植物专类园、蔬菜瓜果园、药用植物园等。

温室区：温室用于展出不能在本地区陆地越冬，必须有温室设备才能正常生长发育的植物，如种植热带植物或高山植物。

2）植物园的面积和位置要求

植物园应以展出具有明显特征或重要意义的植物为主要内容，占地面积宜大于 40 hm²，植物园中的植物专类园面积每个宜在 2 hm² 以上。公园游人人均占有公园面积为 20 m² 以上，绿地率≥65%。

植物园在选择位置时要避开以下极端条件，如干旱、土壤瘠薄、全荫蔽、盐碱地、沼泽等环境。适于植物栽培的场地一般以平坦但有微地形为佳，以便形成适宜于不同植物生长的阳坡地、阴坡地、干旱地及阴湿地等。除特殊需要外，场地宜地势高

燥，空气流通，无干旱、水淹危险，还应避开寒冷气流聚集之地，土质以疏松的沙质壤土为宜，以利于排水和不妨碍植物根部的生长。

5.1.6.4　历史名园（G₁₃₄）

1）历史名园规划内容

历史名园是历史悠久，知名度高，体现传统造园艺术并被审定为文物保护单位的园林。包含了遗留下来的古典园林，有一定历史文化特色或地方民族特色的文物保护单位，一些文化遗产和文化景观，这些公园绿地的功能同时具有文化性，并随城市发展在不断变化发展。城市历史性和文化性是体现城市个性特色、提升城市吸引力、完善城市历史风貌的源泉。历史名园的规划主要是对历史名园物质与非物质文化内容的保护和规划。规划过程要根据《中华人民共和国文物保护法》规划绝对保护区域、建设控制区域和环境过渡区。

2）历史名园的面积和位置要求

历史名园是定为文物保护单位的园林。历史名园的面积和位置是确定不变的，规划主要处理历史名园与周边用地之间的关系，以及对现有绿地的保护，同时还要有目的地培养历史名园，针对一些有地方、民族特色的具有生命力的历史文化遗产和文化景观进行精心培育，可能在几十年或上百年后成为有代表性的历史名园。

5.1.6.5　风景名胜公园（G₁₃₅）

1）风景名胜公园规划内容

风景名胜公园规划有两种方向——以自然风景为主和以历史名胜为主。自然风景为主的风景名胜公园多以自然景观为主，多靠近风景名胜区或为风景名胜区可划入建成区内的区域。历史名胜为主的风景名胜公园主要包括古代建筑群为主要内容的园林。随着城市建设的发展，一些风景名胜区有一部分或全部已经被划入城市建成区范围，这时风景名胜区也就成了风景名胜公园。

2）风景名胜公园的面积和位置要求

根据风景名胜公园的定义，风景名胜公园多位于有古建筑群或者具有较好自然风景资源的地方。风景名胜公园面积大于 2 hm²，公园游人人均占有公园面积为 20 m² 以上，绿地率≥65%。

5.1.6.6　游乐公园（G$_{136}$）

1）游乐公园规划内容

游乐公园有明确的主题，如历史文化、民俗风情、影视作品、机械骑乘、高科技、生态环境、动植物观赏等，相应地在设施与活动内容上各有不同，游乐公园活动设施包括三个方面：

a）游乐设施，包括机械游乐、特定的主题游乐建筑与构筑物等，如享誉世界的迪斯尼乐园。

b）休闲活动设施。游乐公园适合安排一些与绿化环境结合得较好的活动设施，如攀岩、滑草、彩弹射击等在一般绿化占地比例较低的游乐园中不适合布置的休闲项目。

c）具有展示、表演、科普教育等积极功能的娱乐建筑或场地。例如：水族馆、展览馆等。例如，法国拉维莱特公园结合相当多的此类功能，给游客以丰富的游乐体验。

2）游乐公园的面积和位置要求

游乐公园是具有大型游乐设施，单独设置，生态环境较好的绿地，要求绿化用地比例≥65％。公园面积通常大于 2 hm^2，公园游人人均占有公园面积为 20 m^2 以上。

游乐公园宜设置在城市的边缘，可以降低成本，并给公园发展留有空间。为了方便人流聚集、疏散，游乐公园最好能够靠近大运量的轨道交通站点，同时应考虑临近城市主干道。依据公园周边情况和地形规划下沉式绿地、植被浅沟、初期雨水弃流设施、生物滞留设施等雨水控制利用设施。

5.1.6.7　其他专类公园（G$_{137}$）

其他专类公园包括除以上各类公园外具有特定主题内容的绿地。包括雕塑园、盆景园、体育公园、纪念性公园等，要求绿化占地比例≥65％。

1）雕塑园

雕塑园以雕塑为主体，展示各种雕塑作品，是人们进行艺术欣赏的地方。自然式雕塑公园可分为收藏型、主题型和综合型三种，可以在雕塑园规划石雕区、金属雕塑区、草坪区、树木区、湖面区、艺术馆区等。雕塑公园选址自由，可在市区、郊区或海滨等地。在市区选址的雕塑公园地形较平坦，要利用植物景观丰富横向和竖向空间布局，利用色

叶、多花植物丰富季相变化，为雕塑创造背景，起到良好的烘托主题的作用。

2）盆景园

规划的内容包括展览区、科研区和生活管理区三大部分。展览区内可以规划假山、水池、亭廊、展览温室、小盆景区、大盆景区。科研区有果树试验圃、草木引种及花卉试验圃、树木引种试验圃、引种及试验温室等。盆景园可运用亭、廊、洞门、漏窗、墙面等组织空间分隔和渗透，绿化配置重视植物在组景中的作用，注意诗情画意，在庭院中配植松、竹、梅、芭蕉、南天竹等中国传统植物，来突出盆景园的历史文化内涵。盆景园为独立设置，在选址时适于植物栽培的场地一般以平坦但有微地形为佳，以便形成适宜于不同植物生长的阳坡地、阴坡地、干旱地及阴湿地等。场地宜地势高燥，空气流通，无干旱、水淹危险，还应避开寒冷气流聚集之地，土质以疏松的沙质壤土为宜。

3）体育公园

一般包括两部分设施，一种是符合一定技术标准，可以作体育运动竞技场馆的专业设施，另一种是群众性体育运动设施，供市民开展娱乐、康体、健身活动。在公园内要求设置有大量的各类型运动场地和健身设施，同时结合商业餐饮等功能。可以规划的内容有体育运动、康体健美、娱乐休闲、观光旅游、生态保护和体育文化教育等。可以分为体育活动区和休闲娱乐区，也可以将两种功能区穿插布置，让人们能在环境优美的地方开展各种运动，同时可以满足休闲娱乐的功能。民族的地区可因地制宜规划少数民族体育运动项目场地，如射弩、丢包、爬杆、跑马等。体育公园一般与大型的体育场馆结合。一般新建的大型体育场馆都会选在交通能方便到达的城市边缘。选择要结合环境。尽量选择自然植被条件好、环境优美、地域开阔、空气质量好，并能体现地方特色的区域。应避开工厂、医院、危险品仓库、机场、火车站、码头等有不安全、噪声、视觉干扰的区域。

4）纪念性公园

以纪念历史事件、场所、遗迹或人物等为主题，纪念性公园分为以人为纪念对象、以历史事件和事

物为纪念对象。纪念性公园通常分为纪念性区域和休闲游憩区域。纪念性区域可以规划纪念建筑、纪念活动广场等纪念性内容。休闲游憩区域可以规划观赏景观、休闲游乐场所及设施。纪念性公园的选址通常是在纪念事件发生地点、人物故居或与之相关的纪念场地，纪念建筑作为重点规划地点。利用植物的象征意义（如：柳树代表依依惜别，松柏代表万古长青等）烘托出纪念的气氛，并将色调较深的、具有纪念意义的植物配置在纪念区域，将色彩鲜艳的、开花的植物配置在休闲游憩区域，创造出较为活泼的气氛。

5.1.7 带状公园规划内容和要求

带状公园是沿城市道路、城墙或水滨（河道、湖泊、海滨等水系）等带状主体两侧或单侧的有一定设施的狭长形绿地。

5.1.7.1 带状公园规划内容

带状公园主要与城市道路、城墙、水滨相结合，形成狭长带状绿地，根据构成条件和功能侧重的不同分为生态保护型、休闲游憩型、历史文化型和综合型。可以根据带状公园的具体情况来规划内容，因地制宜地布置雕塑、纪念碑、风景树群、小游园或具有特殊意义的建筑物、广场等，以形成吸引游人的景观，林荫带中除布置游路外，在面积充足的地段还可考虑小型的儿童游戏场、休息座椅、花坛、喷泉、花架等园林小品。应利用乔灌草结合的多层次丰富植物配置，利用植物的季相变化丰富植物景观效果，利用绿篱植物、宿根花卉、草本植物形成大色块的绿地景观。滨河水面较为开阔时，可规划划船和游泳等水上活动内容，带状滨河公园规划形式要因地制宜。根据湖岸线变化，自然地势起伏，可结合功能的要求，植物配置采用自然式布置。在公园最窄处保证游人的通行、绿化种植带的延续以及小型休息设施的布置。

5.1.7.2 带状公园的面积和位置要求

带状公园的面积宜根据具体的情况来确定，人均公园面积为 20 m² 以上。带状公园面积不宜过大，面积过大会导致公园纵向距离过长，大大增加维护费用，也可将长度跨城市不同行政区的带状公

园按管辖区域归入社区公园或区域性综合公园。

带状公园一般优先布局在穿过城市规划区的城市河流两侧或单侧，古城墙遗址两侧，以及规划区范围内的湖滨、海滨的驳岸。依据公园周边情况和地形规划雨水控制利用设施。

5.1.8 街旁绿地规划内容和要求

5.1.8.1 街旁绿地规划内容

街旁绿地是公园绿地系统中分布最广、最亲民、利用率最高的公园绿地。街旁绿地的规划内容按照具体的位置和周边的用地的具体情况确定主题，其中广场绿地要有较强的识别性和围合感，同时要有一定的文化内涵，能体现地方特色。

街旁绿地规划内容应根据周边使用人群的情况和本身的自然现状条件来确定，通常分为安静休息区和活动区。植物配置要和各项活动及功能空间相结合，突出各功能空间及活动的特征，同时也应注意其整体的景观效果。充分利用乡土树种体现地方风格，反映城市风貌，体现本地特色。

结合树种规划的基调树种、骨干树种和特色树种，严格选择主要树种，树种除注意其色彩美和形态美外，更多地要注意其风韵美，使其姿态与周围的环境气氛相协调，尽量选择管理较粗放的乡土树种和当地的特色植物。

5.1.8.2 街旁绿地的面积和位置要求

街旁绿地的面积宜在 0.5～10 hm² 之间，人均公园面积为 30～60 m²。绿化用地比例应≥65%。服务半径一般不超过 500 m，步行 5 min 即可到达。

街旁绿地的分布应相对居住用地均衡布局，形式多样化，通常分布在城市的道路两侧，街道交叉口附近，商业用地、历史文化街区等用地附近，编制绿地系统规划时尽量使街旁绿地均衡分布在城市总体规划的居住用地范围内及周边，以满足规划区内所有居民的便捷使用。

5.2 生产绿地布局与规划

生产绿地是城乡绿地系统的重要组成部分，生产绿地提供的苗木质量、数量直接影响着城市绿地

建设的成效。《城市绿地分类标准》中规定,生产绿地是为城市绿化提供苗木、花草、种子等的苗圃、花圃、草圃及圃地。不管是否为园林部门所属,均应作为生产绿地。随着社会的发展,以生产为主,兼具景观、生态、休闲观光、科研的绿地,也可纳入生产绿地范畴。生产绿地的根本任务是满足城市绿地所需的苗木、花草、种子,苗木应种类多样化、规格齐全且保证数量和质量。

5.2.1　规划原则

5.2.1.1　满足生产功能

应根据城市绿地系统建设各个时期需要培育苗木的种类、数量和种植面积等合理规划和布局。国家园林城市系列标准中规定,应满足城市生产绿地总面积占城市建成区面积的 2% 以上,城市各项绿化美化工程所用苗木自给率达 80% 以上。

5.2.1.2　适宜性原则

各城市的自然条件、绿化基础、性质特点、规划范围各不相同,因此对生产绿地的规划须结合当地特点,强调结合生产进行乡土植物的引种驯化和培育,因地制宜、合理布局,体现地方特色,增加植物多样性。

5.2.1.3　发挥生产绿地的生态效益和社会效益

注意生产绿地布局结构和自然地理、城市文化、城市功能分区的协调,在不影响生产需求的前提下,生产与旅游观光、休闲游憩、科普教育等结合,与城市不同组团的隔离绿带、过境路绿化等相结合,兼顾防护和风景林功能,或者位于城区外围,对于减少各组团之间的影响和改善城市生态环境、景观效果等起到一定的作用,使城市生产绿地最大限度地发挥经济、生态和社会功能。

5.2.2　规划内容

5.2.2.1　生产绿地规模的确定

生产绿地规划内容主要是规模、位置的布局和安排。生产绿地规模根据当地的气候、土壤、生产力水平等决定,按照国家园林城市系列标准,生产绿地面积至少应达到相应时期城市建成区面积的

2% 以上,如果当地有生产苗木的传统和生产技术、生产成本低等优势,可增加生产规模的规划,进行规模化、专业化生产,苗木产品对外销售。

5.2.2.2　生产绿地布局规划

生产绿地受各种干扰因子的影响,主要包括地质和地貌,气候和气象,土壤和植被,交通,水文,土地利用,城市格局等。生产绿地宜选择在交通方便、朝向好、土层深厚、土质肥沃、排水畅通的平缓坡地或丘陵地段,应具备水电设施和灌溉水系。规划时应重点从以下几个方面综合考虑:

1)地形、地势及坡向

宜选择地势较高,排水良好,地形平坦的开阔地带。坡度以 1°～5° 为宜,南方多雨地区,为便于排水,坡度可以 5°～8° 为宜。在坡度大的山地育苗需修梯地。积水的洼地、寒流汇集地如峡谷、风口、林中空地等日温差变化较大的地方,苗木易受冻害,不宜选作生产绿地。

在地形起伏大的地区,坡向的不同直接影响光照、温度、水分和土层的厚薄等。一般南坡光照强,受光时间长,温度高,湿度小,昼夜温差大;北坡与南坡相反;东西坡介于二者之间,但东坡在日出前到上午较短的时间内温度变化很大,对苗木不利,西坡则因中国冬季多西北寒风,易造成冻害。在华北、西北地区,干旱寒冷和西北风危害是主要矛盾,故选用东南坡为宜;而南方温暖多雨,则常以东南、东北坡为宜,南坡和西南坡阳光直射幼苗易受日灼伤。如在一生产绿地内必须具有不同坡向的土地时,则应根据树种的不同习性,进行合理的安排,如北坡培育耐寒、喜阴的种类,南坡培育耐旱喜光的种类等。

2)水源及地下水位情况

生产绿地应选择位于江、河、湖、塘、水库等天然水源附近,以利于引水灌溉,若无天然水源,或水源不足,则应选择地下水源充足、可以打井提水灌溉的地点;灌溉用水要求为淡水,水中盐含量以 0.1%～0.15% 为宜;最合适的地下水位一般为沙土 1～1.5 m,沙壤土 2.5 m 左右,壤土 3 m 左右,黏土 4 m 左右。

3）土壤条件

从土壤类型看，具有一定肥力的沙质壤土至壤土为宜；从土层结构看，有团粒结构的土壤通气性好，有利于土壤微生物的活动和有机质的分解，土壤肥力高；从土壤酸碱度看，不宜选用重盐碱地及强酸性土壤，土壤的酸碱性通常以中性、微酸性或微碱性的土壤为好，一般针叶树种要求 pH 5.0～6.5，阔叶树种 pH 6.0～8.0。

4）选址地块的病虫危害情况

应避开病虫害过于严重的地区，以及易滋生大量病菌的重茬地和长期种植烟草、棉花、玉米、蔬菜、甘薯类等的耕地。

5）生产绿地不同功能区对地块的要求

生产绿地的不同功能区对地形的要求不同，如：播种区和营养繁殖区应选择在生态条件最有利的地段，要求地势较高而平坦，坡度小于 2°，土质优、深厚肥沃，背风向阳的地段。大苗区为苗木出圃时运输方便，应尽量设在靠近苗圃的主干道或苗圃外围运输方便处。母树区占地面积较小，可利用零散地块。对于一些乡土树种可结合防护林带、沟渠和道路栽植。管理用房和大棚温室区要求光照条件好，靠近主要出入口，地势平坦。

5.3 防护绿地布局与规划

5.3.1 防护绿地功能及规划意义

《园林基本术语标准》（CJJ/T 91—2002）和《城市绿地分类标准》（CJJ/T 85—2002）中对"城市防护绿地"的定义为：城市中（建成区范围内的）具有卫生、隔离和安全防护功能的绿地。主要包括卫生隔离绿带、道路防护绿地、城市高压走廊绿带、防风林、引风林、城市组团隔离带、滨水防护绿地、安全防护绿地等。

城市防护绿地是为了满足城市对卫生、隔离、安全等的要求而设置的，其功能是对自然灾害和城市公害起到一定的防护或减弱作用，不宜兼做公园绿地使用。

城市防护绿地的数量没有指标规定，各城市根据防护的需要以及城市建设条件规划防护绿地。防护绿地既要有效地保护生态环境，又要美化环境，通过防护绿地规划建设，保持良好的城市生态环境和自然、人文景观资源。

5.3.2 规划原则

5.3.2.1 可操作性原则

对于防护绿地布局、结构要考虑城市经济社会发展水平、城市用地情况等诸多因素，不同防护绿地的面积、宽度、数量等数值一般取满足生态要求的范围值，例如在 500 kV 的高压线走廊下设置 60～75 m 宽的安全隔离绿化带；35 kV 的，设置 12～20 m 宽的。

5.3.2.2 科学性原则

根据污染源和防护目的确定防护林带结构和规模，如防风林的结构对于防风效果具有直接的影响，按照结构形式，防风林带可分为透风林、半透风林和不透风林三种。

5.3.2.3 适地适树原则

有针对性地选择防护树种，进行复层配置。不同树种的对污染源的防护效果差异很大，因此应根据城市主要污染源的种类、位置，气候、土壤条件等针对性地确定主要防护树种。乔、灌、草、藤有机配置形成复层结构，以发挥最大生态效益。同时融入艺术性，采用不同的景观配置模式，发挥防护兼景观的功能。

5.3.3 规划内容

5.3.3.1 卫生隔离绿带

卫生隔离绿带是指为防止工矿企业产生的煤烟粉尘、金属碎屑、有毒有害气体、噪声等污染对人体造成伤害而设置的林带。

我国目前将各种工矿企业的污染分为五个等级，相应的卫生隔离绿带总宽度应根据工矿企业对空气造成的污染程度以及范围来确定。

5.3.3.2 道路防护绿地

道路防护绿地是为防止车辆行驶过程中产生的噪声、粉尘、一氧化碳、二氧化硫以及铅等有害物质的污染，而设置的位于道路红线外两侧的带状绿地。

应注意与道路附属绿地的区别,在规划时可以统一考虑,并应与周边生态环境一起予以考虑,如与城区外的村庄卫生隔离带、农田防护林、护渠林、护堤林等各类防护林相结合,构建网络化的防护林体系。

设置道路防护绿地需从三方面考虑:一是从安全行驶的角度,使车辆在大风、雨雪、沙尘、烈日等恶劣的天气条件下也能正常通行,同时避免气候灾害损毁路基;二是从城市景观环境的角度,降减车辆产生的废气、噪声对城市的危害,以及改善道路的景观形象;三是从自然生态环境的角度,建立生物通道,保护生物多样性,减少道路对自然生态切割造成的伤害。

根据不同的污染类型和道路性质,防护绿地的设置也有所不同:

1)按污染类型

道路防护绿地具有多种生态功能,其布局结构需要考虑多种污染与绿地相互作用的过程,综合确定功能完善的绿地面积及结构形式。

(1)噪声污染

以下几种方式的减噪效果较好:植物侧枝发达,枝叶茂密,树叶表面较柔软;林带宽度大于16 m,林带间距小于16 m的多条林带;道路沿路缘向外的30~40 m作为绿色屏障的总宽度,林带走向与声源垂直,林带高度高于声源;乔木和绿篱屏障隔行、隔带或带状混合紧密布置;种间"品"字形搭配,乔、灌、草、地被相结合的、紧密结构的复层林。

(2)粉尘污染

以下几种方式的滞尘效果较好:绿带宽度为15~30 m,该宽度滞尘效果可达30%;枝叶茂密,绿带较宽,高度和密度较大;植物配置为乔、灌、草结合的复层结构;疏透度小于0.1。

2)按道路性质

(1)铁路防护绿地

为防止风沙、雨雪对行车的影响,保护路基免遭自然力的破坏,在铁路的两侧应设置一定宽度的防护林带。由于火车的行进速度较快,防护林带应与路基保持一定的距离,从而使人们在感觉上消除

因两旁树木的后掠速度过快而带来的紧张情绪,以及为铁路的养护提供必要的空间。按照国内的火车车速,一般乔木类的防护林带应设置在距铁路外轨10 m以外,灌木类则不小于6 m,两侧的防护林带宽度须在50 m以上。当铁路通过市区时,两侧的防护林带宽度须在30 m以上,以减轻火车的噪声、振动、油烟污染等对居民的影响。

(2)公路及高速干道防护绿地

为减少车辆产生的各种污染对沿线一定区域的影响,以及消除自然中不良气候对行车的影响,应在道路的两侧设置必要的防护林带。城市郊区车速在80~120 km/h或更高时,防护绿地每侧宽度不低于30 m,防护绿地可与农用地结合,起到防风防沙的作用;车速在 40~80 km/h的城市主干路,车流较大,防护绿地以复合性的结构有效降低城市噪声、吸收汽车尾气、减少眩光,确保行车安全为主,防护绿地每侧宽度为 10~30 m;车速在40 km/h以下的城市次干路或支路,可以不设置防护绿地,路侧8 m宽以上的绿地常常以带状公园的形式出现。

5.3.3.3　高压线走廊绿带

高压线走廊是在计算导线最大风偏和安全距离情况下,35 kV及以上高压架空电力线路两边导线向外侧延伸一定距离所形成的两条平行线之间的专用通道。城市高压走廊绿带是结合城市高压线走廊规划设置的防护绿地,以过滤、吸收和阻隔电磁辐射等危害,减少高压线对城市安全、景观等的不利影响。特别是对于沿城市主要景观道路、主要景观河道和城市中心区、风景名胜公园、文物保护范围等区域内的供电线路,在改造和新建时不能采用地下电缆敷设时,宜设置一定的防护绿带。

《城市电力规划规范》(GB 50293—1999)、《城市道路绿化规划与设计规范》(CJJ 75—97)对城市高压架空电力线路走廊宽度、架空电力线路导线与街道行道树之间的最小垂直距离见表5-3和表5-4。直埋电力电缆与树木间的最小水平安全距离为:乔林树主干,1.5 m;灌木丛0.5 m。理想状态下,城市高压走廊绿带宽度及所选树木至少应符合下表中规范要求。并应根据所在城市的地理位置、地形、

水文、地质、气象等条件及当地用地条件，结合表中的规定进行合理规划。

表5-3　市区35～500 kV高压架空电力线路走廊宽度
（单杆单回水平排列或单杆多回垂直排列）

线路电压等级/kV	高压线走廊宽度/m	线路电压等级/kV	高压线走廊宽度/m
500	60～75	66、110	15～25
330	35～45	35	12～20
220	30～40		

表5-4　架空电力线路导线与街道行道树之间的最小垂直距离
（考虑树木自然生长高度）

线路电压/kV	<1	1～10	35～110	220	330
最小垂直距离/m	1.0	1.5	3.0	3.5	4.5

5.3.3.4　防风林

防风林是指为防止强风及其带来的粉尘、沙土等有害物质对城市产生的危害而设置的防护林带。随着社会的发展，经过合理规划设计可以拓展防风林的功能，形成集防风功能、生态功能、游憩功能为一体的综合性绿地。

对于受季风气候影响的城市，应在其主导风向的上风方向布置防风林带，一般从以下几个因素综合考虑。

设置方向：应设置与风向相垂直的林带。特殊情况下，可与风向形成30°～45°的偏角，超过上限防风效果会大大减弱。

组合数量：防风林带的组合数一般根据当地可能出现的风力确定，一般防风林带的组合有三带式、四带式和五带式等。每条林带的宽度要在10 m以上，距离城市越近林带要求越宽，林带间的距离也越小。防风林带降低风速的有效距离为林带宽度的20倍，故林带间距为300～600 m之间。为了阻挡从侧面吹来的风，每隔800～1 000 m还应设立一条与主林带相垂直的宽度在5 m以上的副林带。

林带宽度：建成区范围内的防风林带宽高比通常在≤5的范围内，最适林带宽度为8～28 m。

林带断面形状：从防护的总效应而言，以矩形为佳。

林带结构：林带的结构对于防风效果具有直接的影响，按照结构形式，防风林带可分为透风林、半透风林和不透风林三种。透风林由枝叶稀疏的乔灌木组成，或只用乔木不用灌木；半透风林只在林带两侧种植灌木；不透风林由常绿乔木、落叶乔木和灌木混合组成，其防风效果好，能降低风速的70%左右，但是气流越过林带会产生涡流，而且很快恢复原来的风速。防风林带的结构一般是在迎风面布置透风林，中间为半透风林带，靠近城市的一侧布置不透风林带。这样的组合可以起到理想的防风效果。

为了更好地改善城市的风力状况，减少风力对城市的影响，除在城市外围布置防风林带外，在城市建设用地中还应该结合其他类型绿地的布置进行调节。当街道、建筑与主导风向平行时，会形成穿堂风、湍流等不良风，故还应适当布置防风绿带来改变或削弱它们对城市的影响。

5.3.3.5　引风林

在夏季，由于城市热岛效应加强，静风时间增长，城市高温持续时间有增无减，为了促进空气的冷却和流动，选择在城市和山林、湖泊之间结合其他类型的带状绿地建设一定宽度的顺应风向的楔形绿地，把城郊自然山林和湖面上的冷凉空气引入城市中。

5.3.3.6　城市组团隔离带

城市组团隔离带是为改善城市小气候、避免城市组团间相互干扰和防止城市无序蔓延，而在城市组团之间设置的防护绿地。

城市组团隔离带可以是多种用地的集合体，如绿地、湿地、水域、耕地等，除起到增强城乡之间的生物流通等生态功能外，还可结合城市公园绿地或郊野公园的建设，起到一定的休闲游憩功能。

5.3.3.7　滨水防护绿地

滨水防护绿地是位于河流、湖泊、水库、海洋等城市各类水体沿岸的防护绿地，在控制水流和矿质养分流动、净化水质、涵养水体、降低水岸侵蚀、减

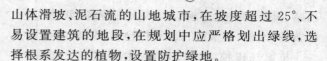

弱洪涝灾害、提高生物多样性等方面具有重要的作用。在我国,受太平洋副热带季风的影响,每年的夏秋两季东南沿海经常会遭到台风的袭击,在邻近湖泊、大海之类大型水体的沿岸种植一定宽度的绿带,可以降低风速,减轻因大风带来的破坏。一般认为海岸防护林中,沙岸防护林带宽度不小于200 m,泥岸宽度不小于100 m,岩岸临海一面均应设为防护林。

滨水以及周边的物种多样性与滨水绿地的宽度联系紧密。根据国内外研究成果,物种多样性与滨水防护绿地宽度的关系见表5-5。

表 5-5　物种多样性与滨水防护绿地宽度的关系

宽度值	功能及特点
<12 m	滨水防护绿地宽度与物种多样性之间的相关性接近于零
12～30 m	滨水防护绿地宽度与草本植物多样性的拐点,草本植物多样性平均为狭窄地带的2倍以上
30～60 m	含有较多边缘种,但多样性仍然很低
60～600 m	对于草本植物和鸟类来说,具有较高的多样性和林内种,满足动植物迁移和传播以及生物多样性保护的功能
600～1 200 m	能创造自然化的、物种丰富的景观结构,含有大量林内种

5.3.3.8　安全防护绿地

安全防护绿地是为了防止或减少地震、水土流失、滑坡、泥石流、火灾等灾害对社会和居民产生的危害而设立的防护林带。

这些灾害对人们的生活造成很大影响,甚至危及人们的生命和财产安全。因此,在一些易发生各种灾害的地区,根据其防护性质不同,应设置安全防护林带,主要包括以下几种类型。

防震避灾绿地:在云南、四川等一些地震高发的地区,除将公园、街旁绿地、附属绿地以及广场等用地作为地震时疏散、救援的场地外,还应结合安全防护林将这些分散的绿地斑块连成一个完整的防灾避险网络。

护坡林带:在云南、贵州、四川等一些极易发生

山体滑坡、泥石流的山地城市,在坡度超过25°、不易设置建筑的地段,在规划中应严格划出绿线,选择根系发达的植物,设置防护绿地。

滨水林带:在城市滨水地段,为了防止风浪对岸坡的冲蚀和来自边岸的径流泥沙淤积,应选择根系发达的植物组成林带。

5.3.4　防护功能性植物的选择

1)护坡植物选择

滑坡危害预测区内的植物选择应从多方面考虑,最大限度满足治理滑坡灾害的需求。应选择根系发达、寿命长、须根多及萌蘖性强的种类,如北方地区常用的侧柏、国槐、构树、火炬树、榆树、椿树、荆条、酸枣、紫穗槐、地锦等植物,各城市可根据具体情况择优进行选择。

2)减噪植物选择

在一些噪声污染严重的工厂和道路周边应选用枝叶浓密的树种。消减噪声能力强的植物有杨树、白榆、旱柳、梓树、桑、复叶槭、圆柏、油松、刺槐、丁香、爬山虎、紫藤、大叶黄杨、女贞、蚊母、海桐、枸杞、山桃等。

3)抗污植物选择

在污染区内不宜种植瓜、果、粮食、蔬菜和食用油料等作物,避免食用后引起食物中毒。

杀菌能力强的植物:松树能分泌一种萜烯类物质,对肺结核病人有良好作用;很多树叶和花朵能分泌出杀菌素,银桦、柞树、稠李、椴树、冷杉所产生的杀菌素能杀死白喉、肺结核、霍乱和痢疾的病原菌。杀菌能力很强的树种还有黑胡桃、柠檬、悬铃木、桧柏、白皮松、杉木、侧柏、臭椿、樟树、雪松等。

抗煤烟、粉尘树种:叶面粗糙、有绒毛的、枝叶茂密的树种,如毛白杨、丁香等植物;另外还有悬铃木、榆树、油松、桑、臭椿、皂荚、槐树、刺槐、加杨、旱柳、柽柳、白桦、白蜡、枣树、山楂、卫矛、紫穗槐、锦鸡儿、木槿、忍冬、花曲柳、枫杨、山桃、白皮松、广玉兰、蚊母、女贞、棕榈、夹竹桃、大叶黄杨、构树、无花果、乌桕、金盏菊、金鱼草等。

抗二氧化硫树种:臭椿、夹竹桃、珊瑚树、紫薇、石榴、广玉兰、粗榧、女贞、侧柏、圆柏、垂柳、刺槐、

白蜡、臭椿、龙柏、旱柳、杜仲、大叶黄杨、紫穗槐、小叶黄杨、泡桐、馒头柳、火炬树、桧柏、枣树、构树等。

抗氯气树种：构树、合欢、木槿、紫荆、紫薇、女贞、白蜡、臭椿、龙柏、大叶黄杨、紫穗槐、小叶黄杨、桧柏、桑树、银杏、枣树等。

抗氮氧化物树种：侧柏、圆柏、刺槐、臭椿、旱柳、紫穗槐、桑树、毛白杨、银杏、栗树、白榆、五角枫等。

抗氟化氢树种：侧柏、刺槐、臭椿、旱柳、大叶黄杨、紫穗槐、小叶黄杨、馒头柳、桧柏、构树、毛白杨、银杏、木槿、女贞等。

抗铅树种：国槐、大青、夹竹桃、雪松、杉木、旱柳、榆树、桑树、黄葛树、海桐、皂荚、刺槐、木槿、梓树、黄金树等。

5.4　附属绿地规划

附属绿地是指城市 G 类用地之外的城市建设用地范围内的绿地，根据我国现行的《城市绿地分类标准》（CJJ/T 85—2002），具体包括居住用地、公共设施用地、工业用地、仓储用地、对外交通用地、道路广场用地、市政设施用地和特殊用地中的绿地。现行的国标《城市用地分类与规划建设用地标准》（GB 50137—2011）于 2012 年 1 月 1 日正式实施，将城市建设用地分为八大类，分别为居住用地、公共管理与公共服务用地、商业服务业设施用地、工业用地、物流仓储用地、道路与交通设施用地、公共设施用地、绿地与广场用地。由于目前尚未颁布与现行的城市建设用地分类配套的《城市绿地分类标准》，《城市绿地分类标准》中的附属绿地名称和内涵与现行城市用地分类标准有一定差异，其中特殊用地在现行用地分类标准中已不属于城市建设用地，因此按现行用地分类标准，附属绿地由《城市绿地分类标准》中的 8 个中类变更为 7 个中类。本节的附属绿地中类按现行的《城市用地分类与规划建设用地标准》划分为 7 个中类，分别是居住绿地、交通设施绿地、公共管理与公共服务设施绿地、商业服务业设施绿地、工业绿地、物流仓储绿地、公用设施绿地。

5.4.1　居住绿地

居住绿地指附属于居住用地范围内的绿化用地，是城市居住用地内社区公园以外的绿地。根据《城市绿地分类标准》的规定，居住绿地包括组团绿地、宅旁绿地、配套公建绿地、小区道路绿地等。

居住绿地是在居住用地范围内进行合理的植物配置，并结合场地设计、小品设置，方便居民使用的、环境优美的绿色空间，具有生态、美化、休憩、防震减灾、经济增值效益等多重功能。居住用地在城市用地中一般占有 40%～50% 的用地面积，其绿地面积应占总用地面积的 30% 以上，其绿地综合使用率是其他类型绿地的 5～10 倍，与人们日常生活环境的质量密切相关，是使用频率最高的绿地。居住绿地也是城市绿地系统重要的组成部分，能够极大地影响居民的日常生活。

5.4.1.1　居住绿地的组成

根据《城市居住区规划设计规范》规定，目前我国居住区规划布局的基本形式有片块式布局、轴线式布局、向心式布局、围合式布局、集约式布局、自由式布局等。

受不同的地理环境、光照和基础建设条件影响，居住区的规划布局多样，而居住绿地主要由周边建筑、道路、宅旁空地等围合而成，因此在排列组合的方式和空间形式的布局上受居住区建筑和道路的影响较大。通常在轴线式、向心式和围合式布局中易形成相对中央集中的绿地，且绿地的面积相对较大，通常用于构建中心绿地，形成小区内公园、游园；片块式、自由式的居住区景观多样性较好，通常用于形成多组团绿地相互串联，从而构成共同区域良好景观的特点；集约式布局绿地规模通常不定，规模大的可形成大型中心绿地，规模小则可形成组团绿地和形式多样的宅旁绿地。

居住绿地主要由 6 部分组成，分别是集中绿地、组团绿地、宅旁绿地、居住区道路绿地、公共设施绿地、其他绿地。

集中绿地：集中绿地是指在居住区或居住小区内，供居民休息、观赏、游憩的大型或者较大型的整块绿地。

组团绿地:组团绿地是直接联系住宅的公共绿地,是结合居住建筑组团而形成的次级公共绿地,其布置和形式随着居住区建筑组团的变化而变化,通常面积不大。

宅旁绿地:宅旁绿地通常作为住宅内空间的延续和补充,是指住宅前后左右周边的绿地,总面积占整个居住绿地的35%左右,但分布通常零散,面积较小。

居住区道路绿地:类似于街道道路绿化,居住区道路绿化为空气流通提供了通道,具有通风、改善小气候、防尘降噪、美化道路、遮阴和增加小区绿化覆盖面积、引导视线等方面的功能。

公共设施绿地:公共设施绿地是指居住区内公共建筑和公用设施用地内的绿地,公共设施类别通常可分为医疗卫生类、文化体育类、商业服务类、行政管理类、培训教育类、办公停车类等,这类绿地也是居住绿地的重要组成部分,对居住用地内整体绿化生态效应发挥着积极的作用。

其他绿地:其他绿地是指除了以上绿地类型以外的绿化用地,主要包括阳台、窗台的绿化,墙面的垂直绿化,屋顶绿化和其他特殊形式绿化。

5.4.1.2 居住绿地规划原则

不同于一般的公共绿地,居住绿地特点鲜明,主要体现在以下几个方面:绿地分块特征突出,整体性不强;分块绿地面积不大,设计的创造性难度较大;在建筑的背面会产生大量的阴影区,影响植物的生长。因此绿地的规划需要考虑到建筑的布局形式、朝向、结构和色彩,力求与建筑和周边环境紧密配合。

1)统一规划、合理布局、注重整体,形成绿地系统网络

居住绿地的规划应结合居住区总体规划统一考虑,合理组织各种类型的绿地,并与居住区的空间布局结构相对应形成居住区级、小区级、组团级等不同级别、层次的绿地体系。整个居住绿地应以宅旁绿地为基础,以小区公共绿地为核心,以道路绿化为骨架,自成绿地系统,并与城市绿地系统相协调。同时,居住绿地规划中还应注意整体与协调,强调景观要素的关联,通过道路绿地、小品尺度、主题韵律、空间延续、竖向界定等使之达到整体和谐的效果。

2)合理利用现状条件,创造以自然生态为基调的环境

在居住绿地规划中,应充分利用现状条件,如现有的地形、地貌、水体、原有构筑物等,尽量利用劣地、洼地、坡地等作为绿化用地,并有针对性地进行适当改造,完善其美化及生态功能。同时居住区绿化应贯彻人与自然高度和谐的原则,整体规划应以自然生态作为环境基底,提高居住区绿化的生态环境功能。

3)以功能性为主,充分考虑人的习惯和需求

居住区是居民安身的场所,其绿地规划应充分考虑到人的行为习惯和心理需求,因此规划须以功能性为主,立足为民服务,形成有利于邻里交往、休闲娱乐的园林空间,考虑老年人和儿童活动需求,按照他们各自的生活习惯和活动规律合理进行绿地布局,同时为人们日常休闲提供绿化空间,满足不同类型人群的使用。

4)以植物造景为主,突出地域特色,创造多元化的景观空间

居住绿地的规划应以植物造景为主,通过植物组织出多样的景观空间,改善居住区的生态环境。同时应按适地适树原则对树种进行合理规划,合理应用乡土树种,突出地域特色,强调景观的可识别性。

5.4.1.3 居住绿地规划的内容和要求

规划内容包括居住绿地的指标规划、绿地景观特色规划、居住用地内各类型绿地规划等。

1)指标规划

根据建设部住宅产业化促进中心编写公布的《居住区环境景观设计导则(2006)》,居住区公共绿地的总指标,应根据居住人口规模分别达到:组团不少于0.5 m²/人,小区(含组团)不少于1 m²/人,居住区(含小区与组团)不少于1.5 m²/人,并根据居住区结构类型统一安排使用;其他带状、块状公共绿地应满足高度不小于8 m,面积不小于400 m²的环境要求。绿地率要求新区不低于30%,旧区改建不低于25%。低层住宅区(2～3层为主)的绿地

率不低于35％,多层住宅区(4～7层)的绿地率不低于30％,高层住宅区(以8层以上为主)的绿地率为40％。国家于2002年和2016年两次对《城市居住区规划设计规范》进行了修订,但绿地指标一项基本沿用原有指标。

根据城市植物资源、气候特征、绿地现状和发展目标,确定居住绿地的绿地率指标,居住区绿地规划设计,严格遵循现行的《城市居住区规划设计规范》,并参考《国家园林城市系列标准》、《城市园林绿化标准》等确定居住用地绿地建设指标,主要规划指标有绿地率、人均公共绿地面积、集中绿地占总绿地面积的比例、植物选择的技术经济指标等。我国按新建、旧城改建,以及不同居住用地类型规定了绿地率的最低建设指标。规划中应结合海绵城市建设的"渗、滞、蓄、净、用、排"等低影响开发建设的技术要求,规划居住绿地承担城市雨洪调蓄功能的能力。

绿地具体指标可参照以下:新建居住区绿地率应≥30％,其中10％为集中绿地;一类居住用地在新城区的绿地率不小于35％,位于老城区的绿地率可根据实际情况适当下调5％;规划二类居住用地绿地率不小于30％。其中公共绿地的人均面积,新建居住区必须保证居民不低于1.5 m²/人的小游园或中心花园,新建居住小区不低于1 m²/人,居住组团不低于0.5 m²/人。

居住区公共绿地的种植面积,在新城区不低于绿地总面积的70％;在老城区不低于绿地总面积的60％。

居住区绿地植物种类应丰富多样,在亚热带地区,绿地面积在3 000 m²以下的,木本植物不低于20种;绿地面积在3 000～10 000 m²的,木本植物不低于40种;绿地面积在10 000～20 000 m²的,不低于50种;绿地面积在20 000 m²以上的,不低于60种。

植物与城市所处区域的气候条件密切相关,在亚热带地区居住区绿地植物选择应四季常绿、三季或四季有花,通过色叶植物、观花观果植物、香花植物体现季相的变化,通常常绿树种应达到60％～80％,树种选择以乡土植物为背景,乡土植物比例

不低于70％,适当引入观赏价值高、养护成本低的外来植物,观花观果植物及香花植物应不低于30％。

2)绿地景观特色规划

根据不同居住用地类型确定绿地景观特色,如:别墅区和多层住宅绿地要突出花园式的特点,根据建筑风格进行植物造景,充分利用观赏价值高的常绿阔叶乡土植物,通过乔灌草藤的搭配方式,营造突出地方特色和群落美的植物景观;高层住宅的绿地植物景观以简洁明快、构图优美、色彩丰富为主;旧城区单位及居住区应大力提倡垂直绿化与屋顶绿化,在尽量少占用土地的情况下增加绿量。

居住绿地应在满足游人活动面积的基础上,尽量减少硬质铺装的面积,增加绿量;绿地建设应以植物造景为主,进行合理的植物配置,并在立意构思、设计形式、植物特色等方面做到个性化,突出各小区的植物和文化特色。

3)居住用地内不同绿地规划

居住用地内的各类型绿地包括公共绿地、宅旁绿地、道路绿地(即道路红线内的绿地)和公共设施绿地,其中包括满足当地植树绿化覆土要求、方便居民出入的地下或半地下建筑的屋顶绿地,立体绿化可以增加景观效果但不计入绿地指标。

(1)公共绿地

居住区内的公共绿地,应根据居住区不同的规划布局形式,设置相应的中心绿地,以及老年人、儿童活动场地和其他的块状、带状公共绿地等,属于居住区内集中绿地,供全部居民共同使用。采用开放形式,并以自然式配置为主,在保证游人活动面积的前提下,尽量提高绿量,且不影响空间郁闭度。

(2)宅旁绿地

宅旁绿地植物规划要确保楼间通风和日照,不妨碍地下管道。可采用自然式配置方法,注意营造季相变化丰富的景观,并通过不同植物的配置增加建筑之间的识别度。若为高层住宅可考虑利用花篱、花境等形式拼成图案,提升鸟瞰效果。

住宅向阳面应疏植乔木以便采光,北侧选择耐阴花木,西侧则种植乔木防西晒。大乔木应在距建筑有窗立面5～7 m远以外种植,落叶乔木栽植位

置应距离住宅建筑有窗立面 5 m 以外,满足住宅建筑对通风、采光的要求。

（3）道路绿地

居住区道路分为小区内道路、组团路和宅前路,其中宅前路临近宅旁绿地,不需要做特殊的植物配置。居住区道路绿化应选择抗逆性强,生长稳定,观赏价值高的植物种类。

居住区停车场绿化是指居住用地中配套建设的停车场用地内的绿化。居住区停车场绿化包括停车场周边隔离防护绿地和车位间隔绿带,绿带宽度均应不小于 1.2 m。除用于计算居住绿地率指标的停车场按相关规定执行外,停车场在满足停车使用功能的前提下,应进行充分绿化。选择高大庇荫常绿乔木形成林荫停车场。

（4）公共设施绿地

居住区公共服务设施(配套公建)包括:教育、医疗卫生、文化体育、商业服务、金融邮电、市政公用、行政管理和其他八类设施。其中幼儿园和学校的使用人群为少年儿童,因此植物选择方面应避免有毒、带刺、有异味、有飞絮等可能对儿童的安全造成危害的植物。可利用造型植物修剪成各种卡通形象,满足儿童好奇的心理,同时注意观花植物的应用。垃圾收集点周围应加强绿地的隔离效果,防止污染。可选择抗性强的植物,通过合理密植形成隔离带。

（5）立体绿化

立体绿化指在屋顶、墙面等非地面进行的绿化。这类绿化不占用居住用地,却能在最短时间改善居住环境,有效增加绿视率。因此,应采取鼓励措施大力提倡墙面绿化、阳台绿化、屋顶绿化、架空层绿化等多种立体绿化形式,增加绿化面积。

4)旧居住区绿地改造规划

积极发展立体绿化,增加绿化面积。旧居住区改建后绿地率一般不得低于 25%。由于多数旧居住区用地紧张,楼间距离小,公共绿地被侵占的情况较多,可以增加的绿地面积并不多。旧城居住地改造首先要恢复被私自侵占的公共绿地,改造种植形式,去密补疏,采用"拆墙透绿"、"见缝插绿"、"沿墙挂绿"等形式,发展立体绿化,增加绿量。居住街坊应该因地制宜,积极鼓励发展屋顶绿化、阳台绿化和垂直绿化,尽可能多地增加城市绿量,同时结合生态节水技术,合理利用城市丰富的雨水资源,建设可持续居住绿地。

旧居住绿地一般以宅旁绿地为主,公共绿地较少、面积较小,目前城市大多数老旧小区一般只做了简单绿化,并未进行专业的绿化设计,同时由于后期管养跟不上等原因,导致植物过密或者稀疏的现象,应在原有绿地基础上,合理疏减过于密集的绿地,补植已出现植物稀疏、露土的地块。改造绿地应注意常绿为主,增加观赏价值高的观花、观果、香花和色叶植物。

5.4.2 交通设施绿地

交通设施绿地是指城市道路用地、轨道交通线路用地、综合交通枢纽用地、交通场站用地等用地范围内的绿地,不包括居住绿地、工业绿地内部的道路和停车场绿地。

5.4.2.1 城市道路绿地规划

1)城市道路的组成及类型

城市道路是修建在市区、道路两侧有连续建筑物、用地下水沟管排除路面积水、采用连续照明、横断面上布置有人行道的道路。道路被视为城市的"骨架"和"血管",也是构成人居环境的支撑网络。目前我国与道路相关的规范中对道路的分类不尽相同。

我国的《城市道路绿化规划与设计规范》(CJJ 75—97)将城市道路分为(表 5-6):

高速干道:为方便城市各大城区之间远距离高速交通服务。

快速干道:城市各分区间较远距离的交通道路。

交通干道:是大中城市道路系统的骨架,城市各用地分区之间的常规中速交通道路。

区干道:作为分区内部生活服务性道路。

支路:直接连接工厂、住宅区、建筑等的道路。

专用道路:城市考虑特殊要求的专用公共汽车道、专用自行车道,商业集中地区的步行林荫路等。

表5-6　城市道路分类表

等级	设计车速/（km/h）	双向机动车道数/条	分车带设置
高速干道	80～120	≥4	必须设
快速干道	60～80	≥4	必须设
交通干道	40～60	≥4	应设
区干道	25～40	≥2	可设
支路	15～25	2	不设
专用道路	—	—	不设

根据中华人民共和国国家标准《城市道路工程设计规范》（CJJ 37—2012）（2016年局部修订），城市道路分为快速路、主干路、次干路和支路四类，并针对大、中、小型城市划定了以上四类城市道路相应的设计车速。

城市绿地系统规划中一般按照城市道路在道路网中的地位、交通功能以及对沿线建筑物的服务功能等，将城市道路分为以下四类：

快速路（又称汽车专用道）：快速路应为城市中大量、长距离、快速交通服务。快速路对向车行道之间应设中间分车带，其进出口应采用全控制或部分控制。快速路两侧不应设置吸引大量车流、人流的公共建筑物的进出口。两侧一般建筑物的进出口应加以控制。中、小城市不设快速道。

主干路（又称全市性干道）：主干路应为连接城市各主要分区的干路，为城市主要客、货运输路线，以交通功能为主。自行车交通量大时，宜采用机动车与非机动车分隔形式，如三幅路或四幅路。主干路两侧不应设置吸引大量车流、人流的公共建筑的进出口。

次干路（区级干道）：次干路应与主干路结合组成道路网，为联系主要道路之间的辅助性交通路线，起集散交通的作用，兼有服务功能。

支路（街坊道路）：支路应为次干路与街坊路的连接线，解决局部地区交通，以服务功能为主。

2）道路绿地的组成和功能

道路绿化代表着一个城市的精神面貌和绿化质量，所以道路绿地是城市绿地、城市景观中重要的一环。城市道路绿地由道路绿带，包括行道路绿带、分车隔离绿带、路侧隔离绿带，交通岛绿地，包括中心岛、导向岛、立体交叉绿岛等，广场绿地，停车场绿地等组成。

道路绿地具有组织交通，保证安全，净化空气，降低噪声，降低辐射热、减轻城市热岛效应，形成生态廊道，维持生态系统平衡，美化环境，防震减灾等多重功能。

3）道路绿地规划原则

（1）结合城市发展，同步规划建设

道路绿地规划建设须与城市道路规划建设同步进行，必须符合城市总体发展趋势，明确用地性质，近期规划和远期规划相结合，体现道路绿化实际效益。

（2）道路绿地与交通组织相协调

道路绿地规划须以满足交通安全为前提，绿地的规划不得破坏或影响行车安全，整体规划符合行车视线和行车净空要求。

（3）适地适树，提升景观质量

树种的选择要适合当地的气候、土壤等环境条件，优先选择具有耐粗放、耐修建、易管理、冠大荫浓的乡土树种。同时道路植物配置要丰富，以乔灌草为基本模式，形成层次丰富的植物群落结构，不得有裸露土壤。

（4）注重文化内涵，体现地域特色

道路绿地的规划应与城市的文化及历史气氛相适应，承担起文化载体的功能。对原生的古树名木进行合理的保护性规划。

（5）与公用设施规划相结合

道路绿地规划须考虑市政附属设施和管理设施，如道路照明、地下管线等，同时还需考虑沿街公厕、报刊亭等预留地，应根据相关城市规划进行合理统筹布局。

4）道路绿地规划内容及要求

道路绿地规划的总体目标是在发挥绿地综合生态效益的前提下，由道路绿地构成支持城市生活环境的骨架，形成绿地网络。

在分析城市道路绿地面积、植物种类、景观特色等的基础上找出问题，依据总规确定城市各组团或片区城市道路的快速路、主干路、次干路和支路。

（1）城市道路绿地率规划

绿地系统规划中，一般根据《城市道路绿化规划与设计规范》(CJJ 75—97)，确定规划区内每条道路的最低绿地率指标，城市园林景观道路红线宽度为 60～70 m，以四板五带式绿化配置为主，绿地率≥40%；城市道路红线宽度为 50～60 m，绿地率≥30%；城市道路红线宽度为 40～50 m，绿地率≥25%；城市道路红线宽度为 12～40 m，绿地率≥20%；城市道路红线宽度小于 12 m 的道路积极建设林荫路，并鼓励垂直绿化。指标可根据具体城市的道路绿化现状及总规对道路的规划情况确定，但一般不能低于以上最低要求。

（2）城市主要道路绿地景观规划

城市道路绿地规划应从城市的整体布局出发，统一考虑，力求因路而异、各具特色，形成变化多样又整体协调统一的道路景观。

构建较大范围的园林化交通步行系统。选用常绿、树冠大、绿量高、林荫效果好的树种，建设绿色步行通道。

要创造丰富多彩的道路植物景观，不仅要具有实用功能，满足道路交通的功能与技术要求，而且要充分展现美的效果，给人以视觉、听觉、嗅觉等全方位的美的感受。

依托城市所处的气候特征，通过建立合理的道路绿地景观空间格局，融入城市的自然资源、历史文脉等景观要素，结合植物观赏特征，强化道路绿地景观主题，形成具有特色的城市道路绿地景观。

以云南省普洱市的道路绿地景观规划为例说明：

①普洱城市道路绿地景观特色规划　普洱是具有悠久的茶文化历史、古道文化、多民族文化、自然生态资源和旅游资源等优势，并已成为融国家级口岸、现代茶叶加工与销售、多种文化荟萃以及自然生态景观与旅游休闲服务等多项功能于一身，具有丰富民族文化内涵的中国茶城。因此，把"魅力茶城，生态普洱"作为普洱市道路绿地景观规划的主题，使普洱市形成独具民族地域文化特色的茶城景观风貌。以普洱市总体规划中的道路路网结构

为规划依据，根据城市道路周边的环境现状和道路的性质、位置和道路红线宽度，选取规划区内的旅游内环线和五条主要交通干道作为普洱市的道路景观轴线，确定各道路的景观主题分别是茶径寻源、茶山向朝、寻茗问鼎、古道茶源、兴邦普洱、多彩普洱。

②普洱城市道路绿地历史文脉景观规划　普洱市具有古道文化、茶文化、多元民族文化、口岸文化、生态旅游文化等资源。在城市道路绿地景观规划中，将雕塑、小品、景石、铺装、花坛、路灯、座椅、垃圾桶、指示牌等景观要素作为展示城市特色文化的有效媒介，充分发挥普洱多元文化优势，把城市深厚的地域特色、文化特色传递展现给人们。

通过对城市历史文化要素的分析总结，以线串点，点、线要素相结合，并结合道路绿地景观轴线的分布，将城市道路绿地景观规划为 4 条文脉景观轴：制茶工艺文化轴、多元民族文化轴、绿色茶文化轴、茶马古道文化轴，在每条文化景观轴中应用相应的文化元素，如：制茶工艺文化轴中应用普洱茶制作的采青、杀青、揉捻、晒干等工艺元素，体现制茶工艺源远流长；在多元民族文化轴中应用城市主要少数民族文化元素——哈尼族牛体彩绘、彝族火把节、拉祜葫芦节、佤族木鼓节、傣族泼水节等，寓意民族团结互助，兴邦安国。同时，选取了 2 个城市对外交通出入口，以及 7 个道路交叉口和 12 个道路景观段作为道路绿地景观中城市文脉要素的重要展示点，使点要素景观与线要素景观合理结合。

（3）不同道路断面的道路绿地植物景观规划要点

①一板两带式绿地　一板两带式绿地多用于支路或次要道路。道路绿地形式为：中间是行车道，在行车道两侧的人行道上种植一行或多行行道树。行道树树荫浓密，路侧绿带的配置形式简洁大方，景观连续性较强，具有较强的韵律感，选用树大荫浓遮阴效果好、观赏价值高、适应性强的树种进行道路绿化。

②两板三带式绿地　这种道路形式在主要道路和快速路中应用较多。道路绿地形式除在车行道两侧的人行道上种植行道树外，还用一条有一定

宽度的分车绿带把车行道分成单向行驶的两条车道。分车绿带宽度6～8 m的可种植乔木、灌木、宿根花卉、草坪等,分车绿带宽度不宜低于2.5 m,以5 m以上景观效果为佳。

③三板四带式绿地 三板四带式绿地主要应用于城市主干道的绿化。这种道路绿地形式除在两侧人行道上种植行道树外,还有两条有一定宽度的机动车与非机动车道分车绿带,把机动车与非机动车分流,提高道路通行效率。分车绿带宽度不宜低于2.5 m,可种植乔木、灌木、宿根花卉、草坪等。

④四板五带式绿地 利用三条分隔带将车行道分成四条,将机动车与非机动车分流,再将机动车道分成单向行驶的两条车道,使机动车与非机动车各自单向行驶,互不干扰,极大地保证了道路通行效率。绿化配置方式为:行道树+大型中央分车绿带+两侧分车绿带+连续的路侧绿带。8 m以上宽阔的中央分车带内配置成自然式生态群落,人行道绿带、分车绿带和路侧绿带共同构成了一条生态效益显著、景观质量较好的标志性景观大道。这种道路形式适于车速较高的城市主干道。在盛夏季节南北街道的东边,东西向街道的北边受到日晒时间较长,因此行道树应着重考虑路东和路北的种植。这种断面形式由于绿地的面积较大,绿带面积较宽,可以选用的植物种类较多。

(4)城市道路绿地生态雨水收集利用规划

城市道路绿地是海绵城市建设中重要的绿色线性基础设施。城市道路径流雨水应通过有组织的汇流与转输,经截污等预处理后引入道路绿地内,并通过设置在绿地内的以雨水渗透、储存、调节等为主要功能的低影响开发设施进行处理。在选择低影响开发设施时,可以结合道路绿化带和道路红线外绿地优先规划下沉式绿地、生物滞留带、雨水湿地等。

5.4.2.2 交通枢纽绿地规划

交通枢纽绿地规划是指包括对铁路客货运站、公路长途客货运站、港口客运码头、公交枢纽及其附属设施用地的绿地规划。

交通枢纽绿地是城市绿地系统点、线、面构成中"点"的主要组成部分之一,也是斑块-廊道-基质的构成中"斑块"的内容之一,是城市形象的窗口。交通枢纽绿地应该在不影响用地功能的前提下,以简洁的绿地配置为主,规划交通枢纽场所附属绿地率一般在新城区不小于20%,位于老城区的城市交通枢纽设施附属绿地指标相应下调5%。

5.4.2.3 交通场站绿地规划

交通场站用地是指交通服务设施用地,具体分为以下两类:一类是公共交通场站用地,包括城市轨道交通车辆基地及附属设施,公共汽(电)车首末站、停车场(库)、保养场,出租汽车场站设施等用地,以及轮渡、缆车、索道等的地面部分及其附属设施用地;另一类是社会停车场用地,包括独立地段的公共停车场和停车库用地,不包括其他各类用地配建的停车场和停车库用地。

城市交通场站绿地率规划在新城区一般不小于20%,位于老城区的城市交通场站设施附属绿地指标相应下调5%。

机动车公共停车场,需建设成林荫停车场,加强节约型园林绿地的建设,较大规模的停车场可以采用植草沟与透水混凝土、嵌草铺装等相结合的方式,利用两行停车位之间的带状绿地来布置,达到雨洪管理的目的。

5.4.3 公共管理与公共服务设施绿地

公共管理与公共服务设施绿地主要包括行政、文化、教育、体育、卫生等机构和设施用地范围内的附属绿地。这类绿地主要为各场地从事的办公、学习、科学研究、疗养健身、旅游购物及经营服务等提供良好的生态环境。

5.4.3.1 公共管理与公共服务设施绿地规划原则

1)统一规划,合理布局

公共管理与公共服务设施绿地的规划应与区域总体规划协调统一,同时应该根据各单位性质、用地规模和条件限制等制约因素,使其绿地能够与建筑、周边环境、各项设施用地比例分配恰当,营造良好的教学、科研、疗养、服务环境。

2)因地制宜

规划需考虑所在区域的土壤、气候、地形、地势、水系、原生植被等自然条件,并结合设施绿地的特点进行合理利用,因地制宜地进行场地规划,充分利用现有资源,打造怡人的人居生态环境。同时因地制宜规划还需考虑公共设施用地的性质,打造符合场地氛围的绿地景观。

3)以植物造景为主,结合地域文化

规划应以植物造景为主,以绿色植物作为天然覆盖层,营造生态、自然的公共环境,同时还要结合地方人文、历史、文化、地域特征,打造多样化的人文景观和生态景观。大量运用乡土树种和适生外来植物,通过植物群落自身的发育和相互作用来获得形式丰富、美观的生态景观。

4)远近结合,便于实施管理

规划应该贯彻"经济、实用、美观"的方针,做到长计划、短安排,远近结合,统筹兼顾,合理规划,分步实施。占地规模大的新建高校或科研院所,在制定远期规划发展目标的同时,更要认真做好近期建设计划,使公共设施绿地的建设工作持续稳步进行。

5.4.3.2　行政办公场所绿地规划

行政办公场所绿地主要是指一些行政部门、政务中心等的附属绿地,是单位管理和社会活动的集中场地,并成为对外交流与服务的重要窗口。

此类场所定位是安静、严肃而不压抑,行政办公绿地的规划通常采用规则式布局方式,以体现理性、严谨、整洁的环境氛围,通常会有明显的轴线和人流集散广场,以中轴控制整个广场,各分区有序布置,规则中体现变化,变化中体现和谐,庄重中体现活泼。宜选用色彩淡雅、庄重的植物,营造轻松而不浮躁的景观,乔木树种选择不能太复杂,选取3~5种作为基调树种,10~15种作为骨干树种,形成树种特色。办公楼前的装饰性绿地以规则式配置为主,选择景观优美、花果期长、常绿乔木树种作为标志性绿化。空间划分时设置一定区域的休闲小游园,可为人们工作外的休息时段提供休闲放松的室外绿色空间,舒缓压力,提高工作效率。

行政办公场所绿地率规划一般为35%~40%。

5.4.3.3　教育科研场所绿地规划

教育、科研用地内绿地的作用是为教学、科研实验和学习提供良好环境,绿地布局注重平面和立体构成。利用丰富多彩的植物和园林小品营造安静优美、崇尚科学、励志等校园文化底蕴深厚的绿地空间,并注意植物选择的系统性和科普性。

教育、科研用地绿地率的发展指标为45%,控制指标40%。

1)高等院校和中等专业学校绿地

高等院校和中等专业学校用地绿化要按功能用途划分出明确的功能区,按功能区规划各具特色的绿地。教学区的绿化在保证不妨碍室内采光和通风的情况下,以对称布局的高大乔木或常绿花灌木为主。运动区周围的绿化要选择无刺、无飞絮、滞尘、减噪能力强的常绿乔木、灌木有机配置,与教室、宿舍、图书馆等安静区的建筑间应设置15~50 m宽的园林绿化隔离带。在宿舍楼周围和园林景点周围开辟读书点和小游园,每100 m² 绿地设置 1~3 个休息与交流点,方便师生学习和交流。道路绿化中,主干道两侧种植高大常绿乔木形成林荫树。

可结合学校类型和专业,规划知识性绿地,或者建立相关专类园。在确定基调树种的基础上,尽量增加植物种类,一般应不少于300种,以满足教学实习与科学研究的需要,并作为城市生物多样性保护的基地之一。

通过绿地营造良好校园文化氛围,尊重校园总体布局和空间连续性,延续校园发展的历史与文脉,以恰当的、与新的校园精神吻合的形式实现校园绿地景观的文脉,反映新时期的大学精神与人文内涵。

高等院校是一个城市文化的精华所在,所用树种中应有所在城市的特色树种和市树、市花。

2)中小学校园绿地

中小学校园绿地规划必须以满足功能作为前提,规划遵循"经济适用、环保健康"原则,应烘托出灵动活泼的氛围。校园出入口绿地通常是中小学校园绿地的重点部分,可通过在校门口设置小广场、树池、花坛、水池、雕塑等突出校园特色,美化校园环境,在教学区与活动区设置满足学习与活动不同需求的园林景观,并设置小型校园内部小游园,采用不同花型、不同花色、不同花期的观花植物,体

现中小学校园的勃勃生机,中小学教科书中出现的植物种类应尽量在校园里种植。

3)幼儿园绿地

托幼机构绿地一般具有面积小、功能简单、室外活动面积有限三大特点。

绿地应从形式、色彩等方面来贴合孩子的心理,通过鲜艳的色彩、形象的植物造型,创造生动、热烈、欢快的气氛,公共活动的场地是重点绿化部分。在活动场地和活动器械附近种植冠大荫浓的乔木,保证绿化覆盖面积大于活动范围的50%。植物选择上,需选择无毒、无刺、无汁液、少花粉、无飞絮、不易引起过敏反应、开花鲜艳美丽的植物,不宜选悬铃木、柳、夹竹桃、凤尾兰、俏黄栌、含羞草、凌霄、曼陀罗、海棠、木瓜及果实、叶片过大,掉落易造成幼儿伤害的其他植物,树木枝下净空应大于1.8 m。

4)科研机构绿地

科研机构绿地为科研开发活动提供良好的工作环境,为其中的科研人员提供良好的室外休闲和活动场所。

科研用地绿化应结合工作特点,总体上绿化设计以简洁为主,通过植物进行隔音降噪处理,营造静谧和谐的工作环境,采用多树种、乔灌草搭配种植,一般从单位主题建筑或建筑群向四周,植物由低到高过渡。树种以无飞絮、无异味、无种毛为佳。

5.4.3.4 医疗卫生场所绿地规划

医疗卫生场所绿化的目的是卫生防护隔离、杀菌滞尘、减弱噪声、创造幽静优美的绿化环境,以利人们防病治病。绿地要求开敞通风,建筑前后绿地不要影响室内采光和通风。植物以常绿树为主,选择无飞絮、无毒性的植物,选择兼具杀菌、药用、少病虫害的常绿乔木、花灌木和草本植物。

门诊区一般靠近街道,因此通常需要与街道绿化相结合,设置广场绿地做缓冲场地,形成开敞的空间场地,满足该区域人流集散、停车、候诊等功能,入口场地绿地可以通过整形的绿篱、开阔的草坪等提高门诊区的景观效果,同时应在绿地中设置休息区域供患者休息。同时还要体现医院的整体风格和风貌。

绿地规划应以提供良好的户外活动场地、保健和净化空气为主要目的,通常选择具有杀菌作用的植物,同时还需要重视对传染病的隔离作用。住院区绿地还应重视植物规划的疗养和精神安慰效果。应设置小游园,乔木选择冠大荫浓的树木,配以有益身心健康的香花灌木,突出季相与时序变化,形成多姿多彩的四时景观,创造使人愉悦的健康环境,愉悦病人心情,感受自然界的美好与希望。

疗养性医院绿地面积应不小于总用地面积的45%,治疗性医院绿地面积应不小于总用地面积的40%,旧城改造区内可适当下调5%。

5.4.4 商业服务业设施绿地

商业服务业设施绿地指的是商业、商务、娱乐康体等设施绿地。商业服务业设施绿地通常以空间形态为背景、景观环境为实体、个性风采为活力和地域文化为魅力。商业服务业绿地深刻影响着社区居民购物娱乐、休闲交往等行为,影响着社区环境面貌和文化内涵,其绿地规划能改善商业服务业用地环境、促进区域人们交往、提升场地文化魅力。

5.4.4.1 规划原则

1)整体性原则

商业服务业绿地规划时应结合城市特色,一方面要从城市整体出发,体现城市的形象和个性。

2)连续性原则

商业服务业绿地规划要体现空间上的连续性,主要通过绿化、建筑布局、环境设施等延续设计来表现。

3)地域及文化性原则

商业服务业绿地规划不仅需要满足功能性,还要具有艺术感,达到美的效果。营造商业空间特色景观应以其所处地域气候为前提,结合地域文化来营造能反映地域特色的绿地景观。

4)人性化原则

商业服务业设施绿地以市民为主要使用者,这就需要在规划绿地时考虑到不同人群的不同功能需求,需考虑阳光、气温和眩光阴影对广场温度的影响,风对人的影响等因素。

5.4.4.2　指标规划

目前我国大多数城市商业服务业绿地率均较低,除少部分高端消费场所重视绿化外,大多数均不能达到要求的绿地率指标,因此这部分绿地建设提升应作为今后附属绿地改造的重点区域,加强老城区绿化改造,严格把关新建商业服务业项目绿地率指标和绿地质量,逐步增加商业服务业绿地的绿地面积和质量。

一般规划商业设施绿地率≥30%,商务设施绿地率≥40%,娱乐康体设施、工业设施营业网点绿地率≥35%。绿地面积中乔灌木所占比率要达到85%以上。

5.4.4.3　植物规划要点

绿地应以透气铺装为主,乔-草和乔-灌配置形式为主,绿化景观应将乔木、灌木和花卉巧妙融合,采用树丛、行植、绿篱、单植及花坛等多种形式,呈现出层次丰富的绿化景观。突出林荫和观赏功能,形式、色彩应大胆夸张,体现商贸中心经济、文化集中,多元而繁华的特点;植物以简洁明快、观赏价值高为主,同时考虑到改善生态环境。结合休息设施以林荫广场形式适当种植乔木,考虑常绿与落叶树的适当组合与搭配,以降低城市建筑单调、冰冷的感觉,使人们感受到自然和艺术的美。

5.4.5　工业绿地

工业用地往往是城市的污染源区域,因此工业绿地应从全局出发,以生态防护功能为规划建设重点,针对工业企业污染源的不同,合理选择抗污树种,提高生态景观水平,建设生态化厂区绿地,提高整个城市的环境质量。

5.4.5.1　规划的基本原则

a)满足生产和环境保护的要求,把保证工业区安全生产放在首位。工业绿地规划应根据工业区的性质、规模、生产和使用特点、环境条件对绿化的不同功能进行合理规划,道路的规划、树种的规划遵守安全便捷的原则,不得影响生产。

b)因地制宜,合理布局,形成特色。工业绿地规划要考虑局部与局部、局部与整体之间的关系,合理布局各类绿地,形成较为完整的工业绿地系统。

c)充分考虑工业用地在城市中的位置和地位、与周边居民的关系、与周边环境的关系。

d)工业绿地的布局,以生态防护、改善工业区的生态环境为根本目的,应根据不同的防护目的选择植物和布局绿地,以植物景观为主,充分发挥绿地改善生态环境、卫生防护和美化环境等方面的综合功能及效应。

5.4.5.2　指标规划

工业区绿地常用指标以绿地率衡量,也是影响工业区选址、规模、种类的重要衡量因素。国家《森林法》中规定:"有条件的城市和工矿区,按照平均每人不少于 5 m² 的绿地面积要求,营造园林和环境保护林"。我国不同行业对工业绿地的建设指标规定存在不一致的问题。我国 1994 年开始执行的《城市绿化规划建设指标的规定》中要求"工业企业、交通枢纽、仓储、商业中心等绿地率不低于 20%"。2008 年开始执行的《工业项目建设用地控制指标》(国土资发〔2008〕24 号)规定"工业企业内部一般不得安排绿地。但因生产工艺等特殊要求需要安排一定比例绿地的,绿地率不得超过 20%",其目的是达到工业用地高效集中使用。实际工作中应按最新的规定进行指标规划。由于不同的产业导致工业区的生产性质不同,用地要求和用地分配,生产环节也各不一样,因此也有研究者认为对绿地率的要求也应有差异,应该从生态防护功能的角度,根据工业污染程度及产业对环境的要求规划不同的绿地率,具体见表 5-7。

表 5-7　不同类型工厂绿地率要求

工厂性质	精密仪器	轻纺工业	化学工业	重工业	其他工业
绿地率	50%以上	40%～45%	20%～25%	20%以上	25%以上

5.4.5.3　工业绿地植物规划要点

a)选择适应性强,耐粗放管理的树种。大多数工业绿地植物的生长条件相对较差,选择耐粗放、易繁殖、少病虫害、耐修建、易管理的植物,节省工业企业绿化管理经费开支。

b)选择抗污能力强的树种。工业生产大多会对环境造成污染或其他不良影响,因此选择树种时应有针对性地考虑植物对环境的抗污作用,从而改善工业区的生态环境,为人们创造健康的工作环境。

通常根据城市的主要污染源和需要的防护功能,按照抗烟尘树种、滞尘树种、抗二氧化硫树种、抗氟化氢树种、抗二氧化碳树种、抗氨气树种、防火树种、防震树种、支撑树种等类型规划。

c)确定骨干树种和基调树种,确定各类植物的比例关系,注意常绿树与落叶树、速生树与慢生树、乔、灌、草、藤的合理配置,尽量提高常绿种类和乔、灌的比例,保证绿量,充分发挥生态效益。

d)满足生产工艺过程对环境的要求,根据不同工厂、不同车间生产工艺要求选择植物;某些特定的工艺生产对环境有特殊的要求,比如精密仪器类企业要求环境周围空气清洁,少尘埃,无飞絮,因此应选择能吸尘且无飞絮的树种。

5.4.6 物流仓储绿地

物流仓储绿地是物流园和仓储用地范围内的绿地,具有保护环境、改善园区面貌、提供休息的场所、提升企业文化、陶冶情操的作用,同时发挥着抗震、防灾功能,能够在地震、火灾等特殊情况时提供疏散人流、隔离建筑和堆放物防止火势蔓延、隐蔽疏散的紧急避难空间。

物流仓储绿地通常分为集中公共绿地、分散专用绿地和道路绿地。集中公共绿地是指分布面积较大的集中成片布置的绿地,包括广场绿地、生态防护绿地等。分散专用绿地是指分散在各类用地边角地带以及院落的小块绿地(如花园、小游园等)。道路绿地是指除城市市政道路外的园区内部各种道路用地范围内的绿地。

物流仓储绿地是物流仓储园区总体布局的一个重要方面,规划布置时,必须综合考虑功能分区、道路系统以及当地自然地形等方面,全面安排。

物流仓储绿地规划要点如下:

a)物流仓储绿地应尽可能利用空地,绿地面积不低于总用地面积的20%。

b)物流仓储绿地规划重点是结合外围防护林开展内部延伸绿化,对仓储区、服务与内部休憩区、道路等进行生态分隔和防护,并利用绿化进行交通

标识与指示,同时起到美化园区的作用。

c)树种选择和配置要特别注重防火树种的选择,须考虑物流仓储用地行车方便,在不影响园区正常作业的前提下,需要强调绿地的卫生防护功能,并做到点、线、面相结合,将各类绿地连接成为一个完整的系统,以发挥绿地的最大功能。

d)仓储区及米面加工区周围多粉尘,一般应密植滞尘、抗尘能力强,叶面粗糙,有黏液分泌的树种。

e)油脂加工区属于对防火防爆有要求的生产车间,周围应规划栽种枝叶水分含量大,遇火燃烧不出火焰的少油脂树种,不得栽植针叶树等油脂较多的松、柏类植物。

f)要求洁净程度较高的检测化验用房的环境绿化,植物应选择无飞絮、无花粉、无飞毛、不宜生病虫害、不落叶(常绿阔叶或针叶树)或落叶整齐、枝叶茂盛、生长健壮、吸附空气中粉尘的能力强的植物。同时注意低矮的地被和草坪的应用,固土并减少扬尘。

g)地下仓库上面,根据覆土厚度的情况,可以通过规划种植草皮、藤本植物、乔灌木,可起到装饰、隐藏、降低地表温度和防止尘土飞扬的作用。

h)装有易燃物的贮罐附近应以草皮为主;露天堆场绿化以不破坏、不影响堆场操作为前提,在堆场周围规划栽植生长强盛、防火隔尘效果好的落叶阔叶树,林下种植花灌木和地被,形成优美的带状绿地。

5.4.7 公用设施绿地

公用设施绿地是指供应、环境、安全等设施用地内的绿地。包括供应设施绿地、环境设施绿地、安全设施绿地、其他公用设施绿地。具体指城市供水、供电、供燃气、供热等设施用地,雨水、污水、固体废弃物处理和环境保护等的公用设施及其附属设施用地,消防、防护等保卫城市安全的公用设施及其附属设施用地,施工、养护、维修的设施用地等公用设施用地内的绿地。

1)指标规划

根据《城市给水工程项目建设标准》、《给水排水设计手册》(第2版)、《电力工程项目建设用地指

标》、《通信专用房屋设计规范》、《生活垃圾卫生填埋技术规范》(CJJ 17—2004)等，公用设施绿地绿地率一般按以下规划：

自来水厂绿地率≥40％，污水处理厂、电力工程、通信设施绿地率≥30％，垃圾填埋场恢复绿地率≥90％。

2)植物规划要点

考虑到公用设施的功能特殊性，绿地以不影响该设施的具体功能为前提，绿化景观应结合相应功能用途，营造景观相对统一，便于管理，适应性及功能性较强的植物景观，以达到防护隔离、美化的目的。树种选择要充分考虑各类公用设施的功能特点，以常绿、适应性强的树种为主，选择无飞絮、少病虫害及抗性强的植物，在用地允许的情况下，增加乔木种植与绿量以降低其设施带来的影响，对城市范围以外的公用设施用地应适当提高绿量及植物多样性，以发挥更好的生态防护功能。

5.5　其他绿地规划

5.5.1　其他绿地规划的意义和原则

5.5.1.1　其他绿地规划的意义

《城市绿地分类标准》(CJJ/T 85—2002)对"其他绿地"的定义为：对城市生态环境质量、居民休闲生活、城市景观和生物多样性保护有直接影响的绿地。这部分绿地应突出城市与自然的过渡功能和绿地生态屏障功能。其将城市绿地进行延伸，与市域范围内的风景林地、大面积森林、经济林、河湖水域、防护林带、山体丘陵、农田林场等结合，形成完整的区域绿地景观大背景和完善的城市森林生态系统，实现城市绿地景观体系与外围生态环境的高度融合与统一。

其他绿地位于城市建设用地之外、城市规划控制区范围以内生态、景观、旅游和娱乐条件较好或亟须改善的区域。主要包括风景名胜区、水源保护区、郊野公园、森林公园、自然保护区、城市绿化隔离带、野生动植物园、湿地、垃圾填埋场恢复绿地等。

其他绿地对城市居民休闲生活的影响较大，其不但可以为本地居民的休闲生活服务，还可以为外地和外国游人提供旅游观光服务，有时其中的优秀景观甚至可以成为城市的景观标志。其主要功能偏重生态环境保护、景观培育、建设控制、减灾防灾、观光旅游、郊游探险、自然和文化遗产保护等。由于上述区域与城市和居民的关系较为密切，故应当按城市规划和建设的要求保持现状或定向发展，一般不改变其土地利用现状分类和使用性质。同时"其他绿地"不能替代或折合成为城市建设用地中的绿地，它只是起到功能上的补充、景观上的丰富和空间上的延续等作用，使城市能够在一个良好的生态、景观基础上进行可持续发展。其他绿地不纳入城市绿地率的计算。绿地率是评价一个城市绿化建设水平的重要指标，广受城市绿化建设管理部门和地方政府的重视，但因其他绿地不纳入绿地率的计算，故现实中很多城市皆有意或无意地忽略了其他绿地的规划建设，这既不符合客观实际，也不利于城市绿地的可持续发展。

现行的《城市园林绿化评价标准》(GB/T 50563—2010)对其他绿地做出了如下解释：一般来说，城市的建成区范围要大于建设用地范围，或者说建成区内的城市绿地包括建设用地外的"其他绿地"，且事实上该部分绿地不论从改善城市生态环境、提供居民游憩场地，还是塑造城市景观风貌方面，都起到了不容忽视的作用，因此，该标准在建成区绿地率统计中允许纳入部分"其他绿地"面积，同时为了避免因统计"其他绿地"而削弱了对城市建设用地内绿地建设面积的控制，对纳入统计的"其他绿地"面积，规定不应超过建设用地内各类城市绿地总面积的20％；同时纳入统计的"其他绿地"不能突破城市规划建设用地的范围，且形态相对完整。

城市绿地系统规划中合理考虑其他绿地，客观地体现其他绿地在城市绿地系统中的功能和地位，符合客观实际，有利于城市绿地规划建设的可持续发展。

5.5.1.2　其他绿地规划原则

1)生态性原则

其他绿地功能偏重生态环境保护、景观培育、建设控制、减灾防灾、观光旅游、郊游探险、自然和

文化遗产保护等,故而规划中应运用生态理念,处理好其他绿地与建设用地的关系,充分发挥其在城乡绿地系统建设过程中的作用。

2)因地制宜

根据城市规划和建设的要求因地制宜地保持现状或定向发展,一般不改变其土地利用现状分类和使用性质,防止借其他绿地建设之名,行城市开发建设之实。

5.5.2 其他绿地规划的内容和要求

城市中其他绿地主要有风景名胜区、水源保护区、森林公园、自然保护区、城市绿化隔离带、野生动植物园、郊野公园、湿地、垃圾填埋场恢复绿地等。在绿地系统规划中要求明确其他绿地的位置、面积、功能、主要树种、控制及建设要求等。规划要重点考虑生态效益,同时兼顾景观、美学和休闲价值的提高。在规划实践中常常是构建成片状绿地、大色块的绿地斑块及带状绿地等,在树种选择上注重常绿、色叶、观花等特征。

国家相关部门已经颁布实施其他绿地的相关规划设计标准、规范和设计导则,如《风景名胜区规划规范》(GB 50298—1999)、《城市湿地公园规划设计导则(试行)》、《国家级森林公园总体规划规范》(LY/T 2005—2012)、《国家湿地公园建设规范》(LY/T 1755—2008)和《国家湿地公园总体规划导则》(林湿综字〔2010〕7 号)等,对上述其他绿地规划的内容、要求、成果体现等皆做了明确的规定,在进行其他绿地规划时应参照相关标准、规范和导则执行。

思考题

1.各类绿地规划应注意哪些问题?

2.请阐述公园绿地规划的内容和要求。

3.应如何确定各类附属绿地的绿地率规划指标?

4.请阐述生产绿地布局的原则。

5.哪些情况下应该规划城市防护绿地?

城乡绿地植物规划是城乡绿地系统规划的重要内容之一。城乡绿地的主要材料是植物,植物与构成城乡的其他人工材料不同,它所形成的景观效果需要几年甚至几十年的栽种培养,因此植物的选择直接关系到城乡绿地质量的高低。植物选择恰当,才能减低建设和管护成本,形成绿量丰厚的环境,满足城乡绿地功能的要求,发挥稳定持续的生态和社会效益;而植物选择不当,生长不良,则需要不断投入人力、财力对植物进行养护与更换,如此不仅造成经济上的浪费,还使城乡环境质量和景观效果大受损失。因此,在植物选择上应遵循一定的原则和方法。

本章主要学习城乡绿地植物规划应遵循的原则,城乡绿地树种规划技术经济指标的确定,基调树种、骨干树种、特色植物和一般树种的规划,市树市花的选择与建议等。

6.1 城乡绿地植物规划的目的、意义和规划原则

植物规划所要解决的问题是:选择一批最适合当地自然条件,能积极有效地起到维护和提高城市生态平衡,保护和改善城市环境,满足城乡园林绿化多功能的要求,丰富城市景观,反映城乡历史文化、地方风格和特色的园林植物。充分利用植物材料的不同形态、色彩和内涵来达到城乡环境的多样统一,增强艺术效果以及大自然的风韵,形成独具特色的城市风貌;同时通过植物规划,可以有目的地指导城乡生产绿地的健康发展,符合城市绿化建设需要,保证绿化工作以城乡普遍绿化为重点、以植物材料造园为主的总方针,最大限度地发挥园林植物的多种效益。

植物选择基本原则包括以下几个方面:

1)因地制宜,"适地适树",以乡土树种为特色

参考当地地带性植被类型的特点,基本符合当地森林植被区域自然规律。充分考虑城乡的各种自然因素和森林植被地理区的自然规律,以地带性植被中的木本植物为主。注意所选植物的生态学特性必须与栽植的立地条件相适应,植物选择上坚持以乡土树种为主,外来树种为辅的适地适树原则。从数量和种类上进一步强化所在区域的乡土树种的应用,充分体现地方特色、文化内涵。基调、骨干树种以本地生长良好的乡土树种为主,外来树种为辅,以所在区域乡土树种,特别是城市的当地树种和古树名木为首选,以突出地方特色,同时选用一些在城市经过较长期考验、生长良好并具有某些优点的外来树种以丰富植物景观。

在具体植物选择中充分考虑城乡的地域性气候、水土条件和立地条件,保证规划所选植物能在本地区和不同立地环境正常生长,充分显现景观效果和发挥良好的生态效应。

2)城郊一体,营造多层次、多类型绿色生态群

城乡绿地植物进一步多样化。植物规划不仅要考虑城市中心区绿地和近郊风景林建设的需求,

而且也要考虑城乡接合部地区和外围农村的人工经济林、果木林、农田植被等人工植被、河道绿化、四旁绿化的特殊要求，通过植物种类、植被类型、应用形式的多样化，营造多层次、多类型的绿色生态群，统筹兼顾，综合利用绿色植物的观赏价值、环保价值和经济价值。

植物结构层次上进一步体现立体绿化格局。立体绿化是现代城市绿化的一个发展方向。要综合考虑乔、灌、草、藤的立体配置，以充分拓展绿化空间，增加绿量，提升绿质，改善和美化人居环境，增强生态功能及植物群落的稳定性和可持续性。

3）选择对城市环境适应性强、抗性强、污染少的植物

城市气候因为"热岛效应"的影响，温度高、湿度小、热辐射大，高温干燥容易造成植物生长不良。另外，城市建设时，一般原生自然土壤被破坏，取而代之的是一些心土和渣土，地面有硬质铺装且过于平坦，这造成土壤通气透水、施肥灌溉都很困难。因此，要对所选植物的生态学特性有全面的认识，了解植物的忍耐能力，更多地选择适应性和抗逆性强的植物。城市植物虽然是城市各种污染物的主要净化者，但有些植物在生长发育过程中会产生一些污染物，给人们的日常生活、出行和城镇交通带来诸多不便。因此，植物选择要重视植物本身可能带来的污染，保障中心城区和日常涉足的地方所栽植的植物是环保、无污染的。

4）生态效益与景观效益并重

在选择植物时，要做到速生、中生与慢生相结合，兼顾植物的美化功能，多选择观花、观果、观形、观色及香花植物，构成复合型的植物群落。

速生树种早期绿化效果好，容易成景、成荫。但寿命较短，往往在 20～30 年后开始衰老；慢生树则早期生长较慢，城市绿化效果较慢，但寿命较长，景观稳定。根据速生树种能满足近期绿化需要、景观营造需要，慢生树种从长期培育绿化树木，维护城市园林生态平衡和城市历史文化风貌出发，立足长远，照顾当前。常绿树种四季常绿，能充分发挥生态效益，落叶树种能体现季相变化，丰富绿地景观。在规划中考虑二者结合，取长补短，速生树种

和慢生树种、常绿树种与落叶树种以合适的比例进行搭配运用。近期新建区应以速生树种为主，搭配一部分珍贵慢生树种（约 7：3），有计划分期分批逐步过渡。以亚热带地区为例，最终速生、中生和慢生树种达到约 3：4：3 为宜，保证城市绿化景观的稳定和树种的可持续发展。

在城市公园绿地植物配置、附属绿地建设及其他绿地的营造中，要有意识多用色叶树种、花果树种来增添城市植被的季相变化特征，突出地方特色，丰富绿地系统的色彩和植物景观的演替，在自然植被季相变化不明显的亚热带及热带地区，更应重视能体现当地季节变化的树种的规划。

5）最大限度地满足园林植物的综合功能

根据城乡的性质、环境条件，在园林植物资源调查的基础上，按比例选择一批能适应当地城镇、郊区、山地等不同环境条件，并能很好地发挥园林绿化等多种功能的植物种类。根据城市性质和园林植物改善生态环境、美化及结合生产的三大功能，同时考虑避灾和雨洪管理功能，进行植物种类选择与规划。

6）因地制宜建设节约型绿地

由于过去观念和认识上的偏差，使得城市绿地建设中存在只注重视觉形象而忽略环境效益的现象。在追新求异、急功近利的建设思想指导下，各种奇花异木漂洋过海，大树移栽之风屡禁不止，甚至一些违背自然规律的园林绿化手法，如反季节栽种和逆境栽植也屡见不鲜。因此，应大力提倡建设节约型园林绿地。节约型园林在选择植物上，应以便于养护管理作为衡量的标准，要求在园林绿化的养护管理和日常运营中，减少人力、物力和财力的投入。

7）保护生物多样性的原则

植物选择对提高城乡艺术水平和环境质量显得尤为重要，为了避免城市绿地植物种类贫乏单调，现代城市绿地植物应当多样化，提倡"绿化、美化、香化、彩化"，从而使城市绿地内容丰富、环境优美，创造出充满生机的城市绿色空间。城市绿地植物群落的培育，不仅要充分考虑自然植物群落的共生互补，而且还要考虑城市野生动物生存、栖息的需要，提高生物多样性。

大面积应用某一树种进行绿化，管理简便，可操作性强，营造成本也较低，但是种类越单一，发生各种严重病虫害的可能性就越大，而且景观单调，绿化效果差。实践证明，植物多样性是基因多样性、生态系统多样性、景观多样性的基础，因此，在适地适树的前提下，绿地应尽量应用多种植物，乔、灌、藤、草等植物综合应用，比例协调，空间组合合理，形态色彩搭配错落有致，并能促进生态系统的稳定性。

6.2　城市绿地树种规划技术经济指标的确定

植物规划的主要依据包括理论依据和实践依据两个方面。理论依据有植物生态学原理、植物群落学原理、生态园林理论和园林美学原理等；实际依据为树种使用频率分析、树种评价分级结果和植被的地带性分布规律等，具体包括城市市域自然植被分布、城市园林树种应用现状、园林植物资源状况、外来树种资源现状以及对城市发展状况的分析等。

在城乡绿地植物现状普查基础上分析现状植物的种类数量构成、区系成分、生长状况以及古树名木的种类、数量，初步选出规划备选植物，进一步分析裸子植物与被子植物，常绿树种与落叶树种，乔木与灌木，乡土木本植物与外来木本植物，速生、中生与慢生树种比例，与当地地带性典型植被类型中的主要植物种类组成比例相比较，分析现状植物种类的比例是否合理，观赏特性和物种构成是否能充分反映当地的地带性植物景观风貌、民族文化特色，进一步确定规划的技术指标。

6.2.1　城市绿地木本植物总种数的确定

根据国家城乡绿地建设的相关标准和要求，结合城市所处地带性植被类型、分布和群落结构特点，应用物种丰富度和物种多样性、植物区系学等理论，依据不同气候带下典型植被中植物物种数量最小表现面积的物种多样性，确定城市绿地植物的物种多样性，如亚热带地区城市木本植物总种数的

确定方法：依据自然植物区系中，最小表现面积 1 000 m² 范围内的物种数约为 2 000 种，其中木本植物约占 30%，则木本植物约为 600 种，若城市规划区面积为 70 km²，按面积比最小表现面积每减少 10%，植物种类相应减少 5% 计算，则总种数应该约为 510 种。另考虑城市环境与大自然相比的特殊性，以城市中保存的木本植物为地带性典型植被中木本植物的 60% 为宜，则城市绿地的木本植物总种类应该达到约 300 种为宜。同时应充分考虑城市经济发展水平、绿地植物种类的现状、城市绿地管理水平等因素，最终确定具体城市的城市绿地应保存的木本植物种类和数量。

6.2.2　裸子植物与被子植物比例

裸子植物具有地带性分布规律，从气候带的热带到温带，或同一纬度上的海拔高度的变化，气候类型特点等都影响裸子植物与被子植物的比例。在自然界中，随纬度的增加，裸子植物的种类和数量增加；在立体气候明显的地区随海拔高度的增加，裸子植物种类和数量增加，参照裸子植物和被子植物因不同纬度和海拔高度变化形成的地带分布规律，按照以下规律确定裸子植物与被子植物比例：热带地区裸子植物：被子植物为 0.5∶9.5～1∶9；亚热带 1∶9～2∶8；温带 4∶6～6∶4。

6.2.3　常绿树种与落叶树种比例

常绿树种与落叶树种比例同样应以城市所处气候带的地带性典型植被中落叶树与常绿树的比例为参照。

一般热带地区地带性植被为热带雨林和季雨林，落叶树与常绿树的比例为 0.5∶9.5；南亚热带地区地带性植被为季风常绿阔叶林，落叶树与常绿树比例为 1∶9～2∶8；中亚热带地区地带性植被为常绿阔叶林，落叶树与常绿树的比例为 2∶8～3∶7；北亚热带地区地带性植被为落叶阔叶林，落叶树与常绿树的比例为 3∶7～4∶6；温带地区地带性植被为夏绿阔叶林，一般落叶树与常绿树比例为 7∶3。确定城乡绿地木本植物中常绿树种与落叶树种比例时应按以上规律进行。

6.2.4　乔木与灌木比例

单位面积绿地上乔木的生态效益高于灌木,乔木是庭荫树及行道树的骨干,乔木绿量大,生态效益高,景观稳定,寿命长,绿地空间条件允许时,尽量提高乔木比例,以乔木为主。在景观持续稳定,绿量大,景观效果好的绿地中,一般绿化覆盖面积中乔、灌木所占比率不低于60%。自然界中的亚热带典型植被中乔、灌木种类与数量的比例大约是 4∶6。

6.2.5　乡土木本植物与外来木本植物比例

1)乡土植物的定义

"乡土"一词所指范围十分宽泛,广义上对乡土植物的界定需要从时间、空间以及人类活动的影响三个方面考虑。从时间角度考虑,乡土植物可以是经过长期的物种演替后,对某一特定地区有高度的生态适应的自然植物区系的总称。从空间角度考虑,乡土植物的内涵随地理区域不同,大致可分为:世界地理区域性乡土植物,如美洲乡土植物、东南亚乡土植物;国域性乡土植物,如中国乡土植物、日本乡土植物;地区性乡土植物,如我国西部的乡土植物、西南的乡土植物、北方的乡土植物等。因为对温度、水分、土壤条件的敏感性的差异,有的乡土植物分布较广,如:榆树及松柏类植物,而有些乡土植物,如:木棉、凤凰木及大部分棕榈科植物只在南亚热带至热带地区分布,而油松、白桦等只在北方分布。有些植物因为经过长期引种,已经完全适应了引种地的生态环境,并且具有了乡土植物的特性,则可将其视为乡土植物,如雪松、悬铃木、石榴、葡萄等。城乡绿地中应用的乡土植物多以地区划分,指在城乡所在区域内固有的,非引进的,能很好适应当地的自然条件,在当地自然生态系统中生长良好,且具有一定的观赏价值的植物种类。

在城乡绿地中常出现乡土植物、乡土树种、本地植物、原生植物等多种称谓,由于缺乏统一的规范,各地理解不一。在《城市园林绿化评价标准》(GB/T 50563—2010)中,强调了"本地木本植物应为本地原生木本植物或虽非本地原生木本植物,但

长期适应本地自然气候条件并融入本地自然生态系统的植物,且本地木本植物应对本地区原生生物物种和生物环境不产生威胁"。在绿地系统规划中一般采用广义的"乡土",即"本地木本植物"范畴用于现状乡土植物的统计分析,而采用狭义"乡土",即仅指当地原有分布的植物种类作为规划部分的技术经济指标中乡土树种与外来树种比例确定的依据。

2)乡土植物的特点

乡土植物一般自然分布在市域的森林、城乡接合部、森林公园及风景名胜区等,乡土植物已长期适应当地自然环境,能反映当地的植被特色,因此具有生态效益好、适应性强、文化底蕴丰富、养护管理粗放等优点,是绿化、美化城市不可缺少的植物。乡土植物的应用水平对整个城乡绿地系统景观效果与生态功能发挥起到至关重要的作用,通过引种驯化、繁殖和利用乡土植物丰富当地园林植物种类,具有作用明显、收效快的优点,并能在短期内以较少的投入取得较大的成效。

3)乡土木本植物与外来木本植物比例的确定

为打造具有地域性特点的植物景观,降低管护成本,本地木本植物需占较大的比例,才能形成地方特色,外来木本植物适当搭配可增加景观多样性,使配置的景观效果更丰富。因此,规划中应充分挖掘当地有观赏价值和文化意义的乡土园林植物。根据当地乡土园林植物的资源状况、城市发展的性质和方向、地域文化特色等,通常乡土木本植物与外来木本植物的规划比例确定为 7∶3~8∶2或本地木本植物比例更高。

6.2.6　速生、中生与慢生木本植物比例

乔木生长的速度与自身的生物学特性、生长习性和气候条件、土壤等生长环境有关,不同气候带下天然植物被中的速生、中生、慢生树种比例也有差异,通常热带地区到温带地区,速生树种比例减少,慢生树种比例上升。

速生树种生长迅速,短期内就可成形、见绿,易成荫,甚至开花结果,绿化效果好,但寿命较短,更换周期短,不易形成稳定长久的景观,而慢生树种虽然早期生长缓慢,城市绿化效果一时不易表现,

但其寿命可长达数百年甚至上千年,景观稳定,远期景观效果好,两者合理搭配可取长补短,形成持续、稳定的植物景观。因此,应根据具体情况确定技术比例。通常在新建城市或城市新区,建设前期速生树种应用的比例可较高,以在 5～10 年内迅速增加绿量,形成良好的景观效果,之后逐渐减少速生树种的种植,增加中生和慢生树种,如前期速生、中生、慢生树种比例可以确定为 5∶3∶2,5～10 年后在温带地区逐渐过渡到 3∶3∶4,在亚热带地区逐渐过渡到 3∶4∶3,热带地区逐渐过渡到 4∶4∶2 较为合理。在历史悠久的城市或老城改造中需加大中生树种和慢生树种的比例,适当减少速生树种应用比例。

6.3　基调树种、骨干树种、特色植物和一般树种的规划

基调树种、骨干树种、特色植物是代表一个城市植物景观风貌、地域特色和民族文化特色的主要植物,是植物规划的重点,需进行反复分析比较,才能确定。规划中对每一种植物的识别特征、生态习性、园林用途、观赏特性、生长适应性等进行介绍,并附上能反映典型识别特征和观赏特性的照片。

6.3.1　基调树种规划的内容和要求

城市基调树种是指城市中生长最优良、最具有代表性、分布最广的树种,是整个城市植物的基础和代表。它能体现城市的地域特色和绿化面貌,形成城市的绿化基调及背景,并能很好地适应本地的土壤、气候等立地条件,满足当地社会经济发展状况和人文景观要求。基调树种一般种类少,数量大,具有适用面广、效益大、生产量好、抗性强、景观价值高、广受人们喜爱的特点。基调树种宜选择高大的乔木。并注意基调树种的技术经济指标比例应与规划的比例一致。规划中应详细分析基调树种的裸子与被子植物比例、常绿与落叶比例、乡土与外来比例、生长速度、生长适应性、观赏特性等技术经济指标。

基调树种数量的确定与城市所处的气候、土壤、经济发展水平等条件有关,并考虑城市的现状植物状况综合确定,一般县城选择 6～10 种基调树种,中小城市选择 8～15 种,大城市和特大城市可以选择 15～20 种甚至更多。

以云南省中部高原地区中亚热带的中等城市——曲靖市城市基调树种规划为例:

选择 10 种树种作为城市绿地的基调树种,分别是:雪松、滇朴、复羽叶栾树、桂花、球花石楠、香樟、云南樱花、清香木、石楠、广玉兰。

以上 10 种树种均为高大乔木,包含裸子植物 1 种,被子植物 9 种。规划的 10 种中 9 种为乡土树种。滇朴、复羽叶栾树、云南樱花 3 种为落叶树种,其余均为常绿树种,落叶与常绿的比例约为 3∶7,符合所在地区的地带性典型植被中落叶与常绿木本植物的比例。

观赏特性方面:滇朴、香樟、雪松为观叶树种,复羽叶栾树、桂花、球花石楠、云南樱花、清香木、石楠为观花树种,且复羽叶栾树、球花石楠、清香木、石楠既可观花又可观果,桂花同时是香花植物。

6.3.2　骨干树种规划的内容和要求

骨干树种是指构成城市园林绿地骨架的树种,是城市中各类型绿地中出现频率高的重点树种,也是形成城市绿化特点的树种,主要应用作对城市面貌影响较大的道路、广场、公园绿地、各类附属绿地等的行道树、园景树,是能够配合基调树种在城市绿地中构成展示城市所处气候带植被特色、体现地域特征、民族文化特色的园林景观树种。骨干树种应具备对城市自然条件和城市环境适应性强、抗性强、病虫害少、生长健壮、综合功能好的特点。骨干树种以乔木为主。

骨干树种数量的确定与城市所处的气候、土壤、经济发展水平等条件有关,并考虑城市的现状植物状况综合确定,一般县城选择 10～15 种骨干树种,中小城市选择 15～20 种,大城市和特大城市可以选择 20～30 种甚至更多。

同样以曲靖市为例:选择 15 种树种作为曲靖市骨干树种,分别是:圆柏、水杉、银杏、垂柳、刺桐、红花木莲、毛果含笑、枇杷、山玉兰、阴香、法桐、云南

拟单性木兰、香木莲、黄连木、枫香。

规划的 15 种骨干树种中裸子植物 3 种,被子植物 12 种。乡土与外来比例为乡土树种 14 种,仅一种外来树种——法桐,是经过长期引种驯化,已融入当地植物生态系统的本地木本植物。垂柳、水杉、银杏、法桐、黄连木、枫香 6 种为落叶树种,其余均为常绿树种,落叶与常绿的比例约为 4:6。

观赏特性:圆柏、水杉、法桐为观形树种,阴香、银杏、黄连木、枫香为观叶树种,刺桐、红花木莲、香木莲、毛果含笑、山玉兰、云南拟单性木兰、枇杷为观花树种,银杏、黄连木既可观叶又可观果。

6.3.3 特色植物规划的内容和要求

特色植物是能够突出地域特征,反映地方和民族文化特色,与当地历史、人文环境和生态环境息息相关,具有较高观赏价值和很大开发潜力或能配合基调树种和骨干树种在城市园林绿地中构成独特景观的植物。

例如云南省西部的国家级历史文化名城大理市规划的 9 种特色植物分别是木莲、滇合欢、滇楸、毛果含笑、刺桐、云南红豆杉、云南山茶、滇丁香、马缨花。

以上特色植物均为大理乡土植物,大多数种类在大理的自然分布及人工栽培观赏已有悠久的历史。其中毛果含笑的模式标本在大理市境内采集;蝴蝶泉边的滇合欢、美丽的云南山茶、高雅的滇丁香和艳丽的马缨花则是大理白族人民最喜爱的庭院传统栽培的观赏花木;滇楸、刺桐在大理市的园林绿化中也已广泛应用,长势和观赏效果俱佳。

6.3.4 一般树种规划的内容和要求

一般树种是基调、骨干树种和特色植物之外,具有较好的适应性和景观价值,能够在城市绿地的不同类型或部分类型绿地中应用的木本植物。按照生态学理论和多样性原则,在注重乡土树种资源利用的基础上,根据不同绿地类型和功能需求,适当增加外来木本植物的引种驯化,丰富城市植物多样性和景观多样性;在充分突出基调树种、骨干树种和特色植物的同时,尽量多地使用一般树种,通常种类较多,数量较大,但种类多少,应根据城市的规模、性质和自然环境条件等实际情况而定。

一般树种的选择需要考虑两个方面的因素,即自然环境和绿化现状。根据城市绿化现状,为能充分发挥城市绿地系统的生态效益、经济效益和社会效益,一般树种的选择以能突出生态、景观功能的树种为主,配置适应性强、功能多样、观赏价值较高的针、阔叶木本植物。另外,在实地调查和掌握自然地理概况的基础上,尊重自然规律,充分考虑城市的气候类型,以地带性植物为主进行规划,合理选择,以提高城市绿地的绿量,丰富城市季相和色彩变化。

一般树种按针叶乔木类、常绿阔叶乔木类、落叶阔叶乔木类、常绿灌木、落叶灌木、木质藤本类等类型分别进行规划。一般树种的种类应符合技术经济指标规划的所有比例,如:裸子与被子植物的比例,常绿树种与落叶树种比例,乔、灌的比例,乡土与外来的比例等,还应注意观赏特性的丰富多样。

在实际应用中,应注重植物的造景特色,根据不同的形态、色彩、香味、质感等塑造各异的城市绿地植物组成、结构和群落外貌;同时,考虑其遮阴、抗污、减噪、滞尘的功能,做到以景观功能为主,兼顾生态效益与经济效益的发挥。

6.4 多年生草本植物的规划

6.4.1 多年生陆生草本植物规划

多年生宿根植物是指茎内木质部不发达,木质化和木栓化细胞较少,草质茎一般较柔弱、矮小,在地面上不能形成高大、坚硬木材的植物。通常在乔木、灌木、草坪组成的自然群落之间起着承上启下的作用,并且能与建筑、山石、水体、道路等景观要素很好地衔接,形成层次丰富、生机盎然的生态型绿地。

选择抗性强、易管理、景观效果好的多年生草本乡土植物为主。

6.4.2 多年生水生及湿地草本植物规划

水生及湿地植物可营造城市优美、自然的水体和湿地景观,体现水生、湿生植物特色,对营造湿地景观具有重要的景观效益和生态效益。

水生植物的选择主要以抗性强,易管理,对水体的净化能力强,且具有较好景观效果的水生植物为主。在水生植物规划中应选择本地乡土植物为主,要特别注意水生及湿地植物的生态安全评价,不能盲目规划本地未引种驯化或已经在其他区域造成入侵的水生及湿地植物。

6.4.3　竹类规划

竹类是禾本科的一个分支竹亚科(Bambusoideae)的总称,主要分布在亚热带地区,又称竹子。竹的种类繁多,我国有500余种,大多可供庭园观赏。

竹类的地下茎称为竹鞭,地上部分为竹秆,有显著的竹节,节与节之间中空。竹是一类再生性很强的植物,是重要的造园材料。

观赏竹是构成中国园林的重要元素,在园林中的应用非常广泛。以竹造园,无论是纷披疏落竹影的画意,还是以竹借景、漏景、障景,或是用竹点景、框景、移景,都能组成如诗如画的美景,且风格多种多样,诸如竹篱夹道、竹径通幽、竹亭闲逸、竹园留青、竹水相依、竹圃缀雅、竹外怡红等景观艺术和情韵逸致,都随处可见。

竹类喜温暖湿润气候,对水分的要求高于对气温和土壤的要求,既要有充足的水分,又要求排水良好。

根据地下茎的生长情况将竹类分为三种生态型:合轴丛生型、复轴混合型、单轴散生型。

规划竹类植物时应充分考虑观赏价值和生长习性,选择合轴丛生型,少选或不选复轴混合型,不选单轴散生型,否则极易无限扩散,破坏景观,甚至因根系的扩展损坏花坛、道路等。

6.5　市树、市花的推荐

6.5.1　推荐市树、市花的意义

市树、市花是为某城市市民普遍喜爱、种植、经

该市人民代表大会通过并公示后确认作为该市象征的树和花。市树、市花是城市形象的重要标志,是城市文化积淀的浓缩,城市凝聚力和精神的象征。市树、市花所具有的象征意义上升为该市精神文明的标志和文化的象征,反映城市市民的文化传统、审美观和价值观,能够代表城市的文化内涵、人文精神和地域特征,因此,利用市树、市花与其他植物或小品、构筑物相得益彰地配置,突出市树、市花的象征意义,可以赋予城市景观浓郁的文化气息,通过市树、市花可以增强人们的城市归属感和自豪感。

市树、市花通过专家推荐和市民选举相结合的方式确定。市树、市花应推荐受到市民广泛喜爱的植物,能够代表当地民风、民俗,与历史、习俗、传统文化、艺术密切关联的植物,应在当地具有悠久的栽培历史,有积极向上的象征意义,也应是适应当地气候条件和地理条件的植物。市树、市花对对宣传普及森林、树木和花卉知识,挖掘传统植物文化内涵,增强人们绿化美化意识,营造崇尚自然、亲近自然、回归自然的社会氛围,树立人与自然和谐的生态理念,具有十分重要的意义。

6.5.2　选择市树、市花应考虑的因素

1)选择乡土植物

乡土植物对城市气候、土壤立地条件、地理环境等适应性强,植物生长状况良好,与市民的生活有密切的联系。选择乡土植物作为市树市花容易为广大市民所认可,容易在城市绿地中推广应用。

2)栽培历史悠久,应用广泛,具有一定的发展规模

市树、市花可以是园林植物,也可以结合当地的主要产业、特色产业中的经济林果植物,优先选择既是经济林果又有较高观赏价值,已在城市绿地中有一定应用的植物。

3)具有较高观赏价值

市树、市花作为城市形象的代表,必须具备植株形态优美、枝干挺拔,开花期长,花色艳丽或为香花植物等观赏特征,能充分反映城市的人文内涵、城市建设的良好精神风貌。

4)具有社会和经济效益

利用市树、市花树立城市品牌形象,提升城市综合竞争能力,推广城市文化,促进园林产业发展,改善城市生态环境,提高公民环保意识,促进公民道德建设,实现城市经济、社会文明的可持续发展。

5)具有地方特色及文化内涵

市树、市花要能体现出浓厚的地方民俗或民族文化、自然风貌特色,展示市民朝气蓬勃、奋发向上的精神风貌,有利于激发市民的爱市之情。

6.5.3 市树、市花确定的方式

市树、市花可通过专家推荐和市民选举相结合的方式确定,经过市人民代表大会通过,并公示后才能正式确定。绿地系统规划中只能在综合分析现有植物的历史保留情况、数量特征、当地群众对植物的感情因素、城市历史文化、民族特点等基础上做出推荐,而不是规划。

6.6 城市绿地植物分类规划

根据《城市绿地分类标准》(CJJ/T 85—2002)划分为五大类绿地:公园绿地、生产绿地、防护绿地、附属绿地和其他绿地。

6.6.1 公园绿地植物规划

城市公园绿地属于城市建设用地,是城市绿地系统和城市公用设施的重要组成部分,是展示城市整体环境水平和居民生活质量的一项重要指标。

公园绿地植物应乔木、灌木、草、藤本植物有机搭配,突出观赏特性的个性,做到四季有景。在热带和南亚热带地区做到四季有花或果;中亚热带地区2~3季有花或果;北亚热带和温带地区1~2季有花或果。应营造良好的小气候环境,阻滞尘埃,种类应多样化,充分利用芳香植物营造景观。

公园植物的选择应在美观丰富的前提下尽可能多地选用乡土植物。乡土植物成活率高,易于管理,既经济又有地方特色。还要充分利用现有树木,特别是公园场地上的古树名木。

选择能充分体现园林的季相变化和具有丰富

色彩的植物。园林植物的形态、色彩、风韵随着季节和物候期的转换而不断变化,利用这一特性配合不同公园的景区、景点形成不同的美景。

6.6.2 生产绿地植物规划

生产绿地是未来城市绿化美化建设的物资保障,应科学合理地布置生产绿地,以本地园林植物的培育为主,丰富苗木种类及观赏特性,满足城市绿化需求,保证城市绿化苗木供给,为城市绿地发展做充足的苗源保障。

城市生产绿地按功能性质类型可以分为纯生产性生产绿地、结合旅游观光的综合型生产绿地。

城市生产绿地植物规划应达到以下要求:

a)按照生物多样性要求,绿化苗木种类应多样化;按照景观质量要求,绿化苗木应具备多规格,多类型。增加苗木种类,加强现有生产绿地的经营管理力度,形成特色鲜明的生产绿地。

b)注重植物规划和育苗、引种驯化。在苗木种类选择上以推荐的市树、市花及规划的基调、骨干和特色植物为主,同时积极对当地的乡土园林植物资源进行引种驯化和繁殖,丰富苗木种类,培育大规格苗木,以保证重要绿地的绿化效果,可以根据当地自然地理条件,培育出适合当地的观赏价值高、抗性强的种类。

c)乡土植物与外来植物相结合。植物选择要避免种间竞争,利于种间共存、互利关系,考虑植物的相生相克性,选择适宜的乔、灌、草、地被的结合,并通过密度、频度制约等方式调整群落种间关系。引进外来植物,培育乡土植物,打造特色植物,使群落种群趋向互相补充而不是直接竞争,并充分利用热量、水分、土肥和太阳辐射等资源,提高生产绿地的稳定性和生产力。

6.6.3 防护绿地植物规划

城市防护绿地包括城市卫生隔离带、道路防护绿地、城市高压走廊绿带、防风林、城市组团隔离带等多种。

防护绿地的功能主要是有针对性地对存在的灾害或潜在灾害进行防护,如:防止季节性大风及

其夹带的粉尘等对城市的袭击和污染,吸附市内扩散的有毒、有害气体,吸滞烟尘、粉尘,降低噪声,调节市区的温度及湿度。另外,防护绿地在涵蓄水源、保护地下水及保护改良土壤环境方面也具有显著功能。

植物宜选择生长稳定、长寿、抗性强、耐贫瘠的树种,以优良的乡土植物为宜,根据当地条件,营造乔灌木混交型、阴性和阳性树种混交型等类型的混交林。

6.6.4 附属绿地植物规划

城市附属绿地是指城市建设用地中除绿地(G类)之外的各类用地中的附属绿化用地。按现行的城市用地分类,包括居住绿地、单位绿地、道路绿地、工业绿地等。其中城市道路绿地属于交通设施绿地,因城市道路绿地是城市形象的重要组成部分,以下单独列出对道路绿地的规划要求。

1)居住绿地

居住绿地应充分利用乡土植物,保留原有植物以及保护古树名木。选择符合城市所在地区气候、土壤条件和植被分布特点的植物;运用芳香植物营造景观,保证四季有景可观、三季或四季有花可赏的生态园林景观,营造持续的景观氛围;利用植物改善空气质量,调节居住区本身的湿度、温度等小气候,通过竖向的立体屏障减弱噪声,形成稳定、持久的植物群落配置。因居住绿地可绿化的面积较少而且零碎,大多积极鼓励垂直绿化,因此应规划一定数量供垂直绿化的木质藤本植物。

2)单位绿地

单位绿地泛指公共管理与公共服务设施绿地、除道路外的交通设施绿地、商业服务业设施绿地等类型。宜选植物本身无污染,树种选择上主要以造景为主,主要是通过合理的植物选择,营造简洁大方、绿树成荫、空气清新、优美舒适的工作环境,从而提高工作效率。因地制宜选择不同生态习性的植物,组成不同功能和审美要求的空间;应重视立体绿化,包括围墙、墙面绿化,屋顶绿化,棚架绿化,阳台绿化等,选择一定数量的木质藤本植物;选择

植物要考虑到绿地近期以及长远的景观效果,充分体现植物多姿多彩的风格韵味。

3)道路绿地

城市道路绿地具有净化空气、减弱噪声、调节改善道路小气候、保护路面和行人、抵御自然灾害、分割空间等功能,以及美化城市、烘托临街建筑的艺术效果。因此在进行植物选择时应遵循以下几点要求:

a)行道树应选择深根性、生长迅速、主干端直、分枝点高(一般要求分枝点3.5 m以上,不妨碍车辆安全行驶)的树种。

b)乔木选冠大荫浓,树冠整齐,姿态优美,萌生性强,耐修剪整形,可控制其生长(以免影响空中电缆),可以美化环境,庇荫行人的树种。

c)适应城市道路环境条件,对光周期不敏感,寿命较长,病虫害少,对烟尘、风害抗性较强的树种。

d)花、果无毒,无黏液、无臭气,树身清洁,无荆棘,无或少花粉、飞絮,且落果对行人不会造成危害的树种。

e)花灌木应选择花繁叶茂、花期长、生长健壮和便于管理的种类。

f)绿篱植物和观叶灌木应选用萌芽力强、枝繁叶密、耐修剪的种类。

g)地被植物应选择茎叶茂密、生长势强、病虫害少和易管理的木本或草本观叶、观花植物。

h)选择种苗来源丰富,大苗移植易于成活的树种。

i)寒冷积雪地区的城市,分车绿带、行道树绿带种植的乔木,应选择落叶树种。

在城市绿地系统规划中,应确定园林景观路与主干路的绿化景观特色。园林景观路应配置观赏价值高、有地方特色的植物,并与街景结合。主干路应体现城市道路绿化景观风貌。同一道路的绿化宜有统一的景观风格,不同路段的绿化形式可有所变化,同一路段上的各类绿带,在植物配置上应相互配合,并应协调空间层次、树形组合、色彩搭配和季相变化的关系。毗邻山、河、湖、海的道路,其绿化应结合自然环境,突出自然景观特色。

4)工业绿地

工业绿地主要以改善工作环境、改善生态环境、美化环境、树立工厂形象、创造经济效益为目标。工业企业根据不同厂区布局又有办公区绿化、生产区绿化、仓库、堆场区绿化、工厂小游园绿化、工厂道路绿化，以及卫生防护林绿地等。

不同功能区受污染情况不同。规划植物要本着生态防护功能和观赏价值并重的原则，充分考虑植物的生态防护功能，并依据植物的树型、叶型、叶色、花期、季相变化等进行合理配置，控制污染的情况下充分体现植物春花、夏荫、秋果、冬绿的景观特色。并根据工业企业的污染物有针对性地选择抗污染植物，如：抗二氧化硫、二氧化氮、可吸入颗粒物或其他污染的植物。根据需要选择污染指示植物。

6.6.5 其他绿地植物规划

其他绿地包括城市建设用地规划区外的风景名胜区、水源保护区、郊野公园、森林公园、自然保护区、风景林地、城市绿化隔离带、野生动植物园、湿地、垃圾填埋场恢复绿地等。根据各类绿地的原生植被植物组成和现状树种类型，选择生态效益高，景观效果好，适应性强、栽培容易，能较快增加绿量，易形成大面积景观的乔木和灌木为主，结合多年生草本，如亚热带地区可以选择枫香、柳杉、高阿丁枫、杉木、合欢、乌桕、华山松、厚皮香等。

6.6.6 镇（乡）村绿地植物规划

镇（乡）村绿地植物包括村内空闲地、庭院、村周边道路、水系等的植物。镇（乡）村与城市相比，具更丰富的植物资源，乡野文化特色，独特地貌特征形成的山、水和大自然，因此村庄绿地植物选择应突出乡野气息，镇（乡）村个性，在具有观赏价值

的前提下与镇（乡）村的农业生产、林业生产植物相结合，可选择以下几类植物为主。

1)林木型植物

栽植以用材树为主的经济林木。可充分利用镇（乡）村的有效空地，根据具体情况组合配置栽植高产高效的林木以获取经济效益。绿化时因地制宜选择乡土树种，以高大乔木为主，灌木为辅，如亚热带地区可选择滇楸、香椿、黄连木、银杏、红椿、楠木、水杉、油杉、红豆杉、滇润楠、香樟等乔木。

2)果蔬型植物

果蔬型植物指具有观赏价值的果树和蔬菜植物，可以根据喜好，选择种植不同的果树和蔬菜种类，如：木本植物中的梨、枇杷、蒲桃、桃、山楂、李、花红、石榴、核桃、无花果、木瓜、枣、柿、拐枣、樱桃、杏、杨梅等，藤本中的葡萄、猕猴桃等，草本中的辣椒、薄荷、生姜、茄子、番茄、马铃薯、芋等。

3)美化型植物

以绿化和美化生活环境为目的的植物，如：红花木莲、白玉兰、紫玉兰、白兰、含笑、梅花、倒挂金钟、菊、金丝桃、月季、报春、石竹等。应用美化型植物时通常在镇（乡）村的房前屋后就势取景，点缀花木，灵活应用。可选择能体现当地特色的观叶、观花、观果等乔灌木作为绿化材料，绿化形式以园林上常见的花池、花坛、花境、花台、盆景为主。美化型庭院绿化可出现在房屋密集、硬化程度高、经济条件较好、可绿化面积有限的镇（乡）村。

思考题

1. 植物规划中应确定哪些技术经济指标？
2. 选择基调、骨干树种及特色植物应考虑哪些因素？
3. 城市绿化植物与镇（乡）村绿化植物的选择有何区别？

第7章

生物多样性保护与建设规划

　　生物多样性体现了生物间及生物与环境间的复杂关系,它既是生物资源丰富多样的标志,也是衡量人类社会发展是否符合自然规律的主要尺度,是人类赖以生存和发展的基础。加强生物多样性保护建设对于维护城市生态安全和生态平衡、改善人居环境等具有重要意义,同时保护生物多样性是实现可持续发展战略,正确处理资源保护与社会经济发展关系,促进人类与自然和谐发展,实现生态、经济、社会效益高度统一的重要措施。

　　本章学习的主要内容是了解生物多样性保护发展概况、城市生物多样性保护与建设的重要性,掌握生物多样性保护的层次,各层次生物多样性保护的内容与要求。

7.1　生物多样性保护发展概况

7.1.1　生物多样性与城市生物多样性

7.1.1.1　生物多样性

　　"生物多样性"(biological diversity 或 biodiversity)最早出现于自然保护刊物上。1992 年,联合国《生物多样性公约》(Convention on Biological Diversity)对生物多样性的解释为:地球上所有来源的生物体,包括陆地、海洋和其他水生生态系统及其所构成的生态综合体,包括物种内部、物种之间和生态系统的多样性。

　　生物多样性是多年来生物学与生态学研究的热点,但对其定义却众说纷纭,一般被普遍接受的定义是:生物多样性是生物在其漫长的进化过程中,生物与其生境相互作用的结果,它指的是所有来源的活的生物体的变异性,这些来源不仅包括陆地、海洋和其他水生生态系统及其所构成的生态综合体,还包括物种内部、物种之间、生态系统及景观的多样性,可以指地球上所有的生物体及其所构成的综合体。通俗地讲,生物多样性是指在一定空间范围内多种活有机体(植物、动物、微生物)有规律地结合在一起的总称。生物多样性包括多个层次和水平的多样性,主要有遗传多样性、物种多样性、生态系统多样性和景观多样性。

7.1.1.2　城市生物多样性

　　城市生物多样性(urban biodiversity)是指城市范围内除人以外的各种活的生物体,在有规律地结合在一起的前提下,所体现出来的基因、物种、生态系统的分异程度。城市生物多样性作为全球生物多样性的一个特殊组成部分,体现了城市范围内除人以外的生物富集和变异的程度。城市生物多样性是城市环境的重要组成部分,更是城市环境、经济可持续发展的资源保障。

7.1.2　生物多样性公约

　　人类过度利用生物资源、臭氧的减少和气候的改变、环境污染、外来物种的入侵、野生动植物的生境破坏、生物资源的单一化等给生物多样性带来压力,使生物多样性受到极大威胁。2004 年,由世界

自然保护联盟(IUCN)公布的年度官方世界濒危物种目录中有 12 000 个物种。自公元 1500 年以来，世界上已经有 762 个物种彻底消失。

早在 1980 年，世界自然保护联盟、联合国环境规划署和世界自然基金会联合向世界发布的《世界自然资源保护大纲》中就保护生物资源提出了 3 个主要目标：一是维持基本的生态过程和生命支持系统；二是保护遗传的多样性；三是保证物种和生态系统的永续利用。1986 年，美国主办了一次生物多样性论坛。此后哈佛大学著名生物学家，也是生物多样性的最早倡导者之一的 E. O. Wilson 将会议论文整理成里程碑式的巨著 *Biodiversity*，从而在全球掀起生物多样性研究和保护的高潮。随后，《生物多样性公约》于 1992 年 6 月 5 日在巴西里约热内卢召开的联合国环境和发展大会上签署，中国是最早签字加入公约的国家之一。随着缔约国逐渐增多并达到法定要求，《生物多样性公约》于 1993 年 12 月 29 日正式生效。《生物多样性公约》是第一项生物多样性保护和可持续利用的全球协议，截至 2015 年，公约拥有 196 个缔约国。

缔约国大会在《生物多样性公约》(简称"《公约》")生效后的第一项国际重大行动就是要求各国制定"生物多样性国家战略与行动计划"(NBSAP)，以指导各国开展生物多样性保护与管理，履行《公约》。到 2007 年上半年，已有 147 个缔约国完成了其制定工作，占所有缔约国的 77%。《公约》成为国际法的里程碑，并在国际范围内第一次取得了共识：保护生物多样性是人类的共同利益，也是发展进程中不可缺少的一部分。《公约》为 21 世纪建立了一个崭新的理念——生物多样性的可持续利用，它涵盖了所有的生态系统、物种和遗传资源，把传统的保护和可持续利用生物资源的经济目标联系起来，建立了公平合理地共享遗传资源利益的原则。在开发和实施生物多样性国家战略与行动计划的工作中，联合国环境规划署、联合国开发计划署及全球环保基金会共同制定和实施"生物多样性规划扶持计划"(BPSP)，对国家生物多样性保护规划者提供帮助，同时该计划注重如何将"全球最佳实践"贯彻到各缔约国生物多样性战略与行动计划之中。

《公约》规定了关于保护和持续利用生物资源和生物多样性的基本措施。这些措施有：

1)制定国家战略、计划或方案

每一缔约国应按照其特殊情况和能力，为保护和持久使用生物多样性制定国家战略、计划或方案，或为此目的变通其现有战略、计划或方案；这些战略、计划或方案除其他外，应体现本公约内载明的与该缔约国有关的措施；尽可能并酌情将生物多样性的保护和可持续利用纳入有关的部门或跨部门政策、计划和方案内。

2)进行生物多样性调查

每一缔约国应尽可能并酌情查明对其保护和可持续利用至关重要的生物多样性组成部分；通过抽样调查和其他技术，检测生物多样性的组成部分；查明对保护和可持续利用生物多样性产生或可能产生重大不利影响的过程和活动种类，并通过抽样调查和其他技术，监测其影响；以各种方式维持从事查明和监测活动所获得的数据。

3)就地保护

每一缔约国应建立保护区系统或需要采取特殊措施加以保护的生物多样性地区；必要时，制定标准以选定、建立和管理保护区或需要采取特殊措施以保护生物多样性的地区；管制或管理保护区内外对保护生物多样性至关重要的生物资源，以确保这些资源得到保护和持久使用等。

4)迁地保护

作为就地保护的辅助措施，缔约国应尽可能并酌情在生物多样性组成部分的原产国采取措施迁地保护这些组成部分；在遗传资源原产国建立和维持迁地保护及研究植物、动物和微生物的设施；采取措施以恢复和复兴受威胁物种并在适当情况下将这些物种重新引进其自然生境中；对于为迁地保护目的在自然生境中收集生物资源实施管制和管理，以免威胁到生态系统和当地的物种群体，除非必须采取临时性特别迁地措施；进行合作，为以上迁地保护措施以及在发展中国家建立和维持迁地保护设施提供财务和其他援助。

5)将生物资源的保护和可持续利用纳入国家管理

每一缔约国应尽可能并酌情采取对保护和持

久使用生物多样性组成部分起鼓励作用的经济和社会措施;在国家决策过程中考虑到生物资源的保护和持久使用,以避免或尽量减少对生物多样性的不利影响;保障及鼓励那些按照已有文件而且符合保护或持久使用要求的生物资源习惯使用方式;鼓励其政府当局和私营部门合作制定生物资源持久使用的方法。

6)建立科技教育方案

缔约国应在查明、保护和持久使用生物多样性及其组成部分的措施方面建立和维持科技教育和培训方案,并为此种教育和培训提供资助,以满足发展中国家的特殊需要;特别在发展中国家,应按照缔约国会议根据科学、技术和工艺咨询事务附属机构的建议做出的决定,促进和鼓励有助于保护和持久使用生物多样性的研究。

7)宣传和公众教育

缔约国应将生物多样性保护列入教育课程,并通过大众传播工具进行宣传;应酌情与其他国家和国际组织合作制定关于保护和持久使用生物多样性的教育方案。提倡利用生物多样性科研进展制定生物资源的保护和持久使用方法,并在这方面进行合作。

8)环境影响评价

缔约国应尽可能并酌情采取适当程序,要求就可能对生物多样性产生严重不利影响的拟议项目进行环境影响评价,以期避免或尽量减轻对环境的影响。

9)信息交流及技术和科学合作

缔约国应便利有关生物多样性保护和可持续利用信息的交流。缔约国应促进生物多样性保护和持久使用领域的国际科技合作,必要时可通过适当的国际机构和国家机构来开展这种合作,在信息交流及技术和科学合作方面要考虑到发展中国家的特殊需要。

《公约》指出生物多样性的保护是人类共同的任务,是经济建设和社会发展不可缺少的一个组成部分。其把环境保护和经济建设密切结合起来,提出可持续发展只有在地球的可更新资源在一种持续方式上消费的情况下才有可能做到。主张通过科技合作促进拥有资金和转让工艺技术的国家与拥有遗传资源的国家成为合作伙伴,共同开发丰富的生物资源。这些观念都是具有指导性的理念,对各个国家的生物多样性保护起到了引导作用。

2002 年 4 月,第六届《生物多样性公约》缔约国大会讨论通过了《全球植物保护战略》,该战略从植物保护谈起,涉及的其他方面包括可持续利用、惠益分享和能力建设,目的是通过世界各国的共同行动,遏制不断丧失的植物多样性,为全球、区域、国家和地方各级的保护行动提供创新性的框架。《战略》包含了 2010 年前要在全球实现的五个方面的 16 个目标,这五个方面分别是:了解和记载植物多样性、就地和迁地保护植物多样性、可持续利用植物多样性、促进关于植物多样性的教育和宣传、保护植物多样性的能力建设。

7.1.3　中国生物多样性保护行动计划

根据《生物多样性公约》第六条要求,为有效保护和可持续利用生物多样性,各缔约国必须制定各自国家(地区)的战略、行动计划或方案,并尽可能将生物多样性保护及其持续利用纳入有关的部门或跨部门政策、计划和方案中。作为最早签署《生物多样性公约》的国家之一,中国于 1994 年即发布了《中国生物多样性保护行动计划》,成为少数几个率先编制生物多样性保护和可持续利用行动计划的国家。

该行动计划以联合国《生物多样性公约》的精神和原则为指导,从中国的国情出发,在充分利用已有资料和考虑中国的社会和经济发展现实以及生物多样性保护现状基础上编写而成。整个行动计划由四部分构成,前两部分描述生物多样性现状及当前为保护生物多样性所做的努力,后两部分阐述行动计划的组成,以及中国为保护其生物多样性所需采取的步骤及措施。

该行动计划确定了中国生物多样性优先保护的生态系统地点和优先保护的物种名录,明确了 7 个领域的目标,提出了 26 项优先行动方案和 18 个需立即实施的优先项目。

2010 年国务院常务会议审议通过并正式发布《中国生物多样性保护战略与行动计划(2011—

2030 年)》(简称《战略与行动计划》)。《战略与行动计划》明确了 20 年的规划期限内生物多样性保护的指导思想、基本原则、战略目标和战略任务,提出了生物多样性保护优先区域,确定了优先领域、优先行动和优先项目。

《战略与行动计划》制定的中国 2011—2030 年的二十年间三个阶段战略目标为:到 2015 年近期末,力争使重点区域生物多样性下降的趋势得到有效遏制;到 2020 年中期末,努力使生物多样性的丧失与流失得到基本控制;到 2030 年远期末,使生物多样性得到切实保护。规划重点开展的工作包括:"完善生物多样性保护相关政策、法规和制度;推动生物多样性保护纳入相关规划;加强生物多样性保护能力建设;强化生物多样性就地保护,合理开展迁地保护;促进生物资源可持续开发利用;推进生物遗传资源及相关传统知识惠益共享;提高应对生物多样性新威胁和新挑战的能力;增强公众参与意识,加强国际合作与交流"等八个方面的内容。

7.1.4 原国家建设部《关于加强城市生物多样性保护工作的通知》

随着城市化进程的不断加快,人们对城市生态环境的要求也逐渐提高,城市生物多样性水平已经成为城市生态环境建设的一个重要标志。1992 年国际《生物多样性公约》签署后,中国除加强对自然生态系统中生物多样性资源的保护外,也开始重视城市生物多样性保护与建设,于 1994 年将城市规划区和风景名胜区内的生物多样性保护工作正式列入了《中国生物多样性保护行动计划》。

原建设部于 2002 年底下发了《关于加强城市生物多样性保护工作的通知》,通知要求:

a)提高认识,增强生物多样性保护工作的紧迫感;

b)开展生物资源调查,制定和实施生物多样性保护计划;

c)突出重点,做好生物多样性保护管理工作;

d)切实加强生物多样性保护管理工作的领导。

城市园林绿地中的生物多样性保护与建设是通知强调的城市生物多样性保护的重点内容。

目前,我国城市生物多样性保护规划工作已经开始全面推行,在 2002 年建设部印发《城市绿地系统规划编制纲要(试行)》的通知中(建城〔2002〕240号)把生物多样性作为其中一章,对其规划内容提出了明确的要求:

a)总体现状分析;

b)生物多样性的保护与建设的目标与指标;

c)生物多样性保护的层次与规划(含物种、基因、生态系统、景观多样性规划);

d)生物多样性保护的措施与生态管理对策;

e)珍稀濒危植物的保护与对策。

同时把生物多样性特殊组成部分古树名木单独列为一章内容进行规划。

7.2 生物多样性保护与建设的意义

7.2.1 生物多样性的价值

中国是世界上生物多样性最为丰富的 12 个国家之一,拥有森林、灌丛、草甸、草原、荒漠、湿地等地球陆地生态系统,以及黄海、东海、南海、渤海大海洋生态系;拥有高等植物 34 984 种,居世界第三位;脊椎动物 6 445 种,占世界总种数的 13.7%;已查明真菌种类 1 万多种,占世界总种数的 14%。然而,在生物多样性保护方面,所面临的形式是十分严峻的。由于人口多,开发强度高,导致中国的生态环境日益恶化,生物多样性资源丧失的速度惊人。部分生态系统功能不断退化,物种濒危程度加剧,遗传资源不断丧失和流失。90% 的草原不同程度退化,内陆淡水生态系统受到威胁,部分重要湿地退化。海洋及海岸带物种及其栖息地不断丧失,海洋渔业资源减少;野生高等植物濒危比例达 15%～20%,其中,裸子植物、兰科植物等高达 40% 以上。野生动物濒危程度不断加剧,有 233 种脊椎动物面临灭绝,约 44% 的野生动物数量呈下降趋势,非国家重点保护野生动物种群下降趋势明显。因此,加强生物多样性保护,合理利用自然资源,恢复受损的生态系统,已成为我国实现可持续发展的关键。

生物多样性具有如下价值：

1）直接使用价值

生物多样性是人类赖以生存的生物资源，生物多样性的意义尤其体现在生物多样性的使用价值。对于人类来说，生物多样性的直接使用价值是生物为人类提供食物、纤维、建材、药物及其他工业原料；间接使用价值是指生物多样性具有重要的生态功能，无论哪种生态系统，野生生物都是不可缺少的组成成分，在生态系统中野生生物之间具有相互依存、相互制约的关系，共同维系生态系统的结构和功能，野生生物一旦减少，生态系统稳定性就要遭到破坏，人类生存环境也就要受到影响。

2）潜在使用价值

野生生物种类繁多，人类对它们已经做过比较充分研究的只是极少数，大量野生生物的价值目前还不清楚。但可以肯定，这些野生生物具有巨大的潜在使用价值。一种野生生物一旦从地球上消失就无法再生，它的各种潜在使用价值也就不复存在了。

3）美学价值

生物多样性还具有美学价值。大千世界色彩纷呈的植物和神态各异的动物与名山大川相配合才能构成赏心悦目的美景，从而激发文学艺术创作的灵感。

7.2.2　城市化对生物多样性的影响

城市化对原有的自然生态系统的破坏，使适合野生生物的自然生境被人居构筑物等城市基础设施取代，工业化带来城市空气、土壤、水体的污染，使得城市生态环境受到严重破坏，城市生物种类趋于单一，使得城市生态系统中生物多样性远远低于自然生态系统中的生物多样性，从而影响了城市生态系统的稳定和协调发展。主要影响表现在以下方面：

a）随着我国经济快速发展，城市化水平不断提高，城市人口不断增加，城市空间迅速向外扩张，城市郊区大规模的经济技术开发区、大学城及住宅区等建设破坏了大片林地、草地和其他自然生态系统，改变了原有的生态格局和地表结构，不再适合本地物种的生存。

b）城市内部更新改造，即城市再开发过程中，为提高土地利用效率，满足现代化城市功能需要，建造了无数尺度巨大的摩天楼，却忽视了城市绿化开敞空间的营造，使城市绿地面积严重不足，城市生态环境遭到破坏，城市生物多样性大大降低。

c）在城市快速发展过程中城市绿化建设存在盲目性，不注重物种多样性的应用，使城市内部的生态系统趋于简化，导致城市绿地生态功能弱化，维护费用增大。为改造和恢复生态环境、美化城市景观，盲目引入外来植物，而对本地植物的培育重视不够，忽视了从整体上提高城市绿化的生态水平。

d）现代城市空间分隔化现象十分普遍，城市用地被划分为不同层次、不同功能、不同权属的用地区块，由于在城市生态建设上缺乏统一的规划和管理，造成城市空间相互分隔、各自为政的状态，限制了生物的活动范围，不利于生物的迁徙与交流，阻碍城市生态系统物质和能量的流动，城市生物多样性也因此受到影响。

e）城市生物多样性由市郊向中心区梯度性减少。很多研究证实，随着人类干扰强度由乡村或城市周边保护区向城市中心区逐渐增大，城市中许多分类单元包括植物、鸟类、昆虫以及哺乳动物，其物种多样性在空间分布方式上由市郊向城市中心呈明显的递减趋势。

7.2.3　城市生物多样性保护与建设的意义

城市生物多样性保护的主要目的是改善城市中人与自然、生物与生物和生物与无机环境这三重关系，促进生物遗传基因的交换，增加对城市环境适应的物种，提高城市植物群落的稳定性与景观的异质性；同时，借助生物多样性的生态功能达到促进城市生态系统的修复与协调，改善或稳定城市生态环境，维护生态平衡，实现城市可持续发展。

1）提高城市生态功能

生物多样性在自然中维系能量流动、调节微气候、清洁水质、提供氧气、清除污染、制造沃土、涵养水分和养分、促进大气循环、有利于植物授粉和生物繁衍等多方面发挥着重要作用。完整的生态系统发挥着高质量的生态功能，绿色植物，各种鸟、

兽、城市土壤动物、微生物等参与了城市的物质循环，如维持城市局部地区空气中碳氧平衡，各种有机废物的分解利用。植物群落还能防止风沙、减弱噪声、吸收和同化多种污染物，为城市居民创造良好的生活环境。生物多样性的增加和丰富，使城市生态系统的物质循环、能量流动的渠道复杂化、多样化，抗干扰能力增强。

2）丰富城市景观环境，提高城市景观的异质性

千姿百态的生物是景观艺术创造的源泉，带给人们美的享受，也是城市的生命景观。长期生活在高度人工化景观中的人们，接触自然是共同的精神需求，城市生物多样性的丰富正好满足人们的这种需求，能产生显著的社会效益。城市生物，尤其是野生生物的存在，丰富与充实了城市景观的生态学内涵，增加了城市景观的自然度，使景观充满了生机和活力。

人类在城市建设过程中，由于城市生活空间的相对局促，城市生物群落的构建受到城市基础设施如道路、建筑物等的限制，使得城市生物结构分化明显，趋于单一化，组成景观的异质性低。而生物多样性可以提高城市景观的异质性，从而提高抵抗外力干扰的能力而趋于稳定。城市绿化应用多种多样的植物不但能塑造丰富多彩的植物景观，美化城市，还可以通过合理的植物设计与组合体现城市的特色与地方风貌。

因此，维持物种生存的自然环境，并依赖物种特有的生物学特性，发展具有多样物种的城市生物群落和体系，是改善城市环境、塑造城市特色、提高城市生活质量的重要途径。

7.3 生物多样性保护的层次

7.3.1 遗传多样性

广义的遗传（基因）多样性是指地球上所有生物所携带的遗传信息的总和。狭义的遗传多样性是指存在于生物个体内，单个物种内以及物种之间的遗传变异总和。任何一个特定个体和物种都保持着大量的遗传类型，它们可以被看作单独的

基因库。遗传（基因）多样性包括分子、细胞和个体三个水平上的遗传变异度，因而成为生命进化的基础。

在城市生物多样性保护和城市绿地建设中，对于同一园林植物物种，要尽可能选取来自不同地理种源的个体，或者在繁殖园林植物时，要尽可能多选取品种，充分利用物种的变种和变型。遗传变异度越高，物种对于环境的适应性就越广泛；同时应适当减少使用无性繁殖培育园林植物，避免出现园林植物遗传多样性单一的情况，保证遗传多样性保持在一个较高的水平。

7.3.2 物种多样性

物种是分类学的基本单位，又是生物进化链条中基本的环节。物种多样性从理论上讲是指地球上所有生物物种及其各种变化的总体，是生物多样性在物种水平上的表现形式，是指动物、植物及微生物种类的丰富性，它是人类生存和发展的基础。

物种多样性是生物多样性研究的核心内容，物种多样性规划对生物多样性规划至关重要，同时它也是生物多样性多个研究层次中最重要的一个环节，既是遗传多样性分化的源泉，又是生态系统多样性形成的基础，是反映群落结构和功能特征的有效指标，是生态系统稳定性的量度指标。

物种多样性层次的保护主要通过就地保护和迁地保护两种方式进行。在条件允许的情况下，在城市及其周边分布集中且具有代表性的地区建立自然保护区进行就地保护，或依托动物园、植物园及其他绿地等进行迁地保护。

7.3.3 生态系统多样性

生态系统多样性是指生物圈内生境、生物群落和生态系统的多样性以及生态系统内生境差异、生态过程变化的多样性。生态系统多样性主要涉及较大单元的生态系统，如：森林生态系统、草原生态系统、湖泊生态系统、湿地生态系统等。

在同一基本环境内生存着丰富多彩的动物、植物、微生物群落，群落与群落之间以及它们所栖

息的环境之间会形成具有一定关系的不同生态系统,不同的地理及气候条件构成了各种各样的环境,不同环境下又有千姿百态的生物,又组成生态系统的多样性。生态系统中生物之间、生物与非生物之间的物质循环、能量流动、信息传递间存在着相互依赖、相互制约的辩证关系,所有物种都是各种生态系统的重要组成部分。每一物种都在维持着其所在的生态系统,同时又依赖着这一生态系统以延续其生存。当生态系统丧失某些物种时,就可能导致系统功能的失调,甚至导致整个系统的瓦解。

生态系统多样性不仅是物种、基因多样性的保证,也为人类提供了众多的生态服务。保护生态系统多样性不仅保证了物种正常发育与进化过程以及物种与其环境间的生态学过程,而且保护了物种在原生环境下的生产能力和种内的遗传变异机制。

7.3.4 景观多样性

景观(landscape)是由一组以类似形式重复出现且相互作用的生态系统所组成的具有高度异质性的区域。景观多样性(landscape diversity)是指由不同类型景观要素或生态系统构成的空间结构、功能机制和时间动态方面的多样化或变异性,是景观水平上生物组成多样化程度的表征。

根据景观多样性研究内容可把其划分为景观类型多样性、景观斑块多样性和景观格局多样性。景观类型多样性是指景观类型的丰富度和复杂度,多考虑景观中不同的景观类型(如农田、森林、草地等)的数目多少以及它们所占面积的比例;景观斑块多样性是指景观中斑块数目及形状等的多样性;景观格局多样性是指景观类型空间分布的多样性及各类型之间的空间关系,多考虑不同景观类型的空间分布,同一类型间的连接度和连通性,相邻斑块间的聚集与分散程度等。

城市绿地景观是一种特殊景观类型,在城市景观中处于重要的地位,具有结构和功能独特,对人的适宜性和可调控性,大多是人工引进嵌块体,个数多而单个面积小、景观高度破碎,各景观要素分

布不均匀,物种多样性低,营养结构简单等特点。

7.4 生物多样性保护布局与分区

7.4.1 市域生物多样性保护布局与分区

生物多样性保护的方法一般包括调查、鉴别、编目,就地保护,迁地保护和外来物种控制与管理等几种。对处于城市这一特殊生境的生物多样性来说,传统的保护途径主要是在植物园和动物园中开展。植物园、动物园对城市生物多样性的保护起到了一定的作用,但均存在一些限制。近年来,实际工作中越来越关注从景观生态的角度进行城市生物多样保护的布局和分区,这有别于就地保护或者外来物种控制等相对单一的途径,其能够系统地兼顾生物多样性保护与可持续经济发展的协调关系。

通过景观生态规划对生物的栖息地和保护区进行合理的规划,是行之有效的生物多样性保护途径。景观生态规划总体格局大致分为:

1)不可替代格局

景观规划中作为第一优先考虑保护或建成的格局是:大型的自然植被斑块作为水源涵养所必需的自然地;有足够宽的廊道用以保护水系和满足物质空间运动的需要;而在开发区或建成区里有一些小的自然斑块和廊道,用以保证景观的异质性。

2)最优景观格局

集聚间有离析被认为是生态学意义上最优的景观格局,这一模式强调将土地利用分类集聚,并在发展区和建成区内保留小的自然斑块。这一模式有众多方面的景观生态学意义:保留了生态学上具有不可替代意义的大型自然植被斑块,用以涵养水源、保护稀有生物;景观异质性满足大中有小的原则;遗传多样性得以维持;形成边界过渡带,减少边界阻力;小型斑块的优势得以发挥;有自然植被廊道,利于物种的空间运动,在小尺度上形成的道路交通网满足人类活动的需要等。

7.4.1.1 市域生物多样性保护布局

在基础资料收集和现状调查基础上,以生物多

样性的生态功能为主要目标,有机组织河流、湖泊、水库、湿地、山体、道路以及自然保护区、文物保护区域等景观元素,形成"环、轴、廊、区、核、中心、斑块"等的区域生物多样性保护布局,形成市域内的生物多样性保护网络。

以云南大理市市域生物多样性保护布局为例:

合理组织市域范围内的河流、湖泊、湿地、山体、道路以及自然保护区、文物保护单位等景观元素,形成"一环、两轴、四区、多中心"的市域生物多样性保护结构,形成大理市域内的生物多样性保护网络。

"一环":指洱海湖区介于陆地水体间形成一条环湖廊道,以水陆间绿色景观为构架,实施生物多样性重点保护与建设,重点保护和恢复湿地植物群落,并与各支流(苍山十八溪、西洱河、波罗江等)植被联系起来,形成动物的过境与迁移通道。

"两轴":指大理段楚大—大保高速和大理段的大丽高速公路形成的两条景观生态防护林带。在两条轴线两侧有条件的区域设50～100 m的生态景观林,突出地方植物景观特色,起着保护生物多样性的作用,同时形成绿色景观网络。

"四区":指生态系统核心区(包括苍山洱海国家级自然保护区、大理蝴蝶泉自然保护点和大理凤阳鹭鸶栖息榕树自然保护点)、生态功能退化区、生态环境脆弱区、山体生态恢复区。

"多中心":大理市行政机构所在地下关镇以及市域内各乡镇是全市的政治文化中心,也是人工植物群落建设和保护的中心,将所有乡镇作为一个整体构建人工绿色植物群落,创造变化丰富的绿色景观。以城市园林绿地为主,结合文物古迹保护,借助周边山体大面积营造城市绿地系统,发挥森林生态效应,改善城市大环境,促进城市生态环境良性循环。

通过以上"一环、两轴、四区、多中心"的生物多样性保护布局,形成大理市域生物多样性保护的空间布局体系。

7.4.1.2 市域生物多样性保护分区

根据市域生物多样性的丰富度、性质及自然环境状况等,多样性保护空间的划分主要依据与城市生态安全密切相关的生态系统类型划分。

1)生态系统核心区

生态系统核心区是指在维系生物多样性、涵养水源、保持水土、调蓄洪水、防风固沙等方面具有重要作用的重要生态功能区,应有选择地划定一定面积予以重点保护和限制开发建设的区域。

生态系统核心区对保护生物多样性,协调流域及区域生态保护与社会经济发展,保障城市生态安全具有重要意义。

生态系统核心区主要针对市域内各级自然保护区、森林公园、风景名胜区、湿地等生物多样性水平高的区域。各类保护区是生态系统多样性保护的核心区域,在保护区对生物多样性实行就地保护是最有效的方法。

2)生态系统功能退化区

人类是生态系统中最活跃、最积极的因素。随着科技的进步,生产力的发展,社会需求的增加,人类以不同的方式愈来愈强烈地干扰着生态系统多样性。人类对生态系统多样性的干扰方式多种多样。生态系统结构决定其功能,人类对自然资源的掠夺,引起生态系统结构的变化,如砍伐森林、过度放牧、乱捕滥猎、围湖造田等,造成了生态系统结构失衡。大量工业和生活废弃物排入自然界,改变了原有的生态系统自我调节、自我净化的能力,造成了生态系统的功能性失衡。

生态系统退化的特征主要表现在自然景观、结构特征、功能过程(包括能量流动、物质循环、水分平衡等生态过程)、生物的生理生态学特征等方面的退化。

因此对市域内的江河沿岸、湖泊、湿地、河谷、森林等受人为破坏较大,影响城市生态安全的生态功能退化区应及时制定保护规划,进行生态恢复或修复,遏制生态环境恶化。

3)生态环境脆弱区

生态环境脆弱区也称生态交错区(ecotone),是指两种不同类型生态系统交界过渡区域。这些交界过渡区域生态环境条件与两个不同生态系统核心区域有明显的区别,是生态环境变化明显的区域,是生态保护的重要领域。

生态环境脆弱区大多位于生态过渡区和植被交错区,处于农牧、林牧、农林等复合交错带,是目前生态问题突出、经济相对落后和人民生活贫困区。对重点生态环境脆弱区,要采取强制性措施,把生物多样性损失减少到最低限度。生态环境脆弱区"脆弱化"是自然因素和人为因素相互作用的结果,即当地生态系统本身的脆弱性和人为干扰造成的。自然因素是造成脆弱区生态"脆弱化"的物质前提,而不合理的人为因素则是促进"脆弱化"的主要原因。对自然资源需求不断扩大的条件下,在保护自然环境的同时依靠生态重建,做到合理、高效地开发生态脆弱区,是防止生态脆弱区退化和实现生态脆弱区可持续发展的基础。加强生态脆弱区保护,增强生态环境监管力度,促进生态脆弱区经济发展,有利于维护生态系统的完整性,促进城市持续发展,实现人与自然的和谐发展。

7.4.2　城市规划区生物多样性保护布局与分区

城市规划区内以人工植物群落为主构成城市生物多样性,在规划区内通过建立生物多样性斑块和生物廊道构建一个完整的生态和景观网络系统。其中生物多样性保护斑块建在具有重要生物多样性价值的区域,并通过绿色廊道将所有的生物多样性斑块连接起来,再按不同的保护目的建立小型生境斑块,增加生物多样性保护斑块之间连接度,形成多功能绿色廊道作为生物迁移的通道,不同斑块和生境有机融合,保证景观的异质性,从而构建城市绿色生态网络结构,建成集中与分散相结合的景观格局完整的生态网络。

7.4.2.1　生物多样性保护斑块

景观中斑块的类型、大小、形状、组合、动态对生物多样性都会产生影响。斑块类型对物种动态的影响是非常明显的。通过影响某一特定的物种从斑块的迁入或迁出,来影响该物种在斑块中的数量和丰富度,进而影响物种、生态系统及景观的多样性。

在岛屿生物学理论基础上建立起来的各种类型斑块,旨在保护关键物种、特有种、濒危物种等的主要栖息、繁殖及活动区域。以期达到保护物种本身和保护物种的生存环境的目的。按斑块的面积和生态功能,可将城市绿地斑块分为大型和小型两类。

1)大型斑块

斑块是景观尺度上最小的均质单元。一般来说,大型的自然植被斑块可作为生物多样性中心,能够涵养水源、连接河流水系和维持森林中物种的安全和健康,庇护大型动物并使它们保持一定的种群数量,而且可以允许自然干扰的交替发生,因此城郊的大型森林斑块一方面可以净化空气、提供野生生物栖息地;另一方面可作为生物中心为城市园林物种提供种源,增加城市生物多样性。

2)小型绿地斑块

小型绿地斑块是物种迁徙的歇脚地,有利于提高城市景观的异质性,改善城市景观的视觉效果,也是大型斑块的补充。小型斑块能补充大型斑块不足的功能,在广延基质里散落的小型斑块能容纳一些大型斑块里较少的不常见的物种,少数情况下,在小型斑块中生存着一些在大型斑块内不适宜生存的物种,因此小型绿地斑块提供了不同于大型斑块的额外的生态效益。

7.4.2.2　生物多样性保护廊道

廊道在城市生物多样性保护中有重要作用。廊道被认为能够减少甚至抵消由于城市绿地景观高度破碎化对生物多样性的负面影响。同时,廊道还能够提高斑块间物种的迁移率,方便不同斑块中同一物种中个体间的交流,从而使小种群免于近亲繁殖遗传退化。廊道通过促进斑块间物种的扩散,能够促进种群的增长,对种群数量发挥积极的作用,增强异质种群的生存。另外,由于廊道便于物种的迁移,某一斑块或景观中气候改变对物种的威胁大大降低。在城市规划区内主要建设景观廊道和生态廊道,通过建设廊道促进生态的稳定性和景观的连续性,构建完整的生态网络。

1)生态廊道的布局

生态廊道是指具有保护生物多样性、过滤污染物、防止水土流失、防风固沙、调控洪水等生态服务功能的廊道类型。

在城市景观中,相对孤立的绿地斑块之间建立

合理的生态廊道,可以为物种的交流和贮存提供渠道,提高物种和基因的交流速率和频率,增强种群的抗干扰能力和稳定性;还给缺乏空间扩散能力的物种提供一个连续的栖息地网络,以增加物种重新迁入的机会,进而将孤立的栖息地斑块与大型的种源栖息地相连接。生态廊道在城市生物多样性保护方面主要是在河流水系及沿岸的绿地建立生物多样性保护的生态廊道,重点保护湿地生态系统。

2)景观廊道的布局

景观廊道是指不同于周围景观基质的线状或带状景观要素。在城市景观中,园林绿地零星状分布在街道、建筑物等人为斑块中间,形成孤立的生境斑块,降低了城市绿地景观多样性。根据景观生态学的廊道理论,在城市和园林绿地斑块之间,及其与城郊自然环境之间建立景观廊道,把相互分散的斑块有机地连接起来,形成城市绿地园林景观系统。将城市道路绿地、对外交通干道绿地、铁路沿线的绿地等作为景观多样性保护的绿廊,兼顾生态功能的同时,塑造城市景观风貌特色。

7.4.2.3 生物多样性保护本底

本底在三个方面对城市生物多样性保护起着关键性作用:一是为某些物种提供小尺度的生境;二是作为背景,控制、影响着与斑块之间的物质、能量交换,强化或缓冲生境斑块的岛屿化效应;三是控制整个景观的连接度,从而影响斑块间的迁移。

以城市规划区的生态基质作为本底,包含城市郊区其他绿地中的森林本底、农田本底、河湖本底,连接各类绿地斑块与廊道,使整个规划区形成一个完整的景观生态系统。

进行生物多样性布局与分区以综合分析城市地形地貌、生物资源、土地利用及城市生态功能区等方面为基础,本着连接性、多样性、可达性和自然生态性等规划原则,对城市绿地生物多样性不同层次进行合理布局,规划各类公园绿地斑块,道路、河流廊道以及作为基质的面山森林、防护绿地等,达到保护城市生物多样性的目的。

7.5 物种多样性保护与建设规划

在具体的城市生物多样性保护与建设规划的编制过程中,采用分层次规划的方式,对生物多样性的物种多样性、生态系统多样性和景观多样性分别进行保护与建设规划,根据各自特点形成各自相对独立的保护规划体系。

7.5.1 城市物种多样性保护与建设

城市物种多样性保护与建设重点对生物多样性丰富和生态系统多样化的地区、稀有濒危物种自然分布的地区、物种多样性受到严重威胁的地区、独特的多样性生态系统地区以及跨地区生物多样性重点地区进行保护与建设。

城市绿地植物物种多样性建设包括城市园林植物多样性规划建设和乡土野生观赏植物引种驯化建设规划。城市绿地植物物种多样性建设中城区内植物多样性以恢复重建与迁地保护为主,以城区各类公园绿地建设、城市外绿环和水系廊道、城区内骨干道路绿化及厂区、院校、医院、居民区等绿地建设为主体,通过全方位、多层次的绿地建设,增加城市绿地植物种类,提高绿地的物种多样性,扩大多样化群落的规模。

7.5.1.1 生物多样性迁地保护建设

迁地保护是就地保护的补充,迁地保护的功能主要是提供受威胁和濒危物种的特殊生存环境,开展这些物种的生物学特性、进化生物学、繁殖生物学、繁育技术和应用技术等各方面研究。规划城市植物园、动物园及综合公园中的动、植物专类园区,进行生物迁地保护,为受威胁和濒危生物提供庇护和研究场所,同时结合园林植物应用进行繁殖技术研究。

植物园作为植物多样性迁地保护的辅助手段,可进行科普宣传教育和展示观赏,传播对植物多样性的认识。提高植物园保护植物多样性的能力,有效减缓植物多样性的流失,以实现植物园对野生植物尤其是珍稀濒危植物进行科学的迁地保护。植物园中建立园林植物种质资源库和植物展示区、园林植物资源引种驯化繁殖中心,开展引种驯化和乡土植物开发利用等科研工作,选育本地优良乔灌木树种、地被植物,推广生物防治新技术和绿化新技术、新方法。通过植物多样性恢复与迁地保护,形

成城市园林植物迁地保护的基地。

7.5.1.2　城市绿地植物物种多样性建设指标规划

在城市绿地系统建设中，物种数量直接与绿地群落的稳定性和景观效果密切相关，因此在不同性质和面积的绿地建设中，规划一定量的植物种类作为物种多样性建设与保护的建设指标，具体是对五大类绿地中的各中类及小类绿地，在综合考虑气候、土壤、城市绿地现状建设水平、绿地面积、绿地类型和绿地功能等因素的基础上，确定各类不同面积绿地最低物种种类指标。

7.5.1.3　珍稀濒危动植物和古树名木优先保护

珍稀濒危动植物不仅具有经济、科学、文化、教育等方面的重要意义，而且现存数量稀少，分布区域急剧缩减，外界各种干扰不断增大，使之现存数量以更为急剧的趋势下降，应作为优先保护的物种。

首先了解市域范围内的珍稀濒危动植物种类和数量，对这类动植物做本底调查，开展科学研究，进行就地保护（建立自然保护区）或进行迁地保护（移入动植物迁地保护中心或动植物园），建立健全珍稀濒危物种的保护制度、措施，并进行宣传教育。

古树名木具有极强的生态适应性和抗逆性，是植被演变的实证，是珍贵的基因库，同样作为优先保护的植物。古树名木资源丰富了城市的园林植物种质资源，为开展树种选育和遗传改良提供了基础，因此保护古树名木是城市植物多样性建设的重要内容。在对城市古树名木现状调查基础上，对古树名木逐一进行建档和日常检查管理，对其中出现生长衰退的树木进行原因诊断，及时进行保护和复壮。

7.5.1.4　野生观赏植物引种驯化和应用

我国园林植物资源丰富，但园林植物资源转化为园林植物应用于城市绿地建设，需要引种驯化、繁殖、应用推广等程序，通过人工措施使野生植物适应城市环境，才能应用于城市绿地建设，因此建立野生观赏植物引种驯化基地，充分收集城市野生观赏植物资源，完善这些植物的扩繁技术，为园林绿化中更多更充分地使用乡土植物提供充足的优良种苗，使其具有丰富的观赏性和更强的城市环境适应性。

7.5.2　乡村绿地物种多样性保护与建设

乡村环境是生物的重要栖息地，随着乡村绿地建设的推进，乡村的土地利用、农业活动、居住用地建设等方面发生了很大的改变，这些改变对原有生物的生存有着潜在的威胁。村镇盲目扩张是导致生物多样性丧失的主要原因之一，因此乡村绿地建设中要注重生物多样性的保护。

乡村绿地物种多样性遭到破坏的原因是多种的，从宏观上，主要有以下三方面原因：

1）土地利用方式的改变

乡村是生物的主要栖息地，土地利用方式发生改变，利用强度加大，传统的乡村绿地改变，对于乡村生物多样性具有负面影响。传统绿地的改变和丰富的物种栖息地的丧失，使物种多样性下降；土地利用强度增加导致半自然和自然区域减少，使得维管束植物、苔藓等物种种类减少，物种的丰富度下降。

2）种植业发展不平衡

农业生产是人类食物的主要来源，分布地区广泛，因此对物种多样性影响范围大。现代农业生产中，农作物占主导地位，其他物种被清除，破坏了自然的生态系统，自然栖息地减少，整体生物多样性降低。农业活动对物种生境产生破坏，伴随着农业的发展，生物多样性大大减少。

3）人工林的扩展

乡村天然森林中分布着丰富的物种，是多数物种的生境地。森林是乡村保存较完整的自然景观，林地边缘具有较高的物种分布，人工造林、人工抚育等措施导致林地结构破坏，对动物群栖息环境具有消极影响，致使多种生物受到直接或潜在的威胁。

乡村绿地物种多样性建设主要以对现有植物群落的保护和建设、发展生态农业产业、建立重点保护区域等方式进行。

7.5.2.1　就地保护为主与迁地保护为辅

由于迁地保护对生物有一定的伤害与风险，因此乡村绿地物种多样性保护规划的主要手段是就地保护，即实施保护措施之前应进行充分的评估，以就地保护为主，当生境破坏确实严重而无法恢复

时采取迁地保护,尽量保护原生乡土树种及其自然群落。

7.5.2.2 生态防护林与农业生产相结合

改变农田植物物种单一的现状,在农田及道路边缘带周围推广乔灌、林果、林草、林粮等立体间作模式,使生态防护林与农业生产相结合,增加植物群落的丰富度和多样性。

7.5.2.3 确立重点保护区域

根据乡村植物多样性现状与特点,结合城乡绿地系统规划,依照生物多样性,物种和栖息地的稀有性、代表性、面积大小、自然状态、边际效应、特色景观,经济社会及管理因素等,确定物种多样性重点就地保护区域。

7.5.2.4 珍稀濒危植物和古树名木保护规划

增加乡村植物普查,完善法规条例,对具有经济、科学、文化、教育等价值的珍稀濒危植物和古树名木进行认定和保护,在珍稀植物和古树名木集中的片区建立自然保护区进行就地保护。

7.5.3 外来物种入侵防治

外来入侵物种,指从自然分布区通过有意或无意的人类活动而被引入,在当地的自然或半自然生态系统中形成了自我再生能力,影响其他生物的生存,给本地生物多样性和农业生产造成巨大威胁,并给当地的生态系统或景观造成明显损害或影响的物种。

生态系统是经过长期进化形成的,系统中的物种经过上百年、上千年的竞争、排斥、适应和互助互利,才形成了现在相互依赖又相互制约的密切关系。一旦生物入侵后会在当地定居并适应,由于缺少天敌或生存条件优越从而大量繁殖,影响当地物种的生存,不仅威胁生态环境,有的还直接威胁人类健康,对人类的生命安全构成潜在或直接的危害。外来物种如果生存和繁殖能力强,则会压制和排挤本地物种,形成优势种群,导致生物多样性消失。

7.5.3.1 外来入侵物种的判定标准

a)通过有意或无意的人类活动而被引入一个非本源地区域;

b)在当地的自然或人造生态系统中形成了强烈的自我再生能力;

c)给当地的生态系统或地理结构造成了明显的损害或影响。

7.5.3.2 防止入侵种危害的对策与措施

a)完善有害生物和外来入侵物种的多指标综合评价体系,对重点有害生物和外来入侵物种进行风险分析和分级管理,为早期预警和管理决策提供依据。

b)对重要有害生物和外来入侵物种的分布状况开展系统调查、监测和预警研究,建立外来入侵物种长期监测机制、生态风险预警机制和应急响应机制;建立专门的入侵物种快速反应体系以应对和及时控制入侵种的大爆发。

c)对于保护区体系,以及其他重要的地区,如当地特有性高的地区,隔离的湖泊、山脉、红树林、岛屿等,需要采取特殊的管理和保护措施,包括严格限制任何外来物种被引入到这些地点或相邻的缓冲区;谨慎地规划关键地点周围的土地使用;加强这些地点及其周围的监测;确保隔离岛屿上的重要物种免受外来物种入侵的影响。特别需注意的是,保护区内不得释放或栽培未经严格检疫或不知道来源的没收来的野生动植物。

d)以生态调控为基础,对外来入侵生物开展可持续控制,对危害较大的物种实施治理工程,推广针对重点入侵物种的防除技术。

7.6 生态系统多样性保护规划

生态系统多样性不仅是物种、基因多样性的保证,也为人类提供了众多的生态服务,保护生态系统多样性不仅保证了物种正常发育与进化过程以及物种与其环境间的生态学过程,而且保护了物种在原生环境下的生产能力和种内的遗传变异机制。对规划区内的所有生态系统类型分别进行保护规划,并对《中国生物多样性保护行动计划》所确定的优先保护生态系统进行重点规划。通过对规划区内的不同生态系统的详细研究,制定相应的保护规划措施。生态系统多样性保护主要通过规划自然

保护区,重点保护和恢复本植被气候地带各种自然生态系统和群落类型,保护自然生境;采用模拟自然群落的设计手法,建设适合当地条件、良性循环的生态系统。

7.6.1 森林生态系统多样性保护规划

森林生态系统是地球陆地生态系统的主体,也是生物物种资源最丰富、最多样的系统。我国具有热带、亚热带、暖温带、温带和寒温带森林生态系统。森林生态系统具有复杂的层次结构、巨大的生物产量和强大的物质与能量交换能力,在维持生态平衡方面具有重要的作用,具有独特的适应生存环境的本领和遗传基因的多样性、抗逆性,蕴藏着巨大的生产潜力。保护生物多样性必须保护森林生态系统,也就是保护生物的生存环境,因为地球上有半数以上的生物物种栖息在森林生态系统之中。森林生态系统多样性保护规划可以通过建立自然保护区,加强对保护区领导,明确职责,认真执行有关政策和法令等进行有效保护。

7.6.2 城市绿地生态系统多样性保护规划

城市绿地是由人工的植物群落,人为影响下的地形、水体等自然元素与纯粹人工构筑的构建筑物形成的复合巨系统,是多元成分结合而成的统一体。从城市绿地生态系统的形成过程和担负的功能来看,城市绿地生态系统在构成上应包括公园绿地、生产绿地、防护绿地、附属绿地和其他绿地,其中:公园绿地是城市绿地生态系统的主体,担负着城市绿地生态系统的主要功能。生产绿地是建设城市绿地生态系统的物质保障,是城市绿地生态系统的重要补充。防护绿地是连接城市与城市外围环境的重要部分,大多是城市绿地生态系统中重要的生态廊道。附属绿地构成了城市绿地生态系统的斑块系统,是城市内部绿地系统有机相连的踏脚石。其他绿地包括风景名胜区、森林公园、自然保护区、风景林地、城市绿化隔离带、野生动植物园等,是城市外围的生态环境,与城市有机相连,构成真正意义上开放的城市绿地生态系统。正是多样性的生态系统的综合调节才使得城市绿地保持协

调统一,城市绿地生态结构趋于稳定,因此城市绿地生态系统多样性保护规划是系统实现物质与能量交换、维持生态平衡的前提。

城市绿地生态系统多样性规划应恢复绿地之间被人类活动中止或破坏的相互联系,以绿地空间结构的调整和重新构建为基本手段,调整原有的绿地格局,引入新的生态组分,改善其生态功能、提高其基本生产力和稳定性,将城市中人类活动对于生态演化的影响导入良性循环。

7.6.3 城市湿地生态系统多样性保护规划

湿地生态系统是地球上水陆相互作用形成的独特生态系统,兼有水体和陆地的双重特征,是自然界最富生物多样性的生态景观和人类最重要的生存环境之一。湿地生态系统通过其系统的物理、化学和生物的协同作用,起到其他生态系统不可替代的作用,为人类提供了巨大的生态服务,也为众多物种的栖息和繁衍提供了完备而复杂的特殊生境,孕育了丰富的生物多样性和独特性。

2004 年 6 月 24 日国务院办公厅发布《关于加强湿地保护管理的通知》,召开了全国湿地保护管理工作会议,要求各级政府和有关部门进一步提高认识,把湿地保护作为改善生态环境的重要任务来抓,绝不能以破坏湿地资源、牺牲生态为代价换取短期经济利益。要坚持保护优先的原则,采取有效措施,严格控制开发占用自然湿地,强化对自然湿地开发利用的管理,坚决制止随意侵占和破坏湿地的行为,及时研究解决工作中的问题。

湿地生态系统多样性保护规划主要体现在就地保护和湿地重建两方面。就地保护就是对现有的湿地进行开发限制,增加其环境功能和生态效益,保持其在生态系统功能中的积极作用。城市湿地的建设是指运用湿地生态学原理和湿地恢复技术,借鉴自然湿地生态系统的结构、特征、景观和生态过程进行规划设计、建设和管理的绿色空间,创造模拟自然生态湿地的人造湿地系统,以改善城市环境质量。

湿地恢复性建设的内容包括维持系统内部不同动植物物种的生态平衡和种群协调发展,在尽量

不破坏湿地自然栖息地的基础上建设不同类型的辅助设施,实现自然资源的合理开发和生态环境的改善,优化城市生态用地和城市生命生态支持系统结构,使城市湿地逐步形成由特殊的生境、多样的湿地生物群落构成的复杂生态系统,为各种涉禽、游禽、蝴蝶和小型哺乳动物提供丰富的食物来源,营造良好的避敌环境,提高城市湿地生态系统的稳定性,使之成为城市生物多样性保护的关键地。

7.6.4 农田生态系统多样性保护规划

农田生态系统是人工建立,受人工控制的生态系统。农田生态系统是以作物为中心的农田中,生物群落与其生态环境间通过能量和物质交换及其相互作用所构成的一种生态系统。人类对农田生态系统具有可操控性,人们种植的各种农作物是这一生态系统的主要要素。农田中的动植物种类较少,群落的结构单一。人们必须不断地从事播种、施肥、灌溉、除草和治病虫等活动,才能够使农田生态系统朝着对人有益的方向发展。与陆地自然生态系统的主要区别是系统中的生物群落结构较简单,优势群落往往只有一种或数种作物;伴生生物多为杂草、昆虫、土壤微生物、鼠、鸟及少量其他小动物;大部分经济产品随收获而移出系统,留给食物链的较少;养分循环主要靠系统外投入而保持平衡。农田生态系统的稳定有赖于一系列耕作栽培措施的人工养地。合理使用农药、化肥,丰富农作物品种多样性,科学实施农作物的轮作、间作、套种等措施是保证农田生态系统稳定性的必要措施。

生境的异质性、连通性是影响农田生态系统多样性的重要因素,其分为农作物生境和非农作性生境。农作物生境中作物的多样化可维持较高的田间生物多样性;非农作性生境,包括农田边界、灌木带、林地、水塘、沟渠和休耕地等的保留能够满足农田生物持续存在的多种需求,包括为农田生物提供物种源、避难所、繁育场所和迁移的廊道等,从而实现农田生态系统多样性的保护。构建带状非农作性生境连接不同的地块、构建形成高异质性的农田镶嵌体等方法,尤其是构建农田边缘地带,重视农田边界的管理,已成为提高农田生态系统多样性的

有效途径。

7.7 景观多样性保护规划

景观水平生物多样性保护是以景观元素保护为出发点,强调景观系统和自然的整体保护,通过保护景观的多样性来实现生物多样性的保护。景观层次的生物多样性保护首先是分析现存景观元素及相互的空间联系或障碍,然后提出方案来利用和改进现存的格局,建立景观保护基础设施。包括建立栖息地的保护核心区、缓冲区及栖息地之间的廊道,增加景观异质性,关键性部位引入或恢复乡土景观斑块等。

7.7.1 城市绿地景观多样性保护规划

城市绿地景观类型多样性是指城市绿地景观中类型的丰富度和复杂性,多考虑景观中不同的景观类型,如:河流、湖泊、农田、森林、草地等的数目多少以及它们所占面积的比例。

景观类型多样性保护的方式主要有:保护和恢复城市各种生态系统的自然组合,如低山丘陵、溪谷、湿地以及水体等自然生态系统的自然组合体;在城市大中型绿地建设中,充分借鉴、利用当地自然景观特点,创建水体景观、湿地景观、森林景观、疏林草地景观及其综合体等各种景观类型;建立景观生态廊道,增强景观斑块间的连通性,增强人工绿地生态景观系统与自然生态景观系统间的生态联系;重视保护本地历史文化遗迹,彰显当地特有的历史文化、民俗、城市结构布局、经济发展特点等核心内容,将城市绿地景观建设特色化,如建立历史文化型绿地景观、城市布局再现型绿地景观、民俗再现型绿地景观等。

由于受到人类活动强度的干扰,城市绿地景观与自然景观相比,具有独特的结构和功能,其具有对人的适宜性和可调控性,大多是引进绿地嵌块体,绿地个数多而单个面积小、绿地景观破碎化程度高,景观多样性降低,各景观要素分布不均匀,整体绿地景观受面积影响较大;主要景观类型之间景观特征差异明显,通常公园绿地的平均斑块面积最

高、斑块的聚集程度最高,附属绿地斑块密度最大、斑块形状最为复杂。

对城市绿地景观多样性进行保护规划首先要确定保护规划的目标,以目标指导具体规划的编制。根据《城市绿地分类标准》,城市绿地包括公园绿地、生产绿地、防护绿地、附属绿地和其他绿地五个大类,因此对城市绿地景观实行保护规划也是针对这五大类绿地进行的,规划内容包括:公园绿地景观多样性保护规划、生产绿地景观多样性保护规划、防护绿地景观多样性保护规划、附属绿地景观多样性保护规划、其他绿地景观多样性保护规划。在各自规划的编制过程中按照《城市绿地分类标准》对各大类绿地进行中、小类划分,确定不同绿地景观类型的相关指标以及保护规划措施。

7.7.2　乡村绿地景观多样性保护规划

在景观尺度上,通过构建多样化、异质化的景观有利于生物多样性的保护。乡村绿地景观多样性保护的主要途径有:保护非农作生境,注意自然、半自然生境的保护并维持其在景观中的较高比例;注意农业用地以及种植作物类型的多样化,防止集约化生产导致的过度均一化景观;注意防护林、河流等有利于生物迁徙和运动的廊道的保护和建设,保持农业景观的连接度,防止生境隔绝导致的局部种群灭绝。同时,由于不同类型农业用地的生物多样性状况不同,合理规划农用地类型和非农用地类型之间的转换有利于乡村景观生物多样性的保护,是景观尺度上农业景观生物多样性保护需要考虑的重要措施。

7.7.3　自然保护区绿地景观多样性保护规划

根据自然保护区的现状,确定景观多样性保护规划的目标,制定实现目标的保护措施。规划编制的依据是《中国自然保护区发展规划纲要(1996—2010 年)》和《中国生物多样性保护行动计划》的相关内容。自然保护区绿地景观多样性保护以保护和修复保护区的自然生态景观为目标。

一个科学合理的自然保护区应该包括由内至外的 3 个功能区:一是核心区。该区生物群落和生态系统受到绝对的保护,禁止一切人类的干扰活动,但可以有限度地进行以保护核心区质量为目的,或无替代场所的科研活动。二是缓冲区。该区围绕核心区,保护与核心区在生物、生态、景观上的一致性,可进行以资源保护为目的的科学活动和以恢复原始景观为目的的生态工程,还可以有限度地进行观赏型旅游和资源采集活动。三是试验区。该区位于最外围,区内可进行某些持续开发利用,某些自然资源的开发,并进行一些科研和人类经济活动。

7.7.4　风景名胜区及森林公园景观多样性保护规划

风景名胜资源是一种不可再生的资源,因此严格的保护成为风景名胜区工作的一个永恒主题。风景名胜区景观多样性保护规划的编制要依据《风景名胜区条例》的相关内容,结合风景名胜区的资源特色,确定景观多样性保护规划的目标,制定实现目标的保护措施。

森林公园景观多样性保护规划应从森林旅游需要和森林环境条件出发,根据森林景观资源的调查评价结果,针对资源特色和优势,提出最具艺术准则及科学原理的森林景观资源保护和开发的目标与实施措施。规划要依据《森林公园总体设计规范》的相关内容,根据管理和保护需要对规划区内的森林公园进行分级保护,划分不同的保护等级,每一保护等级按其特点确定保护规划的措施。在分级保护的基础上,根据森林公园资源和景观特征,再划分不同类别的保护对象,针对不同的保护对象开展保护管理工作并实施相关保护措施。

思考题

1. 请阐述城市生物多样性保护与建设的目的和意义。

2. 目前大多数学者认为生物多样性包括哪几个层次?每个层次保护与建设的重点应包括哪些方面?

3. 城市与乡村的生物多样性保护与建设的主要区别表现在哪些方面?

城市古树名木是自然界和前人留下来的宝贵遗产,是珍贵的基因资源、难得的旅游资源和独特的文化资源。古树名木保存了弥足珍贵的物种资源,记录了大自然的历史变迁,传承了人类发展的历史文化,孕育了自然绝美的生态奇观,承载了广大人民群众的乡愁情思。古树名木具有极其重要的历史、文化、生态、科研价值和较高的经济价值。不断挖掘古树名木的深层重要价值,充分发挥其独特的时代作用,加强古树名木保护,对保护自然与社会发展历史,具有十分重要的意义。

本章主要学习内容是了解古树名木保护概况,明确古树名木保护的价值和意义,掌握古树名木现状调查的方法及保护措施规划。

8.1 古树名木概况及保护的意义

8.1.1 国内外著名古树名木概况

根据相关记载和报道,我国有众多古树名木,其中最著名的是十大千年古树名木,分别是陕西的轩辕柏、九华山的凤凰松、黄山迎客松、河南的二将军柏、台湾的阿里神木红桧、北京潭柘寺的银杏、湖北的章台古梅、山东浮来山的古银杏、广东的天马河古榕、西藏林芝的古巨柏。轩辕柏位于陕西黄帝陵县城北桥山皇帝庙内,已有5 000余年的历史,但至今干壮体美、枝叶繁茂。由于世界上再无别的柏树比它年代久远,因此,英国人称它是"世界柏树之

父"。凤凰松位于九华山的闵园景区,距今已有1 400年的历史,如今仍然挺拔苍翠、枝繁叶茂,被当代著名画家李可染誉为"天下第一松"。黄山迎客松位于安徽黄山海拔1 670 m处的玉屏楼左侧,迎客松枝干遒劲,雍容大度,姿态优美;虽饱经风霜,仍郁郁苍苍,充满生机,被誉为国之瑰宝,是黄山的标志性景观。二将军柏位于河南嵩阳书院内,它是原始森林的遗物,树龄至少为4 500年,堪称"华夏第一柏",被专家们誉为"活着的文物"、"稀世珍宝"。阿里神木位于我国台湾阿里山主峰的神木车站东侧,主干已折断,但树梢的分枝却苍翠碧绿,摇曳多姿,巍巍挺立,遒劲苍郁,被人们尊为"阿里山神木"。位于北京潭柘寺大殿前的银杏古树,树龄已1 500多年,乾隆皇帝来寺游玩时,御封此树为"帝王树",其职位远在著名的"五大夫松"和"遮荫侯"之上。湖北省章台古梅位于章台寺(现名章华寺)院内,至今已有2 500多年的树龄,可称得上是中国最古老的梅树,享有"中华第一梅"、"天下第一古梅"的称号。天下第一银杏位于山东省莒县浮来山定林寺,树龄3 500年以上,被誉为"天下银杏第一树"。天马河古榕位于广东省江门市新会区天马河的河心沙洲岛上,是有500多年树龄的奇特的大榕树,这棵大榕树独木成林,林中栖息着成千上万只鸟雀。世界柏树王位于西藏林芝,近2 600年的树龄,有世界柏树王之称。

根据相关记载和报道,国外也有著名的九种千年古树名木。如:玛士撒拉树生长在美国内华达州

的玛士撒拉小巷,是一棵 4 800 年的大盆地狐尾松。塞意阿巴库树生长在伊朗的阿巴库,是一棵 4 000 年的古柏树,在伊朗人的心目中具有特殊地位,具有极强的宗教意义。兰格尼维紫杉生长在智利威尔士的兰格尼维,该树已有 3 600 年,但仍然生长旺盛,枝繁叶茂。落羽松参议员树位于美国佛罗里达州,有 3 400～3 500 年,是世界上年龄位居第五的古树,它的体积超过 144.42 m³(5 100 ft³),是美国这种树中最大的一株,也是密西西比河东部最大的古树。怡和杜松位于美国犹他州洛根城,已经有 3 200 年,是世界上最古老的怡和杜松。合法卡林玉蕊木位于巴西帕特里亚卡·弗洛雷斯塔,树龄估计为 3 000 年,是最古老的非针叶树。百马树是目前已知的世界上最古老的栗树,位于圣达尔弗的林瓜葛洛萨和西西里岛的埃特纳火山山坡上,据悉已有 2 000～4 000 岁。谢尔曼将军树是一种巨型红杉树,生长在美国加利福尼亚州的红杉国家公园,树龄已有 2 300～2 700 年,它的体积大约是 1 487 m³,被认为是世界上体积最大的树。日本的 Jhomon Sugi 树,生长在日本屋久岛,因为树心腐蚀严重,无法准确地判断年龄,可能有 2 170 年,也有可能已有 7 200 年。

8.1.2 我国古树名木保护概况

8.1.2.1 古树名木保护成效

近年来,全国各城市、各部门(系统)积极采取措施,组织开展古树名木资源调查,制定地方法规,完善政策机制,落实管护责任,切实加强古树名木保护管理工作,取得了明显成效。

全国于 2001 年 9 月开始开展古树名木普查建档工作。全国现有古树名木 285.3 万株,其中树龄 300 年以上的国家一级古树 109.4 万株,国家二级古树(100～299 年)175.3 万株,国家级名木 5 700 多株。此次普查系统地摸清了全国古树名木资源数量、种类、分布状况以及管护中的经验和存在的问题。

8.1.2.2 我国古树名木保护存在的问题

对苏州、武汉、南京、南通等地的调查及分级评价表明:现存古树 15%～20% 均发生衰弱现象。尤其是近年来,城市建成区不断扩大,城市生态环境

日益恶化,使为数不多的古树名木生存环境受到威胁,甚至濒临死亡。一些城市在园林绿化中大搞形象工程,片面追求古、珍、稀、大,盲目移植大树、古树,造成盗挖、滥挖古树名木现象。城市管理者和市民还存在着认识不到位、保护意识不强、资源底数不清、资金投入不足、保护措施不力、管理手段单一等问题,古树名木生境和管理形势十分严峻。

目前我国古树名木保护存在的主要问题有以下几个方面:

a)古树名木的保护缺少统一的、强有力的法律依据。目前,我国还没有一部专门的古树名木保护法律法规,地方各级政府虽然根据《森林法》和《环境保护法》制定保护古树名木的地方性保护制度,实行园林绿化养护部门和单位、个人共同保护管理的措施,但缺少国家统一的法律依据,造成各地在依法管养与打击破坏古树名木中难以做到有法可依,只能依靠地方法规,往往是执行力度不够,难以起到震慑和保护作用。

b)古树名木的评定标准不一。原建设部颁布实施的《城市古树名木保护管理办法》与国家林业局颁布实施的《全国古树名木普查建档技术规定》,对古树名木划分等级标准不一致,在各部门和行业执行不统一,不便于对古树名木的管理。

c)古树名木养护主管单位众多,养护资金不足。《城市古树名木保护管理办法》规定古树名木保护管理工作实行专业养护部门保护管理和单位、个人保护管理相结合的原则。保护管理单位涉及城市园林绿化专业养护管理部门,铁路、公路、河道管理部门,风景名胜区管理部门,造成对古树名木的管理与保护上互相推诿的现象。古树名木年代久远,有相当比例的树木生长势较弱,需要投入大量的资金进行养护管理,散生在非风景名胜区的单位绿地和个人宅地上的古树名木缺乏公共资金的投入,造成管理和保护不到位的现状。

d)缺乏有针对性的详细的养护管理措施。目前古树名木管护技术措施存在着不系统、不甚科学规范问题。各地对古树名木的养护管理措施一般是采取换土、施肥、水分管理、复壮、树体加固、病虫害防治等措施。但是,什么样的古树应采取什么样

的管护技术措施,应何时采取以及是否所有的古树都需采取人为措施加以养护等问题,一线的管理人员往往很难决定,缺乏一树一策的保护措施。

e)广大农村及山区古树名木保护不力。由于山区特有的自然环境、地理优势以及适宜的气候条件,培育保存了众多古树资源与稀有珍贵树木资源。因受地理环境、交通、信息等因素影响,保护力度不大,在经济利益的驱动下,尤其是受到 20 世纪 90 年代大树进城的影响,时常发生古树移植现象,使贵州、湖南、江西、福建等地一些古树资源受到了严重破坏。

f)缺少古树名木即时动态信息。我国古树名木挂牌工作始于 20 世纪 80 年代,在 2001 年进行了全面的普查,记载了古树名木的相关信息。15 年过去了,城乡建设迅猛发展和一些不可抗拒的自然因素,一些古树名木难以避免会受到影响,是否对受到影响的树木进行了妥善处理,周边环境如何,本身生长状况如何,这些信息都很难及时准确地反映在古树名木的资料信息中,给后续的养护管理与保护工作增加了难度。

8.1.3 古树名木及古树后备资源概念及分类

我国先后有原建设部和国家林业局分别进行过古树名木的界定和分类,原建设部将古树名木分为 2 级,国家林业局将古树分为 3 级。

1)住建部对古树名木的界定及分类

原建设部于 2000 年 9 月 1 日颁布的《城市古树名木保护管理办法》对古树名木进行了定义和分级。

古树是指树龄在 100 年以上的树木。

名木是指国内外稀有的以及具有历史价值和纪念意义及重要科研价值的树木。

古树名木分为一级和二级。凡树龄在 300 年以上,或者特别珍贵稀有,具有重要历史价值和纪念意义,重要科研价值的古树名木,为一级古树名木;其余为二级古树名木。

2)国家林业局对古树名木的界定及分类

原林业部颁布实施的《中华人民共和国森林法》《城市园林绿化条例》及全国绿化委员会《关于加强保护古树名木的决定》等法律、法规和文件,对

古树名木进行了以下定义和分级。

古树名木范畴:一般指在人类历史过程中保存下来的年代久远或具有重要科研、历史、文化价值的树木。

古树是指树龄在 100 年以上的树木。

名木指在历史上或社会上有重大影响的中外历代名人、领袖人物所植或者具有极其重要的历史文化价值、纪念意义的树木。

古树分为国家一、二、三级,国家一级古树树龄 500 年以上,国家二级古树树龄 300～499 年,国家三级古树树龄 100～299 年。国家级名木不受年龄限制,不分级。

可以看出对古树名木的定义,内涵都是一致的,但在分级上,一个更关注城乡人居环境范围内的,而另一个关注整个国土范围内的。

本教材对古树名木的定义和分级按原建设部颁布的《城市古树名木保护管理办法》中的规定确定。

在国家园林城市系列标准的指标体系中提出古树后备资源的概念,并规定了后备资源的年龄——树龄超过 50 年(含)到 99 年之间的树木作为古树后备资源。

8.1.4 古树名木的特性

古树名木具有多元价值性、不可再生性、特定时机性和动态变化性。这对于人类认识、保护和开发古树名木提供了基础。

多元价值性:古树名木是多种价值的复合体。古树不仅具有一般树木所具有的生态价值,而且是研究当地自然历史变迁的重要材料,有的则具有重要的旅游价值。

不可再生性:古树名木具有不可再生性,一旦死亡,就无法以其他植物来替补。

特定时机性:古树形成的时间较长(至少需要 100 年),植树者在有生之年,通常无法等到自己所种植的树变成古树,而名木的产生也有一定的机遇性,故无论是古树,还是名木,都不可能在短期内大量生产,具有特定的时机性。

动态变化性:古树的动态性体现在,一方面,随着树龄的增加,一些古树很可能因树势衰弱、人为

因素而死亡、不复存在；另一方面，一些老树随着时间推移则会成为新的古树。

8.1.5　古树名木的价值和保护意义

古树名木是自然界的璀璨明珠。从历史文化角度看，古树名木被称为"活文物"、"活化石"，蕴藏着丰富的政治、历史、人文资源，是一座城市、一个地方文明程度的标志；从经济角度看，古树名木是我国森林和旅游的重要资源，对发展旅游经济具有重要的文化和经济价值；从植物生态角度看，古树名木多为珍贵树木、珍稀和濒危植物，在维护生物多样性、生态平衡和环境保护中有着不可替代的作用；从与人类关系角度看，古树名木还与人类历史文化的发展和自然界历史变迁紧密相关，是人类历史文化"活的见证"。

开展对古树名木研究具有以下八大价值：

1）自然和生态价值

古树名木在改善和维护城乡生态方面作用十分巨大，有调节气候、吸收有害气体、滞留尘埃、降低噪声、涵养水源、保持水土等作用。古树名木年轮的宽窄和结构记载着古树生长与所经历生命周期中的自然条件（特别是气候条件）的变化。古树名木树体结构与组成反映了环境污染的程度、性质及其发生年代。如美国宾夕法尼亚州立大学用中子轰击古树年轮取得样品，测定年轮中的微量元素，发现汞、铁和银的含量与该地区工业发展史有关。在 20 世纪前 10 年间，年轮中铁含量明显减少，这是由于当时的炼铁高炉正被淘汰，污染减轻的缘故。

2）古树对于城市绿地树种规划的参考价值

能在一地生活千百年的古树大多为乡土树种，足可以证明其对当地气候条件、土壤条件具有很强的适应性，因此，古树是制定当地树种规划特别是指导造林、绿化的可靠依据。景观规划师和园林设计师可以从中获取该树种对当地气候环境适应性的了解，从而在规划树种时做出科学、合理的选择，而不至于盲目引种而造成无法弥补的损失。

3）景观价值

一些古树生长于悬崖峭壁之上，形成一种人工

难以造就的自然景观，如：黄山的迎客松形成了独特的极高景观价值。

4）文化价值

有的古树被赋予人文情怀，如黄山的迎客松、送客松，这些古树由此具有特殊的文化价值。榕树常被作为长寿的象征，樟代表着吉祥，木棉被称为英雄树、攀枝花，是英雄和美丽的化身。

5）历史价值

古树名木与特定的历史时间相联系，例如，1964 年 3 月 3 日，周恩来总理在昆明市海口林场亲手栽下一株象征"中阿友谊"的油橄榄树；邓小平同志南方谈话期间在深圳仙湖植物园种植的高山榕则具有特殊的纪念意义。

6）科研价值

古树可用于当地自然历史的研究，从而了解本地区气候、森林植被与植物区系的变迁，为农业生产区划提供参考。在引种中，外来的古树可作为参照系，或直接作为研究材料。

7）经济价值

众多古树是树种繁育的优良材料，如：古龙眼可作为杂交育种的亲本。古香樟是重要的经济植物和园林植物，能提供大量果实，这些果实可用于育苗、工业或药用。云南的古茶树为当地茶农带来了发家致富之路，云南腾冲固东一村的古银杏树和贵州盘县妥乐村古银杏群促进了当地的旅游和旅游产品发展，对地方经济发展和农民致富起到积极作用。一些古树的叶片、果实或种子可以开发成旅游纪念品，如古银杏叶、古菩提的树叶可以加工成书签和纪念品。

8）旅游价值

凡具有特殊观赏价值、文化价值或历史价值的古树名木均有旅游观光价值。盈江县的小叶榕榕树王是北宋治平年间福州太守张伯玉编户植榕时种下的，距今已有 900 多年的历史。该树树围 9 m 多，高 50 多 m，冠幅 1 330 多 m^2，占地 5.5 亩，可谓"榕荫遮半天"，成为一大景点。西双版纳州打洛的"独木成林"高山榕直接造就了当地的一个主要景点。

因此，古树名木是城市绿化、美化的重要组成

部分,也是历史的见证者,是一种不可再生的自然和文化遗产,具有重要的科学、历史和观赏价值,对于考证历史,研究园林史、苗木进化、苗木生态学和生物气象学等都有很高的价值。

8.1.6 古树树龄的确定方法

古树年龄的确定是一个世界性的难题,一般难以很快得到十分准确的树龄。古树树龄测定方法目前有年轮鉴定法、年轮与直径回归估测法、针测仪测定法、CT扫描测定法、^{14}C精确测定法、生长模式测树龄法、访谈调查估测法、文献追踪调查法、实地勘测调查法、枝条状况估树龄法、经验综合判定法等,一般采用多种方法相结合确定古树年龄。

8.1.6.1 古树树龄测定方法

1)年轮鉴定法

用生长锥钻取待测树木的木芯,将木芯样本晾干、固定和打磨,通过人工或树木年轮分析仪判读树木年轮,依据年轮数目来推测树龄。取木芯后需要对树孔进行消毒,再用玻璃胶填充,以保证树木的正常生长。这种通过微创方式取到树心标本来测定树龄,对古树有破坏,常常需要多次取样,而且在测定百年以上的古树时,准确率较低。

2)年轮与直径回归估测法

利用本地(本气候区)森林资源清查中同树种的树干解析资料,或利用贮木场同树种原木进行树干解析,获得年轮和直径数据,建立年轮与直径回归模型,计算和推测古树的年龄。这种方法要求对不同树种在同一地区都需要建立一个数学回归模型,因此,工作量较大,计算繁杂,不易操作,适用范围小。

3)针测仪测定法

通过针测仪的钻刺针,测量树木的钻入阻抗,输出古树生长状况波形图,鉴定树木的年龄。

4)CT扫描测定法

通过树干被检查部位的断面立体图像,根据年轮数目鉴定树木的年龄。

5)^{14}C精确测定法

通过测量树木样品中^{14}C衰变的程度鉴定树木的年龄。先用专业的仪器在古树上取样,测算出古树的大致年代,在此基础上,编写出一定的公式,根据^{14}C的分析结果相互参照,最后计算出古树的年龄。同位素测定是通过^{14}C的衰变测量死亡的古生物距今的年代,也用在考古发掘的年代判定上。而对还在进行正常碳代谢的活体测试年龄,其结果是否准确可靠,目前没有给出相应的数据和结果报告。

6)生长模式测树龄法

树木增粗生长的规律为"慢、快、慢":幼树年轮很窄,有的甚至无法分辨;10～25年达到增粗生长的高峰,形成的年轮最宽;之后逐渐下降;到一定年龄之后,年轮宽度便趋于稳定。根据这一规律,科研人员将树干截面半径与对应年龄分成三段:第一段为前30年高峰期,年轮宽度起伏变化大;第二段为下降期,年轮宽度缓缓下降;第三段为稳定期,变化少,可看成是直线。根据这一生长模式,采用相应的计算公式计算出三段的树龄,再相加可得出总树龄。

目前国际上通行的古树树龄测定方法有三种:第一种是在树干上打眼,根据年轮测定树龄;第二种是CT扫描法,但CT是一种射线,对树木有影响,而且设备贵,测定成本高;第三种是考古学上普遍采用的^{14}C测定法,也需要在树木上打眼,而且误差在20年以上。

8.1.6.2 古树树龄估算方法

估算方法主要有访谈调查估测法、文献追踪调查法、实地勘测调查法、和经验综合判定法等,需要多种方法结合综合判断。

1)访谈调查估测法

凭借实地考察和走访当地老人,获得口头证据,推测树木大致年龄。

2)文献追踪调查法

通过查阅地方志、族谱、历史名人游记和其他历史文献资料,获得相关的书面证据,推测树木年龄。

3)实地勘测调查法

根据所测古树的生长状况、形态特征、外观老化程度、树种的生物学特性及胸径、树高、冠幅等相关测量结果进行综合分析,推断其树龄。

4）枝条状况估树龄法

常用的方法是看枝干，从上往下看。一年生枝、二年生枝、三年生枝，由此来推算主枝的年龄。由此推断出树的大概年龄。这种方法误差较大，因自然原因和外部原因都会导致树枝脱落或叶芽不生长等情况，从而影响对树木年龄的测算。

5）经验综合判定法

根据树的粗细，修剪状况，长势，土质，周围气候环境做一个大概的判断。这种判断虽然不可能很准确，但还是可以参考的。

8.2　古树名木现状分析

古树名木的现状分析基于对古树名木进行全面详细的实地调查，通过实地调查获得某一城市或区域古树名木及其后备资源的现状情况。现状分析的内容主要是古树名木的种类数量、分级统计、生长状况、生长习性、观赏特性及其他用途等。

8.2.1　古树名木保护现状

8.2.1.1　科属种构成及数量分析

统计调查范围内古树名木及其后备资源的科、属、种名及数量。按种的数量依次对种排序，以便掌握古树的种类、数量情况。

8.2.1.2　分级统计

进行古树名木及其后备资源的分级统计，可以辅以饼图、柱形图等直观反映古树名木各级的种类数量情况。

8.2.1.3　生长状况分析

古树名木的生长状况与树龄、生境、人为活动干扰、自然灾害等多种因素有关。古树一般由于树龄较大，生长状况已经开始走下坡路。城市古树名木的生长状况分析可为规划中保护资金的规划和技术力量的配置提供依据。生长状况一般分旺盛、良好、一般、较差、极差五级，具体分级标准如下：

旺盛：树干无树洞，树冠完整，无明显病虫害，无明显枯枝折枝。

良好：枝干无树洞或树洞较小，树冠较为完整，无明显病虫害或有少量病虫害但无明显影响生长的状况，有少量枯枝折枝。

一般：树干树洞较大，树冠不太完整，有较大量病虫害且明显影响生长或有较大量的枯枝折枝。

较差：枝干树洞大，树冠极其不完整，有明显病虫害或有大量病虫害且已经明显影响到树木的生长，有大量枯枝折枝。

极差：濒临死亡。

应统计出调查到的古树名木以上各级生长状况的数量及百分比，通过各级生长状况的比例可以看出总体生长的情况。

8.2.1.4　生长习性分析

主要统计调查的古树名木中落叶乔木和常绿乔木的比例、乡土树种与外来树种的比例，分析落叶树种与常绿树种比例与城市所处的区域气候是否协调。

8.2.1.5　观赏特性及其他用途分析

按园林、食用、药用、油料等用途统计比例，分析用途特点。可用于城市绿地的园林植物或园林植物资源种类，按观花、观果、色叶、香花等分别统计所占比例，分析观赏特点及价值。

8.2.2　古树名木保护存在的主要问题分析

从养护管理水平与资金、古树立地环境、人为干扰的程度等方面分析古树名木保护存在的主要问题。

8.2.2.1　古树名木养护管理水平与资金

根据实地调查，分析是否有养护管理方面必要的技术保障和责任人，古树名木保护挂牌、养护管理措施、古树名木保护专项资金使用等是否规范。

古树名木保护工作不同于其他园林植物的管理，由于古树名木普遍存在树龄大、树干高、病虫害多、生长老化等现象，对古树名木的养护管理需采取许多特殊措施来进行。古树名木保护责任单位在养护管理上需要配备专门的人才、技术和经费，保证日常管护中及时采取整形修剪、扶撑加固、浇水施肥、病虫防治和老树的更新复壮等措施。

保护管理专项资金是古树名木保护的基本保

障,如果没有固定的专项资金,就无法实施日常养护管理和复壮技术措施,不仅使古树的生长和寿命受到威胁,还会对生活在周边的人民群众的生命财产安全造成潜在危害。因此,应当设置专项资金,做到专款专用。

8.2.2.2 古树名木立地环境

立地环境范围指树冠垂直投影向外5 m以内的四周情况,如遇位置较远,但影响到树体生长的建筑物(或构筑物)、障碍物、特殊地貌也应当一并分析。

分析生长环境是否适合古树名木生长,根系是否裸露,土壤有机质含量、保水透气性,古树下是否有堆放杂物等,不良的古树生境,是否会影响古树名木的生长和寿命等。

8.2.2.3 人为干扰的程度

部分城市尤其郊区,人们保护古树名木的意识薄弱,使古树名木受到严重的人为破坏,比如在树上安装电线架、路灯,堆放秸秆,挂晒玉米、辣椒等农作物,在树上钉木条、绑铁丝,以及对树体的随意砍伐。建筑墙体、道路等与树体距离较近,损伤古树根部,抑制了古树的正常生长。同时一些靠近建筑或道路的古树,由于地势高燥,容易遭雷击,对于人群也存在着一定的安全隐患。人为干扰程度可分为极频繁、较频繁、一般、较少、极少五级。

极频繁:干扰程度极大,每天受干扰超过8 h,如身处旅游景区中心地带、广场等。

较频繁:干扰程度大,每日受干扰6 h左右,如处于一般性的公园、主要道路边。

一般:干扰程度中等,每日受干扰4 h左右,如处于次要道路边、公园次要的位置。

较少:干扰程度较小,每日受干扰2 h左右,处于较偏僻位置。

极少:干扰程度极小,每日受干扰1 h以下,处于极其偏僻之处,几乎无干扰。

8.2.2.4 古树名木保护的相关法律法规及保护宣传

分析是否有专门的古树名木管理办法或制度对古树名木进行保护,了解对大众进行古树名木保护相关法律法规宣传的情况。

通过对各种媒体对古树名木保护的重大意义宣传的情况,社会各界保护古树名木的积极性,古树名木保护工作的机制保障,良好的社会保护氛围是否形成,广大群众和各级领导对古树名木保护的重要性和对古树有关管理法规的认知程度,群众保护古树意识,肆意损毁古树名木的行为是否得到公开曝光、舆论的谴责和依法惩治等方面的分析发现问题。

8.3 古树名木总体保护措施规划

在分析古树名木现状基础上,从依法保护、资金投入、定期普查、保护宣传、日常管理技术措施、复壮技术措施等方面提出有针对性的保护规划措施。

8.3.1 依法保护

相关部门应依照上级部门的指导意见,制定和严格执行《城市古树名木及其后备资源保护管理制度》,依法对古树名木及其后备资源进行保护,严禁砍伐或迁移,杜绝随意移植、砍伐、焚烧等人为破坏古树名木的行为发生。

8.3.2 资金保障

城市古树名木保护资金以政府拨款为主,同时利用多渠道、多途径筹措资金,并设立古树名木保护基金,做到专款专用。

古树名木是前人和大自然留给全人类的宝贵财富。因此,其保护管理绝不仅仅是古树名木管护责任单位或个人的事,而应该建立各级政府、住建和林业主管部门、古树名木管护责任单位三级责任制度。在资金投入方面,也应该由以上三级分别投资,其中政府的投入应占据最大比例,并把古树名木资源保护管理资金列入政府每年的财政预算。住建和林业主管部门应根据管辖区域内古树名木数量、生长状况、保护现状等申请和筹措古树名木保护管理资金。主要通过年度财政预算计划拨付每年的古树名木保护管理专项经费。根据城市古树名木实际情况,制定经费使用管理办法,并做好经费使用计划,经费使用向社会公布。经费主要用于日常养护的水电、松土、肥料、病虫害防治、修剪保洁、燃油、车辆使用和维护、人工工资福利、防护设置及标志等支出。生长一般的古树名木一年费用不少于 2 万~3 万元,生长衰弱的古树名木费用不少于 6 万元。

可通过认养或广告或命名等方式向社会公众筹措经费,由全社会参与古树名木保护管理事业,这样既可弥补保护管理资金不足,又可提高全社会保护古树名木的意识。

8.3.3 定期普查

掌握古树名木及其后备资源的生存现状,制定切合实际的复壮措施,是确保古树名木资源正常生长的关键。作为古树名木及其后备资源的行政主管部门应定期开展全市或全县性的古树名木及其后备资源生存现状的调查,详细登记每一株古树名木的生长情况,并用现代化管理手段将全部古树名木及其后备资源的生长情况登记在册,建立动态管理档案,以实现古树名木的持续发展。

8.3.4 信息文档管理

为加强古树名木的保护管理,还需要对每株古树名木建信息档案,以便查阅。信息档案应包括古树名木调查时建立的信息档案,每年对其进行养护管理、复壮和定期生长表现的记录档案,古树名木宣传保护资料等。

8.3.5 日常管理措施规划

古树的日常管理措施包括水分管理、肥料管理、树木整形、土壤管理、有害生物防治等方面,应针对现状,提出城市古树名木及其后备资源日常管理的月、季、年度管理的内容和技术要求。

8.3.6 复壮措施规划

古树复壮措施由古树管理部门组织制定,并经专家组论证后实施。地下部分的复壮技术措施包括换土,埋条,铺梯形砖,地面打孔,设置复壮沟、通气管与渗水井,断根复壮等,可结合使用,改良土壤结构,增加土壤的通透性;地上部分的复壮技术包括气根引导法促根,疏花疏果,防腐与修补,树体加固,树体支撑,桥接等。

8.3.7 保护宣传

通过各种渠道加大古树名木保护管理的宣传力度。充分利用报刊、网络、电视、手机等媒体向社会宣传古树名木保护管理的重大意义、相关技术措施、法律法规和在保护古树名木中成绩突出的好人好事,对每株古树名木及其后备资源应设立保护标识牌,同时对肆意损毁古树名木的行为给予严厉的法律制裁和公开曝光,确保古树名木的健康生长。

8.4 古树名木单株保护措施规划

8.4.1 规划的总体要求

因每一株古树名木的种类、生境、生长状况等的差异通常较大,在古树名木保护规划中应针对每一株古树名木提出保护范围、具体保护措施,规划内容包括以下方面:

1)确定保护范围

保护区域应不小于树冠垂直投影外延 5 m 的范围;树冠偏斜的,还应根据树木生长的实际情况设置相应的保护区域。对生长环境特殊且无法满足保护范围要求的,须由专家组论证划定保护范围。

古树名木树冠以外 50 m 范围内为工程建设的古树名木生境保护范围,在生境保护范围内的新建、扩建、改建建设工程,必须满足古树名木根系生长和日照要求,并在施工期间采取必要的保护措施。

2)生长状况描述

对每株古树名木的根部、主干、分枝、树冠、长势、病虫害等相关状况进行描述,并附古树生长状况及生境的照片。

3）生境描述

描述树冠外缘 5 m 以内的四周情况，如遇位置较远，但影响到树体生长的建筑物（或构筑物）、障碍物、特殊地貌也应当一并记录描述。

4）重点保护措施规划

根据古树名木及后备资源的生长状况、受干扰程度和生长环境，提出针对每一株古树名木及后备资源的保护管理措施，具体从挂古树保护标识牌，保护范围内的地上空间是否适合古树生长，保护范围内的土壤环境是否适合古树生长，需进行的水肥管理、树体修剪、支撑等日常管理和复壮技术措施等方面提出保护措施。可按地上部分保护措施、地下部分保护措施、生境保护措施进行规划。

值得注意的是，处于高雷区的树体高大、周围 30 m 之内无高大建筑的古树名木应规划设置避雷装置，以防因雷击造成树体受损。

古树名木保护技术措施随科学的发展不断进步，由于每个城市的经济发展水平、管理技术水平、管护资金投入能力等均存在差异，应根据各地情况，本着经济、有效的原则制定适宜当地的古树名木保护技术措施。

以云南省丽江市华坪县城古树名木保护规划中的单株古树保护措施规划为例说明：

黄葛树 *Ficus virens*

榕属 *Ficus*　桑科 Moraceae

编号：HP002　　树龄：150 年

地点：华坪县第一中学状元楼东侧

生长状况：树高 30.3 m，东西冠幅 22.3 m，南北冠幅 24.3 m，胸径 1.56 m；生长状况良好，根部裸露，与水泥树池接壤，主干从基部 3.2 m 处分为 2 个主干枝生长，分枝较多，枝干开散，有部分枯枝；树冠较均衡。

生境：位于华坪县第一中学状元楼前的羽毛球场东侧，有树池围绕，树池内无地被覆盖；土壤有机质含量较低，含水量较低，土壤质地为重壤土；树池外围水泥铺装，古树保护范围内有一栋两层建筑和羽毛球场，人为活动干扰极频繁；受光条件好；已挂有古树保护标识牌。

重点保护措施：①现有古树名木保护标识牌直接钉在树干上不规范，应改为在树下插保护标识牌；②合理修剪枯枝，诱导树冠均衡生长，修剪断口处用药剂消毒，涂刷防腐剂；③硬质铺装退让古树，扩建树池，距树冠垂直投影之外 5 m 范围铺设特制的植草透水铺砖，砖与砖之间不勾缝，留有通气道或铺设透水混凝土；④翻耕土壤，在根系范围内填埋适量树枝，施有机肥料，并种植花灌木；⑤树冠垂直投影外延 5 m 为保护范围，古树保护范围内的两层建筑在改建时应退让；⑥加强对学校师生的宣传，提高保护意识，防止人为破坏。

8.4.2　日常管理技术措施

8.4.2.1　水分管理

根据各树种对水分的不同需求，适时、适量和适法地对每株古树名木浇水或补水。国家一级保护古树名木要求定期测量其土壤含水量科学确定浇灌方案，二级古树名木及古树名木后备资源应根据树体生长状态和天气情况进行合理浇灌。浇灌应做到：

a) 干旱季节，浇水面积不小于树冠投影面积，浇水要浇足浇透，浇水的深度应在 60 cm 以上，未通过对古树名木无毒害检验的再生水不得使用。

b) 保护区域内应确保土壤排水透气良好。由于人为或自然因素造成积水时，应设置排水沟，无法沟排的应设置排水井。排水沟宽、深和密度应视排水量和根系分布情况而定，应做到排得走、不伤根。一般沟宽要求 30～50 cm，沟深 80～180 cm。排水沟、排水井设置方案须由专家组论证确认。由于人为或自然因素造成缺水时，应及时通过浇灌结合喷雾的方式补充水分。必要时，设置根帘保护层保湿。

c) 对国家一、二级保护的古树名木，在气温过高、日照强烈、空气湿度小、蒸腾强度大、尘埃严重时，应采用叶面喷雾，有条件的可以安装自动微喷系统。

8.4.2.2　肥料管理

根据树木实际生长环境和生长状况采用不同的施肥方法，保持土壤养分平衡。以有机肥为主，无机肥为辅，有机肥必须充分腐熟，有条件时可施用生物肥料。一级古树名木每年进行一次叶片的营养测定，二级古树名木及古树名木后备资源两年一次，依据测定结果，制定科学施肥方案。

土壤施肥每年进行 1～3 次，对于生长较差的古树名木，应酌情增加施肥次数，或结合找根法开沟施肥，在早春或秋后进行。施肥量应根据树种、树木生长势、土壤状况而定。一般施肥沟尺寸(深×宽×长)为 0.3 m×0.7 m×2 m 或 0.7 m×1 m×2 m。

8.4.2.3　树木整形

古树名木应结合通风采光和病虫害防治等需要进行整形，去除枯死枝、断枝、劈裂枝、内膛枝和病虫枝等，严禁对正常生长的树木的树冠进行重剪。对能体现古树自然风貌且无安全隐患的枯枝应予以保留，但应进行防腐固化和加固处理。

a) 整形宜避开伤流期。落叶树的整形宜在秋冬季的休眠期进行，常绿树宜在抽芽前进行。

b) 有纪念意义或特殊观赏价值的枯死古树名木，应采取防腐固化、支撑加固等措施予以保留，并根据造景要求进行合理整形。

c) 经过园林主管部门批准，合理伐除或修整影响古树名木采光通风的草木。

8.4.2.4　土壤管理

一级保护的古树名木及衰弱的古树名木，宜定期对土壤进行 pH、土壤容重、土壤通气孔隙度、土壤有机质含量等指标的测定。若不符合土壤指标要求，且古树名木长势减弱，则应制定相应的改良方案，进行土壤改良。具体操作如下：

a) 扩大树池。树池宜与保护区域等同，树坛应全部拆除。

b) 松土。古树名木保护区域内的土壤有建筑垃圾、生活垃圾和部分废弃构筑物，应予以清理。每年至少进行 1 次松土，松土时采取措施避免伤及根系。条件允许的应设置施肥沟，施有机肥和生物肥，改善土壤的结构和透气性。

c) 种植地被。古树名木下配植的植被要优先选择有益于土壤改良和古树名木生长的地被植物，如白三叶、蔓花生、苜蓿、含羞草、吊兰、麦冬等。

8.4.2.5　有害生物防治

a) 古树名木的有害生物防治要遵循"预防为主、综合防治"的植保方针，加强预测预报，适时防治，合理使用农药，保护天敌，减少环境污染。

b) 园林主管部门应在古树名木所在地设立监测点，根据古树名木数量配备经过专业培训的监测员，负责有害生物发生的动态监测。监测员应做好每周监测记录，包括观察日期、地点、有害生物名称等内容。每月向园林主管部门汇报 1～2 次，针对疫情应及时启动防治预案。

c) 监测人员必须熟悉主要有害生物种类。

d) 有害生物的防治包括物理防治、生物防治、化学防治等。

8.4.3　复壮技术措施

对长势衰弱、濒危的古树名木应进行光、热、水、土壤等状况的调查研究,制定复壮方案,请专家组论证。古树名木的复壮应由有古树名木保护成功经验的城市园林绿化施工单位进行。

按对古树复壮的部位可分为地下部分复壮和地上部分复壮。针对地下部分的复壮技术措施目前主要有换土,埋条,铺梯形砖,地面打孔,设置复壮沟、通气管、渗水井,断根复壮等,以改良土壤结构,增加土壤的通透性,促发新根;地上部分的复壮技术包括气根引导法促根,疏花疏果,防腐与修补,树体加固,树体支撑,桥接等。

8.4.3.1 换土

土壤条件差的古树名木,可采取换土处理进行复壮。换土应分次进行,每次换土面积不超过整个改良面积的 1/4～1/3;在树冠投影范围内,换土深度不少于 1 m;换土时避免损伤根系,及时将暴露出来的根用浸湿的草袋子覆盖,或用含有生长素的泥浆蘸根保护;将原来的旧土与沙土、腐叶土、锯末、少量化肥和生根剂混合均匀之后填埋其上。两次换土的间隔时间为一个生长季。

8.4.3.2 埋条

在树冠投影外侧或用找根法挖沟,埋入同种或同科属植物的健康无病虫害枝叶或竹枝后,同时施入生物肥料,覆土踏平。埋条可结合沟施肥料进行。具体做法是:在树冠投影外侧挖放射状沟 4～12 条,每条沟长 300 cm 左右,宽 40～175 cm,深 200 cm。沟内先垫放 25 cm 厚的松土,再把剪好的果树枝条缚成捆,平铺一层,每捆直径 50 cm 左右,上撒少量松土,同时施入粉碎的麻酱渣和尿素,每沟施麻酱渣 1 kg、尿素 50 g,为了补充磷肥可放少量动物骨头和贝壳等物,覆土 25 cm 后放第二层树枝捆,最后覆土踏平。如果株行距大,也可以采用长沟埋条。沟宽 70～200 cm,深 200 cm,长 500 cm 左右,然后分层埋树条施肥、覆盖踏平。

8.4.3.3 铺梯形砖、地面打孔

为改变土壤表面受人为践踏的情况,使土壤保持与外界正常的水气交换,可在树体中心干基部铺梯形砖,但在铺之前对其下层土壤作与上述埋条法相同的处理,随后在表面上铺置上大下小的特制梯形砖,砖与砖之间不勾缝,便于通气,下面用沙衬

垫。北京采用石灰、沙子、锯末配制比例为 1:1:0.5 的材料衬垫,在其他地方要注意土壤 pH 的变化,尽量不用石灰为好。许多风景区采用带孔的或有空花条纹的水泥砖或铺铁筛盖,如黄山玉屏楼景点,用此法处理"迎客松"的土壤表面效果很好。

对无法拆除地面硬铺装或无法进行大面积换土的,可在树冠垂直投影以内根据根系生长情况酌情打通气孔。通气孔密度每平方米一个,深度 50～200 cm,直径 5～12 cm。可结合观察孔设置。

8.4.3.4 设置复壮沟、通气管与渗水井

通过复壮沟与通气管、渗水井等,改善地下环境,使古树名木根系在适宜的条件下生长。复壮沟应与通气管和渗水井相连,以利透气排水。

复壮沟深 80～100 cm,宽 80～100 cm,长度和形状因随地形而定,采用直沟,半圆形或"U"字形沟均可。沟内可填充复壮基质、各种树条以增补营养元素。复壮沟施工位置在古树树冠投影外侧,从地表往下纵向分层。表层为 10 cm 素土;第二层为 20 cm 的复壮基质;第三层为树木枝条 10 cm;第四层又是 20 cm 的复壮基质;第五层是 10 cm 树条;第六层为粗砂和陶粒,厚 20 cm。

安装的通气管通常为金属、陶土或塑料制品,管径 10 cm,管长 80～100 cm,管壁有孔,外面包棕片等物,以防堵塞。每株树安装 2～4 根,垂直埋设,下端与复壮沟内树枝层相连,上部开口加上带孔的铁盖,既便于开启通气、施肥、灌水,又不会堵塞。

渗水井设置在复壮沟的一端或中间,井深 1.3～1.7 m,直径 1.2 m,四周用砖砌成,下部不勾缝,井口周围抹水泥,上面加带孔的铁盖。渗水井比复壮沟深 30～50 cm,这样可以向井内渗水,以保证古树根系分布层内无积水。雨季水多时,如积水不能尽快下渗,可用水泵抽出。井底有时还向下埋设 80～100 cm 的渗漏管。

8.4.3.5 断根复壮

通过断根的方法刺激新根的发育和生长,可结合施肥在一定的范围内切断根系,促发新根,达到更新复壮的效用。在具体的操作过程中,应根据树形确定断根位置,一般在树冠垂直投影面的边缘进行。断根要在 2～3 年内分步进行,或结合开挖施肥

沟进行断根。断根时保留粗大的支撑根,断根处喷洒生根剂。

8.4.3.6　气根引导法促根

对于气根发达的树种可采用气根引导法进行促根。采用竹筒或塑料袋,将树木茎干上长出的气生根引导到地面。采用竹杆纵劈去节或长条形塑料袋固定气生根下部,竹筒或塑料袋内填入腐殖土和河沙(1∶3)、或黄土、或河沙,包裹须根,然后对树体进行喷雾和灌水、施肥。对于气生根较小或不易形成气生根的树种,采用生根剂拌泥浆包裹皮层诱导生根,气根萌发后将新形成的气根引导到地面。

8.4.3.7　疏花疏果

当植物在缺乏营养或生长衰弱时,常出现多花多果现象,这是植物生长的自我调节。大量消耗营养对古树造成严重的不良后果,可采用修剪方式进行疏花疏果,用生长调节剂或使用化学药剂,如萘乙酸、赤霉素、乙烯利等,进行疏花、疏果,喷药时间以秋末或仲春为好。

8.4.3.8　防腐与修补

1)伤口处理

枝干上因机械损伤、有害生物、冻害、日灼等造成的小于 25 cm^2 的小伤口,应先清理伤口,喷洒 2％～5％硫酸铜溶液或涂刷石硫合剂原液进行伤口处理,清理时避免损伤愈伤组织,待伤口干燥后,再涂抹专用的伤口涂封剂或紫胶漆。小伤口过密的创伤面按大伤口处理。

直径超过 25 cm^2 的大伤口,应采取植皮处理。用锋利的刀刮净削平四周,使枝干的皮层边缘平整后涂生长素,采用同种同样大小的树皮紧贴在伤口处。补贴的树皮要压平压实,涂抹伤口涂封剂后捆紧,定期检查,必要时再次处理直至植皮成活。

2)防腐处理

古树名木树体因破损造成木质部腐烂甚至中空的,应进行防腐处理。用铜刷或铁刷刷除腐朽部位的杂质、浮渣,并喷洒 2％～5％硫酸铜溶液或涂刷石硫合剂原液或多菌灵等其他杀菌剂进行伤口处理。伤口处理应清理到健康部位。预处理伤口后在创面

涂刷防腐固化液 2～3 遍,每遍间隔 2～3 天。涂刷防腐固化液应在晴天、创面干燥的情况下进行。

3)修补处理

(1)预处理

古树名木上因腐烂产生的树穴应进行修补,修补前应做好排水、清创和消毒等工作。

(2)修补方法

树穴修补分为开放法、假填充法和发泡材料填充法等。推荐采用开放法。

①开放法　预处理后进行防腐固化处理,涂防护剂。每年定期进行清腐、防腐固化处理,经常检查洞内的排水情况,防护剂每隔半年涂抹一次。对树穴很大,完全敞开,只剩下周围树皮的古树名木,可采用"丰"字形柱体方式修补,在树穴内竖"一笔"做支撑,横"三笔"做树身的拉靠,在树洞中形成"丰"字状,树洞过大的还可酌情增加支撑横条。

②假填充法　假填充法是介于开放法和填充法之间,适合公园、街道等处古树的修补装饰,可满足树穴修补后必要时打开观察内部生长情况的要求。首先清理树穴并消毒,同时给树穴沿开创边整形。将整形后的树穴边缘树皮切掉 10～15 mm。钉上钢丝网或纱窗,将水泥混合物(加 107 等胶合剂最好)涂在网上,厚度 10～15 cm,干后再涂上一到二层紫胶漆,干透即可。宜与螺纹杆加固法配合进行,具体做法见图 8-1。也可加贴一层棉布,刷一层腰果漆或清漆,如此反复,至 10～15 层。涂封工作完成后应在表面涂上树皮色纹或年轮色纹进行装饰,再涂紫胶漆等防水涂料进行防护。

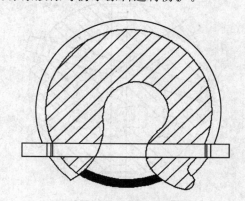

图 8-1　假填充示意图

③发泡材料填充法　发泡材料填充法是利用低温发泡剂(聚氨酯泡沫)良好的伸缩性能和耐久性能进行填充的一种方法。清理、消毒树穴和整修穴口形状后,削去穴口边缘树皮1 cm宽,盖上铝板等覆盖物密封洞穴,上留一孔。从孔中注入聚氨酯发泡剂,直至发泡剂溢出,待其硬化后,取下覆盖物,用刀削成所需形状,其表层应在形成层之内,涂上伤口涂封剂或树漆。

8.4.3.9　树体加固

1)螺纹杆加固法

螺纹杆直径1～2 cm。树体劈裂处打孔,螺纹杆穿过树体,两头垫铁片和橡胶圈,拧紧螺母。螺栓及垫片应与树干木质部紧密结合,以达到加固和以后愈合体遮盖螺栓的目的。具体做法见图8-2。中间镂空的螺纹杆应涂防锈漆防止生锈。大树穴可每隔30～80 cm用螺纹杆重复加固,但上下杆要错开,避免伤害同一方位的输导组织。伤口应及时消毒,涂上紫胶漆等伤口涂封剂。加固处理后的树穴可覆盖钢丝网等防护。

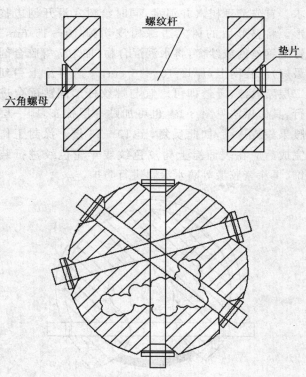

图8-2　螺纹杆加固法

2)铁箍加固法

主干有裂缝的,用2个半圆铁箍固定,铁箍与树干间用塑胶等软性材料铺垫,详见图8-3。

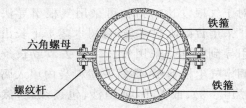

图8-3　铁箍加固法

8.4.3.10　树体支撑

对树干严重中空、树体明显倾斜或易遭风折的古树名木,应采用支撑加固法。支撑柱的造型和材质设计应符合古树名木的整体造景需要。

支撑可分为硬支撑、螺纹杆加固支撑法和拉纤等。

1)硬支撑

在树干或树枝的重心上方,选择受力稳固的点作为支撑点;支柱顶端的托板与树体支撑点接触面要大,托板和树皮间垫有弹性的橡胶垫,支柱下端应埋入水泥浇筑的基座里,基座应埋入地下。

2)螺纹杆加固支撑法

螺纹杆加固支撑点一般在树干或树枝的重心上方,具体应根据树干、树龄、材质、结构(空穴)和摇动幅度等确定。支撑杆的粗细要依其所要支撑的重量并参考本地最大的风压和雨荷值来确定。螺纹杆加固支撑形式有固定式、伸缩式、套管式,见图8-4至图8-6。

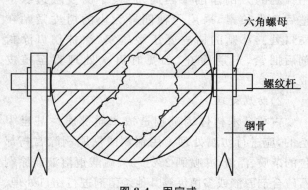

图8-4　固定式

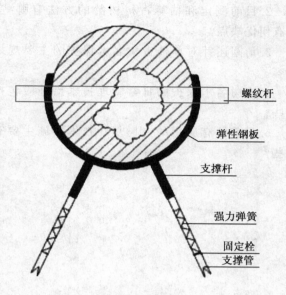

图 8-5 伸缩式

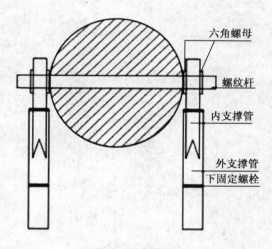

图 8-6 套管式

3)拉纤

拉纤分为硬拉纤和软拉纤。

硬拉纤常使用直径约 6 cm,壁厚约 3 cm 的钢管,两端压扁后打孔。铁箍常用宽约 12 cm,厚 0.5~1 cm 的扁钢制作,对接处打孔。钢管和铁箍外涂防锈漆,再涂与树木颜色相似的色漆。安装时将钢管的两端与铁箍对接处插在一起,插上螺栓固定,铁箍与树皮间加橡胶垫。详见图 8-7。

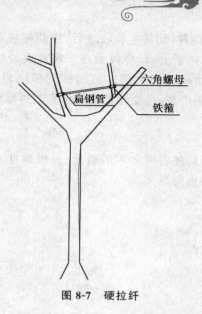

图 8-7 硬拉纤

软拉纤采用直径 8~12 mm 的钢丝,在被拉的树枝或主干的重心以上选牵引点,钢丝通过铁箍或者螺纹杆与被拉树枝(干)连接,并加橡胶垫固定,系上钢丝绳,安装紧线器与另一端附着体套上。通过紧线器调节钢丝绳松紧度,使被拉树枝(干)可在一定范围内摇动。随着古树名木的生长,要适当调节铁箍大小和钢丝松紧度。详见图 8-8。

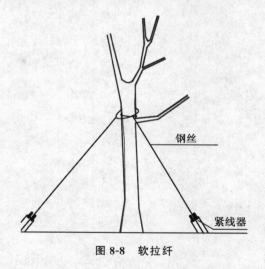

图 8-8 软拉纤

8.4.3.11 桥接

对树势衰弱或基部中空的古树名木,可采用桥接法恢复生机。在需要桥接的古树名木旁种植 2~

3株同种幼树,幼树生长旺盛后,将幼树枝条桥接在古树名木树干上,即将树干在一定高度处将韧皮部切开,将幼枝的切面与古树的韧皮部贴紧,用绳子扎紧,定期检查,必要时重新操作直至桥接成功。

思考题

1.请简述古树名木的概念、分级标准及古树名木保护的重要意义。

2.目前测定和估算古树树龄的方法有哪些?各有何优缺点?

3.请阐述针对单株古树名木保护的主要规划内容。

4.古树名木保护的日常管理技术措施应包括哪些?

5.目前已有应用的古树复壮技术措施主要有哪些?

第9章

避灾绿地规划

21世纪以来,世界各地频繁发生的地震、洪涝等灾害给人类带来巨大灾难。不断爆发的灾害给城市的社会、经济发展造成巨大的损失。城市灾害的频发,已经成为全世界关注的焦点,加强防御、控制城市灾害,增强城市综合防灾、减灾、抗灾、救灾能力是当今国内外城市避灾工作的重点。历史上大的地震灾害证明,城市绿地作为城市的柔性开敞空间,在避灾减灾中发挥着特殊的作用,是城市综合防灾、减灾、救灾体系的重要组成部分。

本章主要了解灾害发生概况与城市避灾绿地体系建设现状,掌握避灾绿地规划的主要指标、布局、分类规划及避灾绿地设施规划、植物规划的内容及要求。

9.1 灾害发生概况与城市避灾绿地体系建设现状

9.1.1 灾害的分类

灾害指对生态环境、人类社会物质和精神文明,尤其是人们的生命财产等造成危害及损失的事件的总称。依据导致灾害的主要因子划分为自然灾害与人为灾害两大类,其中自然灾害包括生物灾害、气象灾害、海洋灾害、地质灾害等;人为灾害则包括火灾、事故、战争等;此外,地面破坏、水土流失、酸雨、大气污染等大多是人为造成的自然灾害,既属于自然灾害,又属于人为灾害。目前,城市中的突发灾害大部分是因为自然本身进化再加上人类开发等产生的负面影响造成的。

9.1.1.1 地震

地震又称地动、地振动,是地壳快速释放能量过程中造成振动,其间会产生地震波的一种自然现象。地球上板块与板块之间相互挤压碰撞,造成板块边沿及板块内部产生错动和破裂是引起地震的主要原因,当前人类的技术对于地震无法准确预期。

1)地震的分类

(1)按震源放出的能量大小划分

震级是表征地震强弱的量度,是划分震源放出的能量大小的等级。地震震级分为9级,一般小于2.5级的地震人无感觉,2.5级以上人有感觉,5级以上的地震会造成破坏。震级单位是"里氏",通常用字母M表示。震级与地震所释放的能量有关。释放能量越大,地震震级也越大。震级每相差1.0级,能量相差大约32倍;每相差2.0级,能量相差约1 000倍。也就是说,一个6级地震相当于32个5级地震,而1个7级地震则相当于1 000个5级地震。

(2)按破坏程度分类

我国大多按破坏程度将地震分为以下4类:

一般破坏性地震:造成数人至数十人死亡,或直接经济损失在一亿元以下(含一亿元)的地震。

中等破坏性地震:造成数十人至数百人死亡,或直接经济损失在一亿元以上(不含一亿元)、五亿元以下的地震。

严重破坏性地震:人口稠密地区发生的七级以上地震、大中城市发生的六级以上地震,或者造成数百至数千人死亡,或直接经济损失在五亿元以

上、三十亿元以下的地震。

特大破坏性地震:大中城市发生的七级以上地震,或造成万人以上死亡,或直接经济损失在三十亿元以上的地震。

2)地震活动在时间上的分布

地震活动在时间上的分布是不均匀的:一段时间发生地震较多,震级较大,称为地震活跃期;另一段时间发生地震较少,震级较小,称为地震活动平静期;表现出地震活动的周期性。每个活跃期均可能发生多次七级以上地震,甚至八级左右的巨大地震。地震活动周期可分为几百年的长周期和几十年的短周期;不同地震带的活动周期也不尽相同。

3)地震活动在空间上的分布

中国的地震活动主要分布在 5 个地区,分别是:台湾省及其附近海域;西南地区,包括西藏、四川中西部和云南中西部;西部地区,主要在甘肃河西走廊、青海、宁夏以及新疆天山南北麓;华北地区,主要在太行山两侧、汾渭河谷、阴山—燕山一带、山东中部和渤海湾;东南沿海地区,主要在广东、福建等地。

从中国的宁夏,经甘肃东部、四川中西部直至云南,有一条纵贯中国大陆、大致呈南北走向的地震密集带,历史上曾多次发生强烈地震,被称为中国南北地震带。2008 年 5 月 12 日汶川 8.0 级地震就发生在该带中南段。该带向北可延伸至蒙古境内,向南可到缅甸。

9.1.1.2 其他地质灾害

1)滑坡

在地势不平坦、坡度大、降雨量大的山区易发生山体滑坡。滑坡过程一般立刻就能完成,有的也存在长时间的过程。大规模的滑动过程基本都是较为缓慢、长时间或间断性滑动。滑坡对城市的交通运输、水利水电工程、工矿企业等造成严重危害。我国西南地区滑坡有频率高、规模大、速度快、破坏性强等特点,并且整体的防治较为困难。滑坡灾害所引起的次生灾害,如洪水、淤积污染等,可造成更大范围的影响和更严重的损失。

2)泥石流

泥石流是指在山区或者其他沟谷深壑、地形险峻的地区,因为强烈的自然灾害或人为大量长期砍伐森林,使山体滑坡并携带有大量泥沙及石块的特殊洪流。因为泥石流的突发性以及速度快,并且所携带的物质多等因素,容易冲进居民点,摧毁建筑及场所设施,破坏性强烈,造成灾害。

3)火灾

火灾是指在时间或空间上失去控制的燃烧。在各种灾害中,火灾是最经常、最普遍地威胁公众安全和社会发展的主要灾害之一,也是地震灾害发生后最容易发生的次生灾害。火灾在发生的同时会对生态环境造成不同程度的损坏,火灾所造成的间接损失往往比直接损失更为严重,至于森林火灾、文物古建筑火灾造成的不可挽回的损失,更是难以用经济价值计算。

9.1.2 国内外灾害概况

仅 21 世纪以来,世界各地频频发生的地震给人类带来巨大的灾难。地震及其次生灾害使人类的生命财产安全受到严重的威胁,给城市的社会、经济发展带来巨大的损失,如:2004 年 12 月 26 日印度尼西亚发生里氏 9.1 级强烈地震,地震随后引发的印度洋海啸几乎横扫了印度洋沿岸数千千米内的城镇村庄,23 万人在此次灾难中遇难。2005 年 3 月 28 日印度尼西亚苏门答腊岛北部发生里氏 8.6 级强烈地震,约 1 300 人死亡。同年 10 月 8 日,巴基斯坦控制的克什米尔地区发生里氏 7.6 级地震,造成 7.3 万多人死亡,数百万人无家可归。2008 年 5 月 12 日中国汶川 8.0 级强烈地震造成重大人员伤亡和经济损失,约 6.9 万人遇难,逾 37 万人受伤,直接经济损失 8 451.4 亿元。2010 年 2 月 27 日智利里氏 8.8 级强烈地震,并引发海啸,802 人死亡,近 200 万人受灾,经济损失达 300 亿美元。2010 年 4 月 14 日中国玉树 7.1 级地震,2 000 多人遇难,6.5 万人受灾,直接经济损失 6.7 亿元。2011 年 3 月 11 日日本东北部海域发生里氏 9.0 级强烈地震并引发海啸,1.8 万人死亡,直接经济损失约 2 000 亿美元。

9.1.3 国内外避灾绿地体系建设现状

1)避灾绿地体系建设概况

加强防御、控制城市灾害,增强城市综合防灾、减灾、抗灾、救灾能力是当今国内外城市避灾工作的重点。历史上大的地震灾害证明，城市绿地对避灾减灾发挥着特殊作用，城市绿地是城市综合防灾减灾、救灾体系的重要组成部分。

日本是一个地震多发国家，有丰富的灾后避难疏散经验。日本政府为推动城市防灾绿地的规划和建设提供了足够的法律保障。1956—1999 年，日本先后出台了《城市公园法》、《城市绿地保全法》、《紧急建设防灾绿地计划》、《城市公园法实施令》、《防灾公园计划和设计指导方针》及《东海地震对策大纲》等一系列法规文件，就防灾公园的定义、功能、设置标准、有关设施以及规划设计、建设和管理问题等作了详细规定和论述。日本政府还注重提供防灾公园建设财政支持。1995 年阪神-淡路大地震之后，兵库县建设防灾公园和绿地的费用都由国家和地方政府承担。

日本通过对城市安全建设的研究，建设了很多具有实际意义的防灾公园，探索出了一套完善的防灾体系。日本制定了严格的法律法规，用于对防灾公园配套防灾设施及避难场所的保护和管理。以防灾公园为例，防灾公园的应急水源管道深埋地下，一旦灾害发生，可以保证避灾人员的日常饮水，同时还建设了临时净水装置，应急厕所，药品、日用品仓库等用于满足避灾人员的基本生活；利用绿地内部构筑物设置通信设备，以便指挥中心进行防灾减灾活动的安排等；防灾公园具有全国统一的避难场所标识，一旦灾害发生，可指示市民紧急疏散到最近的防灾公园避难。

美国是一个幅员广大，人口、地理及气候条件有大区域性变化的国家。从 20 世纪初开始，美国芝加哥、旧金山、洛杉矶地区发生了一系列地震和火灾。当地政府开始有关城市抗震防灾方面的研究，并颁布了一系列的建筑和规划法规。其中洛杉矶市开展了震害预测并编制了震后重建计划，根据地震的特性，为洛杉矶区域的每个县制定了抗震防灾规划。芝加哥在灾后重建中通过规划公园绿地系统提高城市抵抗自然灾害能力的规划方法和思想，成为后来防灾型绿地系统规划的先驱。由于美国国土广阔、人口稀少，有条件将城市适当分散布置。

因此，美国在城市防震减灾上以加强避震、降低损失为主，根据潜在危险性的大小制定土地利用规划，避免使用地震危险区、地震带土地，在城市中留出大量开敞绿地空间，作为紧急避震疏散场所。

在我国，北京市于 2001 年颁布的《北京市实施〈中华人民共和国防震减灾法〉办法》中规定，在城市规划和建设中考虑地震发生时人员紧急疏散和避险的需要，预留通道和必要的绿地、广场和空地；2002 年通过的《北京市公园条例》规定了公园应具备防灾避险功能；2003 年建设部通过并正式施行的《城市抗震防灾规划管理规定》中第九条指出，制定城市抗震防灾规划应当包括市、区级避震通道、避震疏散场地（如绿地、广场等）和避难中心的设置与人员疏散等。在以上法规制度的指导下，北京、广东等城市相继出台了地方防震减灾的相关制度，并积极建设避灾绿地，如：2003 年 10 月建成了国内第一个真正意义上的防灾公园——北京元大都城垣遗址公园；2004 年 3 月 1 日起施行的《广东省防震减灾条例》也规定："城市生活小区应当规划、设置发生地震时用于居民避难的场所，并设立明显标志"。2004 年国务院下发的《关于加强防震减灾工作的通知》（国发〔2004〕2 号）明确指出"要结合城市广场、绿地、公园等建设，规划必需的应急疏散通道和避险场所，配置必要的设施"。2005 年制定的《北京中心城区地震及其他灾害应急避难场所（室外）规划纲要》中明确将八大城区的部分公园绿地改造为配有应急避险设施的真正意义上的避灾疏散场地。汶川"5·12"特大地震后，住房和城乡建设部于 2008 年 9 月 16 日发布了《关于加强城市绿地系统建设 提高城市防灾避险能力的意见》（建城〔2008〕171 号），就城市绿地系统在防灾避险方面的作用、规划、建设、设施维护及防灾避险工作的组织领导 5 个方面提出了具体意见、指导方针和要求。2010 年国务院发布《国务院关于进一步加强防震减灾工作的意见》第十七条规定：要大力推进应急避难场所建设，各地区要结合广场、绿地、公园、学校、体育场馆等公共设施，因地制宜搞好应急避难场所建设，统筹安排所需的设备设施。人员密集场所要设置地震应急疏散通道，配备必要的救生避险设施。

2)我国避灾绿地建设存在的问题

我国多年来自然灾害频发,虽然国家各级行政管理部门对综合防灾体系及避灾绿地的建设问题不断重视,但是对避灾绿地的功能性建设还处在起步阶段。处于学习国外已较成熟的研究建设成果的阶段,结合我国国情探索适宜的避灾绿地规划建设体系,但还未形成成熟的,符合我国基本国情的规划、建设和管理体系。

避灾绿地规划建设体系及相应标准不健全,缺乏整体研究。我国部分城市出台过关于绿地避灾规划的地方性法规,但还没有针对避灾绿地的国家层面的规范标准,造成我国城市避灾建设标准不统一、规划不合理等问题,城市绿地系统规划与避灾绿地规划结合不足,未能让城市避灾绿地在绿地系统规划中得到完善的规划与发挥避灾功能。

按规划建设的避灾绿地用于各个功能区的基本应急配套设施不完善,或建设初期建成的避灾设施由于管理维护不到位,逐渐丧失避灾功能。大多数县城及县级市甚至地级市的大多数避灾绿地虽然设立了避灾设施标识牌,但未见相应的避灾设施,不能发挥相应的避灾功能。

居民对城市绿地的应急避灾功能不甚了解。与其他国家相比,我国避灾系统起步较晚,起点较低,宣传、教育和避灾演练均没有全面普及,人们的避灾意识差,尤其对避灾绿地的保护和合理运用等方面存在较大差距。

9.2 避灾绿地概况

9.2.1 避灾绿地规划建设的意义

1)避灾绿地的功能

避灾绿地是灾难发生后,通过紧急避灾疏散通道,引导避难人员进入,为灾民提供最佳的避灾路线和避难点,进行灾后救援,减少灾难对城市造成的损失,同时在灾难发生后期为城市重建提供生活基地的城市绿地空间,通常以公园绿地为主。

避灾绿地是突发灾难时提供灾民临时紧急避灾、灾后一段时间避灾和集中救援的最为重要的场所。其功能主要体现在以下几个方面:

(1)安全疏散受灾民众

大地震时,城市各类建筑几近全部倒塌或受损,严重的地震发生后往往余震不断,使各种建筑受到进一步损坏,甚至造成人员的再次伤亡。迅速将灾民从建筑物中或建筑密集区域疏散到空旷场地,可大大减少人员伤亡。开敞的城市绿地绿化面积大,建筑物密度极低而建筑低矮,是安全疏散受灾民众的理想场所,尤其大多数公园绿地是居民的主要紧急避灾场所。

(2)阻止火灾蔓延

开阔空间中的植物能够对火势蔓延起到抑制作用,其效力比人工灭火高。植物的树干枝叶含大量水分,燃点高,许多植物不易燃而具有防火功能,即使叶片全部烤焦,也不会产生火焰,因此一旦发生火灾,火势蔓延至大片绿地时,可以因绿色植物的不易燃而得到控制和阻隔。

(3)是灾后实施救援的基本场所

地震发生后,救援工作需第一时间迅速、有序、高效地开展,才能最大限度地减少人员伤亡和经济损失。开敞的绿地空间便于迅速搭建帐篷供紧急指挥中心、紧急医疗救助中心等开展救援工作,实施救援、救护、医疗活动,使受伤群众得到及时的救护和治疗。

(4)提供救灾物资的贮存和发放场地

地震发生后,为受灾群众及时提供饮用水、食品、衣物、帐篷等各类救灾物资,是解决灾时灾后基本生活问题的首要任务。城市绿地一般都位于城市交通节点处方便通行的地方,便于救灾物资的运送、暂存和发放。为保证救灾物资快速运输,空投成为救灾物资运输的主要方式之一,绿地开敞空间可以提供救援直升机的起降和物资投放、贮存和发放的场地,因而成为地震后救援物资运输、发放和暂时保管的重要场所。

(5)信息交流的场所

地震发生后,受灾民众与亲人、朋友等失去联系,往往处于恐慌和无助状态,需要外界的及时安抚和信息沟通。空间开阔的绿地可成为各级政府部门向受灾群众提供各类灾害信息、救援进展信息和心理咨询服务及受灾群众聚会和交换信息的场地,可及时向受灾群众提供各类信息。

(6)为受灾民众提供基本的生活条件

严重的地震发生后,很多建筑倒塌或成为受损的危房,居民失去居住场所。城市绿地地势开敞,乔木又有一定的心理庇护效果,并利于搭建简易帐篷和板房,绿地中的水体可供灾民紧急生活用水,绿地中的某些植物的花、果、嫩梢、嫩叶、树皮或树根等甚至可以食用充饥,保存生命。如1976年唐山里氏7.8级的大地震中建筑几乎全部倒塌,政府在市区三个公园内共搭建简易住房670户,解决了部分灾民的临时居住;日本阪神地震一周后,作为避难所的94处公园内帐篷数量达到1 138个。

2)避灾绿地规划建设的意义

随着城市建筑和人口的高度集中,城市遭受地质、气象、环境卫生等多种灾害威胁的形势日益严峻,城市绿地作为城市中有生命的柔性空间,在城市发生灾害后,可以临时安置城市避难居民,同时作为医疗救护的基地救助伤员,对于城市灾后救援、家园重建等具有重要的作用。国内外历史上几次大的地震灾害中城市绿地对避灾减灾做出的贡献,使城市绿地在城市综合防灾减灾、救灾体系中的重要作用越来越得到公认。

城市避灾绿地体系的研究对增强城市防灾功能,提供必要的疏散通道和避难空间,保护城市和城市居民生命财产安全具有重要的意义。同时,城市避灾绿地在防止火灾发生、延缓火灾蔓延、临时避难急救、多功能蓄洪分洪、作为城市重建的据点等方面拥有其他类型的城市用地无法比拟的优势。

城市避灾绿地规划是城市绿地系统规划的重要内容之一,与城市的总体规划、综合防灾规划充分地协调和融合,也是具体避灾绿地地块规划设计的依据。城市避灾绿地的规划依托于城市绿地系统规划,但也可以对城市绿地系统规划的合理性进行一定程度的反证,突出防灾避险功能的同时对城市绿地系统成果进行深化和完善。因此,应该从功能上重新衡量城市绿地的避灾作用,建立完善的城市避灾绿地体系,把城市绿地的避灾功能建设深入贯彻到城市绿地规划与建设的实践中。

9.2.2 避灾绿地体系分类

日本防灾公园体系分为六大类:防灾活动据点、广域防灾据点、广域避难场地、紧急避难场地、避难道路、缓冲绿地,每类均规定了相应的建设标准和规划要求。我国尚未出台全国统一的避灾绿地规划建设方面的标准或规范,尚无避灾绿地的分类标准或规范。北京、深圳、广州等城市针对本市的避灾场地的分类不尽相同,参考已出台避灾绿地规划建设地方规范的城市,并结合相关学者对避灾绿地分类的研究,本书认为避灾绿地体系由避灾绿地、其他避灾资源、疏散通道、缓冲隔离绿带四大类构成较为合理,具体如下:

1)避灾绿地

(1)紧急避灾绿地

紧急避灾绿地是灾害发生时人们第一时间就近避难的城市绿地,就近紧急避灾可以有效地减少人员在避难转移过程中受到的伤害,是整个防灾避难体系的重要环节,场地应满足人员临时站立及疏散的基本空间,多为人员密集区的规模相对较小的街旁绿地、小游园、居住区公园等,规模不宜小于0.5 hm^2,避灾的人口承载容量以能满足人基本的肢体活动空间,包括站立、蹲坐、躺睡等基本活动为准,人均有效避灾面积不小于2 m^2,服务半径$300 \sim 500 \text{ m}$,步行$3 \sim 5 \text{ min}$可达,避灾时间在一天之内。$300 \sim 500 \text{ m}$服务半径内的固定防灾绿地和中心防灾绿地,应兼做紧急避灾绿地。

(2)固定防灾绿地

固定防灾绿地是灾害发生后供片区进行集中救援和居民较长时间避难的重要场所,在灾难发生时作为避难人员灾后生活以及灾后重建家园期间生活的基地,应能够满足安置避难人员1个月甚至更长时间的基本生活条件。如果由公园承担固定防灾绿地的功能,也可将固定防灾绿地称为固定防灾公园。避灾的人口承载容量以能满足人基本生活空间为准,人均有效避灾面积应不小于3 m^2,考虑灾难救援后期,固定防灾绿地作为灾后重建的主要基地,避难人员依靠避灾绿地进行恢复重建,人均有效避灾面积可以根据实际条件提高。服务半

径为 1 000～2 000 m,步行到达时间在 30 min 以内,灾害发生时与中心防灾绿地共同构成为市民提供避灾场地的大型避难场所。可根据情况按城市的人口数量和人口密度设置固定防灾绿地的数量和位置。

（3）中心防灾绿地

中心防灾绿地是灾害发生时指挥全市救援的重要场所,全市的救灾及灾后重建指挥中心。一般以中心防灾绿地为基地,也是避难人员灾后生活以及灾后重建家园期间生活的基地。以容量较大的市级综合公园为主,可以整合周边相邻的开敞绿地空间共同构成,为多个居住区的受灾人群服务。如果由公园承担中心防灾绿地的功能,也可将中心防灾绿地称为中心防灾公园。人均有效避灾面积应比固定防灾公园高,以不小于 4 m² 为宜,服务半径根据绿地人口承载量确定,一般为 2 000～3 000 m,到达时间 0.5～1 h。中心防灾绿地除了拥有固定防灾绿地的功能外,是统一指挥全市的救灾中心,一个城市设置一个,平时作为防灾救灾人员的教育培训基地。

2）其他避灾资源

城市内除公园绿地以外可用于灾时紧急避难的各类开敞性附属绿地,如单位、小区内的开敞空间,学校操场,大型体育场地等用地。

3）疏散通道

疏散通道是灾时灾民通达紧急避灾绿地以及不同等级避灾绿地之间的疏散道路以及救灾人员进入城市内部的通道。疏散通道基于合理的道路路网规划建设,对灾害发生后受灾群众避灾发挥着重大的作用,同时也直接关系到疏散速度以及灾后政府部门救助工作的速度。参照国内外经验,一般将城市疏散通道分为两类:

（1）救灾通道

是连接城市出入口、固定防灾绿地及中心防灾绿地的主要救援通道,是城市避险救灾活动的重要保证。由城市对外交通干道和主干道构成。救灾通道的宽度必须保证消防、救援车辆以及物资器材运输车的正常通行,同时也需要考虑配备相应的备用次干道。

（2）避灾通道

避灾通道是通向紧急避灾绿地以及连接城市紧急避灾绿地和固定防灾绿地及中心防灾公园之间的城市通道。一般由城市次干道及支路构成。

为保证避灾、救灾的有序进行,避灾通道和救灾通道不重合,但避灾通道与救灾通道应连接,共同构成完整的应急避灾疏散通道网。每个避灾场地必须至少与两条疏散通道相连接,以保证避灾救灾通道的畅通。

4）缓冲隔离绿带

缓冲隔离绿带是为预防火灾或隔离爆炸危险源等所设置的具有防护功能的绿带。城市中历史文化街区内木结构的建筑、加油站、储气站、粮油储备仓库等均属于易燃易爆危险源,规划时应按照灾害源的种类和分布、需要重点保护的区域等配备缓冲隔离绿带。

9.3 避灾绿地建设指标体系构建

一套完整的避灾绿地体系应包括功能结构体系和建设指标体系。功能结构体系包含管理指挥、避灾场所、疏散通道、应急设施、宣传教育等,根据其所应发挥的功能可以构建为"点-线-面"的城市避灾绿地体系:点——不同等级的避灾绿地;线——城市内部疏散通道和外部救援通道;面——避灾绿地和疏散通道共同构成的救灾网络。建设指标体系则包含环境安全指标和定量化指标两类,主要内容为避灾绿地选址标准、避灾绿地有效避灾面积、人均有效避灾面积、避灾绿地人口最大承载量、避灾设施配备指标等。

9.3.1 避灾绿地选址标准

因不同城市的实际情况差异很大,衡量各类避灾绿地选址可行性的指标体系应综合考虑地形、自然生态、城市建设选址及用地规模、自然灾害的类型与危害程度、避难交通组织和可达性、避灾绿地建设工程技术难度等因素后确定。

9.3.2　避灾绿地有效避灾面积

避灾绿地有效避灾面积是指避灾绿地扣除不适合避灾的空间后的有效避灾空间的面积,如应该扣除地表水体、湿地、园林建筑、小品、乔木和灌木等所占地面面积,坡度大于 8°的地面空间,以及避灾绿地边缘的防火隔离带等。

避灾绿地的有效避灾面积小于绿地的占地面积,并与绿地的配置模式、基础设施、服务设施的设置等有关,在公园绿地中有效避灾绿地面积为公园占地总面积的 30%～65% 不等。

9.3.3　人均有效避灾面积

人均有效避灾面积是满足避灾人员在应急避难场所中紧急避难和基本生活的最小空间。参照《城市抗震防灾规划标准》(GB 50413—2007)、《北京中心城区地震及应急避难场所(室外)规划纲要》等要求,并根据人体心理学、人体行为学等相关理论,紧急避灾绿地人均有效避灾面积一般不应小于 $2 m^2$,固定防灾绿地人均有效避灾面积一般不小于 $3 m^2$,中心防灾绿地人均有效避灾面积一般不小于 $4 m^2$。

9.3.4　避灾绿地人口最大承载量

避灾绿地人口最大承载量指在有效避灾面积内,一定物资储备的情况下,所能容纳的最高避灾人数。

灾难发生时,如果避灾人数超过避灾绿地最大承载量,大量避难人员进入避灾绿地内,就会造成物资储备不够,人均有效避灾面积减少,人员拥挤,棚宿区、应急医疗救护与卫生防疫等应急设施无法满足避灾人员需求,甚至导致人员的哄抢、拥挤踩踏等次生灾害,影响救灾功能的有效发挥。对于同一城市,不同区域受到灾害的危害程度可能不同,在对城市避灾人数的预算上不宜将所有的城市人口纳入承载量计算,若城市某些区域受灾害影响较小,受灾人员可选择就近的道路或邻近的小广场躲避灾害,不用进入避灾绿地避灾。

根据张孝奎在城市规划中固定防灾避难人口

估算研究,结合李树华等专家避灾救援实际工作的经验,对避灾绿地最大承载量的规划,取所在服务半径区域内总人口的 80%～85% 作为应承载的避难人数进行救灾设施与物资的储备,满足避灾人员的需要。在避灾绿地的规划中,应根据避灾绿地最大承载量,综合人口分布以及避灾绿地的服务半径进行合理规划。

9.3.5　避灾设施配备

不同类型的避灾绿地满足不同避灾时间和避灾人数,所需的设施不同。

1)紧急避灾绿地设施

满足人员站立及疏散的基本空间,多为毗邻居住区、办公区、商业区等人员密集区人员提供紧急避灾的规模相对较小的街旁绿地、小游园、居住区公园等,服务半径 300～500 m,以提供应急等短时间避灾场所为主,应配有应急供水、供电、消防、临时厕所、指示标识等基本设施,通常设置不小于 4 m 宽的疏散通道两条以上。

2)固定防灾绿地设施

灾后至数月内使用,是满足简易帐篷搭建,供避灾、救援及恢复重建期间维持基本生活的空间。根据实际情况以选择规模 5～50 hm^2 或面积更大的公园绿地为主。人均有效避灾面积为 $3 m^2$ 以上,服务半径为 1 000～2 000 m,园内有灾时搭建帐篷的开阔场地——棚宿区,以及应急水电、厕所、医疗救护场所、救灾物资贮存场所等,通常设置不小于 7 m 宽的疏散通道,保障消防车、救护车和物资器材运输车等的通行要求。

3)中心防灾绿地设施

灾后至数月内使用,中心防灾公园是全市救灾和恢复重建期间的指挥中心,也是满足简易帐篷搭建,供避灾、救援及恢复重建期间维持基本生活的空间,规模不宜小于 30～50 hm^2,即便绿地四周发生严重大火,位于公园中心避难区的避难人群依然安全,服务半径为 2 000～3 000 m,园内设有防灾指挥中心、医疗救护场所、信息中心、救援部队营地、棚宿区、物资储备场所、应急停机坪等。

9.4 避灾绿地布局

9.4.1 避灾绿地布局原则

1）综合协调原则

避灾绿地作为城市重要的防灾避险场所，规划建设应与城市综合防灾规划相协调，符合综合防灾规划的要求。城市可提供作为避难场所的用地除绿地外，还包括广场、体育场、停车场、学校操场等开阔空间，这些用地共同构成了城市防灾空间，避灾绿地规划应与这些避难场所规划统筹进行，共同形成城市综合防灾体系，系统发挥各类场所的避灾功能。

历史文化遗产、文物保护单位也是保护对象，因此其保护范围内不适宜作为避难场地使用。动物园因饲养猛兽等，也不宜作为避灾场所。

2）安全性原则

避灾绿地应当考虑安全可达性，远离高层建筑物及高耸构筑物、有毒气体储放地、易燃易爆的化学物品、核放射物、高压输变电线路设施等，避开地震断裂带、岩溶塌陷区、软土层、洪泛区、塌方区、矿山采空区、场地容易发生液化的地区以及地震次生灾害源等。

优先选择地质结构稳定，地势平坦、空旷，地势略高、易于排水，交通便利，适宜搭建临时建筑或帐篷、进行救灾活动的区域。

保证各疏散通道畅通，通过相互联系的各级疏散通道使居民能够安全迅速地逃生、疏散以及避难。

3）因地制宜、合理布局原则

在一般的城市绿地尤其是公园绿地规划中，往往考虑居民的出行距离，强调绿地的服务半径；而避灾绿地的主要功能是防灾避险，因此布局上除考虑其合理的服务半径，保证灾害发生时居民能就近找到紧急避灾的绿地外，还应从绿地服务人口的数量出发，确定合理的绿地面积。服务范围的确定宜以周围或邻近的社区、居民委员会和单位划界，这样便于避灾绿地的管理与有组织地疏散。

4）分级布局避灾功能原则

避灾绿地布局以能够迅速接受灾民疏散避难，并确保避难灾民安全，避免震后次生地质灾害和火灾等危害，以及方便政府开展救灾工作为原则。在建设避灾绿地时，应根据场地最大人口承载量及周边环境的不同，以"分级布局"原则，因地制宜，建设不同面积、不同等级、不同设施配备，功能各异而又相互补充的避灾绿地体系。

5）"平灾结合"原则

大量的城市用地如果建设成为仅具单一避灾功能的绿地，显然会造成城市建设用地的浪费，因此避灾绿地规划应与城市公园绿地、附属绿地等规划统筹进行，掌握平时利用和灾时保障之间的平衡点，做到既有利于满足平时居民的游憩需求、城市景观和生态建设的需要，又有利于灾时对公园绿地和附属绿地的利用，即平灾结合。

9.4.2 避灾绿地按避灾功能的布局

避灾绿地体系按功能布局一般采取"核、心、点、通道纵横交错"的形式布局。

核：指进行全市救灾指挥、急救、重建家园等各种减灾活动的中心防灾绿地，一般以大型综合公园结合广场及周边单位附属绿地布局，应位于交通便捷的地段，应与两条以上城市主干道或对外交通干道相连。

心：指灾后分管各片区救援、临时安置等各种灾后活动的固定防灾绿地，一般以综合公园、社区公园、专类公园等因地制宜地结合单位、学校等附属绿地布局。

点：指分布广泛，满足 3～5 min 可达，服务半径 300～500 m 的小型紧急避灾绿地，一般为居住区内的街旁绿地，学校操场等开敞绿地。

通道纵横交错：指救灾通道和避灾通道分开设置，并构成的纵横交错的网状疏散通道。

9.4.3 避灾绿地按片区和到达时间的布局

按避灾绿地服务范围和区域划分为不同的片区，按 5 min 内能够到达一处避灾绿地，30 min 内能从紧急避灾绿地到达片区内的固定防灾绿地或中心防灾绿地为布局依据。明确各区内各类避灾绿地的性质、规模、功能作用，并充分发挥各类绿地相互补充、相互加强的系统功能，进一步提高绿地的利用率，增强城市防灾避险能力。

9.5 避灾绿地分类规划

9.5.1 紧急避灾绿地规划

紧急避灾绿地是分布最均衡，数量最多，形式最广的一类绿地。

灾害突发时，紧急避灾绿地作为附近居民自救的第一安全场所和转移至固定或中心防灾绿地的中转地，由居民生活中使用最频繁的居住区公园、小区游园、街旁绿地，市政广场以及其他避灾空间，如：停车场、体育场、学校操场、开敞的单位附属绿地等共同构成，可考虑和周边的公共设施及其他设施共用。紧急避灾绿地人均有效避灾面积为 2 m^2，服务半径 300～500 m，至少容纳 500 人，步行 5 min 内到达。除重点规划的紧急避灾绿地外，其他不具备主动防灾能力的绿地，内部不再设置防灾设施，仅作为防灾据点，该类防灾据点面积一般不小于 0.2 hm^2。选择规模不小于 1 hm^2 的绿地作为重点紧急避灾场所，并设有应急供电、应急供水、消防、应急物资、指示标识等设施。

场地要求：紧急避灾绿地应交通便利，与两条以上避灾通道连接；有一个或一个以上的双向交通出入口，并设置无障碍通道；场地内应设置环形通道，通道的宽度不宜小于 4 m。保持绿地的开敞性，不得修建任何形式的围墙。绿地周边若存在潜在火灾源，设置防火隔离带，宽度不小于 10 m。

9.5.2 固定防灾绿地规划

灾害发生时，固定防灾绿地为人们提供较长时间避难和进行集中救援的场地，结合中心防灾绿地同时使用，配备消防、广播通信、储备仓库、抗震贮水池、地下电线等防灾设施。公园规模 5～50 hm^2 或等大面积，人均有效避灾面积为 3 m^2，服务半径为 1 000～2 000 m，步行 0.5 h 之内可以到达。若

总面积为 10 hm^2 以上，公园外围两侧发生严重火灾，避难者受到火灾威胁时，向无火灾的区域转移，仍有安全保障；若总面积为 5 hm^2，公园一侧发生严重火灾，避难者也有安全保障。园内具备灾时搭建帐篷的开阔场地，应急水电、厕所、医疗救护场所、救灾物资贮存场所等，有畅通的周边交通环境和配套设施。

固定防灾绿地为开敞式，应与两条以上的避灾通道连接，应有不少于两个双向交通出入口，其中，至少有一个进出口设置无障碍通道。场地内应设置环形通道，通道的宽度不小于 7 m。绿地周边须设置防火隔离带，防灾公园与周围易燃建筑等一般地震次生火灾源之间应设置不小于 30 m 宽的防火安全隔离带；与易燃易爆工厂仓库、供气厂、储气站等重大次生火灾或爆炸危险源的距离应不小于 1 000 m。

根据防灾避难的需要，固定防灾绿地的防灾设施为一般设施配置，主要分为应急指挥管理设施、应急物资储备设施、医疗救护与卫生防疫设施、应急消防设施、应急棚宿区设施、应急供水设施、应急供电设施、应急标识设施、应急厕所、应急排污系统以及应急垃圾储运设施等。

9.5.3 中心防灾绿地规划

中心防灾绿地作为全市救灾和恢复重建期间的指挥中心，同时也是人员急救、重建家园和复兴城市等各种减灾活动的场地，提供灾后城市恢复重建期进行避难生活所需的设施，包括应急指挥管理、医疗救护与卫生防疫、应急消防、应急棚宿区、应急物资储备、应急标识、应急停机坪等，平时则作为学习有关防灾知识的宣传基地等。规模不小于 3～50 hm^2，服务半径为 2 000～3 000 m，步行到达时间 0.5～1 h。以容量较大的市级公园绿地为主构成，为一个片区的受灾市民提供棚宿服务，中心防灾绿地除了具有固定防灾绿地的功能外，具有全市的抗震救灾指挥中心、医疗抢救中心、抢险救灾部队营地、外援人员休息地等功能。此类绿地规划的目的是提供大面积的开敞空间，作为安全生活的场所，也是当地避难人员获得信息的场所。因此，

必须有较完善的"生命线"工程要求的配套设施,如应急监控(含通信、广播)、应急供电(自备发电机或太阳能供电)、消防器材、厕所、应急垃圾及污水处理设施、应急供水(自备井、封闭式储水池、瓶装矿泉水等)。另外,还应预留安排救灾指挥房、卫生急救站、食品等物资储备库、棚宿区、应急停机坪等的用地。用地面积越大,内外交通越方便,距离居住区越近,相对就越安全,越有利于政府集中救助工作,使用时间为灾后数月或更长。须与两条及以上救援疏散通道相连,保障人口开敞,无障碍物,地势平坦,无坡度,具备便捷的集散、停车等交通功能,场地内道路系统应完善,一级园路作为紧急通道、消防通道和物资运输通道,二级园路保障居民到达指定的棚宿区。有效避灾面积一般可以按总面积的 50%～60% 规划。中心防灾绿地与周围易燃建筑等一般地震次生火灾源之间应设置不小于 30 m 宽的防火安全带;与易燃易爆工厂仓库、供气厂、储气站等重大次生火灾或爆炸危险源的距离应不小于 1 000 m。以保证当公园四周发生严重大火时,位于绿地中心避难区的避难人群依然安全。

出入口设置:不少于两个双向快速交通出入口,并应设置应急备用出入口。出入口至少有一个设置无障碍通道。

防灾功能分区:防灾绿地应至少具备以下五个功能区:救灾指挥区、物资储备与装卸区、避灾与灾后重建生活营地、临时医疗区、对外交通区(含停车场与应急停机坪)。

9.5.4 疏散通道规划

疏散通道主要是作为灾时进入各类避灾绿地以及救灾工作开始后进入城市内部的安全线性空间,包括救灾通道和避灾通道两类。

1)救灾通道规划

救灾通道是救援物资运送至灾区及受伤人员转移的保证,也是城市自身救灾的主要路线。为保证灾后救灾道路的通畅,救灾道路两侧建筑倒塌后的废墟的宽度可按建筑高度的 1/2～2/3 计算,在其道路红线两侧,规划宽度 10 m 以上的绿化带,同时

应严格控制建设用地的建筑红线距离。

2)避灾通道规划

在避难过程中,道路的通行能力与人口密度、连接紧急避灾绿地的道路条数、建筑高度有关,其中步行流量与步行速度和人流密度的关系如下:

$$q = v \times \Delta$$

式中:q——步行流量,人/(min·m);

v——步行速度,m/min;

Δ——人流密度,人/m²。

在拥挤状态下可以达到最大量。居民以徒步疏散,避难弱势者夹在人群当中,老人步行速度只有正常人的 50%,行动不便或需他人扶持者,可能步行速度降至正常人的 10%,影响整体人流的移动。

根据在规划的时间内应到达紧急避灾绿地的人数,可计算出应该具备的避灾通道数量。

9.5.5 隔离缓冲绿带规划

在易发火源点、易燃易爆危险设施周围合理规划缓冲隔离绿带,以防止火灾、水灾等灾害的蔓延。易发火源点有加油站、燃气储备站、易燃物仓库等。在加油站周围宜规划 30 m 宽隔离带,在燃气储备站周围规划 50 m 宽隔离带。城市外围、功能区之间可以充分利用景观生态林、经济林等,作为天然生态缓冲隔离带,对规划区内有严重干扰、污染和安全隐患的工业用地,周边有农田或自然植被的可适当降低隔离带宽度。

9.6 避灾绿地设施规划

9.6.1 避灾绿地设施分类

一般分为硬件设施和软件设施两大类。

硬件设施:指各类避灾绿地中为满足避灾功能应具备的基础设施、服务设施,如:应急标识设施、应急指挥管理设施、应急棚宿区设施、应急供水设施、应急供电设施、应急厕所、应急停机坪、应急物资储备设施、医疗救护与卫生防疫设施、应急消防

设施、应急排污系统以及应急垃圾储运设施等。

软件设施：指人对避灾绿地管理应具备的手段，如：应急法规、应急预案、宣传教育、培训演练、运营与维护管理等。

9.6.2 避灾绿地硬件设施的规划

1）应急标识设施

避灾绿地的应急标识设施包括应急避灾引导标志和避灾场地标识，统一按交通标识规范设置，具体包括避灾场地引导标识，避灾场地出入口标识，各功能区引导标识，各功能区场地指示标识等。

2）应急指挥管理设施

避灾绿地的应急指挥管理设施主要有广播系统、通信设备、监控系统等，以确保避难疏散和避难生活期间有关部门能利用现代化手段组织、指挥灾民进行有序的应急避难、救灾和恢复重建。

广播设施平时为休闲者和游人提供与公园及绿地有关的各种信息，灾时向避灾者提供实时灾情和救援情况。广播设施系统由平时广播线路和灾时广播线路组成。在避灾绿地进出口和灾时的避难疏散场所在地配置扬声器。灾害发生时，按照国家有关规定，及时向灾民发布灾情等有关信息，对灾民开展自救互救的宣传教育，制止谣言的传播，稳定避难场内的社会秩序。

通信设施是灾时避灾绿地与外界联系的保障，其设计应充分考虑平灾结合。由于严重灾害发生后平时通用的通信系统有可能遭受严重破坏而瘫痪，因此通信设施中设置包括卫星通信、航空通信等现代通信手段在内的灾时通信设施，确保灾时信息畅通。

3）应急棚宿区设施

固定防灾绿地的应急避难棚宿区是灾后避难人群的主要疏散区，一般规划在避灾绿地中心区或远离主出入口的区域，地势平坦的开阔地，灾后周边居民可进入棚宿区域指定位置搭建帐篷或活动简易房临时居住。应急棚宿区应根据避灾绿地实际情况进行分区，每个应急棚宿区不宜超过1 000 m²，棚宿区之间应有至少宽2 m的人行通道。

4）应急供水设施

固定及中心防灾绿地的应急供水设施主要设置抗震贮水池、临时水井、散水装置、水池与水流以及水质净化处理装置等。抗震贮水池是应急避难生命线系统的一部分。贮备避灾初期供避难居民使用的饮用水、生活用水。灾时城市给水系统瘫痪时，启用抗震贮水池。抗震贮水池与平时的城市供水系统相通，使之成为系统的一个组成部分。灾时，关闭抗震贮水池的出水口，池内贮存的水量能够满足避难者的应急需求，应贮存避难者3天的饮用水。贮水池大多是地下埋设型，材料一般选择不锈钢钢材、铸铁、陶瓷、混凝土等耐震材料。绿地内的水井平时提供生活用水，灾时用作饮用水，也可以设置手压井作为饮用水源，根据水质条件安装水井的灭菌装置。靠水泵扬水的水井，必须设置平时不常用的电源，使用手压泵的水井深度一般在2 m左右。同时考虑安装耐震性散水装置，安装散水装置的目的是强化防灾隔离带的防火功能，减轻火灾产生的热辐射和热气流对树木以及避难者的危害，提高避灾绿地的安全性。散水装置使用的水源可以是绿地的景观用水，也可以使用抗震贮水池内的水。水池与水流平时是绿地景观，并提供消防、生活和浇灌植物用水，灾时，用作消防、散水装置用水。

供水指标：保证饮用水不低于3 L/（人·天）。

应急供水站：主要用于饮用水发放，占地面积30～50 m²。

饮水点：应设于上风口和棚宿区的下方位位置，宜按100人设置一个水龙头，200人设置一处饮水点。饮水点之间距离不宜大于500 m。

5）应急供电设施

固定防灾绿地和中心防灾绿地的应急供电设施是指公园内的电力设施，主要包括发电设施和照明设施。

防灾设施中不可缺少的能源就是电能，发电设施的设置是为保证灾时公园的应急供电，在公园电力系统的规划中重点考虑发电设施的设置，应尽量采用保障照明、医疗、通信用电的多路电网供电系统或太阳能、风能等自然能源发电的供电系统，或配置可移动发电机等，保证灾害发生时，不会因为城市供电系统瘫痪而中断公园电源和照明用电。

6）应急厕所

防灾绿地的应急厕所是指仅在紧急救灾时才用的厕所，在灾害时的重要性仅次于饮用水。严重的灾害往往会造成给排水系统瘫痪，无法使用平时的水冲厕所，应当开启应急厕所，并由专人管理。应急厕所在平时，坑位上被盖板、覆土，并种植草本植物，成为整体绿地的一部分。应急时只需将坑位上的覆土除去，并增加围挡即可使用。防灾绿地应依据其具体情况选择合适的厕所类型，确定大小便的处理方法。若下水系统有排水功能，大小便可直接排入下水系统。

应急厕所的设置应注意以下几点：首先，要处理好应急厕所与避难场所的位置关系，配置在灾害时容易利用和管理的位置，尽量设置在避难地下风向，距离棚宿区30～50 m，并注重和其他设施的兼用，做到平灾结合，不影响公园的日常景观；其次，尽量设置在紧急避难时能够集中大量使用的厕所类型，根据公园设计规范，每1 000人2个坑位，每1 000人1个坐便器为最基本的保障，同时蹲位和便槽宜采用新式坐便器，可利用的可移动免冲生态型厕所，可以解决老年人及伤、病人员的如厕难题；再次，除了给排水系统，还应考虑周边的照明系统，保证应急厕所在夜间能正常使用。

7）应急物资储备设施

防灾公园绿地的应急物资储备设施是指救灾物资储备仓库。为了保障在紧急情况下避难场所内抢险物资及灾民生活必需品的供应，防灾公园绿地中储备物资的种类和实际最小需求量应依据可能的灾害地点、灾害范围、死亡人数、受伤人数、无家可归人数、倒塌房屋以及主要道路破坏程度等信息计算，并设储备仓库储藏。救灾物资储备仓库可以设在防灾绿地内，也可以设在城市救灾物资储备仓库及其分库或者使用大型商场的仓库等。如果设于其他地方，则必须保证储备仓库与防灾绿地之间交通顺畅，距离避灾绿地最好小于500 m。储存灾时急需的食品、帐篷、衣物、药品、医疗设备、发电设备与照明电源以及一些平灾都能使用的物品，如锹、镐、手推车、手电、雨衣、绳子等。

大型仓库建筑采用抗震结构，确保灾害发生时不受破坏。同时库存的救灾物资应当处于动、静结合的状态，平时注意排风、保温、减湿，因为有些物资长期库存会锈蚀、淘汰、变质，灾时无法使用，应定期更换，保证物资处于保质期内。

此外，储备仓库应设有管理用房及配套设施，可作为救灾物品储备和发放管理的办公用房。

8）医疗救护与卫生防疫设施

防灾绿地的医疗救护与卫生防疫设施主要是指应急医疗救助中心和防疫站。由于灾害发生时往往会造成大量的人员伤亡，而灾后也容易暴发各种疫情；设置应急医疗救助中心和防疫站能在紧急情况下为灾民提供应急医疗救助，开展卫生防疫工作。应急医疗救助中心和应急医疗防疫站的位置应紧邻应急棚宿区，并离出入口较近，以便能及时对所需要救护的受灾人员实施治疗和转移。

设施指标：固定防灾绿地和中心防灾绿地按每个安置20～50个床位或更多床位设置，占地面积不小于1 600 m²。

9）应急消防设施

防灾绿地的应急消防设施主要是指各类消防设备。为减少因破坏性地震等引发的次生火灾对避灾人员和设施造成损伤，在避灾道路两边、应急棚宿区等人流集中的地方以及应急物资储备库区域规划十分明显的应急消防设施。在地下仓库中也应储存消防备用器材，包括工作用具、破坏用具、工作材料、灭火机械、搬运工具以及通信装置，如无线电收发机等，平时要注意定期检修，保证在灾害发生时可立即投入使用。

10）应急排污系统

防灾绿地的应急排污系统是指满足应急生活需求和避免造成环境污染的排放管线和简易污水处理设施。应急排污系统应与市政管网相连接或设置独立的排污系统。

11）应急垃圾储运设施

防灾绿地的应急垃圾储运设施是指满足应急生活需要的各类垃圾分类储运场。规划时以每人每天200 g垃圾制造量的标准来设置垃圾分类储运设施，同时，其距离应急棚宿区应大于5 m，且位于防灾绿地下风向的位置。

12）应急停机坪

应急停机坪应与主体的布局充分协调，按照有关飞行空域的基准，结合直升机预定的距离着陆，确保着陆空间。根据《中国民用航空飞行规则》第三章第 25 条规定：直升机的起飞着落地带应根据具体情况划定，飞机的起飞着落面积应根据具体机型而定，其长宽均不得小于机翼直径的两倍，各起飞着陆点之间的间隔应大于旋翼直径的两倍，机体之间的距离通常应大于机身长度的 4 倍。考虑利用公园绿地中现有的符合条件的广场或是草坪地中坚硬的地面，如果在干燥土的地面上建造的话，要考虑洒水设施，防止飞机起落时产生的灰尘和风沙。应急停机坪规格至少为 40 m×50 m，地面应平坦、坚硬，周边植物以草坪及低矮灌木为主，不得有高大乔木，周围应无高大建（构）筑物，保证直升机有升空平行安全角度。通常宜设于集散场地内。

另外，应急停机坪的标识一般用"工"字形字母。防灾公园绿地的草坪一般要耐压，以供直升机或重型车停留。

13）救灾指挥中心

灾时对各种信息进行收集、传达、处理和分析，协调园内各避难空间的使用情况，并按照与防灾规划相协调的应急预案计划展开工作。救灾指挥中心要充分考虑各种防灾信息及操作系统管线的预先布置，利用公园内建筑，建设专门的办公用房和会议室，平时负责公园的管理工作并兼作有关业务培训和安全、文化教育活动的基地。建筑面积宜大于 200 m²，抗震等级须在《建筑物重要性分类与设防标准》的基础上提高一个等级，供搭建帐篷的室外空地不小于 500 m²。

9.6.3　避灾绿地软件设施的规划

1）应急法规

避灾绿地规划应有一定的立法依据，对紧急避灾绿地、固定和中心防灾绿地的定义、规模、功能、设置标准、相关设施及各级部门的相关行政管理工作等应做出明确的规定。在发生灾害时，有组织、有秩序地顺利进行救援工作，并且在整个灾害过程中，使所有部门在一定的约束和规定下进行防灾救灾工作。

2）应急预案

根据防灾法规的相关规定和主要灾害类型，建立和完善各项防灾预案，加强预案的演练和宣传，不断提高预案的科学性和可操作性。还需建立统一指挥、上下联动的机制，才能保证防灾救灾工作的协调运转，提高防御灾害的综合能力。

3）宣传教育

按照"主动、慎重、科学、有效"的原则，充分利用各种宣传媒体和手段及国家或省市的防灾减灾宣传日等载体，深入持久地开展避灾绿地及避灾的宣传教育。扩大宣传覆盖面和普及率，让居民知晓可去的防灾绿地、步行避灾及安全的避灾疏散路线、各类防灾绿地的主要功能、相关的规章制度等有关避灾的知识。

4）培训演练

确定"防灾日"或"防灾周"，举行宣传教育和综合防灾训练，精心组织实施防灾应急转移安置演习活动，确保演练活动安全、有序、高效。通过反复训练，让每位居民、各级政府以及各有关公益团体人员提高防灾意识，熟悉防灾业务，提高对灾害的应付能力。平时，由所在社区组织防灾训练、普及防灾知识、检查安全隐患，一旦发生灾情，能及时承担疏散居民、抢救伤员等工作，这样就能对灾情扩大和二次灾害的发生起到有效控制作用。另一方面可以将一些分散在各地有经验、有技术、有组织、有知识的专业人员进行登记形成网络，平时组织检查安全隐患，诊断险情，一旦灾情发生，即能进入应战。

5）运营与维护管理

平时能对防灾绿地进行较好的管理和维护，那么灾害时绿地利用效率就高。实践证明，比较可行的做法是政府防灾管理与公众参与相结合。政府相关部门进行防灾设施的管理，除直接管理外还可以委托公园管理处、投资城建的开发公司等管理，或由居民参加管理。各个管理主体都必须对受灾时的避灾绿地利用的内容、方法非常熟悉。

9.7 避灾绿地植物规划

避灾绿地功能植物指除了满足平时城市园林植物的生态功能和观赏功能外,避灾时具有防火、抗震、食用、防洪、防风固沙、药用或心理安抚等特殊功能、可供避灾时应急使用的园林植物。

9.7.1 避灾绿地功能植物的分类

1)防火植物

植物通过树冠和枝干隔断火势,对辐射热起到屏障作用,并降低风速和火焰高度,延缓和切断火势的蔓延。在一定的火灾环境下,防火性和难燃性主要取决于树木的遮蔽度、含水率和含油量,同时也与植物的生长势和燃烧方式等方面相关;遮蔽度与树种的高度、冠幅、枝叶密度等有关,同时落叶树种也会受到季节影响。在地震较多地区的城市以及木结构建筑较多的居民区,为了防止火灾蔓延,可选用不易燃烧的树种作为隔离带,这样既可以美化环境,又可以防火。抗燃防火树种有广玉兰、木荷、悬铃木、海桐、女贞、厚皮香、银杏、国槐等。

2)食用植物

种植兼具观赏价值的可食用园林植物可以在灾害突发时为灾民提供应急食物,维持生命等待救援,可选择花红、桃、无花果、棠梨、刺五加、薄荷、空心菜、鱼腥草、彩叶红薯等。

3)抗震植物

部分园林树木特别是乔木类树种,植物根系发达,深入地下距离较深,树冠浓密,分枝多,枝干韧性较强,在地震时不易折断,能有效减轻建筑和墙体倒塌造成的伤害,宽大的树冠可以防止坠物落下伤人,阻止建筑物彻底倒塌,树下可形成救援、输送的临时通道。研究表明:胸径 0.21 m 的树木可以承受 1 t 的重物而不至于倒塌,树径 0.7～1 m,树冠 6 m、高度 10～12 m 的大树可以承受 2 层楼房的重量,多排列植抗震效果更加明显。可供选择的树种有天竺桂、银杏、石楠、清香木、女贞、山玉兰、观赏竹等。

4)防止洪灾、旱灾、泥石流等自然灾害的植物

园林植物附着在土层表面,可有效减少表土流失,从而减缓以及阻碍泥石流和山体滑坡等自然灾害的发生。可选择树冠宽大、浓密,根系深广,截留雨量能力和耐阴性强而生长稳定的树种。有关资料显示:林冠的截留量为降水总量的 15%～40%。由于植物树冠的截留、地被植物的截留以及吸收和土壤的渗透作用,减少了地表径流量,并减缓了流速,从而起到减小洪水、保持水土和涵养水源的作用。绿地可有效涵养 35% 天然降水,无林地只能涵养 5%。在干旱季节,绿地可通过强大的蒸腾作用释放出水分,增加空气湿度,以缓解旱情。按照上述标准,可选取黄连木、合欢、滇青冈、火棘、观赏竹等。

5)防风固沙植物

防风固沙植物具有抗风蚀沙埋、耐干旱、根系发达,繁殖迅速等生物学、生态学特性,在选择树种时应注意选择抗风力强、生长快且寿命长的树种,树冠最好呈尖塔形或柱形。树木宽大的冠幅和茂密的树叶能够降低风速、减弱风力。研究表明,位于城市冬季盛行风上风向的林带,可以降低风速,一般由森林边缘深入林内 30～50 m 处,风速可减低 30%～40%,深入到 120～200 m 处,则几乎平静无风。植物的防风效果还与绿地结构有关,林带也并非越密越好,多行疏林较成片密林的防风效果好。常用的防风固沙树种有国槐、刺槐、银杏、雪松、广玉兰、女贞等。

6)防止病菌扩散、吸收有毒气体的植物

多种园林植物具有很好的杀菌作用,从而降低灾后疫病发生的概率。据测定,城市市区空气里的细菌数比公园、小游园等多 7～10 倍。很多植物能分泌挥发物质,如丁香酚、桉油、松脂、肉桂油、柠檬油等,能杀死大量细菌。因此,对避灾绿地植物防菌功能的配置可有效减少灾后传染疫病发生的二次灾害。可选择的树种有翠柏、柏木、紫薇、广玉兰、女贞、黄连木、构树、木槿等。

7)药用植物

灾难发生时及灾后救援的初期,震灾救援物资常不能及时、足够供给救援需求,此时观赏兼药用的植物作为辅助药物的功能就能够起到重要作用,可作为应急处理的药品对所需药品进行辅助替代。城市避灾绿地药用植物选择时必须避免有毒的药

用植物,优先选择相对认知度较高、使用较频繁的药用植物,同时应做好植物名称及药理用法、用量的标识,在日常的避难培训、演习中也应做好相应的普及工作,避免因误食、过量服用而导致安全事故,充分发挥药用植物在城市避灾绿地中的辅助治疗功能。可供药用的园林植物有清香木、重阳木、阴香、茶梨、金合欢、三角枫、鹅掌楸、十大功劳、鸢尾、青皮槭、黄钟花、板蓝根等。

8) 心理安抚植物

植物景观对人生理及心理具有积极影响,植物各部位不同色彩及植物色彩不同的组合方式辅助人释放压力、舒缓紧张的情绪,能降低人的焦虑、愤怒及疲劳程度,结合芳香植物所释放的芳香成分对避灾人员焦虑、急躁不安甚至恐惧等心理具有安抚作用,常见的具有心理安抚功能的园林植物有柏木、白兰、含笑、桂花、茉莉花、木香、迷迭香、紫丁香、薰衣草、蜡梅等。

9.7.2 避灾绿地功能植物的选择原则

在具有观赏价值,适于作为园林植物栽培的前提下,遵循以下原则:

a) 选择具有厚实叶片、多水分、不易燃烧的树种,以达到阻止火势蔓延的效果;

b) 选择树冠宽大、浓密,根系深广,树皮纤维坚韧的树种,可形成垂直的缓冲区域,以阻止火灾发生时建筑下落物;

c) 最大限度选择叶片、嫩尖、果实可食用的植物,避免选用有毒、有刺、有汁植物;

d) 多选择适应性强、长势好、抗逆性强的乡土树种;

e) 避免使用过多的落叶树种,枯枝落叶在火灾时易燃烧,造成安全隐患。

9.7.3 避灾绿地植物配置模式

1) 防火隔离功能的植物配置

在避灾绿地的植物配置中,在满足观赏的前提下,应着重从防灾角度考虑,兼顾生态性和观赏性,因区适绿,适地适绿,使用防火树种,注重防火带与隔离绿带的宽度及栽植模式。

(1) 列植、丛植为主的隔离带

植物配置目的以考虑防火为主的,防火隔离带形成足够的长度、宽度和高度才能充分发挥防火功能,一般采用列植、丛植的栽植方式,提高树林带的遮蔽效果。据研究,树木间距越小,树林带宽度越大,遮蔽率就越高,交互种植比列植的模式防火效果好。树木之间保持合适的间隙对快速撤离、疏散有着重要意义。在高层建筑或城市的主导风上风方向应设置防风林带。防风林带宽度应为树高的10倍左右,以列植的种植形式和中等高度的乔木为主。在植物配置时搭配一定比例的优良景观防火树种,或在外围尽量挑选有防火功能的景观树种。紧急避灾绿地防火隔离绿带宽度可在10~15 m,固定防灾绿地和中心防灾绿地宜宽于25 m。

(2) FPS栽植——防火种植设计

FPS栽植是指在城市街区发生大规模火灾的情况下,在具有防灾避险功能的城市公园中,为了保护在公园中避难的人们免受火灾的蔓延与热辐射的危害而进行的防火植物的配置方法。

如图9-1所示,从树木的耐火界限距离与人的耐火界限距离考虑,将火灾现场到避难广场之间的空间划分为3个区:F区称为火灾危险带;P区称为防火植被带;S区称为避难广场。因各区功能不同,植物配置也不同。F区植物应难于燃烧,选择含水率高的防火树种;P区多选用遮蔽率和耐火性更高的树木,可适当配置花灌木,常绿阔叶和落叶树种合理搭配;S区多选用耐踩踏的草坪等低矮植物,以确保大型救灾车辆的路线及直升机停机坪的畅通。

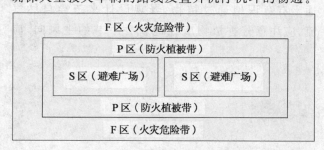

图 9-1 日本公园绿地防灾技术研究会种植设计示意图

2) 疏林草坪配置模式

避难广场是避难者主要的活动场所,也是救援

物资输送、直升机救护作业的重要场所,植物配置主要以草坪广场及疏林为主。为了保护广场内部不受火灾的影响,并考虑树木可作为避灾场地的标识、帐篷搭建支柱等功能,在栽植草坪的同时,应配置一定数量的树木以围合广场空间,但不影响其救助功能。

3)复合式植物配置模式

由于复层结构林要比单层结构林的防火性能

好,在立面上主要通过灵活多变的布局手法,对植物进行合理的乔、灌、草坪搭配,常绿树与落叶树的搭配等,形成生态性强、景观丰富、富有层次感的绿地植被景观,形成既具备防火防震功能又具有景观效果的防灾林带(图9-2)。

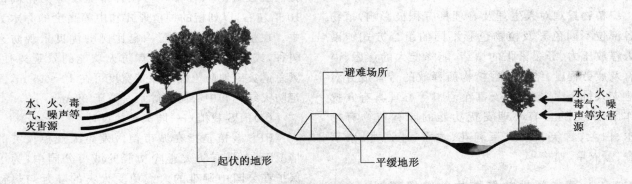

图9-2 复合式配置设计立面示意图

4)防止病菌扩散的植物配置

对避灾绿地内防菌植物的合理配置,可降低灾后避灾人员间疾病传染的概率,有效减少因疾病带来的损失,为避灾人群提供良好的应急避灾绿地环境。

植物配置应有利于自然通风,不宜形成过于封闭的围合空间,应做到疏密有致,通透开敞;既要阻止冬季主导风长驱直入,又要考虑夏季主导风的畅通。有意识地通过植物、景观设计来疏导自然气流,应注意芳香植物所在地飘香季节的主风向,应将芳香植物布置在绿地的上风向。

思考题

1.请阐述城市避灾绿地建设的重要意义。

2.避灾绿地的人口承载量与哪些因素有关?

3.不同类型的避灾绿地应各具备哪些避灾功能和相应的避灾设施?

4.避灾绿地植物的选择与配置与一般公园绿地植物的选择与配置有哪些共同点和差别?

城市绿线，是指城市各类绿地范围的控制线，包括已建成绿地控制线和规划预留绿地控制线。城市绿线由园林绿化等行政主管部门根据土地利用规划、城市总体规划和城市绿地系统规划在控制性详细规划阶段完成划定工作，并由城市人民政府公布。城市绿线是城市绿地的保护线，建立并严格执行城市绿线管理制度，对优化自然环境、加强城市绿化环境建设起着重要的作用。

本章掌握不同规划阶段绿线规划的内容及深度；各类绿线管理规划的内容及要求。

10.1 不同规划阶段绿线规划的内容及深度

具体绿地地块的城市绿线难以一次全部划定，要随着城市绿地的逐步落实来划定。在总体规划阶段、控制性详细规划阶段和修建性详细规划阶段的内容和深度都不同。总体规划阶段的绿线是绿线划定的基础，控制性详细规划阶段的绿线划定是对总规层面绿线划定的实施深化，修建性详规阶段的绿线划定是对控制性详细规划阶段绿线划定的补充落实。按照不同的规划阶段，将绿线的划定分为总体规划阶段、控制性详细规划阶段和修建性详细规划阶段。

10.1.1 绿地系统规划阶段绿线管理规划的内容及深度

绿地系统规划层次的绿线保护规划为总体规

划阶段对建设用地内的现状绿线、规划绿线和规划区非建设用地内生态控制线的划定。

1) 现状绿线的内容及划定要求

现状绿线是指建设用地内已建成，并纳入法定规划的各类绿地边界。现状绿线划定的绿地为建设用地内的公园绿地、防护绿地和其他绿地。现状绿线要明确绿地的类型、位置、规模、范围。以矢量（dwg）格式地形图为底，绿线用实线闭合线表示。

2) 规划绿线的内容及划定要求

规划绿线是指建设用地内依据城市总体规划、城市绿地系统规划划定的各类绿地范围控制线。规划绿线划定依据城市绿地系统规划中，建设用地范围内规划的公园绿地、防护绿地和生产绿地的范围确定。规划绿线要明确绿地的类型、位置、规模、范围。以矢量（dwg）格式地形图为底，规划绿线用虚线闭合线表示。

3) 生态控制线的内容及划定要求

生态控制线是指规划区内依据城市总体规划、城市绿地系统规划划定的对城市生态保育、隔离防护、休闲游憩等有重要作用的生态区域控制线。生态控制线控制区域包括：规划区内的非建设用地范围内的城市生态保障区域，包括水源保护区、自然保护区、城市隔离绿带、湿地、河流水系、山体、农林用地等；基础设施防护隔离区域，如：各级公路、铁路、轨道交通、输变电设施、环卫设施等沿线或周边设置的绿化隔离区域等；休闲游憩区域，如：风景名胜区、郊野公园、森林公园、湿地公园以及各类主题公园等。生态控制线应涵盖《城市绿地分类标准》(CJJ/T 85—2002)中其他绿地及保障城市基本生态安全的城市生态保障区。生态控制线要明确绿地的类型、位置、规模、范围。以矢量(dwg)格式地形图为底,生态控制线用点划线闭合线表示。

10.1.2 控制性详规及修建性详规规划阶段绿线管理规划的内容及深度

控规及修规规划(详规)层次的保护规划包括控制性详细规划和修建性详细规划中城市建设用地中绿地的范围的控制线保护。控制性详规阶段,以现状绿地和控制性详细规划为依据,划定公园绿地、防护绿地和广场用地、附属绿地现状绿线及规划绿地。现状绿线要明确绿地类型、位置、范围、规模,并标注绿地名称。规划绿地要明确绿地类型、位置、控制范围、规模。绿线保护规划图纸和控制性详细规划图纸比例统一,划定绿线时要标注主要拐点坐标。修建性详规阶段的绿线保护规划是对规划范围内所有绿地类型(公园绿地、生产绿地、防护绿地、附属绿地)的位置、控制范围、规模进行划定,并明确绿地设计控制指标。其中划定附属绿地要结合修建性详细规划方案审批,竣工后则纳入现状绿线。绿线保护规划图图纸和修建性详细规划图纸比例统一,划定绿线时要标注主要拐点坐标。

10.2 城乡绿地系统规划阶段绿线管理规划

城乡绿地系统规划阶段的绿线按五大类绿地划定,坐标应与现行的城市总体规划坐标系一致。

10.2.1 公园绿地绿线管理规划

控制综合公园、社区公园、专类公园、带状公园、街旁绿地等各类公园绿地的范围和拐点坐标。公园绿地绿线保护规划根据《城市总体规划》、《公园设计规范》等,并结合城市的基本状况,保护并控制绿地系统规划中公园绿地的规划用地范围和位置,控制每块公园绿地的范围和主要拐点坐标。

10.2.2 生产绿地绿线管理规划

生产绿地绿线保护规划是根据《城市总体规划》、《绿地系统规划》等,并结合城市的基本状况,根据绿地系统规划中生产绿地的规划用地范围和位置,控制每块生产绿地的范围和主要拐点坐标。

10.2.3 防护绿地绿线管理规划

防护绿地绿线保护规划是根据《城市总体规划》等法律、法规及规划,并结合城市的基本状况,依据城市绿地系统规划中防护绿地的规划用地范围和位置,控制绿地的范围和主要拐点坐标。

10.2.4 其他绿地生态控制线管理规划

其他绿地生态控制线是指控制位于城市建设用地规划区之外,在城市绿地系统中以改善环境等生态功能为主的各类型绿地,包括森林公园、风景名胜区、城市面山森林、城市间绿化隔离带、水源防护林、道路防护绿地、高压走廊防护林带、河流防护林带等绿地。根据绿地系统规划中其他绿地的规划用地范围和位置,控制生态绿线的范围和主要拐点坐标。

10.2.5 镇(乡)村绿地绿线管理规划

镇(乡)绿地绿线保护规划是依据《镇(乡)村绿地分类标准》、《镇(乡)总体规划》、《村建设规划》,并结合镇(乡)的基本状况,参照城乡绿地系统规划中对镇(乡)区公园绿地(如镇区级公园、社区公园),防护绿地,生态景观绿地(如:自然保护区、水源保护区、生态防护林、风景林、森林公园、旅游度假区、风景名胜区),生产绿地等的规划用地范围和位置,控制这些绿地的范围和坐标。

村庄绿地绿线保护规划是依据《镇(乡)村绿地分类标准》、《城市总体规划》,并结合村庄的基本状况,参照城乡绿地系统规划中村庄公园绿地(如:小游园、沿河游憩绿地、街旁绿地和古树名木周边的游憩场地),环境美化绿地(如:房屋周围、道路两侧和村庄周围的绿地),生态景观控制绿地(如:生态防护林、风景林、农业旅游区、苗圃、花圃、草圃和果园)等的规划用地范围和位置,控制这些绿地的范围和坐标。

总之,城市绿线保护规划根据土地利用规划、城乡总体规划、城市绿地系统规划和城市绿线划定技术规范等进行,并已深入到城市规划编制体系中详细规划的层次,一般要做到 1:2 000～1:1 000 以上的地图精度,坐标必须与城市总规坐标系一致。

思考题

1. 城市绿线包括哪几种类型?

2. 不同规划阶段的绿线管理规划的内容及深度有哪些不同?

3. 绿地系统规划阶段绿线管理规划的主要内容有哪些?

第11章

分期建设规划与投资估算

为使绿地系统规划在实施过程中便于操作,在人力、物力、财力及技术力量的筹措运用方面能有序进行,通常要按城乡发展的需要,对近、中、远期三个阶段做出分期建设规划。

本章主要掌握绿地系统规划分期建设规划的原则及时序安排,了解分期建设投资估算的内容及方法。

11.1 分期建设规划

11.1.1 分期建设规划原则

a)分期建设规划要与现行的城市总体规划中用地规划的近、中、远期的规划时限和规划范围一致,尽可能合理确定规划的实施期限。

b)绿地系统近、中、远期规划要与城市总体规划提出的各阶段建设目标相匹配,使绿地建设在城乡发展的各阶段都相对合理,同时要确保城市公园绿地的面积和布局合理发展,满足规划人口对游憩绿地的需要。

c)分期建设规划结合城市现状、经济发展水平、开发顺序和发展目标,切合实际地确定近期公园绿地的改扩建及新建项目、生产绿地和防护绿地的重点建设项目、附属绿地改建和新建项目。

d)分期建设规划要根据城市远景发展目标,合理安排绿地的建设时序,注重近、中、远期有机结合,保证城市的可持续发展。

11.1.2 分期建设规划项目的时序安排

在实际工作中,通常按照下列时序来统筹安排分期建设规划项目:

a)优先发展与居民生活密切相关的项目,如综合公园、居住区公园、街旁绿地、居住绿地等。这些项目建设,能使市民直接感受到城市绿地建设对城市面貌改变的巨大作用。

b)先完善建成区内的绿地,后建设规划区内的绿地。

c)优先发展和城市景观风貌较密切的项目,如城市主干道、主要河流、高速公路等的绿化,在规划时使用乡土树种创造能体现当地特色的植物景观风貌。

d)绿地建设与城市其他用地建设同步进行。

e)避免规划区中的规划绿地被侵蚀,对规划用地范围内的绿地应先行控制。

f)对于能提高城市环境质量和城市绿地率的项目,如:生态保护区、规划区内的大型绿地等,对缓解城区的热岛效应能起到很大作用,规划上应予优先安排。

g)项目选择上,应先易后难,近期建设能为后期工作打基础的项目先开展,并考虑各个时期的年限和可用于绿地建设的经济能力。

11.2　分期建设的投资估算

11.2.1　投资估算的意义

建设投资直接关系到城市绿地的建设质量和效果，因此投资标准应按照科学性的原则合理测算。投资估算要结合实际，对各类公园绿地合理分类，尽量使投资标准更为全面、真实，对各时期建设的绿地提供资金保证。

11.2.2　投资估算的依据

绿地系统规划的投资估算以规划规模，国家编制概预算的规定，《园林绿地工程建设规范》（DB 11/T 1175—2015），《公共信息导向系统设置原则与要求》（GB/T 15566.9），《城市污水再生利用景观环境用水水质》（GB/T 18921—2002），《无障碍设计规范》（GB 50763—2012），《园林绿化工程量计算规范》（GB 50858—2013），《公园设计规范》（GB 51192—2016），《旅游景区公共信息导向系统设置规范》（LB/T 013），《园林绿化工程施工及验收规范》（CJJ 82—2012），《园林绿化种植土壤》（DB 11/T 864—2012），省（自治区、直辖市）园林绿化工程消耗量定额及规划，所在省（自治区、直辖市）、市、县的林业、园林、城建、旅游部门现行的有关技术经济指标，市场现行价格等作为依据，对近、中、远期绿地建设费用进行投资估算。

11.2.3　投资估算的内容

投资估算包括对城市绿地系统规划分期建设

的近、中、远三期的规划各类型绿地费用的估算。分期规划依城市绿地自身发展规律与特点而定。近期规划应提出规划目标与重点，具体建设项目、规模和投资估算；中、远期建设规划的主要内容应包括建设项目、规划和投资匡算等。

分期规划编制完成后，对于城市每个时期需建设的公园绿地、生产绿地、防护绿地和附属绿地面积都可以准确得出。对绿地投资估算分为三个部分的内容，征地费用、基础建设费用和养护费用。征地费用依据《中华人民共和国征地拆迁补偿暂行条例》和规划所在地方性征地补偿标准确定，基础建设费用包括规划设计费用、绿化工程和土建费用等，养护费用主要依据《城市绿地常规养护工程年度费用估算指标说明》来确定。可以通过投资估算的依据，确定每平方米不同绿地建设所需要的征地费用、基础建设费用和养护费用，进而计算出城市绿地系统规划分期建设的近、中、远三期各类型绿地的建设费用。

以云南省大理市城市绿地系统规划投资估算为例，分期建设规划分为近期（2012—2015 年）、中期（2016—2020 年）、远期（2021—2030 年）三个时期。三个时期公园绿地、生产绿地、防护绿地和附属绿地的建设面积信息可以从绿地系统分期规划中得到，见表 11-1。确定征地费用、基础建设费用和养护费用的单价后就可以得到大理市分期建设的投资估算，见表 11-2。因大理市绿地系统规划的规划目标是近期（2015 年末）达到国家园林城市的标准，为达到此目标近期需要较大规模建设绿地，投资费用也相对较高。

表 11-1　大理市城市绿地分期建设规划一览表　　　　　　　　　　　hm²

项目	近期建设面积	中期建设面积	远期建设面积
公园绿地（G_1）	334.53	179.99	298.03
生产绿地（G_2）	66.95	29.71	49.24
防护绿地（G_3）	153	132.93	214.27
附属绿地（G_4）	759.43	195.25	467.93
合计	1 231.83	511.29	980.23

表 11-2　大理市绿地系统规划分期建设投资估算一览表

项目			近期(2012—2015年)	中期(2016—2020年)	远期(2021—2030年)
公园绿地	基建费	面积/hm²	334.53	179.99	298.03
		单位造价/(元/m²)	300	350	400
		金额/万元	100 359	62 996.5	119 212
	征地费	面积/hm²	334.53	179.99	298.03
		单位地价/(元/m²)	60	100	150
		金额/万元	20 071.8	17 999	44 704.5
	养护费	面积/hm²	334.53	514.52	812.55
		单位费用/(元/m²)	5	5	5
		金额/万元	1 672.65	2 572.6	4 062.75
	小计/万元		122 103.45	83 568.1	167 979.25
生产绿地	基建费	面积/hm²	66.95	29.71	49.24
		单位造价/(元/m²)	50	60	90
		金额/万元	3 347.5	1 782.6	4 431.6
	征地费	面积/hm²	66.95	29.71	49.24
		单位地价/(元/m²)	40	50	70
		金额/万元	2 678	1 485.5	3 446.8
	养护费	面积/hm²	66.95	96.66	145.9
		单位费用/(元/m²)	40	10	15
		金额/万元	2 678	966.6	2 188.5
	小计/万元		20 343.7	8 703.5	4 234.7
防护绿地	基建费	面积/hm²	153	132.93	214.27
		单位造价/(元/m²)	50	60	70
		金额/万元	7 650	7 975.8	14 998.9
	征地费	面积/hm²	153	132.93	214.27
		单位地价/(元/m²)	40	50	60
		金额/万元	6 120	6 646.5	12 856.2
	养护费	面积/hm²	153	285.93	500.2
		单位费用/(元/m²)	1	1	1
		金额/万元	153	285.93	500.2
	小计/万元		8 703.5	4 234.7	10 066.9

续表 11-2

项目			近期(2012—2015 年)	中期(2016—2020 年)	远期(2021—2030 年)
附属绿地	基建费	面积/hm²	759.43	195.25	467.93
		单位造价/(元/m²)	200	250	300
		金额/万元	151 886	48 812.5	140 379
	征地费	面积/hm²	759.43	195.25	467.93
		单位地价/(元/m²)	100	150	200
		金额/万元	75 943	29 287.5	93 586
	养护费	面积/hm²	759.43	954.86	1 422.61
		单位费用/(元/m²)	5	5	5
		金额/万元	3 797.15	4 774.3	7 113.05
	小计/万元		13 923	14 098.23	28 355.3
四类绿地合计	基建费/万元		263 242.5	121 567.4	279 021.5
	征地费/万元		104 812.8	55 418.5	154 593.5
	养护费/万元		8 300.8	8 599.43	13 864.5
	总计/万元		231 626.15	82 874.3	241 078.05

思考题

1.分期建设规划应遵循哪些原则?

2.如何保证投资估算的科学性?进行投资估算时应该考虑哪些主要因素?

第**12**章
效益分析与规划实施的保障措施

城乡绿地系统作为区域生态环境的重要组成部分,起到了维持区域生态系统平衡和改善城乡人居环境的主要功能,已经成为城乡地域各类物种生存发展所必需的环境空间;与此同时,随着人类经济、社会的发展,绿地系统已经从单纯的美化城乡环境转变为区域经济和社会发展的重要支撑条件,是建设良好城乡人居环境的重要因素,具有明显的经济、社会效益,被视为制约城乡社会经济可持续发展的主要因子之一。因此,绿地系统的生态效益、经济效益和社会效益是衡量城乡绿地系统规划合理性及可实施性的主要指标。

本章主要学习三大效益分析的主要内容,结合城乡具体情况的规划实施保障措施的制定。

12.1 效益分析

12.1.1 生态效益

生态效益是指人们在生产中依据生态平衡规律,使自然界的生物系统对人类的生产、生活条件和环境条件产生的有益影响和有利效果,其关系到人类生存发展的根本利益和长远利益。城乡绿地系统的生态效益,是指绿地系统及其影响所及范围内,对人类有益的全部效益,包括绿地系统中生命系统效益、环境系统效益、生命系统与环境系统统一的整体综合效益。在城乡地域系统中,绿地系统作为城乡生态系统的有机组成部分,具有负反馈调

节功能,是维持城乡生态系统平衡的调控者。一定数量和质量的城乡绿地不仅是美化城乡地域环境的需要,更是关系到城乡生态系统的维系,是维持碳氧平衡、净化空气、降低噪声、滞尘降尘、杀除病菌、调节气候、防灾减灾等的需要。选择哪种分析因子,需要根据所处的地理环境和发展条件,具体问题具体分析。一般而言,城乡绿地系统具有的生态效益具体如下:

1)净化空气

绿地系统内的植物能吸收同化除 CO 和 NO 外的 28 种大气污染物,阻止其在物质循环中的恶性转移。据国外资料介绍,公园绿地能过滤掉大气中 80％的污染物,林荫道的树木能过滤掉 70％的污染物,树木叶面、枝干能拦截空气中的微粒,即使在冬天,落叶树也仍然能保持 60％的过滤效果。绿地中空气含尘量较城市街道少 $1/3 \sim 1/2$,有树木的街道,空气中每升悬浮微粒为没有树木街道的 $1/10 \sim 1/4$。据南京市的测定,绿化树木可以使灰尘减少 23％～52％;据北京市的测定,夏季成片林地减尘率可达 61.1％,冬季亦有 20％左右,种植树木的街道减尘率为 22.5％～85.4％,草高约 40 cm 的连片草地,其减尘率也可达 59％。植物吸收 SO_2 的能力最强,当植物处于 SO_2 污染的空气中时,其含硫量是正常的 $5 \sim 10$ 倍。绿色植物通过光合作用吸收 CO_2,释放 O_2,维持城市碳氧平衡。北京市 1997 年园林生态效益研究表明,乔、灌、草合理搭配的 1 hm^2 绿地每天可吸收 1.767 t CO_2,释放 1.23 t O_2。

可见绿地是维持和改善城市区域近地范围内大气碳循环、维持碳氧平衡以及空气质量的重要途径。

2）隔声降噪

树木茎叶表面粗糙不平,叶子上有大量微小气孔和浓密绒毛,就如凹凸不平的吸声器材,可减弱声波传递,起到消声的作用。日本的调查表明,40 m宽的林带可以降低噪声 10～20 dB,30 m 宽的林带可以降低噪声 6～8 dB,4.4 m 宽的绿篱可降低噪声6 dB。林带越宽,消声效果越显著,虽然城市因受到建筑空间的限制,多数区域不太可能有很宽的林带,但城市树木对降低噪声污染仍起着有效的作用。

3）降温增湿,减缓热岛效应

城市中心区与郊区之间由于人口与建筑物聚集程度和分布密度的不同,使得中心城区人为热与大气污染扩散比较慢,产生城市"热岛效应"。而规模较大、布局合理的城市绿地系统和郊外大片森林、水面、农田,可以在高温的建筑组群之间、在中心城区与郊区之间交错形成连续的低温地带,将集中型热岛环节转为多中心热岛,起到良好的降温作用,有效地缓解城市"热岛效应"。

我国学者对北京、重庆等城市试验观测结果表明,各类绿地均具有降温的效果。绿地覆盖率每增加 10%,夏季白天气温下降 0.93℃,夜间下降0.6℃。同时,庭院的树冠覆盖度达到 0.7 时,即可使地面辐射量(光和热)减少 1/2 左右。夏季晴天在人行道树下的气温,比无遮阴处低 3～4℃。其次,绿色植物强大的叶面蒸腾作用不断向周围空气中输送水蒸气,可以明显提高空气湿度。

根据国内外研究测定,1 hm² 绿地在夏季可以从环境中吸收 81.8 MJ 的热量,相当于 189 台空调全天工作制冷效果。如果利用空调器作为城市绿地调节温度功能的替代物,就可以空调器降低同样温度的耗电量来计算绿地调节温度的价值。例如已知室内空调器平均每台每小时耗电 0.86 kW,按每千瓦时 0.7 元计算,就可以算出 1 hm² 绿地调节温度一天的价值约 2 730 元。而绿地工程的综合造价,以居住小区 200～250 元/m²,公园等大型公共绿地 300～500 元/m² 来计算,1 hm² 绿地工程造价居住小区 2 000 000～2 500 000 元,仅相当于空

调器运转 1～2 年的电费;大型公园绿地大约为3 000 000～5 000 000 元,相当于空调器运转 3～5年的电费。绿地系统一旦建设起来,就将长久地发挥降温功能,从长远来看,显然绿地降温的成本比空调要低得多。

4）维护生物多样性

城乡绿地系统是维持和保护生物多样性的重要场所,特别对鸟类更是如此。城市绿地甚至会成为很多鸟类,尤其是陆生鸟类的避难所。绿地不仅为鸟类提供了庇护所,而且还直接或间接地提供食物。对于野生植物也是如此,上海市实地调查滨江森林公园数据表明,总面积 120 hm² 的城市公园,已记录到 204 种野生植物,其中乡土植物 160 种。国内外的研究表明,城市生态系统中生物多样性的提高对城市居民生活质量有正面影响。绿地廊道是生物多样性交流的重要通道。建设部在申报国家生态园林城市活动中,对生物多样性指标做了规定,要求综合物种指数≥0.6,也就是说,城市内鸟类、鱼类、植物三类物种指数的平均值要达到 0.6 以上;要求本地木本植物指数≥0.8,即城市内本地木本植物种数要达到总种数的 80% 以上。

5）防风固沙,保持水土,减少自然灾害

虽然城市中许多地面以水泥沥青覆盖,但城市内部、广大郊区仍然存在不少裸露的土壤。城乡绿地系统通过阻滞灰尘、减弱风速、阻挡和截留雨水以及对土壤的加固作用,发挥蓄水保土的效应,有效地防止和减少了城乡自然灾害的发生。

城市雨洪灾害和雨水径流污染是制约我国城市生态健康发展的核心问题之一。目前,我国正在大力推进海绵城市建设,在此背景下,城市绿地作为海绵城市建设的重要载体,应充分发挥绿地雨洪调蓄潜力。

当自然降雨时,将有 15%～40% 的水量被树林树冠截留或蒸发,有 5%～10% 的水量被地表蒸发,地表的径流量仅占 0～1%,大多数的水,即占50%～80% 的水量被林下厚而松的枯枝落叶所吸收,然后逐渐渗入到土壤中,变成地下径流。这可以减少形成地面径流的强度和流量,有助于保持水土,涵养水源。降水经过土壤、岩层的不断过滤,流向泉池溪涧。可从树木蓄水的角度计算其价值,据

测定,1 km² 树木可蓄水 $2.0 \times 10^4 \sim 5.0 \times 10^4$ t。

12.1.2 经济效益

城乡绿地系统的经济效益包括直接经济效益和间接经济效益。直接经济效益主要来自于农林用地的生产性收入与各种园林绿地的旅游收入,前者主要通过在城乡地域中的农田和林地中生产食物、发展都市型农业、开辟果园、进行药材生产、创建花卉苗木基地、建设经济林等取得直接的经济效益,后者主要通过收费公园、娱乐场所的旅游收入获得。城市建设用地范围内绿地系统建设的主要目的是取得生态环境效益和社会效益,故其经济效益大多不是直接取得,而大部分是通过生态环境效益和社会效益在全社会中所产生的经济价值来间接取得。相对于传统的城市绿地系统,城乡绿地系统范围更广,而且有许多生产性的绿地,因此,其直接经济效益和间接经济效益都可通过一定的方法来计算。

国内外有专家提出了"绿化经济链"的理论,认为以绿化为主体的生态环境的改善,必将同时改善城市经济发展环境,使经济充满活力;经过有效的经营手段和途径,可以将环境优势转化为经济优势,带动周边地区商贸、房地产、旅游和展览业等第三产业的快速发展;利用高质量的生态环境提高城市知名度,带动整个城市的有形和无形资产增值,有利于吸收外资;形成对周边地区的集聚和辐射能力,促进区域经济的发展。绿化经济链的构建,将进一步论证城市绿化能产生巨大的经济效益,对形成经济与环境协调发展的快速通道,实现经济、社会、环境的可持续发展起到重要作用。

1)拉动 GDP 增长,带动相关产业发展

经济在长期高速增长,创造越来越多的物质财富的同时,也造成了较大的生态破坏和环境污染。世界银行和中国政府的一份合作研究报告《中国环境污染损失》(Cost of Pollution in China—Economic Estimates of Physical Damages)称,每年中国因污染导致的经济损失达 6 000 亿～18 000 亿人民币,占 GDP 的 5.8%,其中医疗卫生费用占 GDP 的 3.8%。中国环保部环境规划院研究表明,2010

年环境污染所带来的损失达 1.1 万亿元,占当年 GDP 的 3.5%(除去医疗卫生费用)。生态环境损失在很大程度上抵消了经济增长的成果,对经济的长期持续发展和社会生活福利的持续提高产生了越来越大的压力。

城乡绿地系统规划,把城市绿地系统和广大的乡村绿地系统有机联系起来,形成一个融自然与人工生态系统为一体的城乡发展绿色生命支持系统,是以恢复生态类型,改善生态环境条件,维护生态平衡,满足当前及未来人们生活更高需求为目标的一项社会公益性活动,它产生的生态效益、社会效益和经济效益对社会的积极发展有重大影响。

城乡绿地系统属于城乡地域基础设施的一部分,绿地建设是城乡地域经济发展中不可或缺的重要产业,被视为城乡经济产业的有机组成部分。除了生产地域性的食物外,还可发展草坪生产、特种苗木、盆景造型、园林建设开发、机械养护生产等产业,形成新的产业体系,同时可增加就业机会,影响其他产业的发展。因此城乡绿地建设作为一种高效益的经济活动,能促进城乡地域经济发展的良性循环。

2)生产本地食品

本地食品运动(Local Food Movement)是欧美、日本等国家继有机食品风潮之后的新风尚,提倡的是一种就近种植、当天采摘,健康饮食,科学饮食的生活方式。

作为城乡绿地系统重要组成部分的农田和林地,可在本地食品运动中发挥重要的作用。一是可以支持城乡地域经济的发展。除了食物本身的经济价值,其带动的产业链条可以创造出更多的经济价值。二是提供就业机会。除了种植业之外,食品加工、服务、流通与商贸可以提供更多的就业机会。三是减少食物长途运输过程中的能源消耗与碳排放。通过多吃本地当季食物、多吃素食等方式尽量让自己饮食中的碳足迹减小,通过饮食习惯的改变来减缓对环境的破坏,形成低碳排放饮食习惯。

3)提升土地价值

城乡绿地系统的规划与建设,将显著改变城市的人居环境,符合人们追求居住环境舒适化、生态化、高品质化的要求。在城市里许多购房者都把楼

盘旁边是否有大型绿地作为购房首选条件,新楼盘尚未开盘,植树种草绿化先行,已成为房地产商促进楼盘销售、扩大楼盘知名度的措施之一。

4)美化城乡地域环境,提升区域形象

随着我国交通条件的改善,以及人们对高品质生活环境的追求,人口流动性将更大,而城市地域生态环境将是人们选择工作、生活场所的重要考虑因素。因此,必须从城市竞争力的全局来理解城乡绿地系统规划与建设。

城乡绿地系统作为城乡地域生态基础设施,不仅仅是人类生存的基础,也是城市和区域的形象,更是提升城市竞争力的重要因素。可以通过实地调查、问卷调查或者第三方机构对一个城市的绿地系统规划对提升城市和区域竞争力的影响进行评价。

5)吸引外资

区域的绿化水平往往反映了一个地区规划者的文化素质和管理水平,并成为影响外资流入的一个重要因素。优美的投资环境会增强对外商的吸引力,为城市的经济建设注入活力。来中国投资的外商最关注 3 个问题:一是中国的巨大市场;二是中国相对较为完善的基础设施和熟练的产业工人;三是生态环境状况。外商在选择投资地点时,对环境的要求有逐年上升的趋势。反观国内的许多城市在市场及劳动力方面常不相伯仲,差别之处在环境质量上。在加大招商引资的力度方面,仅仅依靠经济上的优惠政策还不足以对外商有强烈的吸引力,改善投资环境才是根本竞争力之所在,且效果持久,影响深远。改善投资环境不仅包括改善政策环境、基础设施、公共服务等,还包括生态环境质量的优良。

12.1.3　社会效益

构建良好的绿地系统不仅可以美化市容、市貌,美化乡村环境,促进城乡地域人们身体健康,而且可以拉近人与自然的关系,陶冶情操,缓解人们的社会压力与紧张情绪,提高人们的道德水平和精神生活质量,促进精神文明建设。

绿地系统规划的社会效益具体体现在如下方面:

1)美学效益

城市绿地是保持和塑造城市风貌、历史文化和民族特色的重要方面,以自然生态条件和地带性植物为基础,将民族风情、传统文化、建筑物、历史等融合在绿化中,是美化市容、增加城市建筑艺术效果、丰富城市景观的有效措施。

城市绿地可提升城市环境美感。植物通过其空间结构,叶的颜色、质感,及其随季节变化的开花、结果、落叶等自然现象,给城乡环境增添许多绚丽的色彩。园林树木有丰富的线条,是构造空间曲线美的绿色主体。郊野森林自然树木具有自然野趣,是构建城乡地域空间格局的重要因素。植物打破了建筑物呆板僵硬的轮廓线,烘托出建筑物的造型美,绿地经常作为城市建筑和区域景观的组成部分,既可遮掩建筑和景观中的某些缺点,也可作为建筑和景观装饰,以及景观中的主景,从而展现城市和地域的美学价值。

2)使用效益

绿地系统不仅净化空气、降低噪声,而且其芬芳气味,对人行道和公园的遮阴作用,风吹林冠的涛声和树叶的沙沙声都给人们一种愉悦、舒服的感觉。公园树林幽静的环境可以减轻城市紧张生活所产生的压力,郊野自然森林则保持了地域景观特色,为城乡居民提供多样的活动场所。此外,绿地对城乡地域的美化也增加了人们的生活乐趣,从而有利于平衡都市人紧张的生活节奏,有益于身心健康。公园绿地是游客休息、锻炼、交谈、娱乐交流的场所,可以展示文化修养、风俗习惯,互相观摩,增进友谊。郊野农田和森林是人们体验农业生产、徒步远足和露营的重要场所,可体会保护自然环境带来的乐趣。人们游憩在景色优美和安静的绿地中,有助于消除长时间工作带来的紧张和疲乏,使脑力和体力都得到恢复。园林中的文化、游乐、体育、科普教育等活动内容,更可以使人们在增进健康的同时丰富知识和充实精神生活。

3)心理效益

绿色使人感到舒适,能调节人的神经系统。植物的各种颜色对光线的吸收和反射不同,青草和树木的青绿色能吸收对眼睛有害的紫外线。对光的

反射,青色反射 36％,绿色反射 47％,对人的神经系统、大脑皮层和眼睛的视网膜比较适宜。如果在建筑室内外有花草树木茂盛的绿色空间,就可使眼睛减轻和消除疲劳,尤其是对于用眼较多的脑力劳动者。因此,绿色植物是一种廉价的"治疗器械",可大大增加城市的绿视率。千姿百态、五彩缤纷的树木和草地给人们带来丰富多彩的心理安抚和愉悦效果。

4)公益效益

绿地系统的社会效益表现在满足居民日益增长的休闲游憩娱乐、文化教育、科学普及等精神生活的需要。清洁优美的环境给人们以启示:珍惜和爱护环境,贴近大自然,使人们随着环境的改变,培养良好的道德风尚。美的绿色环境可以陶冶情操,增长知识,消除疲劳,健康身心,激发人们对自然、对社会、对人际关系爱的情感。园林绿地中植物园的建设,可以丰富人们的植物科学知识,让人们接近、了解自然。很多城市公园绿地及居住区的植物往往挂有标识牌,为人们认识植物创造了条件,让社会成员认识、了解大自然众多成员,了解生物共生的重要性,逐渐培养人们热爱自然、保护自然,提高人们的环境保护意识。

12.2 规划实施的保障措施

城市绿地系统建设是一项长期、复杂的系统工程,其规划的实施必须有可行的保障措施,主要包括法规政策性措施、行政性措施、技术性措施和经济性措施等。

12.2.1 法规、政策性措施

城市绿地建设是一长期性、战略性的生态经济建设项目,除了有坚强的组织领导和先进的科学技术支持外,还需要有完善的程序和相关的政策保障。要树立环境保护和绿色发展的基本国策及科技兴国和可持续发展两大战略同等重要、相互依存的整体观念。把城乡绿地建设作为实现城市可持续发展战略的重要组成部分,将城乡绿地建设纳入国民经济总体规划,实行建设项目立法管理制度,

保持绿地系统规划的严肃性和依法管理的有效性。同时要根据不同生态工程项目的特殊性,制定相应的地方性法规、制度,使绿地建设的全过程进入依法依规运作的健康轨道。

1)完善法规,依法治绿

坚决贯彻执行 1992 年 5 月 20 日国务院颁布的《城市绿化条例》,建设部颁布的《城市绿线管理办法》,结合各城市的实际情况制定颁布城市绿线管理规定、城市绿地绿色图章管理制度、城市绿化养护招投标管理办法等相关政策措施,在城市绿地系统规划的基础上及时制定古树名木保护方面的法规制度,逐步完善现有的法规,组织制定与法规相配套的一系列文件,使城市绿地的建设、管理有法可依,保证依法行政的可操作性。

2)加强对绿地规划的监督实施

审批后的城市绿地系统规划应向社会公布,形成全社会共同监督、维护规划的绿地。

加强人大的监督力度,除每年对绿地规划执行情况进行检查外,应对城市主要绿地的变更情况加以监督检查,维护规划的严肃性。

切实保障城市绿化用地,加强绿线管理,划定绿化控制线,严格实施"绿色图章"管理制度,严禁改变规划绿地性质或削减规划绿地面积;建设项目从规划、审批、实施到竣工验收必须严格管理,对未达到绿化标准的项目,按规定给予处罚,绿化严重不足且没有有效补偿措施的,不得投入使用;加大拆违还绿、拆临、拆围、建绿的力度,对侵绿、占绿等违章行为须严格处理,并广泛发动群众的监督作用,抵制侵绿、占绿行为的发生。

3)投融资体制改革

a)政府投资为主渠道。将绿地建设纳入社会经济发展计划,加大绿地建设资金的投入,绿地建设费用应占城市建设总费用的 3％～5％,由市政府投资大型绿地的建设。

b)新建单位的附属绿地及居住区绿地建设费用,应列入建设总投资,由各建设单位及开发公司负责实施,保证绿化建设的顺利实施。

c)道路绿地及道路红线以外的绿地建设费用,应列入道路建设总投资,由市政建设部门按规划与

道路同步实施。

　　d)建立绿化基金。鼓励社会参与,使绿地建设有稳定的资金来源,用于绿地的建设、养护、古树名木及野生植物的保护等。

　　4)保证城市绿化用地

　　积极发挥土地储备中心的土地调控作用,每年推出的出让地块中应拿出一定比例的土地用于城市绿地建设,保障城市绿地的逐步增高。

　　a)政府通过土地收购,置换出老城区待改造地块,实施绿地建设。在有可能开辟的空地上拆除原有旧建筑,创造开阔空间,建设更多的公园及街旁绿地,见缝插绿,改变城市中心建筑密度大,绿地少的现状。

　　b)结合老城区工厂单位的搬迁,旧城改造,调整中小学用地,对于办学条件差、场地紧张的学校适当合并、迁建,改善办学条件,置换出部分用地实施绿地建设。

　　c)预征规划绿地,避免重复建设、拆迁、降低绿地建设成本。

　　d)调整农业产业结构,有计划地实行退耕还林,保证绿色通道、生态隔离绿带和森林公园建设用地,鼓励和支持农民调整产业结构,兴建专项观光苗圃、生态经济林,加快城市绿化建设进程。

　　e)结合城市发展需要采取灵活的绿地建设方式,允许街旁绿地位置在一定范围内发生变更,可根据建设项目的需要变更绿地位置,但需在原规划街旁绿地500 m范围内,重新规划等面积街旁绿地。

12.2.2　行政性措施

　　城市绿地建设是一项功在当代,利在千秋的重要工程。各级政府和各有关部门要从战略的高度认识城市绿地建设的重要性,将环境建设作为一项长期的战略任务纳入工作计划和议事日程。切实加强领导,由市政府成立以主要领导为组长的城市绿地建设协调领导小组,领导小组成员由规划局、住建局、市计委、科委、财政、林业、水利、农业、园林、房地产等部门共同负责。计划规划部门要统筹规划,综合平衡,做好组织协调工作。建设、林业、水利、农业、园林等部门要加强行业指导和工程管

理,财政、科技、规划等部门都要积极支持绿地建设。各乡镇要在全市绿地规划指导下,因地制宜地制定本乡镇的绿地建设规划,精心组织好规划工程的实施。

　　应将城市绿地建设作为考核领导干部政绩的一项重要指标,建立各级政府向同级人民代表大会常委会报告城市绿地建设工作的制度;并建立政府领导任期内城市绿地建设目标考核制度,层层签订责任状。具体表现为:

　　1)完善管理结构

　　进一步建立、健全城市绿化管理结构,保证城市绿化工作的正常开展。绿化行政主管部门要加强技术指导,针对绿化工作中出现的问题,拟定有关政策、措施,指导城市绿化健康发展。在管理上加大投入,努力完善保障措施,使绿地系统规划在有力的保障下得以顺利实施,才能最终实现城乡绿地系统规划目标。

　　2)行政干预

　　城市绿地建设必须与城市各项建设同步发展,由建设部门统一管理,各建设项目的审批中必须包括绿地建设的有关内容。建设项目验收应对建设用地范围内的绿地建设同步验收。对优秀绿地实行奖励,并挂牌明示,成绩进入文明企业评定考核之中。

　　市政府确定的工程项目要严格执行基本建设项目管理程序,实行按规划立项,按项目管理,按设计施工,按效益考核。强化组织管理,建立项目管理机构,对工程项目的计划、资金、财务、物质等实行统一管理,建立有效的投资评估制度和专家参议制度。强化工程管理,园林建设工程项目必须按各部门制定的规程、规范和标准组织实施,引入招投标制度和工程监督制度,严格检查监督,确保工程建设质量。强化资金管理,加强资金使用的追踪检查和审计监督工作,严格财务制度。强化信息管理,对项目施工进度、质量、资金使用等情况进行动态监测,并及时对各类信息进行汇总、上报、分析和反馈。

　　3)强化生态环保意识教育

　　政府要运用各种方式和多种新闻媒介大力宣

传城市绿地建设的重大战略意义,全面提高各级领导和广大人民群众的文化意识,普及绿地建设的科学知识,使大家都认识到城市绿地建设和环境保护事业对城市实现绿色发展和可持续发展战略目标具有重大的战略意义,功在当代,利及千秋。广大人民群众是实施城市绿地建设的主力军,只有动员社会各系统、各行业群众积极参与建设与监督,城市绿地的规划目标才能得以实现。要通过多种生动活泼的方式组织城镇居民参加城市绿地建设活动,大力提倡和表彰生态文明的良好道德风尚,使之成为推进城市社会进步的强大驱动力。

宣传城市生态环保的重要性,向城镇居民公布城市绿地规划的内容以及对生态环保的宏观作用,进行生态环保的知识教育,动员并组织居民参与各种绿化活动,提高绿化意识,以达到全民重视绿化,自觉保护城市绿地的目的,从而真正达到生态环保的效应。

4)加强城市古树名木及生物多样性保护

根据现状调查的古树名木地点及数量,有计划地进行保护和培育古树名木。引进特色树种增加城市绿地植物的多样性。加强生物多样性的保护,保护的重点是现状生物多样性保存良好,游人较少接触到的区域。

12.2.3 技术性措施

城市绿地建设项目为技术起点高、难度大的复合型生态经济系统工程,在实施过程中不但要有坚强的行政领导和雄厚的资金作保障,同时需要加强高科技的投入,要通过实践大力培养和造就一支具有良好职业道德和掌握现代科学技术的科技队伍,结合园林建设工程深入开展科学研究,有关领导要按国家考核标准,指导组织对绿地生态环境质量系统进行动态监测与评估,发现新问题适时开展专题研究,及时进行经验交流,推广成果,加速科技信息流通效率,促进科技成果向实现生产力的有效转化,为规划目标的健康完成提供完善的技术保障。

要组织各方面的科技力量,围绕城市绿地建设的关键问题,进行科技攻关,力争在新型城市建设和城市发展中有所突破。根据城市绿地特点和建设要求,综合应用各种科研成果,建立和办好一批不同类型的试验示范区、示范村和示范镇(乡)。充分应用材料技术、生物技术、信息技术等高新技术,大力推广各种实用先进技术,如清洁生产技术,小流域综合治理技术,生物农药和节水灌溉等技术,保证工程建设质量。具体表现为:

1)引进"3S"系统等先进的技术,强化科技兴绿

绿色植物具有自身还原功能,同时随着城市的发展,会出现很多生态、景观及功能的不同需求,因此,城市绿地系统规划工作是一个动态发展的过程,利用GIS(地理信息系统)技术等,可及时反映城市绿色网络细微的变化,及时采取果断的措施,以保障城市绿网体系建设的健康有序开展。

2)城市绿地"绿线"管制

应认真贯彻落实2001年5月《国务院关于加强城市绿化工作的通知》和落实建设部有关城市绿线管理的要求,可尝试参照城市规划中的用地分类和属性管理办法,通过全面、细致、深入的规划研究,在统筹分析、平衡利益、解决矛盾的基础上研究相应的城市绿线管理地块,为城市绿地的规划、建设与管理提供合法依据。

具体的工作方法是:在绿地系统规划编制过程中,根据城市空间发展和生态环境建设等多方面的需求要素,对规划期内城市拟规划建设的绿地进行空间布局,并汇总分析以往规划管理部门所控制的规划绿化用地,对各类规划绿地逐一进行编码,并赋予其特定的绿地属性。在管理过程中,运用"3S"技术对各类规划编码的绿地进行空间分布核对、面积计算,进而从管理角度解决规划绿地如何落到实处和明确实施绿线管理的依据问题,可大大提高绿地系统规划的可操作性。

3)建设园林绿化科研和开发机构

园林绿化应用植物的科学研究是城市绿化建设的基础工作之一,具有重要的科学和实用意义。建立、健全园林绿化科研和开发机构,有计划地定向开展园林植物资源调查及育种试验;加强城市绿地系统生物多样性的研究,特别是加强区域性物种保护与开发的研究;培育、驯化优良园林乡土植物;加强病虫害的防治研究;并通过政策和管理机制,

保障园林科学研究能可持续地发展。

4）加强专业队伍素质建设

园林绿化工作是一项系统工程，涉及的专业广泛，知识更新快，实地变化概率大，技术技巧要求高。因此，对专业人员定期进行技术培训、业务素质考核是十分必要的。相关管理部门应做出专业队伍素质建设计划、规划，实行竞聘上岗，不断优化，培养一支专业门类齐全、敬业高效的专业队伍。

5）加强避灾绿地研究

根据建城〔2008〕171 号《关于加强城市绿地系统建设 提高城市防灾避险能力的意见》的要求，应该充分认识到避灾绿地的重要性，绿地作为城市开敞空间，在地震、火灾等重大灾害发生时，能够作为人民群众紧急避险、疏散转移或临时安置的重要场所，是防灾减灾体系的重要组成部分。应加强城市绿地防灾避险能力的规划设计研究，使城市绿地不仅起到为城市增绿增景的作用，还成为城市避灾系统的一部分。

6）重视城市绿地系统雨洪管理规划的研究

中国是联合国认定的"水资源紧缺"国家，也是世界上遭受城市内涝等洪水灾害较为严重的国家之一。为充分发挥城市绿地、道路、水系等对雨水的吸纳、蓄渗和缓释作用，有效缓解城市内涝、削减城市径流污染负荷、节约水资源、保护和改善城市生态环境，2014 年 10 月，住房和城乡建设部下发了《海绵城市建设技术指南》，提出海绵城市建设——低影响开发雨水系统的构建，对我国城市建设提出了雨洪管理的明确要求，使城市能够像海绵一样，在适应环境变化和应对自然灾害等方面具有良好的"弹性"，下雨时吸水、蓄水、渗水、净水，需要时将蓄存的水"释放"并加以利用。

城市绿地作为低影响开发雨水系统的重要载体，集雨型城市绿地系统建设迫在眉睫。构建集雨型城市绿地系统，充分发挥城市绿地对雨洪的调蓄功能是集雨型城市绿地规划需要解决的难题。应根据城市所处的自然山水空间格局以及总体规划确定的城市性质、发展目标、用地布局等，积极开展绿地系统雨洪管理能力及布局等方面的研究，达到辅助解决城市水涝灾害、解决城市水问题的目的。

12.2.4　经济性措施

1）绿化工程建设专款专用

（1）保证城市绿地建设资金的主渠道

主体骨干工程的投资，首先应纳入城市国民经济发展建设总体规划，政府、银行在土地、税收、信贷等诸多方面，应统筹安排，集力支持。

（2）居住绿地建设经费

建设经费纳入住宅建设成本。园林主管部门应按价格调整情况，每年公布单位建筑造价中绿化投资基数的调整系数。居住区内日常绿化养护应从物管费内提取一定比例。充分体现"谁受益、谁缴费"的补偿机制。

（3）道路绿化经费

应列入道路建设总投资，由市政建设部门按规划与道路建设同步实施。

（4）新建设单位绿地经费

均应按规定完成单位内附属绿化建设，费用列入建设总投资。受条件限制的经规划、园林主管部门批准，在基地内未完成的量，必须在指定地点完成；有条件没完成的应责成如期完成。

（5）污染工厂外或工业区外的防护林

应由污染工厂或工业区承担，环保部门将污染罚款反馈一定比例，用于卫生隔离防护绿地建设。

2）多渠道筹集城市绿地建设资金

在土地批租时，应提高绿地周围用地的地价，其提高部分应用于绿地的建设。土地综合开发或批租应将绿地建设纳入开发范围，政府批租收入应按比例投入城市绿地设施的建设。大型绿地的开发可采取综合开发筹集资金，要吸取损失规划绿地而降低环境质量和城市整体质量降低的教训。

3）激励措施

在已确定为公园绿地的范围之内，若公园面积大于 30 hm²，可划出一定比例的地块（不大于 5%）作为园林部门的多种经营开发用地，以增加园林部门的收益，以此保证园林绿地的日常维护和管理的部分经费。但当与建设绿化这一主要功能相矛盾

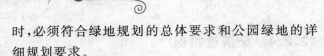
时,必须符合绿地规划的总体要求和公园绿地的详细规划要求。

城市规划部门可以制定一些优惠政策,吸引企业、单位、外商等投资建设城市绿地。

思考题

1.应如何量化衡量绿地系统的三大效益?
2.应如何制定实施规划的保障措施?

文本

文本目录

第一章 总 则

第一条 编制的必要性

普洱市城市总体规划确定了城市新的发展规模和目标,为配合新的城市总体规划的实施,开展普洱市城市绿地系统规划。这一规划的编制有利于在科学规划的指导下有序开展城市绿地建设,促进城市景观风貌质量提高和特色景观的形成,继续打造普洱"一城山水色、三面茶源香"城市绿地意境和"绿色文化、魅力茶城"的崭新形象,体现高度国际化、高度生态化的特点,达到促进当地环境质量改善和给社会发展提供优越环境的目标,也有利于比较城市绿地建设中的差距,为各类绿地建设提供依据,最终为实现生态和谐、适宜居住、三维绿色、健康发展的魅力茶城,树立享誉世界的绿色文化城市品牌,创建国家生态园林城市和获得联合国人居环境奖提供必要的绿地建设依据。

第二条 规划的性质

《普洱市城市绿地系统规划》是《普洱市城市总体规划(修改)(2011—2030年)》的专项规划。

第三条 规划编制依据

(一)国家现行有关法律、法规、规章、规定

1.全国人民代表大会:《中华人民共和国城乡规划法》(2008年)

2.全国人民代表大会:《中华人民共和国土地管理法》(1986年颁布,1998年修订)

3.全国人民代表大会:《中华人民共和国环境保护法》(1989年)

4.全国人民代表大会:《中华人民共和国林法》(1984年颁布,1998年修订)

5.国务院:《城市绿化条例》(1992年)

6.建设部:《城市绿化规划建设指标的规定》

（建城〔1993〕784号）

7.国务院：《国务院关于加强城市绿化建设的通知》（国发〔2001〕20号，2001年5月31日）

8.建设部：《城市绿线管理办法》（2002年）

9.住房和城乡建设部：《关于建设节约型城市园林绿化的意见》（建城〔2007〕215号）

10.住房和城乡建设部：《关于加强城市绿地系统建设提高城市防灾避险能力的意见》（建城〔2008〕171号）

11.住房和城乡建设部：《关于促进城市园林绿化事业健康发展的指导意见》（建城〔2012〕166号）

（二）技术标准、规范

1.建设部：《城市规划编制办法实施细则》（1995年）

2.建设部：《城市绿化规划建设指标的规定》（1993年）

3.建设部：《城市道路绿化规划与设计规定》（CJJ 75—97）

4.林业部：《森林公园总体设计规范》（LY/T5132—95）

5.建设部：《城市绿地分类标准》（CJJ/T 85—2002）

6.建设部：《城市绿地系统规划编制纲要（试行）》（2002年）

7.建设部：《城市绿线管理办法》（2002年）

8.建设部：《全国环境优美乡镇考核验收规定（试行）》（2002年）

9.住建部：《城市蓝线管理办法》（2005年）

10.住房和城乡建设部：《城市规划编制办法》（2006年）

11.住建部：《关于加强城市绿地系统建设提高城市防灾避险能力的意见》（建城〔2008〕171号）

12.住建部：《城市园林绿化评价标准》（GB/T 50563—2010）

13.住建部：《关于修订〈国家园林城市遥感调查与测试要求〉的通知》（建城园函〔2010〕150号）

14.住房和城乡建设部：《国家园林城市系列标准》（2016年）

15.住建部：《城市绿线划定技术规范》（GB/T

51163—2016）

16.建设部：《公园设计规范》（GB 51192—2016）

17.建设部：《城市居住区规划设计规范》（GB 50180—98）（2016年修改）

（三）有关文件

1.思茅区地方志编纂委员会：《思茅地区志》（1996年10月）

2.普洱市地方志编纂委员会：《普洱年鉴》（2014年12月）

3.普洱市城乡规划局：《普洱市城市绿线管理办法》（2013年4月）

4.《普洱市城市总体规划（修改）（2011—2030年）》

5.《普洱市土地利用总体规划（修改）（2011—2020年）》

6.《普洱市林地保护利用规划（2011—2020年）》

7.思茅地区林业局：《思茅地区林业志》（1997年）

8.思茅地区文物管理所：《思茅地区文物志》（2002年12月）

第四条　规划范围

规划范围及规模与《普洱市城市总体规划（修改）（2011—2030年）》一致。本次绿地系统规划从大尺度上为整个思茅区范围，总面积314 km²；中尺度为中心城区规划区，面积100 km²；小尺度为城市建设用地规划区范围，规划建设用地面积为49.44 km²。

第五条　规划期限

1.近期：2015—2020年

2.远期：2021—2030年

第六条　规划规模

普洱市城市现状（2014年末）建成区面积25.5 km²，城区人口为24.0万人。

规划普洱市中心城区近期末：建设用地40.28 km²，城区人口达到37万人，其中规划主城区近期末：建设用地30.36 km²，城区人口32.7万人。

规划普洱市中心城区远期末：建设用地 49.44 km²，城区人口达到 50 万人，其中规划主城区远期末：建设用地 38.29 km²，城区人口 45.3 万人。

第七条　绿地系统空间构建

普洱市域绿地系统空间布局应以城市绿地系统为核心，以区域大环境绿化空间为依托，中心城区的带状、点状、放射状绿地交织成网状系统向外拓展，与外围郊区绿地相融互补，构建城乡一体化的"市域、规划区、建成区"三个层次的绿色空间体系。

第八条　强制性内容

本规划根据《城市规划强制性内容暂行规定》和《普洱市城市总体规划（修改）（2011—2030 年）》确定规划的强制性内容。强制性内容是对城市建设实施监督检查的基本依据，违反城市绿地系统规划强制性内容进行建设的，属于严重影响城市规划的行为，必须依法查处。

第二章　规划目标与指标

第九条　总体目标

普洱市有其特殊的地理位置和独特的自然景观，悠久的历史文化积淀，正努力创建一个独具特色的国家生态园林城市。同时实现城市绿地系统的科学性、生态性、人文性、和谐性，将面山森林、滨水绿地、城郊农田、城内公园绿地通过网络状的绿色景观廊道和穿越城市的蓝廊连接起来，使整个城市的绿地系统紧密和谐而开放，有效控制城市生态脉络，构建生态宜居城市。

第十条　具体目标

近期目标（2020 年末）：将普洱建设成生态和谐、适宜居住、绿量丰厚、健康发展的魅力茶城，树立享誉世界的绿色文化城市品牌，创建"国家生态园林城市"。

远期目标（2030 年末）：将普洱建设成技术与自然充分融合，生产力得到最大限度发挥和利用，居民的身心健康和环境质量得到充分保护。城市循环类似一个生态系统，保护与合理利用一切自然资源，人、自然、环境融为一体，创建互惠共生的"生态宜居城市"，努力获得联合国"人居环境奖"。

第十一条　规划指标

（一）主城区城市绿地三大基本指标

（1）2020 年末公园绿地面积应达到 375.72 hm²，人均公园绿地面积应达到 11.49 m²/人以上，2030 年公园绿地面积应达到 712.68 hm²，人均公园绿地面积应达到 15.73 m²/人；

（2）2020 年末绿地率应达到 35.80% 以上，2030 年末绿地率应达到 44.83% 以上；

（3）2020 年末绿化覆盖率应达到 40.80% 以上，2030 年末绿化覆盖率应达到 49.83% 以上。

（二）中心城区城市绿地三大基本指标

至规划期（2030 年）末，人均公园绿地面积应达到 14.74 m²/人以上，绿地率应达到 40.11% 以上，绿化覆盖率应达到 45.11% 以上。

第三章　市域绿地系统规划

第十二条　市域绿地系统结构布局

结合普洱市国家生态园林城市建设目标，市域绿地系统空间布局为"一心、二环、三轴、五园"。

"一心"——普洱市主城区绿化中心。

普洱市主城区为普洱市人民政府所在地，是普洱市政治、经济、文化、商贸和交通的中心，主城区绿地是普洱市域范围绿地建设水平最高、文化品位最浓、建设效果最好，也是最能彰显普洱市茶文化的中心，引领普洱市的绿地建设方向，集中打造该中心将有利于提高整个普洱市园林绿化建设水平和艺术风格特色，加强普洱市绿色形象的塑造。

必须保留普洱市主城区外围作为生态斑块和生态廊道的农田、森林，结合城内外水域进行城市滨河生态景观廊道建设，积极建设森林公园、郊野公园，提升绿地生态和景观功能。应保持城市适当规模，合理规划建设城市内部的道路绿地、滨河绿地及公园绿地、附属绿地，形成绿地功能结构布局合理、有活力的绿色中心。完善内部绿地环境及服务设施，力求把主城区建设成为拥有良好的生态环

境、丰富的园林景观，丰厚的多民族和茶文化底蕴，与现代生活相适应的生态园林城市中心区。

"二环"——景观生态安全保护环。

第一环——以远郊天然森林、自然保护区、风景名胜区、森林公园、茶园、咖啡园、生产绿地等乡村田园、经济林园等构成城市远郊绿色生态安全保护环。该环应立足于普洱本土的自然资源，积极开展生态旅游产业，以高起点的国际水准建造生态旅游胜地。面向省内外甚至国内外开展各项生态旅游活动。该环面积大、离城较远，可充分利用丰富的原始森林资源建造国际水准的野生动植物园，形成开展科研、旅游、教育、拓展、体验等活动项目的综合性功能的绿色园区。

第二环——主城区城市面山及高原湖泊生态景观保护环。由面山森林、茶园、经济林果园、村落田野以及纳贺水库、箐门口水库、洗马湖、梅子湖、信房水库等主城区外缘湖体及周边山体天然森林、经济林等构成。该环是城市生态景观环境保护环，连接着城市的活动与城外乡村的农业活动，是城郊过渡带，应加强该环的培育并结合生态经济林果的生产，充分利用普洱乡土树种塑造具有浓郁地方特色的植被群落外貌，为主城区绿地提供良好的绿色背景。

"三轴"——三个城市绿色发展轴。

第一轴——以昆曼高速公路及昆曼高速铁路为主构成的城市西侧南北向主通道景观及其周边生态景观林带所组成的具有生态防护功能的绿色景观轴线，不仅贯通城市南北，并且将以莲花等为主的城市配套产业组团、以曼歇坝为主的城市加工及贸易组团与主城区连接起来。

第二轴——以连接整碗、木乃河组团为主，连接主城区，通往澜沧县、孟连县等地的城市西向快速通道的生态景观绿化及道路周边防护林带组成的景观轴。

第三轴——以主城区连接倚象组团为主，通往江城县等地的城市东南向对外快速通道的生态景观绿化及道路周边防护林带组成的景观轴。

以上道路景观轴线依托沿路的山水景观，根据各地段不同的森林景观、田园景观、城市景观、村落景观打造普洱市山地特色的绿色景观系列。

"五园"——五个工业经济发展组团绿地。普洱市中心城区除主城区以外的五个组团为：整碗城市建材工业组团、木乃河城市轻工业组团、莲花城市配套产业组团、倚象城市生物科技园组团、曼歇坝城市加工及贸易组团。五个工业组团是构筑普洱市市域绿色体系的基础力量和生态园林城市建设的重要区域，交通条件便利，起着集聚、辐射、连接等多重作用。在主城区的带动发展下，五个组团共同发展，形成完善的市域绿地发展结构。

第十三条　乡村绿地系统规划分区

普洱市乡村绿地系统规划中，应突出乡村与城市中心区绿化的区别，即村庄绿化的防护、美化的功能特性，地域宽广的自然特性，粗放、易管理的经济特性，院落经济相结合的广泛性。应符合乡村景观的可居度、可达度、相容度、敏感度、美景度，构建以人居环境为导向的乡村景观。努力营造乡村特色，保护开发自然景观，展示村庄风光与文化内涵。应遵循人地共生模式，以乡土化、人性化、实惠化、美观化、高效化为出发点。

植物配置宜以乔木为主、林果复合，果树以既有一定经济产出，又有较好景观效果的蒲桃、木奶果、槟榔青、梨等为主，结合少量的灌木、花草，形成既便于管理，又具有最大生态效益的绿色家园。

第十四条　乡村绿地指标规划

根据《全国环境优美乡镇考核验收规定（试行）》（2002年）的要求，参照《关于进一步加强城乡园林绿化及生态建设的意见》（昆发〔2008〕8号）、《国家森林城市建设标准》（国家林业局2012年），结合普洱市实际情况，规划各片区的绿化指标为：村庄内部绿地率应达30%以上，绿化覆盖率应达35%以上，进村道路绿化率应达60%以上，沟渠绿化率应达85%以上，村庄面山绿化率应达90%以上。

县级公路两侧应建设宽5 m绿化带，乡村级公路两侧应建设宽2 m的绿化带。渠边、路边和田边的空隙地上种植绿化树种，构成纵横连亘的农田林网，林带宽度在2 m以上的河流防护林建设应达90%以上。

至规划近期(2020年)末,重点发展的生态示范村,人均公园面积不得小于9 m²/人;每个行政村应有一个不小于1 000 m²的小游园,并以绿化为主,同时配有娱乐和休闲设施。至规划远期(2030年)末,应实现每个村寨至少有一个不小于1 000 m²的公园绿地,并以乡土植物绿化为主体,同时配有娱乐和休闲设施。

第四章　城市规划区绿地结构布局与分区

第十五条　绿地系统规划结构与布局

普洱市城市绿地系统空间布局以普洱市区绿地系统为核心,以区域整体为原则,充分利用周围山体自然围合坝区的绿色天然屏障作用,加强周边山体天然林、经济林的植被保护和生态植被景观恢复,突出普洱"一城山水色、三面茶源香"的山水生态园林城市意境。

必须依托主城区椭圆形的城市形态及四周秀丽的山水空间格局,结合河流、湖泊、水库、道路,与各类公园绿地形成城市内外连通的有机"绿色网络"。同时结合景观生态学、城市园林生态学及生态城市的相关理论,将普洱市主城规划区布局为"一环、一带、二横、三纵、五楔、五廊、多斑块"的城市绿地系统。

"一环"——城市生态旅游观光绿色环。

该环是市区与城郊的过渡带,作为城市与近郊接合部,即城市边缘地带,具有更多样的生态环境和较高的生态敏感性,是城市化过程中土地利用方式变化频繁的特殊地带。沿主城边缘的旅游内环线,以自行车及步行构成的绿道为核心,通过道路两侧的山体的森林景观、茶园景观,将贺勐山公园、茶马古道公园、洗马湖公园、佛莲山公园、斋公箐水库、老杨箐带状公园、茶苑路东段、梅子湖公园、茶园观光线、丁家箐公园、振兴大道南段、野鸭湖公园、机场河等普洱城市绿色景观节点连接起来,形成一道充满生机与活力的"绿色城墙",更是以旅游观光为主的城市生态绿环。

"一带"——位于主城规划区西侧的生态景观防护绿带。

作为贯穿城市西侧南北向的过境昆曼高速公路及昆曼高速铁路,承担着中国面向东南亚开放的国际大通道重要使命,使普洱成为中国面向西南开放的桥头堡黄金前沿城市。从生态保护的角度,规划沿昆曼高速公路及昆曼高速铁路两侧建设城市景观生态防护隔离绿带,具有减弱噪声、净化空气、改善水文条件、调节局部小气候等功能。通过沿道路两侧的山体绿色景观的维护、农田四季景观的引导、经济林地及苗圃地的培育与完善,应强调道路隔离带的乡土气息化;护坡生态绿化的改造等措施,营造一条山野景致、田园气息与城市景观相融合,时而幽静、时而开阔的多元化绿色生态国际大通道,创造生态技术与艺术结合的景观生态防护绿带。

"二横"——东西向贯穿城市的道路景观轴线,包括石龙路、茶苑路。

第一横,以北部新区的石龙路为轴线的城市道路景观轴,是贯通昆曼高速路与机场河之间的防护林带、北部新区湿地公园,连接曼迈河与思茅河滨河公园的园林景观路。

第二横,以南部东西向的茶苑路为轴线的城市道路景观轴,汇通老杨箐河,形成南部新城区建设风貌的园林景观路。

"三纵"——南北向贯穿城市的道路景观轴线,包括振兴路、茶城大道—园丁路、普洱大道。

第一纵,以振兴路为轴线的城市历史人文景观绿轴,体现普洱的历史和文化信息。由主城区最北边的贺勐山观景台起,穿越城市中心区的步行街、红旗广场、商业中心区、世纪广场、倒生根公园等系列绿地形成城市历史人文绿色景观轴。

第二纵,指茶城大道园林景观绿轴,体现城市茶文化内涵,充分展示茶都的风貌和特色。南起梅子湖公园,沿途经过茶花园、茶叶市场街旁绿地、中国茶文化名人园、民族团结丰碑街旁绿地、大象雕塑环岛,北至架龙山公园。是一条彰显茶城文化艺术的绿色园林景观大道。

第三纵,指普洱大道园林景观绿轴,北接茶马古道公园和大头坝水库,经洗马湖公园,南至园丁广场,沿路一侧为繁荣的城市景象,一侧为洗马湖及周边自然的山水景观,是体现城市山水景观的绿

色景观轴。

"五楔"——从城市外部的森林沿城市外围的经济林，城市公园绿地，通过城市主干道及河流廊道楔入城市中心的楔形绿色空间，具体为：

第一楔，西北部湿地景观、民族文化生态绿楔。由城市外围东北部的莲花乡天然林，沿思茅河进入城市，经普洱市西北部经济林、城市面山防护绿地、贺勐山山体公园、北部湿地公园、普洱文化活动中心公园楔入城市。该楔以山体景观、湿地景观、民族文化为基础，以良好的生态绿色空间为背景，以展示山体景观、滨河湿地景观，彰显现代普洱文化新魅力为主要内容，休闲游憩、文化体验为主题，打造城市森林、城市湿地，游憩、现代文化生态绿楔。

第二楔，城市东北楔，茶马古道文化绿楔。

该楔沿城市东北部茶马古道省级风景名胜区的天然林，经茶马古道文化公园、大头坝公园、石屏河滨河带状公园，进入架龙山公园、石龙河滨河带状公园以及茶城大道等城市中心，形成楔入城市的绿色空间。

该绿楔主要以山体景观、湿地景观、普洱茶古道文化认知与体验为基础，以营造古朴的茶马古道文化悠远意境，回归自然、回溯历史为主要内容，打造城市茶马古道文化生态休闲绿楔。

第三楔，城市东部山水生态观光绿楔。由洗马湖东部面山森林、茶园，经洗马湖公园、中国茶文化名人园等城市公园绿地，并通过贯穿城市核心区东西方向的边城东路园林景观，将包括洗马湖在内的东部自然山水景观引入城市街区，与西部的田园湿地观光休闲生态绿楔相互连通，两楔相对，遥相呼应，似普洱大地两叶鲜活的绿肺，源源不断哺育着生活在这片沃土上的子子孙孙。该绿楔主要以自然的山水景观、茶园景观、城市公园绿地为依托，以旅游观光、休闲养生为主要内容，营造城市独特的山水森林景观生态绿楔。

第四楔，城市南部休闲度假生态绿楔。由普洱市南部太阳河自然保护区、太阳河森林公园、普洱市万亩观光茶园，经信房水库周边天然林、梅子湖周边森林、南部民族体育公园及野鸭湖综合公园等城市公园绿地共同组成的绿楔，沿思茅河滨河公园及振兴大道绿地深入城市内部，以旅游健身、茶文化展示、养生度假、生态休闲为主要内容，打造城市南部茶文化展示、休闲、健身、度假为一体的生态绿楔。

第五楔，城市西楔，生态防护绿楔。沿木乃河工业组团与主城之间的天然林、经济林、茶园、昆曼高速公路和昆曼高速铁路两侧的防护绿地，以及农地、鱼塘、附属绿地，沿边城西路景观大道楔入城市中心区。该楔以现有的生态防护林、经济林、茶园等为基础，以城市生态防护为主要内容，打造城市生态防护景观绿楔。

"五廊"——五条河流廊道。

廊道由两岸的天然森林、水源防护绿地、湿地公园、滨河带状公园绿地等共同组成，是城市湿地动植物及鸟类保存与展示的基地，也是城市内外生物多样性交流的通道。规划结合水面形成贯穿城市东西南北的三横两纵共五条城市绿色生态廊道，分别是：

思茅河景观廊道。思茅河是普洱市的母亲河，长约 10 km，南北向贯穿城市西侧，发挥着城市大环境生态景观连接带的作用，因此做好滨河绿地景观，既可以保护好河流沿岸的生态环境，又可为城市增加园林景观，创建一条融生态、园林、艺术等多功能的绿色景观，吸引人们进一步认识普洱、深入普洱。

机场左河景观廊道。位于思茅河西侧，穿过规划区河段几乎和思茅河平行，沿机场河由西南向北纵穿城市，汇入西河公园；与旅游环线时汇时离，形成城市生态景观廊道。

石屏河景观廊道。延续茶马古道公园，依托石屏河滨河绿地建设茶马古道文化长廊和湿地景观。

石龙河景观廊道。是沿河流的山林、田园村落风光与城市的结合，并横向连接机场河、思茅河、茶城大道景观，形成城市休闲游憩带状绿地。

老杨箐景观廊道。该绿廊呈东西向贯穿城市南部，沿廊道主要是居住区、学校、行政办公用地，与周围居民日常生活联系紧密，作为城市南部的景观廊道，规划赋予其独特的普洱茶文化特色，在其中栽种大量茶树，并融合与普洱茶的起源、发展、研制、运输、品尝等有关的艺术小品，形成普洱市中最具茶文化特色的城市休闲绿廊，也使城市居民在休憩之中受到茶文化的熏陶。

"多斑块"——均衡分布在城市中的各类斑块状公园绿地,是居民和游客休闲游憩和城市文化特色、园林景观展示的主要场所,公园绿地似翡翠镶嵌在城市中。其中以贺勐山公园、北市区湿地公园、架龙山公园、洗马湖公园、梅子湖公园、野鸭湖公园、西区公园等为主要景观。

第十六条 城市规划区绿地分区

依托普洱市独特的自然山水格局和深厚的历史脉络,构筑具有地域自然特色的生态园林景观。在强调过去、现代与未来的同时,在空间上强调城市与市郊形成良好的城乡空间景观;普洱市属于中山低纬亚热带季风气候,在树种选择上,应选用常绿植物形成城市背景;在整个城市构成的要素上,强调生态的景观特色,强调自然与人文协调,从而彰显城市与自然相融合的风貌特色。将普洱市主城区划分为以下四个绿色景观区。

(一)中部商贸中心绿色景观区

该区位于主城中部,是普洱老城区构成的综合组团,其作为全市的经济、商业中心区,重点发展区域化的金融、信息等生产性服务。该区现状建筑密度大,街巷狭窄,绿地很少,结合旧城改造,绿地建设应见缝插绿,积极鼓励垂直绿化,必须通过因地制宜增加——街旁绿地,墙面绿化,阳台、屋顶绿化提高绿视率和绿地景观多样性,植物选择以乡土植物为主,增加当地传统栽培的观花观果植物,如冬樱花、蒲桃、石榴、香橼、木瓜、金银花、白兰、指甲花、糯米香茶、珠兰、倒挂金钟、月月红月季等,形成历史文化底蕴深厚的传统街巷绿地景观和庭院绿地景观。绿地植物采取自然式配置,形成与传统街巷的空间肌理及建筑风貌协调统一的本土特色植物景观风貌。

(二)北部行政办公、文化展示绿色景观区

主城北部区域以行政办公、民族文化和古道文化展示为主要发展方向。该区总体上地势平坦,东部、北部逐渐过渡为山地,市政务中心位于北部平缓山体中部,沿宽阔笔直的道路形成现代简洁风格的道路绿地景观,多条河流穿流其间,开放式的滨河带状廊道连接湿地公园、文化中心公园、架龙山公园、凤凰山公园、茶马古道公园,植物选择应乡土与外来相结合,打造绿量丰厚、四季有花、四季常绿、斑斓多彩的植物景观风貌,植物配置自然式与规则式相结合,行道树宜选择凤凰木、火焰木、兰花楹、秋枫、香樟、云南樟等树体高大的基调及骨干树种,配以观花观叶灌木扶桑、野牡丹、希美丽、红桑、变叶木、普洱茶等,形成层次丰富的道路绿地景观,并注重市花、市树在道路绿地、政府单位绿化中的应用。该区公园类型丰富,拥有湿地公园、山体公园、综合公园、茶马古道公园、茶文化专类公园等,根据公园的自然地形和主题打造与生境相符,具有民族植物文化特色的绿地景观,形成北市区现代与历史、民族与世界融合的现代行政办公、文化展示区域。

(三)南部居住、教育、体育活动绿色景观区

主城区南部多为居住、教育用地,部分行政办公用地和城市体育文化活动中心,植物景观风貌整体上应打造绿量丰厚、简洁大气的现代风格,注重各类学校绿地中植物的科普宣传功能,植物配置以自然式和规则式相结合,植物选择应兼顾观赏和避灾功能,外来与乡土植物相结合,常绿阔叶为背景,居住、行政办公、体育活动各功能区各有特色,观花、观果、色叶、香花植物有机配置。在人流密集的学校、体育活动中心等区域,应强调植物的安全性,不应用有毒、有刺、有飞絮,花粉多易造成过敏,大枝易脆断,落果易造成地面污染的植物。植物选择以灯台树、火烧花、普洱茶、云南木姜子、云南樟、白兰花、小叶榕、波罗蜜、滇南红厚壳、茶梨、山桂花、大花紫薇、蓝花楹、秋枫、林生芒果、冬樱花、无忧花等为主。

(四)东南部旅游观光、休闲养生自然山水绿色景观区

主城东部洗马湖山水相依,南部梅子湖龙形水面青山环绕,该区湖泊水体清澈,岸线自然优美,天然植被茂密,森林覆盖率高,生态环境极佳,是典型的南亚热带季风常绿阔叶林区天然氧吧,在科学保护现有天然植被和高原湖泊山水生态的前提下,合理开发及利用自然资源,结合茶产业、茶文化的展示,打造旅游观光、休闲度假、养生健体为主的绿色山水景观区。在休闲养生酒店、高档居住区等建设

过程中,应保护秀丽的整体自然环境,选择观赏价值高、特色突出的乡土植物种类,严格控制外来植物的应用,凸显普洱市的地域气候特征和茶文化、少数民族文化底蕴。植物选择以茶梨、假苹婆、羊脆木、雅榕、高山榕、大果榕、菩提树、粉花山扁豆、腊肠树、千果榄仁、仪花、沉香、木荷、红木荷、槟榔青、格木、黄兰、白兰、美丽决明、无忧花、鸡蛋花、多蕊木、滇南龙船花等树形优美、观赏价值高的乡土植物为主,避免形成不协调的绿化环境,破坏整体自然景观,植物配置观花、观果、香花植物相结合,采取自然式配置,遵循师法自然的理念,达到绿化源于自然,天人合一的境界。

第五章　城市规划区绿地分类规划

第十七条　公园绿地规划指标

规划期末(2030年)普洱市主城区公园绿地面积应达到 712.68 hm²。公园绿地服务半径覆盖率应达到90.31%。规划期末(2030年)中心城区人均公园绿地面积应达到 14.74 m²/人,主城区人均公园绿地面积应达到 15.73 m²/人。

第十八条　中心城区公园绿地规划

（一）全市性综合公园规划（G₁₁₁）

应建设3处全市性综合公园:架龙山公园、野鸭湖公园、梅子湖公园。总面积为 158.91 hm²。

（二）区域性综合公园规划（G₁₁₂）

应建设2个区域性公园:西区公园、凤凰山公园,总面积为 25.11 hm²。

（三）社区公园规划（G₁₂）

应建设5个居住区公园:石龙公园、斋公箐公园、人民公园、倒生根公园、洗马湖公园。总面积为 25.17 hm²。

（四）专类公园规划（G₁₃）

应建设专类公园9个:1个风景名胜公园、1个山地公园、1个儿童公园、2个湿地公园、1个体育公园、3个其他专类公园。总面积为 318.28 hm²。

（五）带状公园规划（G₁₄）

应建设带状公园7个:石屏河滨河公园、石龙河滨河公园、机场河滨河公园、普洱大道带状公园、思茅河滨河公园、曼连河滨河公园、老杨箐河滨河公园。总面积为 180.32 hm²。

（六）街旁绿地规划（G₁₅）

应建设43个街旁绿地,总面积 52.15 hm²。

第十九条　中心城区公园绿地规划一览表（2015—2030年）

序号	所在组团	公园名称	公园类型	公园占地面积(hm²)	公园绿地面积(hm²)
1	主城区	架龙山公园	全市性综合公园	69.77	69.77
2	主城区	野鸭湖公园	全市性综合公园	51.04	51.04
3	主城区	梅子湖公园	全市性综合公园	38.10	38.10
4	主城区	西区公园	区域性综合公园	10.77	10.77
5	主城区	凤凰山公园	区域性综合公园	14.34	14.34
6	主城区	石龙公园	居住区公园	5.98	5.98
7	主城区	人民公园	居住区公园	5.35	5.35
8	主城区	斋公箐公园	居住区公园	9.20	9.20
9	主城区	洗马湖公园	社区公园	3.96	3.96
10	主城区	倒生根公园	社区公园	0.68	0.68

续表

序号	所在组团	公园名称	公园类型	公园占地面积(hm²)	公园绿地面积(hm²)
11	主城区	文化中心公园	专类公园	5.45	5.45
12	主城区	万人体育馆	专类公园	16.46	6.86
13	主城区	贺勐山公园	山地公园	47.06	47.06
14	主城区	茶马古道公园	风景名胜公园	26.17	26.17
15	主城区	普洱市北部湿地公园	湿地公园	48.25	48.25
16	主城区	洗马湖儿童公园	儿童公园	10.80	10.80
17	主城区	洗马湖湿地公园	湿地公园	87.29	87.29
18	主城区	茶苑公园	茶文化主题公园	23.23	23.23
19	主城区	民族体育公园	体育公园	46.68	40.35
20	主城区	普洱大道带状公园	带状公园	18.38	18.38
21	主城区	石屏河滨河公园	带状公园	10.33	10.33
22	主城区	石龙河滨河公园	带状公园	29.66	29.66
23	主城区	机场河滨河公园	带状公园	34.25	34.25
24	主城区	思茅河滨河公园	带状公园	70.65	70.65
25	主城区	曼连河滨河公园	带状公园	4.98	4.98
26	主城区	老杨箐河滨河公园	带状公园	12.07	12.07
27	主城区	石屏会馆街旁绿地	街旁绿地	0.19	0.19
28	主城区	茶城大道与洗马河路岔口街旁绿地	街旁绿地	0.23	0.23
29	主城区	民族团结丰碑	街旁绿地	0.53	0.53
30	主城区	振兴大道与白云路岔口街旁绿地	街旁绿地	0.1	0.1
31	主城区	永平路街旁绿地	街旁绿地	0.34	0.34
32	主城区	普洱大道与滨河路北侧岔口街旁绿地	街旁绿地	0.97	0.97
33	主城区	普洱大道与滨河路南侧岔口街旁绿地	街旁绿地	0.33	0.33
34	主城区	中国茶文化名人园	街旁绿地	0.41	0.41
35	主城区	世纪广场	街旁绿地	2.31	2.31
36	主城区	林源路与茶城大道岔口街旁绿地	街旁绿地	0.11	0.11
37	主城区	鸿丰市场东侧游园	街旁绿地	0.14	0.14
38	主城区	茶花园	街旁绿地	1.57	1.57
39	主城区	林源路与鱼水路岔口街旁绿地	街旁绿地	0.19	0.19
40	主城区	世界茶文化名人园	街旁绿地	0.32	0.32
41	主城区	曙光路与振兴大道岔口街旁绿地	街旁绿地	0.14	0.14

续表

序号	所在组团	公园名称	公园类型	公园占地面积(hm²)	公园绿地面积(hm²)
42	主城区	茶苑路北侧街旁绿地	街旁绿地	0.81	0.81
43	主城区	振兴大道街旁绿地	街旁绿地	0.23	0.23
44	主城区	龙生路街旁绿地	街旁绿地	0.47	0.47
45	主城区	茶苑路与园丁路岔口街旁绿地	街旁绿地	0.09	0.09
46	主城区	普洱人家南公园	街旁绿地	2.49	2.49
47	主城区	区政府小区街旁绿地	街旁绿地	0.08	0.08
48	主城区	普洱大道街旁绿地	街旁绿地	0.10	0.10
49	主城区	旅游环线小游园	街旁绿地	1.08	1.08
50	主城区	架龙广场	街旁绿地	1.44	0.79
51	主城区	茶源广场	街旁绿地	0.92	0.92
52	主城区	茶城大道街旁绿地	街旁绿地	0.78	0.78
53	主城区	思亭小游园	街旁绿地	2.81	2.81
54	主城区	振兴广场	街旁绿地	0.71	0.71
55	主城区	民航小游园	街旁绿地	1.32	1.32
56	主城区	红旗广场	街旁绿地	3.89	1.95
57	主城区	丁家箐广场	街旁绿地	3.37	2.02
58	主城区	建设小游园	街旁绿地	1.21	1.21
59	主城区	洗马湖观景台公园	街旁绿地	1.47	1.47
60	主城区	老海关小游园	街旁绿地	0.49	0.49
61	倚象组团	倚象商业小游园	街旁绿地	1.05	1.05
62	倚象组团	倚象居住小游园	街旁绿地	4.22	4.22
63	木乃河组团	木乃河中心小游园	街旁绿地	1.27	1.27
64	木乃河组团	木乃河工业小游园	街旁绿地	2.58	2.58
65	木乃河组团	木乃河居住小游园	街旁绿地	3.13	3.13
66	莲花组团	莲花商业小游园	街旁绿地	2.66	2.66
67	莲花组团	莲花居住小游园	街旁绿地	2.65	2.65
68	曼歇坝组团	曼歇坝站前小游园	街旁绿地	3.55	3.55
69	曼歇坝组团	曼歇坝商业小游园	街旁绿地	3.34	3.34
合计				756.99	737.13

第二十条　生产绿地规划

至近期末（2020 年），生产绿地面积应达到 92.50 hm²，约占建成区面积 2.29%；

至远期末（2030 年），生产绿地面积应达到 148.00 hm²，约占建成区面积 2.99%。

特别说明：生产绿地均布局在规划区以外，因此生产绿地面积不得纳入城市绿地率等指标的计算。

第二十一条　防护绿地规划

应重点建设以下城市防护绿地：生态景观隔离绿带、道路防护绿地、城市高压走廊绿带、河流防护绿地，营造生态和谐、环境优美的城市环境。在各组团内居住用地、行政区、医院与工业用地之间应设置 30～50 m 宽的卫生隔离绿带，在普洱第一自来水厂与第二自来水厂外围应设置 30 m 宽防护绿带，在普洱第一污水处理厂与第二污水处理厂外围应设置 50 m 宽的防护绿带，在垃圾填埋场周边应建设 100 m 宽的卫生隔离绿带；应重点控制昆曼高速公路、旅游环线沿线的道路防护绿地，根据用地条件和区位，在道路两侧建设平均 30 m 宽以上的绿色林带，铁路两侧设置宽度各 50 m 以上的防护绿带；曼连河、老杨箐河、思茅河、机场河、石龙河、石屏河、曼迈河多条河流贯穿普洱全城，为防止人为活动对水源环境的干扰，对有条件建设的河道两侧因地制宜地设置 8 m 宽以上的景观生态绿带，将河道建成集防洪、景观为一体的绿地景观带；规划期末中心城区防护绿地共计 364.21 hm²，其中主城区防护绿地面积共计 208.80 hm²。

第二十二条　附属绿地规划

城市内所有建设项目，均必须按规划要求指标建设配套附属绿地。城市单位、道路等附属绿地应尽量提高绿地率。

市区内建设工程项目均必须安排配套绿化用地，绿化用地占工程项目用地面积的比例应符合下列规定：

一类居住用地，在新城区的，不得低于 40%，位于老城区的可根据实际情况适当下调 5%；二类居住用地不得低于 35%。

行政办公设施用地、体育设施用地，在新城区的，绿地率不得低于 40%；在老城区的，绿地率不得低于 35%。

文化设施用地、教育科研用地、社会福利设施用地，在新城区的，绿地率不得低于 45%；在老城区的，绿地率不得低于 40%。

疗养性医院绿地面积不少于总用地面积的 50%，治疗性医院绿地面积应不少于总用地面积的 45%，老城改造区可下调 5%。

普洱市商业服务业设施附属绿地建设目标是商业设施用地绿地率≥30%，商务设施用地绿地率≥40%，娱乐康体设施、工业设施营业网点绿地率≥35%。

园林景观路绿地率不得低于 40%，红线宽度大于 50 m 的道路绿地率不得低于 30%，红线宽度在 40～50 m 的道路绿地率不得低于 25%，红线宽度在 12～40 m 的道路，在主城区绿地率不得低于 20%，在工业组团不低于 15%，在历史文化保护区内商铺密集，人流量大的商业区道路可灵活掌握，适当降低绿地率，以林荫路为主，12 m 以下的支路不要求绿地建设的硬性指标，提倡垂直绿化。

工业附属绿地绿地率应控制在 15%～20%。

物流仓储附属绿地绿地率≥20%。

普洱主要公用设施附属绿地绿地率应达到以下建设目标：

自来水厂、污水处理厂绿地率≥40%，电力工程、通信设施用地绿地率≥30%，垃圾填埋场恢复绿地率≥90%。

其他建设工程项目，在新城区的，不低于 30%；在老城区的，不低于 25%。

新建建筑，在符合公共安全的要求下，可适当建造天台花园。

附属绿地建设应以植物造景为主，绿化种植面积不得低于其绿地总面积的 75%。集中绿地面积大于 1 000 m² 的应设亭、廊等休息设施。

按照实际测算，到 2030 年末，中心城区城市各类

附属绿地总面积应达到 1 037.17 hm² 以上，主城区城市各类附属绿地总面积应达到 795.08 hm² 以上。

第二十三条　其他绿地规划

根据《城市绿地分类标准》(CJJ/T 85—2002)，其他绿地是指建设用地规划区之外，对城市生态环境质量、城市景观和生物多样性保护有直接影响的绿地。依托普洱主城区和五组团的城市形态及城市秀丽的山水空间，确定城市其他绿地主要包括：水源涵养林保护区、城市组团绿化隔离带、过境高速路及铁路景观生态防护林、垃圾填埋场恢复林地、城市生态风景林、城市面山生态景观林。其他绿地面积应控制在 10 300 hm² 以上。

第六章　树种规划

第二十四条　树种规划指标

为了确保普洱市城市绿地系统树种规划的合理性、科学性、艺术性和特色性，依据城市建设的相关标准，结合普洱市自然地理条件与当地历史文化情况，综合考虑普洱市自然、经济、社会、文化等各方面因素，把普洱市城市的绿化树种比例制定为：

(1)裸子植物与被子植物数量比：5：95

(2)常绿树种与落叶树种数量比：80：20

(3)乔木与灌木种类比：40：60

(4)乡土木本植物与外来木本植物数量比：70：30

(5)速生与中生、慢生树种数量比：30：40：30

第二十五条　基调树种

规划基调树种 10 种：

(1)云南木姜子 Litsea yunnanensis

(2)云南樟 Cinnamomum glanduliferum

(3)白兰花 Michelia alba

(4)灯台树 Araucaria cunninghamii

(5)格木 Erythrophleum fordii

(6)印度紫檀 Pterocarpus indicus

(7)菩提树 Ficus religiosa

(8)茶梨 Anneslea fragrans

(9)滇南红厚壳 Calophyllum polyanthum

(10)羊脆木 Pittosporum kerrii

第二十六条　骨干树种

规划骨干树种 20 种：

(1)香樟 Cinnamomum camphora

(2)林生芒果 Mangifera sylvatica

(3)黄缅桂 Michelia champaca

(4)无忧花 Saraca dives

(5)火焰树 Spathodea campanulata

(6)鸡蛋花 Plumeria rubra

(7)翠柏 Calocedrus macrolepis

(8)高山榕 Ficus altissima

(9)粉花山扁豆 Cassia jananica

(10)腊肠树 Cassia fistula

(11)凤凰木 Delonix regia

(12)假苹婆 Sterculia lanceolata

(13)散尾葵 Chrysalidocarpus lutescens

(14)叶子花 Bougainvillea spectabilis

(15)大花紫薇 Lagerstroemia speciosa

(16)山桂花 Osmanthus delavayi

(17)仪花 Lysidice rhodostegia

(18)清香木 Pistacia weinmannifolia

(19)五桠果 Dillenia indica

(20)厚皮榕 Ficus callosa

第二十七条　一般树种推荐

为能充分发挥城市绿地系统的生态效益、社会效益和经济效益，推荐适宜栽种在道路、公园、庭院等各类绿地的一般树种 494 种：裸子植物 28 种（常绿树种 25 种，落叶树种 3 种），被子植物 466 种（常绿 326 种，落叶 140 种）；乔木 308 种（常绿 205 种，落叶 103 种），灌木 150 种（常绿 119 种，落叶 31 种），木质藤本 27 种（常绿 19 种，落叶 8 种），竹类 9 种（常绿 8 种，落叶 1 种）。在树种选择应用中应注重植物的造景特色，根据植物不同形态、色彩、姿态等塑造植物群落的景观特征，同时也要考虑其遮阴、抗污、减噪、防尘、避灾等功能，做到以景观功能为主，同时兼顾生态效益与经济效益。

第二十八条 市花、市树的选择与建议

普洱市根据应用的树种、数量特征、当地群众对树木的感情等因素，经过市人大会议审议及广大市民的投票，已于 2012 年确定市树为普洱茶（*Camellia assamica*），市花为云南山茶（*Camellia reticulata*）。

鉴于目前市场上的大部分云南山茶品种不适合普洱市所处的南亚热带气候条件，推荐增加一种市花——冬樱花。思茅松作为普洱市支柱产业树种，以此形成的森林文化、产业文化已深入人心，故推荐增加市树思茅松。

第七章 生物多样性保护与建设规划

第二十九条 规划目标

（一）总体目标

确定重点保护地域和保护对象，制定切实可行的生物多样性整体保护措施和方案，采取有效措施使重要物种和所处山体、水体等生境得到有效保护；做到生物多样性保护和自然资源利用并重；完善自然保护区、物种种源保存和培育基地的建设，充分利用乡土植物的多样性，增加园林乡土植物种类，科学构建园林植物群落，发挥生物多样性在城市生态建设中的功能，形成园林物种丰富、遗传资源多样、生态系统稳定的城市园林绿地系统及景观。

（二）分期目标

1.近期目标（2015—2020 年）

开展全市生物多样性本底调查与保护优先区域评估，探索建立全市生物多样性的评估、监测、影响评价和预警体系。

（1）必须加强普洱茶种质资源的就地保护工作，摸清普洱市辖区内天然分布的原生种质，生产中发现、创造、收集的人工种质以及当前生产的品种资源。加强生态茶园的建设。

（2）应有效开展植物多样性保护工作，促进乡土植物的回归利用，增加中心城区的植物多样性，优化城市绿地结构，促进野生动物在城市绿地中的栖息和繁衍。2020 年使城市建成区范围内数量达到 50 株以上的木本园林植物提高到 460 种以上，构筑丰富的园林植物群落。

（3）必须加强普洱市珍稀动植物的异地保护工作：建设普洱南亚热带植物园，园中主要收集南亚热带季风常绿阔叶林建群树种、珍稀濒危植物，开展植物引种驯化与繁育研究，达到保护植物多样性的目的，同时起到科学普及教育的作用。

（4）应进一步加强太阳河自然保护区的管理体系建设与科学研究，充分发挥其就地保护生物多样性的功能，以太阳河国家森林公园为生态系统和物种保护的综合保护主体，在不受外来干扰的自然状态下，通过保护自然及其生态过程，提供在生态学上具有典型意义的自然环境，并进行科学研究、环境监测、科普教育以及在动态和进化的状态下维护遗传资源，达到生物多样性保护的目的。

（5）应利用城区河道形成生物多样性保护廊道，形成层次丰富、连续性强的水生生态系统，成为构建生态网络结构的重要组成部分。

2.远期目标（2021—2030 年）

到 2030 年，全市的生物多样性得到切实保护，生态功能退化区、生态环境脆弱区得到修复，95% 的珍稀濒危物种种群得到恢复和增殖，外来入侵种得到有效控制，使城市建成区范围内数量达到 50 株以上的木本园林植物提高到 520 种以上；建成布局合理、功能完善、效益明显、类型齐全的城市绿地系统结构，使生态系统、物种和遗传多样性得到有效保护，各类生态过程良性循环；进一步推进生物物种资源的研究开发和优良基因的挖掘，加强珍稀濒危动植物的保护利用、乡土植物和野生观赏植物的引种驯化；使普洱市城市绿地形成地区特色显著的宜居生态城市。

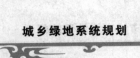
第三十条　生物多样性保护具体控制指标

绿地类型	公园类型	面积	物种数量
公园绿地	综合公园	5～10 hm²	植物种类不低于 110 种
		10 hm² 以上	植物种类不低于 150 种
	专类公园	面积 1 hm² 以上的	植物种类不低于 50 种
		面积 2 hm² 以上的	植物种类不低于 60 种
		面积 5 hm² 以上的	植物种类不低于 80 种
	带状公园	面积 2 hm² 以上的	植物种类不低于 70 种
		面积 5 hm² 以上的	植物种类不低于 100 种
	社区公园	面积 1 hm² 以上的	植物种类不低于 60 种
		面积 2 hm² 以上的	植物种类不低于 70 种
	街旁绿地	面积 0.5 hm² 以下的	植物种类不低于 25 种
		面积 1 hm² 以上的	植物种类不低于 40 种
		面积 2～5 hm²	植物种类不低于 60 种
生产绿地			生产绿地是绿化后备资源基地,引导城市植物种类,应加强乡土树种的开发,在园林苗圃中,乡土树种比例不低于 50%
防护绿地			引导乡土植物种类,应加强乡土树种的开发,乡土树应用比例应不低于 60%。加强抗性的防护绿地树种的选择与应用
附属绿地			由于单位性质的差别,绿地功能差异性大。面积 0.5 hm² 以下的,植物物种不低于 20 种;面积 1 hm² 以上的,植物物种不低于 40 种;面积 2 hm² 以上的,植物物种不低于 60 种;面积 5 hm² 以上的,植物物种不低于 80 种
其他绿地			其他绿地一般是水源保护区、风景区、森林公园、郊野公园、面山森林等规模较大的生态绿地,原则上该类绿地植物物种应不低于 300 种

第三十一条　保护建设重点

(1)应定期开展生物资源调查,制定和实施生物多样性保护措施,加强自然植物群落和生态群落信息的建立,维护其系统内的物质能量流与生态过程。

(2)对生物多样性立地环境条件保护的同时,必须有计划、分步骤地将各种植被及群落引入城市园林绿地,利用城市绿地较高水平的栽培和管理措施,使园林绿地成为本地生物资源的栖息地和展示地,且体现城市季相特色和植物特色。

(3)保护好本地乡土植被的前提下,应逐步引入优秀植被及其群落,改善城市生态系统,提高植被群落抗污染和抵御自然灾害的能力。

(4)应在全市规划生态廊道,将市域森林、湿地等不同生境的生物斑块有机联系,实现全市的生物多样性生态保护网络。

(5)应结合全市生物多样性的保护,重点建设城市生物多样性系统。

第八章　古树名木保护规划

第三十二条　古树名木及后备古树资源现状

普洱市主城区规划范围内共有古树及其后备资源 162 株,经鉴定分别属于 15 科 20 属 25 种,古

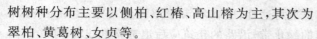

树树种分布主要以侧柏、红椿、高山榕为主,其次为翠柏、黄葛树、女贞等。

依据国家住建部对古树分级的标准,古树是指树龄在100年以上的树木,古树分为二级,国家一级古树树龄300年以上,国家二级古树树龄为100～299年。普洱市有国家一级古树10株;国家二级古树130株,其中单株古树69株,古树群4个,共61株,含侧柏群3群38株,翠柏群1群23株;后备古树有22株。

第三十三条　古树名木及后备古树保护规划

1. 依法保护,严禁砍伐或迁移

相关部门认真执行《环境保护法》、《森林法》、《城市绿化条例》、《云南省珍贵树种保护条例》和《普洱市古树名木及后备资源保护管理条例》等相关法律法规及关于古树、大树和名木的保护性规定和相关文件,依法对古树名木及后备资源进行保护管理。

2. 及时挂牌,禁止游人和居民踩踏等破坏行为

以市政府名义向全市公布古树保护名录,对每株古树进行保护标志设立。在市园林绿化管理部门的统一管理下,根据古树生长的地点和权属,以乡、镇、村为主要管理责任人实行统一保护与管理。

3. 必须加大资金投入,确保优良古树名木及其后备资源安全生长

利用多渠道、多途径筹措资金,并设立古树名木保护基金,做到专款专用。应把古树名木资源保护管理资金列入政府每年的财政预算,同时采取单位及个人认养一定数量古树名木的办法,由全社会参与古树名木的保护管理。

4. 应定期开展古树名木生存现状的普查工作,建立管理数据库

掌握古树名木的生存现状,制定切合实际的复壮措施,主管部门应定期开展全市性的古树名木生存现状的调查,详细登记每一株古树名木的生长情况,并用现代化管理手段将全部古树名木的生长情况登记造册,建立动态管理档案,以实现古树名木的持续发展。

5. 应制定科学规范的养护管理技术措施,提高管理人员素质

科学规范的养护管理技术措施,提高管理人员素质是确保古树名木健康生长的重要条件,每年应举办1～2次培训班,让各级管理人员充分掌握有关养护管理技术和微机网络操作等知识,能运用现代科技手段管理古树名木。

6. 正确处理古树名木的保护和利用的关系

在保护古树名木的同时,也要把其资源充分、合理的开发利用起来。可对树形独特、具有历史意义和传奇故事的古树名木进行旅游景点的开发。

7. 加大古树名木保护管理的宣传力度

应通过电视、广播、宣传册等多种宣传手段向全市人民宣传古树名木的价值和重要性、相关技术措施、法律法规和在保护古树名木中成绩突出的好人好事,同时对肆意损毁古树名木的行为给予严厉的法律制裁和公开曝光,确保古树名木的健康生长,使广大人民群众了解保护古树名木对自身和文化的现实意义,努力形成全体市民的保护意识,造就全体市民热爱古树,保护生态环境的良好社会氛围。

8. 整治古树周边的环境,改善立地条件

应定期疏松土壤,改善树体生长条件;拆除部分水泥铺装,保留树干周围5 m之内地面种植地被或铺设透气透水的铺砖或装饰物;拆除古树周边的违章建筑,扩大绿地面积,并采取调整土壤物理结构、改善地下环境等方式改善生长环境;建立树池或围栏,并在树池内种植地被植物;适当加强水肥管理,提高地力。

9. 加强维护保护及古树名木病虫害防治

必要处应设置保护围栏;对年老根衰的设支撑或拉索等辅助设施;及时修剪腐朽枝、枯枝;修整及填补树干空洞;及时做好排水、填土等工作;雷电多发区应安装避雷针。定期对古树名木的生长情况进行调查,及时清理、烧毁病虫枯死枝,减少病虫滋生;对目前生长不良的古树名木,应及时组织专家进行综合诊断,及时采取急救措施,防止死亡现象发生。

10. 加强古树后续资源调查和保护工作

有关部门应对中心城区范围内50～99年树龄的树木进行补充调查,并登记造册,加强这些树木的保护和管理,使这些后备资源得以良好生长。

第九章 避灾绿地规划

第三十四条 紧急避灾绿地

应将城市的街旁绿地、居住区公园、小型公园等建设为紧急避灾场所,具体为:人民公园、石龙公园、倒生根公园、石龙河滨河公园、石屏河滨河公园、思茅河滨河公园、旅游环线小游园、茶源广场、茶城大道街旁绿地、思亭小游园、振兴广场、民航小游园、建设小游园、丁家箐广场、世纪广场、红旗广场、中国茶文化名人园、世界茶文化名人园、茶花园、茶苑路北侧街旁绿地、茶城大道与洗马河岔口街旁绿地、永平路街旁绿地、林源路与茶城大道岔口街旁绿地、老海关小游园共 24 个避灾点作为普洱市紧急避灾绿地,与固定防灾绿地和中心防灾公园绿地共同构成服务半径 300~500 m,步行 5 min 内到达的紧急避灾场地。紧急避灾绿地总面积为 145.30 hm²,有效避灾面积按公园占地面积的 30% 计算,有效避灾面积共计 42.00 hm²,按人均 2 m² 计算,规划期末可疏散城区灾民共 21.03 万人。

第三十五条 固定防灾公园

根据普洱市人口增长和分布情况,应建设 5 个固定防灾公园绿地:野鸭湖公园、架龙山公园(含架龙广场)、西区公园与机场河滨河公园、万人体育馆、茶苑公园,总面积为 205.52 hm²,有效避灾面积按公园总面积的 50% 计算,有效避灾面积为 102.77 hm²,考虑到搭建帐篷等生活需要,人均避灾面积 4 m²,可容纳 25.69 万人。在灾害发生时,根据发生地段、避灾绿地的布局、人口分布等情况以就近原则避难,各避灾据点可通过灵活调控利用。

第三十六条 中心防灾公园

规划北部湿地公园为普洱市中心防灾公园。该公园服务半径为 2 000 m,到达时间 0.5~1 h,总面积为 96.93 hm²,经改造后,有效避灾面积占公园总面积的 40%,即 38.77 hm²,为保证避灾人员的基本生活和救灾工作的场地需要,人均面积为 4 m²,可容纳 9.69 万人。

第三十七条 避灾通道

为保证灾害发生后避灾道路的通畅和避灾据点的可达性,应在城市干道两侧规划 10~20 m 宽的绿化带,沿路的建筑应后退道路红线 5~10 m,高层建筑后退红线的距离还应加大。规划普洱市主要由景迈路、康平大道、振兴大道、茶城大道、石龙路、思亭路、五一路、西园路、人民路、鱼水路、龙生路、永平路、同心路、思亭路北侧规划道路、菩提路、园丁路、旅游环线南段、宁洱大道、十号路、白云路共 20 条避灾通道。

第三十八条 救灾通道

规划旅游环线北段、旅游环线西段、滨河路、磨思公路、振兴南路、茶苑路、边城西路、普洱大道北段为救灾通道,是灾时救灾人员到达的主要道路,也是救灾物资等送达,城市与外界交通联系的主要道路。

第十章 城市绿线及生态控制线管理规划

第三十九条 绿线及生态控制线管理

必须严格执行《普洱市城市绿线管理规定》,明确绿线管理细则,绿线的法律效力等同于建筑、道路的"红线"和水体的"蓝线"、文物古迹的"紫线"。

应建立高精度的建成区绿地数据库,便于绿线坐标的确定及数字化管理。

为确保绿线管制制度的有效实施,普洱市所有建设项目必须实行绿化建设主管部门参与工程建设的各个环节,在建设项目申报规划许可时,须经绿化管理部门严格审查,符合要求方可规划施工。对所有的新建、改建、扩建项目实行跟踪管理,审查后的绿地率指标严禁随意降低,确需降低时,由原批准单位重新审批。违法侵占绿线必须严肃查处。

建设用地规划区之外的其他绿地必须划定生态控制线,严格保护和恢复生态控制线范围内的绿地,严禁开荒、采矿、采石、采砂及砍伐植物。

第四十条 各类绿地绿线及生态控制线控制指标

1. 公园绿地绿线控制范围

根据《国家园林城市系列标准》、《公园设计规范》、《普洱市城市总体规划(2011—2030 年)(修改)》等法律、法规及规划,并结合普洱市的基本状况,必须根据绿地系统规划中各类绿地的规划用地范围和位置,在控制性详细规划中制定普洱市城市各类绿地的绿线控制具体指标。

普洱市中心城区公园绿地绿线控制一览表

序号	所在组团	公园名称	公园类型	公园绿线控制面积(hm²)
1	主城区	架龙山公园	全市性综合公园	69.77
2	主城区	野鸭湖公园	全市性综合公园	51.04
3	主城区	梅子湖公园	全市性综合公园	38.10
4	主城区	西区公园	区域性综合公园	10.77
5	主城区	凤凰山公园	区域性综合公园	14.34
6	主城区	石龙公园	居住区公园	5.98
7	主城区	人民公园	居住区公园	5.35
8	主城区	斋公箐公园	居住区公园	9.20
9	主城区	洗马湖公园	社区公园	3.96
10	主城区	倒生根公园	社区公园	0.68
11	主城区	文化中心公园	专类公园	5.45
12	主城区	万人体育馆	专类公园	16.46
13	主城区	贺勐山公园	山地公园	47.06
14	主城区	茶马古道公园	风景名胜公园	26.17
15	主城区	普洱市北部湿地公园	湿地公园	48.25
16	主城区	洗马湖儿童公园	儿童公园	10.80
17	主城区	洗马湖湿地公园	湿地公园	87.29
18	主城区	茶苑公园	茶文化主题公园	23.23
19	主城区	民族体育公园	体育公园	46.68
20	主城区	普洱大道带状公园	带状公园	18.38
21	主城区	石屏河滨河公园	带状公园	10.33
22	主城区	石龙河滨河公园	带状公园	29.66
23	主城区	机场河滨河公园	带状公园	34.25
24	主城区	思茅河滨河公园	带状公园	70.65
25	主城区	曼连河滨河公园	带状公园	4.98
26	主城区	老杨箐河滨河公园	带状公园	12.07
27	主城区	石屏会馆街旁绿地	街旁绿地	0.19

续表

序号	所在组团	公园名称	公园类型	公园绿线控制面积(hm²)
28	主城区	茶城大道与洗马河路岔口街旁绿地	街旁绿地	0.23
29	主城区	民族团结丰碑	街旁绿地	0.53
30	主城区	振兴大道与白云路岔口街旁绿地	街旁绿地	0.1
31	主城区	永平路街旁绿地	街旁绿地	0.34
32	主城区	普洱大道与滨河路北侧岔口街旁绿地	街旁绿地	0.97
33	主城区	普洱大道与滨河路南侧岔口街旁绿地	街旁绿地	0.33
34	主城区	中国茶文化名人园	街旁绿地	0.41
35	主城区	世纪广场	街旁绿地	2.31
36	主城区	林源路与茶城大道岔口街旁绿地	街旁绿地	0.11
37	主城区	鸿丰市场东侧游园	街旁绿地	0.14
38	主城区	茶花园	街旁绿地	1.57
39	主城区	林源路与鱼水路岔口街旁绿地	街旁绿地	0.19
40	主城区	世界茶文化名人园	街旁绿地	0.32
41	主城区	曙光路与振兴大道岔口街旁绿地	街旁绿地	0.14
42	主城区	茶苑路北侧街旁绿地	街旁绿地	0.81
43	主城区	振兴大道街旁绿地	街旁绿地	0.23
44	主城区	龙生路街旁绿地	街旁绿地	0.47
45	主城区	茶苑路与园丁路岔口街旁绿地	街旁绿地	0.09
46	主城区	普洱人家南公园	街旁绿地	2.49
47	主城区	区政府小区街旁绿地	街旁绿地	0.08
48	主城区	普洱大道街旁绿地	街旁绿地	0.10
49	主城区	旅游环线小游园	街旁绿地	1.08
50	主城区	架龙广场	街旁绿地	1.44
51	主城区	茶源广场	街旁绿地	0.92
52	主城区	茶城大道街旁绿地	街旁绿地	0.78
53	主城区	思亭小游园	街旁绿地	2.81
54	主城区	振兴广场	街旁绿地	0.71
55	主城区	民航小游园	街旁绿地	1.32
56	主城区	红旗广场	街旁绿地	3.89
57	主城区	丁家箐广场	街旁绿地	3.37

续表

序号	所在组团	公园名称	公园类型	公园绿线控制面积(hm²)
58	主城区	建设小游园	街旁绿地	1.21
59	主城区	洗马湖观景台公园	街旁绿地	1.47
60	主城区	老海关小游园	街旁绿地	0.49
61	倚象组团	倚象商业小游园	街旁绿地	1.05
62	倚象组团	倚象居住小游园	街旁绿地	4.22
63	木乃河组团	木乃河中心小游园	街旁绿地	1.27
64	木乃河组团	木乃河工业小游园	街旁绿地	2.58
65	木乃河组团	木乃河居住小游园	街旁绿地	3.13
66	莲花组团	莲花商业小游园	街旁绿地	2.66
67	莲花组团	莲花居住小游园	街旁绿地	2.65
68	曼歇坝组团	曼歇坝站前小游园	街旁绿地	3.55
69	曼歇坝组团	曼歇坝商业小游园	街旁绿地	3.34
合计				756.99

2. 生产绿地绿线

生产绿地面积应占建成区面积的 2.0% 以上,主要规划在位于南岛河坝区交通便利处,为城市绿化用苗提供保障。

3. 防护绿地绿线

防护绿地主要控制以下面积和位置:在各组团内居住区、行政区及医院周围设置 30 m 宽以上的隔离绿带,在普洱第一自来水厂与第二自来水厂外围设置 30 m 宽以上的防护绿带,在普洱第一污水处理厂与第二污水处理厂外围设置 50 m 宽的防护绿带,在垃圾填埋场周边建设至少 100 m 宽的隔离绿带;重点应控制昆曼高速公路、旅游环线沿线的道路防护绿地,根据用地条件和区位,在道路两侧建设各 30 m 宽以上的绿色林带,铁路两侧设置宽度各 50 m 以上的防护绿带;在各组团与主城区间建立高压走廊防护绿带。

4. 道路绿地绿线划定原则

(1)园林景观路,道路红线外侧不得少于 20 m;

(2)道路红线宽度大于 50 m 的,道路红线外侧不得少于 15 m;

(3)道路红线宽度在 40~50 m 之间的,道路红线外侧不得少于 10 m;

(4)道路红线宽度在 20~40 m 之间的,道路红线外侧不得少于 5 m;

以上道路绿线宽度指平均宽度,应根据具体情况形成道路两侧宽窄不一、绿地轮廓线自然的绿地范围。

5. 河流廊道两侧绿线划定

规划范围内的机场河、思茅河、石屏河、石龙河、曼连河、曼迈河、老杨箐河沿河道两侧规划河堤外侧绿线最小距离应控制在 20 m 以上,建城区内河流河道两侧规划外堤外侧最小距离不少于 8 m。

6. 其他绿地的生态控制线划定

主要控制位于规划区之外对城市生态、景观及居民休闲游憩有直接影响的信房水库、纳贺水库、大寨水库、箐门口水库水源涵养林保护区,城市组团绿化隔离带,过境的泛亚铁路、昆曼高速公路景观生态防护林,垃圾填埋场恢复林地,野鸭湖公园南部、梅子湖公园周边、洗马湖公园东部和主城区西部的城市生态风景林,西北侧的莲花组团、东北侧的麻鸡丫口和东侧的箐门口面山森林,西侧的机场面山生态景观林。

第十一章　分期建设规划

第四十一条　近期建设规划(2015—2020 年)

近期末主城区绿地总面积应达到 1 084.96 hm² 以上,近期将改扩建及新建公园绿地 26 个,分别是:野鸭湖公园、梅子湖公园、石龙公园、人民公园、茶马古道公园、普洱市北部湿地公园、洗马湖儿童公园、洗马湖湿地公园、茶苑公园、民族体育公园、普洱大道带状公园、石屏河滨河公园、石龙河滨河公园、思茅河滨河公园、曼连河滨河公园、老杨箐河滨河公园、康平大道小游园、茶源广场、茶城大道街旁绿地、思亭小游园、振兴广场、民航小游园、红旗广场、建设小游园、洗马湖观景台公园、老海关小游园。近期新建、扩建的公园绿地面积共计:255.51 hm²。

主城区近期建设公园绿地指标表(2015—2020 年)

序号	所在组团	公园名称	公园位置	公园类型	公园占地面积(hm²)	新增绿地面积(hm²)	人均绿地面积(m²/人)	公园游人总量(人)	备注
1	主城区	野鸭湖公园	普洱市南部,旅游环线南侧	全市性综合公园	51.04	51.04	100	5 104	新建
2	主城区	梅子湖公园	主城区南部,梅子湖北部	全市性综合公园	38.10	0	100	3 810	改建
3	主城区	石龙公园	普洱大道与石龙路交叉口	居住区公园	5.98	5.98	80	748	新建
4	主城区	人民公园	普洱市东侧,洗马湖与思茅区一中之间	居住区公园	5.35	5.35	80	668	新建
5	主城区	茶马古道公园	主城区北部,普洱大道茶马古镇东北侧	风景名胜公园	26.17	26.17	80	3 271	新建
6	主城区	普洱市北部湿地公园	普洱市行政中心南侧,石龙路北侧	湿地公园	48.25	11.28	80	4 621	扩建
7	主城区	洗马湖儿童公园	普洱大道东侧,洗马湖西南侧	儿童公园	10.80	6.84	80	495	改扩建
8	主城区	洗马湖湿地公园(北侧部分)	主城区东部	湿地公园	17.46	17.46	100	1 746	改扩建
9	主城区	茶苑公园(北侧部分)	主城区东南部,洗马湖南侧	茶文化主题公园	6.97	6.97	80	871	新建
10	主城区	民族体育公园(西侧部分)	普洱市南部,信房水库北侧	体育公园	18.64	18.64	80	2 330	新建
11	主城区	普洱大道带状公园	洗马湖西侧	带状公园	18.38	18.38	80	2 298	新建
12	主城区	石屏河滨河公园	普洱市北市区,石屏河沿岸两侧	带状公园	10.33	10.33	80	1 291	新建

续表

序号	所在组团	公园名称	公园位置	公园类型	公园占地面积 (hm²)	新增绿地面积 (hm²)	人均绿地面积 (m²/人)	公园游人总量 (人)	备注
13	主城区	石龙河滨河公园	主城区北部,石龙河两侧	带状公园	29.66	28.31	80	168	新建
14	主城区	思茅河滨河公园(南段)	主城区西部,思茅河两侧	带状公园	21.20	21.20	100	2 120	新建
15	主城区	曼连河滨河公园	主城区南部,曼连河两侧	带状公园	4.98	4.98	60	830	新建
16	主城区	老杨箐河滨河公园	普洱市东南部,老杨箐河沿岸	带状公园	12.07	12.07	80	1 509	新建
17	主城区	康平大道小游园	康平大道与永平路交叉口	街旁绿地	0.54	0.54	30	143	新建
18	主城区	茶源广场	石龙路南侧	街旁绿地	0.92	0.92	30	307	新建
19	主城区	茶城大道街旁绿地	茶城大道北段西侧	街旁绿地	0.78	0.53	30	83	改扩建
20	主城区	思亭小游园	振兴北路与思亭路交叉口,思亭路南北两侧	街旁绿地	2.81	2.81	60	468	新建
21	主城区	振兴广场	主城区振兴大道与边城西路交叉口	街旁绿地	0.71	0.71	30	237	新建
22	主城区	民航小游园	红旗广场西侧	街旁绿地	1.32	1.32	30	440	新建
23	主城区	红旗广场	民航路与振兴大道交叉口	街旁绿地	3.89	1.13	60	188	改扩建
24	主城区	建设小游园	普洱市建设局东北侧	街旁绿地	1.21	1.21	30	403	新建
25	主城区	洗马湖观景台公园	洗马湖东北侧	街旁绿地	1.47	0.6	30	20	改扩建
26	主城区	老海关小游园	思茅第四小学南侧	街旁绿地	0.49	0.49	30	163	新建
合计					339.52	255.51		34 432	

近期将建设的生产绿地共计 39.9 hm²。

近期将建设的防护绿地共计 243.58 hm²。规划重点为:自来水厂隔离绿带,污水处理厂、旅游环线北部区段两侧防护,旅游环线洗马湖段两侧防护,昆曼高速公路两侧防护,野鸭湖旁两侧防护,曼连河梅园路到镇远路段两侧防护,北部区西北侧防护,旅游环线湿地公园旁防护,茶苑公园旁防护,309 省道旁生态景观隔离绿带。

规划主城区至近期末附属绿地达 452.06 hm²。

近期规划其他绿地应控制和恢复约 9 319 hm²。

其中信房水库、纳贺水库、箐门口水库、大寨水库建立水源林保护区共 616 hm²;莲花、木乃河组团与主城区之间的工业组团生态景观隔离带,总面积为 1 574 hm²;泛亚铁路、昆曼高速过境路防护林建设共 169 hm²;在主城区外围建设城市景观生态林地 1 664 hm²;城市面山范围生态防护林 5 296 hm²。

第四十二条　远期建设规划(2021—2030 年)

预测远期末(2030 年末)主城区人口将达到 45.3 万人,建成区面积将达到 38.29 km²,远期末

绿地总面积应达到 1 716.56 hm² 以上。

远期新建及扩建公园绿地 13 个，新增各类公园绿地面积 326.61 hm²，分别是：架龙山公园、西区公园、凤凰山公园、斋公箐公园、贺勐山公园、洗马湖湿地公园、茶苑公园、民族体育公园、机场河滨河公园、思茅河滨河公园、旅游环线小游园、架龙广场、丁家箐广场。

主城区远期建设公园绿地指标表（2021—2030 年）

序号	所在组团	公园名称	公园位置	公园类型	公园占地面积（hm²）	新增绿地面积（hm²）	人均绿地面积（m²/人）	公园游人总量（人）	备注
1	主城区	架龙山公园	北市区，茶叶交易中心东侧	全市性综合公园	69.77	69.77	100	6 977	新建
2	主城区	西区公园	南屏镇小学南侧，老街海子	区域性综合公园	10.76	10.76	80	1 345	新建
3	主城区	凤凰山公园	主城区北侧，石屏河南侧	区域性综合公园	14.34	14.34	80	1 793	新建
4	主城区	斋公箐公园	主城区东侧，茶苑路北侧	居住区公园	9.20	9.20	80	1 150	新建
5	主城区	贺勐山公园	主城区北部，市行政中心北侧	山地公园	47.06	37.02	80	1 255	改扩建
6	主城区	洗马湖湿地公园（南侧部分）	主城区东部	湿地公园	87.29	58.52	100	2 877	新建
7	主城区	茶苑公园（南侧部分）	主城区东南部，洗马湖南侧	茶文化主题公园	23.23	16.26	80	871	新建
8	主城区	民族体育公园（东侧部分）	主城区南部，信房水库北侧	体育公园	46.68	28.04	80	2 330	扩建
9	主城区	机场河滨河公园	主城区西部，机场河沿岸两侧	带状公园	27.36	27.36	80	2 970	新建
10	主城区	思茅河滨河公园（北段）	主城区西部，思茅河两侧	带状公园	70.65	49.45	100	2 120	新建
11	主城区	旅游环线小游园	主城区北部旅游环线与振兴大道交叉口	街旁绿地	1.08	1.08	30	360	新建
12	主城区	架龙广场	主城北市区，石屏河沿岸两侧	街旁绿地	1.44	1.44	30	833	新建
13	主城区	丁家箐广场	旅游环线与龙生路交叉口南侧	街旁绿地	3.37	3.37	60	562	新建
合计					412.23	326.61		29 695	

远期建设的生产绿地共计 55.50 hm²。通过政府鼓励措施，引导生产绿地向南岛河迁移，有一定规模、管理规范的生产绿地总面积将增加至 148.00 hm²，占建成区面积的比例达到 2.99%。在不影响生产需求的前提下，生产可与防护、旅游观光相结合。

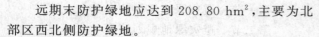

远期末防护绿地应达到 208.80 hm²，主要为北部区西北侧防护绿地。

远期应新增附属绿地 343.02 hm²，远期末主城区附属绿地应达到 795.08 hm²。

远期控制其他绿地约 981 hm²。完成倚象、整碗及曼歇坝工业组团隔离带 681 hm² 生态植被恢复与建设；垃圾填埋场恢复绿地建设 300 hm²。

第十二章　规划实施的保障措施

第四十三条　法规性措施

本规划一经批准，具有法律效力。任何单位和个人在规划区进行建设，或单独编制的各类绿地及地块开发建设详细规划，均必须符合本规划相关要求，必须遵循本规划所确定的基本原则。若违反本规划，依据有关法律法规给予相应的处罚。

第四十四条　行政性措施

应将园林城市建设作为考核领导干部政绩的一项重要指标，建立各级政府向同级人民代表大会常委会报告城市绿地建设工作的制度，并建立政府领导任期内城市绿地建设目标考核制度，层层签订责任状。

第四十五条　技术性措施

应组织各方面的科技力量，围绕普洱市国家生态园林城市及联合国人居环境奖建设的关键问题，进行科技攻关，开展海绵城市集雨型绿地、节约型园林技术等的研究，力争在新型城市建设和城市发展中有所突破。根据普洱市城市特点和建设要求，综合应用各种科研成果，建立和办好一批不同类型的试验示范区。应充分应用材料技术、生物技术、信息技术等高新技术，大力推广各种实用先进技术。

第四十六条　经济性措施

政府必须每年投入一定比例的财政资金用于城市绿地建设，同时鼓励多渠道、多方式参与城市绿地建设。

第十三章　附　则

第四十七条　规划的法律效力

本规划成果由规划文本、规划图则、规划说明书、基础资料汇编等四个部分组成，其中依法批准的规划文本与规划图则具有同等法律效力。

各级国家机关、单位、团体、个人，不得擅自改变本规划。如需要对本规划中的条款进行调整或修改，应按有关的法定程序进行。

本规划一经批准，即成为指导普洱市城市绿地建设的法定文件和进行绿化管理的基本依据，本规划自批准之日起生效，普洱市人民政府应监督本规划的实施。

第四十八条　规划的解释权力

本规划的解释权属规划审批机关。

图　则

全部图则见二维码，其中的图则 04、05、11、12、13、18、24、32、33、34 还可参见书末彩插。

说明书目录

基础资料汇编目录

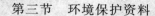

第三节　环境保护资料

城市主要污染源、重污染分布区、污染治理情况与其他环保资料

第四节　城市历史与文化资料

第二章　城市绿化现状

第一节　绿地及相关用地资料

一、现有各类绿地的位置、面积及其景观结构

二、各类人文景观的位置、面积及可利用程度

三、主要水系的位置、面积、流量、深度、水质及利用程度

第二节　技术经济指标

一、绿化指标

1.人均公园绿地面积

2.建成区绿化覆盖率

3.建成区绿地率

4.公园绿地的服务半径

5.公园绿地、风景林地的日常和节假日的客流量

二、生产绿地的面积以及苗木总量、种类、规格、苗木自给率

三、古树名木的数量、位置、名称、树龄、生长情况等

第三节　园林植物、动物资料

一、现有园林植物名录、动物名录

二、主要植物常见病虫害情况

第三章　管理资料

第一节　管理机构

一、机构名称、性质、归口

二、编制设置

三、规章制度建设

第二节　人员状况

一、职工总人数（万人职工比）

二、专业人员配备、工人技术等级情况

第三节　园林科研

第四节　资金与设备

第五节　城市绿地养护与管理情况

城市绿线管理办法
（2011 年修订）

（2002 年 9 月 13 日建设部令第 112 号公布 根据 2011 年 1 月 26 日住房和城乡建设部令第 9 号公布 自公布之日起施行的《住房和城乡建设部关于废止和修改部分规章的决定》修订）

第一条 为建立并严格实行城市绿线管理制度，加强城市生态环境建设，创造良好的人居环境，促进城市可持续发展，根据《中华人民共和国城乡规划法》、《城市绿化条例》等法律法规，制定本办法。

第二条 本办法所称城市绿线，是指城市各类绿地范围的控制线。

本办法所称城市，是指国家按行政建制设立的直辖市、市、镇。

第三条 城市绿线的划定和监督管理，适用本办法。

第四条 国务院建设行政主管部门负责全国城市绿线管理工作。

省、自治区人民政府建设行政主管部门负责本行政区域内的城市绿线管理工作。

城市人民政府规划、园林绿化行政主管部门，按照职责分工负责城市绿线的监督和管理工作。

第五条 城市规划、园林绿化等行政主管部门应当密切合作，组织编制城市绿地系统规划。

城市绿地系统规划是城市总体规划的组成部分，应当确定城市绿化目标和布局，规定城市各类绿地的控制原则，按照规定标准确定绿化用地面积，分层次合理布局公共绿地，确定防护绿地、大型公共绿地等的绿线。

第六条 控制性详细规划应当提出不同类型用地的界线、规定绿化率控制指标和绿化用地界线的具体坐标。

第七条 修建性详细规划应当根据控制性详细规划，明确绿地布局，提出绿化配置的原则或者方案，划定绿地界线。

第八条 城市绿线的审批、调整，按照《中华人民共和国城乡规划法》、《城市绿化条例》的规定进行。

第九条 批准的城市绿线要向社会公布，接受公众监督。

任何单位和个人都有保护城市绿地、服从城市绿线管理的义务，有监督城市绿线管理、对违反城市绿线管理行为进行检举的权利。

第十条 城市绿线范围内的公共绿地、防护绿地、生产绿地、居住区绿地、单位附属绿地、道路绿地、风景林地等，必须按照《城市用地分类与规划建设用地标准》、《公园设计规范》等标准，进行绿地建设。

第十一条 城市绿线内的用地，不得改作他用，不得违反法律法规、强制性标准以及批准的规划进行开发建设。

有关部门不得违反规定,批准在城市绿线范围内进行建设。

因建设或者其他特殊情况,需要临时占用城市绿线内用地的,必须依法办理相关审批手续。

在城市绿线范围内,不符合规划要求的建筑物、构筑物及其他设施应当限期迁出。

第十二条 任何单位和个人不得在城市绿地范围内进行拦河截溪、取土采石、设置垃圾堆场、排放污水以及其他对生态环境构成破坏的活动。

近期不进行绿化建设的规划绿地范围内的建设活动,应当进行生态环境影响分析,并按照《中华人民共和国城乡规划法》的规定,予以严格控制。

第十三条 居住区绿化、单位绿化及各类建设项目的配套绿化都要达到《城市绿化规划建设指标的规定》的标准。

各类建设工程要与其配套的绿化工程同步设计,同步施工,同步验收。达不到规定标准的,不得投入使用。

第十四条 城市人民政府规划、园林绿化行政主管部门按照职责分工,对城市绿线的控制和实施情况进行检查,并向同级人民政府和上级行政主管部门报告。

第十五条 省、自治区人民政府建设行政主管部门应当定期对本行政区域内城市绿线的管理情况进行监督检查,对违法行为,及时纠正。

第十六条 违反本办法规定,擅自改变城市绿线内土地用途、占用或者破坏城市绿地的,由城市规划、园林绿化行政主管部门,按照《中华人民共和国城乡规划法》、《城市绿化条例》的有关规定处罚。

第十七条 违反本办法规定,在城市绿地范围内进行拦河截溪、取土采石、设置垃圾堆场、排放污水以及其他对城市生态环境造成破坏活动的,由城市园林绿化行政主管部门责令改正,并处一万元以上三万元以下的罚款。

第十八条 违反本办法规定,在已经划定的城市绿线范围内违反规定审批建设项目的,对有关责任人员由有关机关给予行政处分;构成犯罪的,依法追究刑事责任。

第十九条 城镇体系规划所确定的,城市规划区外防护绿地、绿化隔离带等的绿线划定、监督和管理,参照本办法执行。

第二十条 本办法自二〇〇二年十一月一日起施行。

附录 3

国家园林城市系列标准及相关指标解释

一、国家园林城市标准

类型	序号	指标	考核要求	备注
一、综合管理(8)	1	城市园林绿化管理机构	①按照各级政府职能分工的要求,设立职能健全的园林绿化管理机构,依照相关法律法规有效行使园林绿化行业管理职能; ②专业管理机构领导层至少有1~2位园林绿化专业(其中地级以上城市至少2位)人员,并具有相应的城市园林绿化专业技术队伍,负责全市园林绿化从规划设计、施工建设、竣工验收到养护管理的全过程指导服务与监督管理。	
	2	城市园林绿化建设维护专项资金	①政府财政预算中专门列项"城市园林绿化建设和维护资金",保障园林绿化建设、专业化精细化养护管理及相关人员经费; ②近2年(含申报年)园林绿化建设资金保障到位,与本年度新建、改建及扩建园林绿化项目相适应; ③园林绿化养护资金与各类城市绿地总量相适应,且不低于当地园林绿化养护管理定额标准,并随物价指数和人工工资增长而合理增加。	
	3	城市园林绿化科研能力	①具有以城市园林绿化研究、成果推广和科普宣传为主要工作内容的独立或合作模式的科研机构和生产基地,并具有与城市(区)规模、经济实力及发展需求相匹配的技术队伍,规章制度健全、管理规范、资金保障到位; ②近2年(含申报年)有园林科研项目成果在实际应用中得到推广; ③开展市花、市树研究及推广应用。	
	4	《城市绿地系统规划》编制实施	①《城市总体规划》审批后一年内完成《城市绿地系统规划》制(修)订工作; ②《城市绿地系统规划》由具有相关规划资质或能力的单位编制(修订),与城市总体规划、控制性详细规划等相协调,并依法报批,实施情况良好。	①为否决项

续表

类型	序号	指标	考核要求	备注
	5	城市绿线管理	严格实施城市绿线管制制度,按照《城市绿线管理办法》(建设部令第112号)和《城市绿线划定技术规范》(GB/T 51163—2016)要求划定绿线,并在两种以上的媒体上向社会公布,设立绿线公示牌或绿线界碑,向社会公布四至边界,严禁侵占。	否决项
	6	城市园林绿化制度建设	建立健全绿线管理、建设管理、养护管理、城市生态保护、生物多样性保护、古树名木保护、义务植树等城市园林绿化法规、标准、制度。	
	7	城市园林绿化管理信息技术应用	①建立城市园林绿化专项数字化信息管理系统、信息发布与社会服务信息共享平台,并有效运行; ②城市园林绿化建设和管理实施动态监管; ③可供市民查询,保障公众参与和社会监督。	
	8	城市公众对城市园林绿化的满意率	≥80%	
	9	建成区绿化覆盖率	≥36%	
	10	建成区绿地率	≥31%	否决项
	11	人均公园绿地面积(m²/人) 人均建设用地小于105 m²的城市	≥8.00 m²/人	考核范围为城市建成区
		人均建设用地大于等于105 m²的城市	≥9.00 m²/人	
二、绿地建设(14)	12	城市公园绿地服务半径覆盖率	≥80%; 5 000 m²(含)以上公园绿地按照500 m服务半径考核,2 000(含)~5 000 m²的公园绿地按照300 m服务半径考核;历史文化街区采用1 000 m²(含)以上的公园绿地按照300 m服务半径考核。	否决项;考核范围为城市建成区
	13	万人拥有综合公园指数	≥0.06	考核范围为城市建成区
	14	城市建成区绿化覆盖面积中乔、灌木所占比率	≥60%	
	15	城市各城区绿地率最低值	≥25%	考核范围为城市建成区
	16	城市各城区人均公园绿地面积最低值	≥5.00 m²/人	否决项;考核范围为城市建成区
	17	城市新建、改建居住区绿地达标率	≥95%	考核范围为城市建成区
	18	园林式居住区(单位)达标率或年提升率	达标率≥50%或年提升率≥10%	考核范围为城市建成区

续表

类型	序号	指标	考核要求	备注
	19	城市道路绿化普及率	≥95%	考核范围为城市建成区
	20	城市道路绿地达标率	≥80%	考核范围为城市建成区
	21	城市防护绿地实施率	≥80%	考核范围为城市建成区
	22	植物园建设	地级市至少有一个面积40 hm² 以上的植物园,并且符合相关制度与标准规范要求;地级以下城市至少在城市综合公园中建有树木(花卉)专类园。	
三、建设管控(11)	23	城市园林绿化建设综合评价值	≥8.00	
	24	公园规范化管理	①公园管理符合公园管理条例等相关管理规定; ②编制近2年(含申报年)城市公园建设计划并严格实施; ③公园设计符合《公园设计规范》等相关标准规范要求; ④对国家重点公园、历史名园等城市重要公园实行永久性保护; ⑤公园配套服务设施经营管理符合《城市公园配套服务项目经营管理暂行办法》等要求,保障公园的公益属性。	
	25	公园免费开放率	≥95%	考核范围为城市建成区
	26	公园绿地应急避险功能完善建设	①在全面摸底评估的基础上,编制《城市绿地系统防灾避险规划》或在《城市绿地系统规划》中有专章; ②承担防灾避险功能的公园绿地中水、电、通信、标识等设施符合相关标准规范要求。	
	27	城市绿道规划建设	①编制城市绿道建设规划,以绿道串联城乡绿色资源,与公交、步行及自行车交通系统相衔接,为市民提供亲近自然、游憩健身、绿色出行的场所和途径。通过绿道合理连接城乡居民点、公共空间及历史文化节点,科学保护和利用文化遗产、历史遗存等; ②绿道建设符合《绿道规划设计导则》等相关标准规范要求; ③绿道及配套设施维护管理良好。	
	28	古树名木和后备资源保护	①严禁移植古树名木,古树名木保护率100%; ②完成树龄超过50年(含)以上古树名木后备资源普查、建档、挂牌并确定保护责任单位或责任人。	
	29	节约型园林绿化建设	①园林绿化建设以植物造景为主,以栽植全冠苗木为主,采取有效措施严格控制大树移植、大广场、喷泉、水景、人工大水面、大草坪、大色块、雕塑、灯具造景、过度亮化等; ②合理选择应用乡土、适生植物,优先使用本地苗圃培育的种苗,严格控制反季节种植、更换行道树树种等; ③因地制宜推广海绵型公园绿地建设。	

续表

类型	序号	指标	考核要求	备注
	30	立体绿化推广	因地制宜制定立体绿化推广的鼓励政策、技术措施和实施方案,且效果良好。	
	31	城市历史风貌保护	①已划定城市紫线,制定《历史文化名城保护规划》或城市历史风貌保护规划,经过审批,实施效果良好; ②城市历史文化街区、历史建筑等得到有效保护。	
	32	风景名胜区、文化与自然遗产保护与管理	①依法设立风景名胜区、世界遗产的管理机构,管理职能到位,能够有效行使保护、利用和统一管理职责; ②规划区内国家级、省级风景名胜区或列入世界遗产名录的文化或自然遗产严格依据《风景名胜区条例》和相关法律法规与国际公约进行保护管理; ③具有经批准的《风景名胜区总体规划》等规划,严格履行风景名胜区建设项目审批等手续。	考核范围为城市规划区
	33	海绵城市规划建设	因地制宜、科学合理编制海绵城市规划,并依法依规批复实施,建成区内有一定片区(独立汇水区)达到海绵城市建设要求。	
四、生态环境(9)	34	城市生态空间保护	①城市原有山水格局及自然生态系统得到较好保护,显山露水,确保其原貌性、完整性和功能完好性; ②完成城市生态评估,制定并公布生态修复总体方案,建立生态修复项目库。	设区城市考核范围为城市规划区,县级城市为市域范围
	35	生态网络体系建设	①结合绿线、水体保护线、历史文化保护线和生态保护红线的划定,统筹城乡生态空间; ②合理布局绿楔、绿环、绿道、绿廊等,将城市绿地系统与城市外围山水林田湖等自然生态要素有机连接,将自然要素引入城市、社区。	设区城市考核范围为城市规划区,县级城市为市域范围
	36	生物多样性保护	①已完成不小于市域范围的生物物种资源普查; ②已制定《城市生物多样性保护规划》和实施方案; ③本地木本植物指数≥0.80。	
	37	城市湿地资源保护	①完成规划区内的湿地资源普查; ②已编制《城市湿地资源保护规划》及其实施方案,并按有关法规标准严格实施。	考核范围为城市规划区
	38	山体生态修复	①完成对城市山体现状的摸底与生态评估; ②对被破坏且不能自我恢复的山体,根据其受损情况,采取相应的修坡整形、矿坑回填等工程措施,解决受损山体的安全隐患,恢复山体自然形态,保护山体原有植被,种植乡土、适生植物,重建山体植被群落。	考核范围为城市规划区
	39	废弃地生态修复	科学分析城市废弃地的成因、受损程度、场地现状及其周边环境,运用生物、物理、化学等技术改良土壤,消除场地安全隐患。选择种植具有吸收降解功能、抗逆性强的植物,恢复植被群落,重建生态系统。	考核范围为城市规划区

213

续表

类型	序号	指标	考核要求	备注
	40	城市水体修复	①在保护城市水体自然形态的前提下,结合海绵城市建设开展以控源截污为基础的城市水体生态修复,保护水生态环境,恢复水生态系统功能,改善水体水质,提高水环境质量,拓展亲水空间; ②自然水体的岸线自然化率≥80%,城市河湖水系保持自然连通; ③地表水Ⅳ类及以上水体比率≥50%; ④建成区内消除黑臭水体。	考核范围为城市规划区
	41	全年空气质量优良天数	≥292天	
	42	城市热岛效应强度	≤3.0℃	
五、市政设施(6)	43	城市容貌评价值	≥8.00	
	44	城市管网水检验项目合格率	≥99%	
	45	城市污水处理	①城市污水处理率≥90%; ②城市污水处理污泥达标处置率≥90%。	①为否决项
	46	城市生活垃圾无害化处理率	100%	否决项
	47	城市道路建设	①城市道路完好率≥95%; ②编制城市综合交通体系规划及实施方案,确保2020年达到城市路网密度≥8 km/km² 和城市道路面积率≥15%。	
	48	城市景观照明控制	①体育场、建筑工地和道路照明等功能性照明外,所有室外公共活动空间或景物的夜间照明严格按照《城市夜景照明设计规范》进行设计,被照对象照度、亮度、照明均匀度及限制光污染指标等均达到规范要求,低效照明产品全部淘汰; ②城市照明功率密度(LPD)达标率≥85%。	
六、节能减排(4)	49	北方采暖地区住宅供热计量收费比例	≥30%	
	50	林荫路推广率	≥70%	考核范围为城市建成区
	51	步行、自行车交通系统	制定步行、自行车交通体系专项规划,获得批准并已实施。	
	52	绿色建筑和装配式建筑	①近2年(含申报年)新建建筑中绿色建筑比例≥40%; ②节能建筑比例:严寒寒冷地区≥60%,夏热冬冷地区≥55%,夏热冬暖地区≥50%; ③制定推广绿色建材和装配式建筑政策措施。	

续表

类型	序号	指标	考核要求	备注
七、社会保障（4）	53	住房保障建设	①住房保障率≥80％； ②连续两年保障性住房建设计划完成率≥100％。	
	54	棚户区、城中村改造	①建成区内基本完成现有棚户区和城市危房改造，居民得到妥善安置，实施物业管理； ②制定城中村改造规划并按规划实施。	
	55	社区配套设施建设	社区教育、医疗、体育、文化、便民服务、公厕等各类设施配套齐全。	
	56	无障碍设施建设	主要道路、公园、公共建筑等公共场所设有无障碍设施，其使用及维护管理情况良好。	
综合否定项	57		对近2年内发生以下情况的城市，均实行一票否决： ①城市园林绿化及生态环境保护、市政设施安全运行等方面的重大事故； ②城乡规划、风景名胜区等方面的重大违法建设事件； ③被住房和城乡建设部通报批评； ④被媒体曝光，造成重大负面影响。	

二、国家生态园林城市标准

类型	序号	指标	考核要求	备注
一、综合管理（8）	1	城市园林绿化管理机构	①按照各级政府职能分工的要求，设立职能健全的园林绿化管理机构，依照相关法律法规有效行使园林绿化行业管理职能； ②专业管理机构领导层至少有2～3位园林绿化专业（其中副省级以上城市3位）人员，并具有相应的城市园林绿化专业技术队伍，负责全市园林绿化从规划设计、施工建设、竣工验收到养护管理的全过程指导服务与监督管理。	
	2	城市园林绿化建设维护专项资金	①政府财政预算中专门列项"城市园林绿化建设和维护资金"，保障园林绿化建设、专业化精细化养护管理及相关人员经费； ②近3年（含申报年）园林绿化建设资金保障到位，与本年度新建、改建及扩建园林绿化项目相适应； ③园林绿化养护资金与各类城市绿地总量相适应，且不低于当地园林绿化养护管理定额标准，并随物价指数和人工工资增长而合理增加。	
	3	城市园林绿化科研	①具有以城市园林绿化研究、成果推广和科普宣传为主要工作内容的独立或合作模式的科研机构和生产基地，并具有与城市规模、经济实力及发展需求相匹配的技术队伍，且制度健全、管理规范、资金保障到位； ②近3年（含申报年）有园林科研项目成果在实际应用中得到推广。	
	4	《城市绿地系统规划》编制实施	《城市总体规划》审批后一年内完成《城市绿地系统规划》修订工作；与城市总体规划、控制性详细规划等相协调，并依法报批，实施情况良好。	

续表

类型	序号	指标		考核要求	备注
	5	城市绿线管理		严格实施城市绿线管制制度,按照《城市绿线管理办法》(建设部令第112号)和《城市绿线划定技术规范》(GB/T 51163—2016)要求,根据修订后的《城市绿地系统规划》划定绿线,并在至少两种以上的媒体上向社会公布;现状绿地都已设立绿线公示牌或绿线界碑,向社会公布四至边界。	否决项
	6	城市园林绿化制度建设		建立健全绿线管理、建设管理、养护管理、城市生态保护、生物多样性保护、古树名木保护、义务植树等城市园林绿化法规、标准、制度。	
	7	城市数字化管理		①已建立城市园林绿化专项数字化信息管理系统并有效运转,可供市民查询,保障公众参与和社会监督; ②城市数字化管理信息系统对城市建成区公共区域的监管范围覆盖率100%。	
	8	公众对城市园林绿化的满意率		≥90%	
	9	建成区绿化覆盖率		≥40%	
	10	建成区绿地率		≥35%	否决项
二、绿地建设(10)	11	人均公园绿地面积	人均建设用地小于105 m²的城市	≥10.0 m²/人	考核范围为城市建成区
			人均建设用地大于等于105 m²的城市	≥12.0 m²/人	
	12	公园绿地服务半径覆盖率		≥90%; 5 000 m²(含)以上公园绿地按照500 m服务半径考核,2 000(含)~5 000 m²的公园绿地按照300 m服务半径考核;历史文化街区采用1 000 m²(含)以上的公园绿地按照300 m服务半径考核。	否决项;考核范围为城市建成区
	13	建成区绿化覆盖面积中乔、灌木所占比率		≥70%	
	14	城市各城区绿地率最低值		≥28%	考核范围为城市建成区
	15	城市各城区人均公园绿地面积最低值		≥5.50 m²/人	否决项;考核范围为城市建成区
	16	园林式居住区(单位)达标率或年提升率		达标率≥60%或年提升率≥10%	考核范围为城市建成区
	17	城市道路绿地达标率		≥85%	考核范围为城市建成区
	18	城市防护绿地实施率		≥90%	考核范围为城市建成区

续表

类型	序号	指标	考核要求	备注
三、建设管控(8)	19	城市园林绿化建设综合评价值	≥8.00	
	20	公园规范化管理	①公园管理符合公园管理条例等相关管理规定； ②编制近 3 年(含申报年)城市公园建设计划并严格实施； ③公园设计符合《公园设计规范》等相关标准规范要求； ④对国家重点公园、历史名园等城市重要公园实行永久性保护； ⑤公园配套服务设施经营管理符合《城市公园配套服务项目经营管理暂行办法》等要求，保障公园的公益属性。	
	21	公园免费开放率	≥95%	考核范围为城市建成区
	22	城市绿道规划建设	①编制城市绿道建设规划，以绿道串联城乡绿色资源，与公交、步行及自行车交通系统相衔接，为市民提供亲近自然、游憩健身、绿色出行的场所和途径。通过绿道合理连接城乡居民点、公共空间及历史文化节点，科学保护和利用文化遗产、历史遗存等； ②绿道建设符合《绿道规划设计导则》等相关标准规范要求； ③绿道及配套设施维护管理良好。	
	23	古树名木和后备资源保护	①严禁移植古树名木，古树名木保护率 100%； ②完成树龄超过 50 年(含)以上古树名木后备资源普查、建档、挂牌并确定保护责任单位或责任人。	
	24	节约型园林绿化建设	①园林绿化建设以植物造景为主，以栽植全冠苗木为主，采取有效措施严格控制大树移植、大广场、喷泉、水景、大人工水面、大草坪、大色块、雕塑、灯具造景、过度亮化等； ②合理选择应用乡土、适生植物，优先使用本地苗圃培育的种苗，严格控制行道树树种更换、反季节种植等； ③制定立体绿化推广的鼓励政策、技术措施和实施方案，立体绿化面积逐年递增且效果良好； ④因地制宜推广海绵型公园绿地建设。	
	25	风景名胜区、文化与自然遗产保护与管理	①依法设立风景名胜区、世界遗产的管理机构，管理职能到位，能够有效行使保护、利用和统一管理职责； ②规划区内国家级、省级风景名胜区或列入世界遗产名录的文化或自然遗产严格依据《风景名胜区条例》和相关法律法规与国际公约进行保护管理； ③具有经批准的《风景名胜区总体规划》等规划，严格履行风景名胜区建设项目审批等手续。	考核范围为城市规划区
	26	海绵城市规划建设	因地制宜、科学合理编制海绵城市规划，并依法依规批复实施，建成区内有一定片区(独立汇水区)达到海绵城市建设要求。	

续表

类型	序号	指标	考核要求	备注
四、生态环境(9)	27	城市生态空间保护	①城市原有山水格局及自然生态系统得到较好保护,显山露水,确保其原貌性、完整性和功能完好性; ②完成城市生态评估,制定并公布生态修复总体方案,建立生态修复项目库; ③有成功的生态修复案例及分析。	考核范围为城市规划区
	28	生态网络体系建设	①结合绿线、水体保护线、历史文化保护线和生态保护红线的划定,统筹城乡生态空间; ②合理布局绿楔、绿环、绿道、绿廊等,将城市绿地系统与城市外围山水林田湖等自然生态要素有机连接,将自然要素引入城市、社区。	设区城市考核范围为城市规划区,县级城市为市域范围
	29	生物多样性保护	①完成不小于市域范围的生物物种资源普查; ②已制定《城市生物多样性保护规划》和实施措施; ③有五年以上的监测记录、评价数据,综合物种指数≥0.6,本地木本植物指数≥0.80。	
	30	城市湿地资源保护	①完成城市规划区内的湿地资源普查; ②已编制《城市湿地资源保护规划》及其实施方案,并按有关法规标准严格实施。	考核范围为城市规划区
	31	山体生态修复	①完成对城市山体现状的摸底与生态评估; ②对被破坏且不能自我恢复的山体,根据其受损情况,采取相应的修坡整形、矿坑回填等工程措施,解决受损山体的安全隐患,恢复山体自然形态,保护山体原有植被,种植乡土、适生植物,重建山体植被群落; ③破损山体生态修复率每年增长不少于10个百分点或修复成果维护保持率≥95%。	设区城市考核范围为城市规划区,县级城市为市域范围
	32	废弃地生态修复	①科学分析城市废弃地的成因、受损程度、场地现状及其周边环境,运用生物、物理、化学等技术改良土壤,消除场地安全隐患。选择种植具有吸收降解功能、抗逆性强的植物,恢复植被群落,重建生态系统; ②废弃地修复再利用率每年增长不少于10个百分点或修复成果维护保持率≥95%。	考核范围为城市规划区
	33	城市水体修复	①在保护城市水体自然形态的前提下,结合海绵城市建设开展以控源截污为基础的城市水体生态修复,保护水生态环境,恢复水生态系统功能,改善水体水质,提高水环境质量,拓展亲水空间; ②水体岸线自然化率≥80%,城市河湖水系保持自然连通; ③地表水Ⅳ类及以上水体比率≥60%; ④建成区内消除黑臭水体; ⑤《室外排水设计规范》(GB 50014)规定的内涝防治重现期以内的暴雨时,建成区内未发生严重内涝灾害。	考核范围为城市规划区
	34	全年空气质量优良天数	≥292天	
	35	城市热岛效应强度	≤2.5℃	

续表

类型	序号	指标	考核要求	备注
五、市政设施(6)	36	城市容貌评价值	≥9.00	
	37	城市管网水检验项目合格率	100%	
	38	城市污水处理	①城市污水应收集全收集; ②城市污水处理率≥95%; ③城市污水处理污泥达标处置率100%; ④城市污水处理厂进水 COD 浓度≥200 mg/L 或比上年提高 10% 以上。	②为否决项
	39	城市垃圾处理	①城市生活垃圾无害化处理率达到 100%; ②生活垃圾填埋场全部达到Ⅰ级标准,焚烧厂全部达到 2A 级标准; ③生活垃圾回收利用率≥35%; ④建筑垃圾和餐厨垃圾回收利用体系基本建立。	①为否决项
	40	城市道路建设	①城市道路完好率≥95%; ②编制城市综合交通体系规划及实施方案,确保 2020 年达到城市路网密度≥8 km/km² 和城市道路面积率≥15%。	
	41	城市地下管线和综合管廊建设管理	①地下管线等城建基础设施档案健全; ②建成地下管线综合管理信息平台; ③遵照相关要求开展城市综合管廊规划建设及运营维护工作,并考核达标。	
六、节能减排(5)	42	城市再生水利用率	≥30%	
	43	北方采暖地区住宅供热计量收费比例	≥40%	
	44	林荫路推广率	≥85%	否决项;考核范围为城市建成区
	45	步行、自行车交通系统	①制定步行、自行车交通体系专项规划,获得批准并已实施; ②建成较为完善的步行、自行车系统。	
	46	绿色建筑和装配式建筑	①近 3 年(含申报年)新建建筑中绿色建筑比例≥50%; ②节能建筑比例:严寒寒冷地区≥65%,夏热冬冷地区≥60%,夏热冬暖地区≥55%; ③制定推广绿色建材和装配式建筑政策措施。	
综合否决项	47		对近 3 年内发生以下情况的城市,均实行一票否决: ①城市园林绿化及生态环境保护、市政设施安全运行等方面的重大事故; ②城乡规划、风景名胜区等方面的重大违法建设事件; ③被住房和城乡建设部通报批评; ④被媒体曝光,造成重大负面影响。	

三、国家园林县城标准

类型	序号	指标	考核要求	备注
一、综合管理(8)	1	园林绿化管理机构	①按照政府职能分工的要求,设立职能健全的园林绿化管理机构,依照相关法律法规有效行使园林绿化管理职能; ②专业管理机构领导层至少有1~2位园林绿化专业人员,并具有相应的园林绿化专业技术队伍,负责全县域园林绿化从规划设计、施工建设、竣工验收到养护管理全过程指导服务与监督管理。	
	2	园林绿化建设维护专项资金	①政府财政预算中专门列项"园林绿化建设和维护资金",保障园林绿化建设、专业化精细化养护管理及相关人员经费; ②近2年(含申报年)园林绿化建设资金保障到位,且与本年度新建、改建及扩建园林绿化项目相适应; ③园林绿化养护资金与各类绿地总量相适应,不低于当地园林绿化养护管理定额标准,并随物价指数和人工工资增长而合理增加。	
	3	园林绿化科研应用	近2年(含申报年)积极应用园林绿化新技术、新成果。	
	4	《绿地系统规划》编制实施	①《县城总体规划》审批后一年内编制完成《绿地系统规划》的编制; ②《绿地系统规划》由具有相关规划资质或能力的单位编制(修订),与县城总体规划、控制性详细规划等相协调,并依法审核批准实施。	①为否决项
	5	绿线管理	严格实施县城绿线管制制度,按照《城市绿线管理办法》(建设部令第112号)和《城市绿线划定技术规范》(GB/T 51163—2016)要求划定绿线,并在至少两种以上的媒体上向社会公布,设立绿线公示牌或绿线界碑,向社会公布四至边界,严禁侵占。	否决项
	6	园林绿化制度建设	建立健全绿线管理、建设管理、养护管理、生态保护、生物多样性保护、古树名木保护、义务植树等园林绿化规章、规范、制度。	
	7	园林绿化管理信息技术应用	已建立园林绿化信息数据库、信息发布与社会服务信息共享平台;可供市民查询,保障公众参与和社会监督。	
	8	公众对园林绿化的满意率	≥85%	

续表

类型	序号	指标	考核要求	备注
二、绿地建设(11)	9	建成区绿化覆盖率	≥38%	
	10	建成区绿地率	≥33%	否决项
	11	人均公园绿地面积	≥9.00 m²/人	否决项；考核范围为建成区
	12	公园绿地服务半径覆盖率	≥80%； 1 000~2 000(含) m² 公园绿地按照 300 m 服务半径考核,2 000 m² 以上公园绿地按照 500 m 服务半径考核；历史文化街区参照《城市园林绿化评价标准》计算。	考核范围为建成区
	13	符合《公园设计规范》要求的综合公园	≥1 个	
	14	新建、改建居住区绿地达标率	≥95%	考核范围为建成区
	15	园林式居住区(单位)达标率或年提升率	达标率≥50%或年提升率≥10%	考核范围为建成区
	16	道路绿化普及率	≥95%	考核范围为建成区
	17	道路绿地达标率	≥80%	考核范围为建成区
	18	防护绿地实施率	≥80%	考核范围为建成区
	19	河道绿化普及率	≥85%	考核范围为建成区
三、建设管控(10)	20	绿地系统规划执行和建设管理	①绿地系统规划得到有效执行,绿地建设符合规划； ②绿化建设成果得到有效保护,规划绿地性质无改变； ③园林绿化主管部门参与公园绿地建设项目设计和项目竣工验收。	
	21	大树移植、行道树树种更换等控制管理	①制定严格控制大树移植及随意更换行道树树种的制度或管控措施,并落实良好； ②近 2 年(含申报年),公园绿地、道路绿化建设或改、扩建中未曾发生大规模(群植 10 株以上)移植大树(胸径 20 cm 以上的落叶乔木、胸径 15 cm 以上的常绿乔木以及高度超过 6 m 的针叶树)、未经专家论证及社会公示认可而更换行道树树种等现象。	
	22	公园规范化管理	①公园免费开放率 100%； ②公园设计符合《公园设计规范》等相关标准规范要求,公园功能完善,设施完好,安全运行； ③公园配套服务设施经营管理符合《城市公园配套服务项目经营管理暂行办法》等要求,保障公园的公益属性。	

续表

类型	序号	指标	考核要求	备注
	23	公园绿地应急避险功能完善建设	①在全面摸底评估的基础上,编制《绿地系统防灾避险规划》或在《绿地系统规划》中有专章; ②承担防灾避险功能的公园绿地中水、电、通信、标识等设施符合相关标准规范要求。	加分项
	24	绿道建设管理	①绿道建设符合《绿道规划设计导则》等相关标准规范要求; ②绿道及配套设施维护管理良好。	
	25	古树名木及后备资源保护	①严禁移植古树名木,古树名木保护率100%; ②完成树龄超过50年(含)以上古树名木后备资源普查、建档、挂牌并确定保护责任单位或责任人。	
	26	节约型园林绿化建设	①园林绿化建设以植物造景为主,以栽植全冠苗木为主,采取有效措施严格控制大树移植、大广场、喷泉、水景、人工大水面、大草坪、大色块、假树假花、雕塑、灯具造景、过度亮化等; ②合理选择应用乡土、适生植物,严格控制反季节种植等。	
	27	立体绿化推广	因地制宜制定立体绿化推广的鼓励政策、技术措施和实施方案,且效果明显。	加分项
	28	历史风貌保护	①制订县域内历史文化风貌保护规划及实施方案,并已获批准,实施效果良好; ②县城发展历史印迹清晰,老县城形态保存基本完好,县城历史文化街区、历史建筑得到有效保护; ③规划区内道路格局符合县城形态特征,尺度宜人,不盲目拓宽取直; ④不同历史发展阶段的代表性建筑保存完好,新建建筑具有地域特色和民族文化特征,风格协调统一。	考核范围为规划区
	29	风景名胜区、文化与自然遗产保护与管理	①依法设立风景名胜区管理机构,职能明确,并正常行使职能; ②国家级、省级风景名胜区或列入世界遗产名录的文化或自然遗产严格依据《风景名胜区条例》和相关法律法规与国际公约进行保护管理; ③具有经批准的《风景名胜区总体规划》等规划,风景名胜区建设项目依法办理选址审批手续。	考核范围为规划区
四、生态环境(6)	30	生态保护与修复	①县域原有山水格局及自然生态系统得到较好保护,显山露水,确保其原貌性、完整性和功能完好性; ②水体岸线绿化遵循生态学原则,自然河流水系无裁弯取直、筑坝截流、违法取砂等现象,水体岸线自然化率≥80%; ③自然山体保护完好,无违法违规开山采石、取土以及随意推山取平等现象; ④按照县城卫生、安全、防灾、环保等要求建设防护绿地; ⑤依据规划推进环境整治和生态修复。	考核范围为规划区

续表

类型	序号	指标	考核要求	备注
	31	生物多样性保护	①已完成不小于县域范围的生物物种资源普查; ②以生物物种普查为基础,在《绿地系统规划》中有生物多样性保护专篇; ③生物物种总量保持合理增长,重要物种及其栖息地得到有效保护。	加分项
	32	乡土、适生植物资源保护与应用	①结合风景名胜区、植物专类园、综合公园、生产苗圃等建立乡土、适生植物种质资源库,并开展相应的引种驯化和快速繁殖试验研究; ②积极推广应用乡土及适生植物,在试验基础上推广应用自衍草花及宿根花卉等,丰富地被植物品种; ③本地木本植物指数≥0.70。	
	33	湿地资源保护	①已完成规划区内的湿地资源普查; ②以湿地资源普查为基础,制定湿地资源保护规划及其实施方案; ③规划区内湿地资源保护管理责任明确,管理职能正常行使,资金保障到位。	加分项; 考核范围为规划区
	34	全年空气质量优良天数	≥292 天	
	35	地表水Ⅳ类及以上水体比率	≥60%	
五、市政设施(8)	36	县容县貌	①建成区环境整洁有序,建(构)筑物、公共设施和广告设置等与周边环境相协调,无违章私搭乱建现象,居住小区和街道环卫保洁制度落实,无乱丢弃、乱张贴、乱排放等行为; ②商业店铺:灯箱、广告、招牌、霓虹灯、门楼装潢、店面装饰等设置符合建设管理要求,无违规设摊、占道经营现象; ③交通与停车管理:建成区交通安全管理有序,车辆停靠管理规范; ④公厕数量达标,设置合理,管理到位:设置密度应≥3 座/km²,设置间距应满足《环境卫生设施设置标准》相关要求。	
	37	管网水检验项目合格率	≥95%	
	38	污水处理	①污水处理率≥85%; ②有污泥达标处理设施,污水处理污泥达标处置率≥60%; ③城区旱季无直接向水体排污现象,年降雨量 400 mm(含)以上的新建城区采用雨污分流建设,老城区有雨污分流改造计划。	① 为 否 决项;② ③ 为加分项
	39	生活垃圾无害化处理率	≥90%	否决项
	40	公共供水用水普及率	≥90%	
	41	道路完好率	≥95%	
	42	市政基础设施安全运行	①县城供水、供气、供热、市容环卫、园林绿化、地下管网、道路桥梁等市政基础设施档案健全; ②运行管理制度完善,监管到位,县城安全运行得到保障。	
	43	无障碍设施建设	建成区内主要道路、公园、公共建筑等公共场所设有无障碍设施,且使用及维护管理情况良好。	

续表

类型	序号	指标	考核要求	备注
六、节能减排(3)	44	北方采暖地区住宅供热计量收费比例	≥30%	考核北方供暖地区
	45	绿色建筑和装配式建筑	①近2年(含申报年)新建建筑中绿色建筑所占比例≥30%； ②节能建筑比例:严寒寒冷地区≥40%,夏热冬冷地区≥35%,夏热冬暖地区≥30%； ③制定推广绿色建材和装配式建筑政策措施。	
	46	林荫路推广率	≥60%	考核范围为建成区
综合否决项	47		对近2年内发生以下情况的县城,均实行一票否决: ①园林绿化及生态环境保护、市政设施安全运行等方面的重大事故； ②城乡规划、风景名胜区等方面的重大违法建设事件； ③被住房和城乡建设部通报批评； ④被媒体曝光,造成重大负面影响。	

四、国家园林城镇标准

类型	序号	指标	考核要求	备注
一、综合管理(4)	1	园林绿化管理职能	①有具体部门或专职的园林绿化专业人员负责镇区范围园林绿化管理工作； ②依据国家和地方有关园林绿化、生态环境保护的法律、法规,有效行使园林绿化管理职能。	
	2	园林绿化建设维护专项资金	①园林绿化建设养护管理及相关人员经费纳入镇政府财政预算； ②近2年(含申报年)园林绿化建设资金保障到位,且与本年度新建、改建及扩建园林绿化项目相适应； ③园林绿化养护资金与各类绿地总量相适应,且不低于当地园林绿化养护管理定额标准,并随物价指数和人工工资增长而合理增加。	
	3	绿地系统规划编制	①在镇总体规划中有绿地系统规划专篇,充分体现节约型、生态型、功能完善型园林绿化理念； ②各类绿地布局合理,功能健全,与区域自然生态系统保护相协调,满足防灾避险要求。	
	4	园林绿化制度建设	①严格落实当地建设管理、养护管理、生态保护、生物多样性保护、古树名木保护、义务植树等园林绿化规章、规范、制度； ②建立公共信息发布平台,能满足公众参与,并保障有效社会监督。	

续表

类型	序号	指标	考核要求	备注
二、绿地建设与管控（10）	5	绿化覆盖率	≥36％	考核范围为建成区
	6	绿地率	≥31％	否决项；考核范围为建成区
	7	人均公园绿地面积	≥9.00 m²/人	否决项；考核范围为建成区
	8	公园绿地建设与管理	①公园绿地布局合理均匀，至少有一个具备休闲、娱乐、健身、科普教育及防灾避险等综合功能的公园，并符合《公园设计规范》； ②以植物造景为主，推广应用乡土、适生植物；植物配置注重乔灌草（地被）合理搭配，突出地域风貌和历史文化特色； ③因地制宜规划建设应急避险场所并保障日常维护管理规范到位。	
	9	道路绿化	①建成区内主要干道符合城镇道路绿化设计相关标准规范； ②至少有一条符合"因地制宜、适地适树"原则的达标林荫路； ③道路绿化普及率≥85％； ④道路绿地达标率≥80％。	考核范围为建成区
	10	近2年（含申报年）附属绿地达标建设	①新建小区绿地率≥30％，改建小区绿地率≥25％； ②学校、医院等公共服务设施配套绿地建设达标。	
	11	河道、水体绿化普及率	≥80％	
	12	古树名木及后备资源保护	①严禁移植古树名木，古树名木保护率100％； ②完成镇区范围内树龄超过50年（含）以上古树名木后备资源普查、建档、挂牌并确定保护责任单位或责任人。	否决项
	13	绿地管控	①现有各类绿地均得到有效保护； ②制定严格控制改变规划绿地性质、占用规划绿地等管理措施并有效实施。	
	14	节约型园林绿化建设	①积极推广应用乡土及适生植物； ②园林绿化建设以植物造景为主，以栽植全冠苗木为主，采取有效措施严格控制大树移植、大广场、喷泉、水景、人工大水面、大草坪、大色块、假树假花、雕塑、灯具造景、过度亮化等； ③因地制宜推广阳台、屋顶、墙体等立体绿化。	

续表

类型	序号	指标	考核要求	备注
三、生态环境(2)	15	地表水Ⅳ类及以上水体比率	≥50%	
	16	湿地资源保护	已完成规划区内的湿地资源普查和湿地资源保护规划专题研究,并采取措施有效保护。	加分项;考核范围为规划区
四、市政设施(7)	17	镇容镇貌	①镇区环境整洁有序,建(构)筑物、公共设施和广告设置等与周边环境相协调,无违章私搭乱建现象,居住小区和街道环卫保洁制度落实,无乱丢弃、乱张贴、乱排放等行为; ②商业店铺:灯箱、广告、招牌、霓虹灯、门楼装潢、门面装饰等设置符合建设管理要求,无违规设摊、占道经营现象; ③交通与停车管理:建成区交通安全管理有序,车辆停靠管理规范; ④公厕数量达标,设置合理,管理到位。	
	18	城镇供水	①城镇公共供水普及率≥80%; ②城镇供水水质检测项目合格率≥95%。	
	19	污水处理与排放	①镇区生活污水处理率≥70%; ②旱季无直接向江河湖泊排污现象,年降雨量400 mm以上的地区新镇区实施雨污分流,老镇区有雨污分流改造计划。	加分项
	20	生活垃圾收集与处理	①镇区生活垃圾无害化处理率≥90%; ②镇区无100 m³以上的非正规垃圾堆放点; ③鼓励实施垃圾减量、分类回收和资源化利用,积极开展有关宣传教育,并建立常态化宣传机制。	①为否决项; ②③为加分项
	21	道路设施	①道路路面质量良好; ②道路设施完善,路面及照明设施完好,雨箅、井盖、盲道等设施建设维护完好。	
	22	节能减排	①公共设施(市政设施、公共服务设施、公共建筑)采用节能技术;新建建筑执行国家节能或绿色建筑标准,既有建筑有节能改造计划并实施; ②推广使用太阳能、地热、风能、生物质能等可再生能源; ③推广雨水收集利用、中水回用、污水再生利用; ④推广使用绿色建材和装配式建筑。	加分项
	23	无障碍设施建设	镇区主要道路、公园、公共建筑等公共场所推行无障碍设施。	

续表

类型	序号	指标	考核要求	备注
五、特色风貌(3)	24	生态保护与修复	①镇域内原有山水格局、河流水系、湿地资源等自然生态资源得到有效保护,受损弃置地生态与景观恢复良好; ②无改变自然地貌、开山采石、填埋水体、河湖岸线及水底过度硬化等情况; ③依据规划推进环境整治和生态修复,显山露水,保护自然生态。	
	25	历史风貌保护	镇域内历史文化遗存、地域风貌资源得到妥善保护与管理。	
	26	城镇建设特色	①城镇规模适宜,布局合理,特色鲜明; ②城镇风貌与其他地域自然环境特色协调,体现地域文化特色,整体建筑风貌协调统一; ③城镇路网结构符合镇区空间形态特征,不盲目拓宽取直。	
综合否决项	27		对近2年内发生以下情况的城镇,均实行一票否决: ①城镇园林绿化及生态环境保护、市政设施安全运行等方面的重大事故; ②城乡规划、风景名胜区等方面的重大违法建设事件; ③被住房和城乡建设部通报批评; ④被媒体曝光,造成重大负面影响。	

五、相关指标解释

1. 园林绿化管理机构

指由城市(县、镇)人民政府设置的指导、管理本行政区域规划区范围内城市园林和城市绿化的行政主管部门。

2. 城市绿线管理

城市绿线是城市中各类绿地范围的管理控制界线。城市绿线管理是指城市按照《城市绿线管理办法》(建设部令第112号)和《城市绿线划定技术规范》(GB/T 51163—2016)要求划定并严格控制管理。

3. 城市园林绿化制度建设

指在城市政府及城市园林绿化、规划等主管部门颁布实施的与城市园林绿化规划、建设、管养相关的法规制度、标准规范等。纳入考评的园林绿化制度主要包括绿线管理、绿地建设及养护管理、城市生态保护、生物多样性保护、古树名木保护、义务植树等方面的规章制度。

4. 城市数字化管理

指城市园林绿化、道路交通、污水处理、垃圾处理等城市基础设施(包含地面及地下设施)实施数字化管理的状况及效果,包括数字化管理体系建设、运行管理及效果评估等。

城市园林绿化专项数字化信息管理系统指建立城市园林绿化数字化信息库及监管平台等,利用遥感或其他动态信息对城市各类绿地进行实时监管。

5. 公众对城市园林绿化的满意率

本考核指标是针对市民群众对城市园林绿化规划、建设与管养的满意程度进行抽查评估。抽查方式为随机抽查,抽查比例不低于城市人口的千分之一。

计算方法:公众对城市园林绿化的满意率=城市园林绿化满意度总分(M)大于等于8分的公众人数(人)/城市园林绿化满意度调查被抽查公众的总人数(人)×100%

注:满意度总分为10分。

6. 建成区绿化覆盖率

(1)城市建成区是城市行政区内实际已成片开发建设、市政公用设施和配套公共设施基本具备的

区域。城市建成区界线的划定应符合城市总体规划要求,**不能突破城市规划建设用地的范围,且形态相对完整。**

(2)绿化覆盖面积是指城市中乔木、灌木、草坪等所有植被的垂直投影面积,包括屋顶绿化植物的垂直投影面积以及零星树木的垂直投影面积,乔木树冠下的灌木和草本植物以及灌木树冠下的草本植物垂直投影面积均不能重复计算。

计算方法:建成区绿化覆盖率=建成区所有植被的垂直投影面积(km²)/建成区面积(km²)×100%

7. 建成区绿地率

计算方法:建成区绿地率=建成区各类城市绿地面积(km²)/建成区面积(km²)×100%

考核说明:允许将建成区内、建设用地外的部分"其他绿地"面积纳入建成区绿地率统计,但纳入统计的"其他绿地"面积不应超过建设用地内各类城市绿地总面积的20%;**且纳入统计的"其他绿地"应与城市建设用地相毗邻。**

8. 人均公园绿地面积

公园绿地指向公众开放,具有游憩、生态、景观、文教和应急避险等功能,有一定游憩和服务设施的绿地。公园绿地的统计方式应以现行的《城市绿地分类标准》为主要依据,不得超出该标准中各类公园绿地的范畴,**不得将建设用地之外的绿地纳入公园绿地面积统计。**

计算方法:城市人均公园绿地面积=公园绿地面积(m²)/建成区内的城区人口数量(人)

考核说明:

(1)关于水面的统计,公园绿地中纳入到城市建设用地内的水面计入公园绿地统计,未纳入城市建设用地的水面一律不计入公园绿地统计。

(2)人口数量按照建成区内的城区人口计算。按照《全国城市建设统计年鉴》要求,从2006年起,城区人口包括公安部门的户籍人口和暂住人口。

9. 公园绿地服务半径覆盖率

计算方法:公园绿地服务半径覆盖率=公园绿地服务半径覆盖的居住用地面积(hm²)/居住用地总面积(hm²)×100%

考核说明:

(1)公园绿地按现行的《城市绿地分类标准》统计,其中社区公园包括居住区公园和小区游园。

(2)对设市城市,5 000 m²(含)以上的公园绿地按照500 m服务半径考核,2 000(含)~5 000 m²的公园绿地按照300 m服务半径考核;历史文化街区采用1 000 m²(含)以上的公园绿地按照300 m服务半径考核。

对县城,1 000~2 000 m²(含)的公园绿地按照300 m服务半径考核;2 000 m²以上公园绿地按照500 m服务半径考核。

(3)公园绿地服务半径应以公园各边界起算。

10. 建成区绿化覆盖面积中乔灌木所占比率

计算方法:建成区绿化覆盖面积中乔灌木所占比率=建成区乔灌木的垂直投影面积(hm²)/建成区所有植被的垂直投影面积(hm²)×100%

11. 城市各城区绿地率最低值

计算方法:城市各城区绿地率=城市各城区建成区内各类城市绿地面积(km²)/城市各城区的建成区面积(km²)×100%

考核说明:

(1)未设区城市应按建成区绿地率进行评价;

(2)历史文化街区可不计入各城区面积和各城区绿地面积统计范围。

12. 城市各城区人均公园绿地面积最低值

计算方法:城市各城区人均公园绿地面积=城市各城区建成区内公园绿地面积(m²)/城市各城区的常住人口数量(人)

考核说明:

(1)未设区城市应按城市人均公园绿地面积评价;

(2)历史文化街区面积超过所在城区面积50%以上的城区可不纳入城市各城区人均公园绿地面积最低值评价。

13. 园林式居住区(单位)达标率或年提升率

计算方法:园林式居住区(单位)达标率=建成区内园林式居住区(单位)的数量(个)/建成区范围内居住区(单位)总数量(个)×100%

园林式居住区(单位)年提升率=建成区内每年新增园林式居住区(单位)的数量(个)/建成区范

围内居住区(单位)总数量(个)×100％

考核说明：园林式居住区(单位)的标准详见

《园林式居住区(单位)标准》；园林式居住区(单位)考核管理办法各地结合当地实际情况研究制定。

园林式居住区(单位)标准

序号	指标	考核标准
1	组织管理	由相应的园林绿化主管部门负责对居住区(单位)园林绿化进行监督和指导。
		居住区(单位)绿地日常养护管理规章、制度健全，管理职责明确，责任落实到人。
		绿地日常管护和改造提升经费参照当地养护定额标准纳入预算，落实到位。
		绿地规划、设计、建设、管养档案资料齐全，管理规范。
		居民(单位职工)对居住区(单位)园林绿化的满意率≥85％。
		积极开展园林绿化、垃圾减量及分类回收和资源化利用等生态环保宣传教育活动，至少每季度举办一次公益活动(讲座、发放宣传材料等)。
2	规划建设	新建居住区绿地率≥30％，改建居住区绿地率≥25％，居住区集中绿地建设符合《城市居住区规划设计规范》；单位绿地率符合《城市绿化规划建设指标的规定》。
		绿地布局、功能分区合理，与居住区(单位)地形及建筑协调，突出居住区(单位)特色。
		园林建筑、小品、设施满足居民(单位职工)休憩、健身文化娱乐及科普宣传等功能需要，造型美观，尺度、体量、色调与环境协调，位置得当。
		积极推广阳台、屋顶、墙体、棚架等立体绿化。
		以植物造景为主，推广应用乡土及适生植物，乔、灌、花、草(地被)合理配置，层次分明，季相丰富。
		推行生态绿化方式，严格控制硬质铺装、大树移植、植物亮化、模纹色块、假树假花等违背节约型、生态型园林绿化建设理念与要求的做法。
3	管养维护	年度管养工作计划具体细致、责任分工明确，植物修剪、施肥、病虫害防治等养护及时到位。推广无公害农药及生物技术防治病虫害。
		植物长势良好，无明显死株、残株、缺株等，无裸露土地。
		爱绿护绿等环保宣传到位，主要植物标识设置完善，积极推广二维码标牌。
		完成居住区(单位)内古树名木及树龄超过50年(含)以上的后备资源普查、建档、挂牌并确定保护责任人或责任单位，保护管理措施完善。
		安全管理措施完善，安全防护设施及警示标志齐全、醒目。
		无侵占、破坏绿地及毁坏树木花草、设施等违法违规行为。规划建成绿地保存率100％。
4	配套设施	建(构)筑物、公共设施与周边环境相协调，无私搭乱建现象。
		道路、广场平整无破损；停车设施完好，车辆停放有序，交通秩序良好；照明采用节能照明技术和灯具且使用正常。
		排污、排水、垃圾收集清运符合有关法规和标准要求，环境整洁、美观、舒适。

14. 城市道路绿地达标率

按照现行的《城市道路绿化规划与设计规范》要求,道路绿地率达到以下标准的纳入达标统计:

园林景观路:绿地率不得小于 40%;

红线宽度大于 50 m 的道路:绿地率不得小于 30%;

红线宽度在 40～50 m 的道路:绿地率不得小于 25%;

红线宽度小于 40 m 的道路:绿地率不得小于 20% 为达标。

计算方法:

城市道路绿地达标率＝绿地率达标的城市道路长度(km)/城市道路总长度(km)×100%

考核说明:

(1)道路绿地率是指道路红线范围内各种绿带宽度之和占总宽度的百分比。

(2)考虑到数据统计的难度和一些特殊情况,道路红线宽度小于 12 m 的城市道路和历史传统街区,不纳入评价范围。

15. 城市防护绿地实施率

防护绿地是为了满足城市对卫生、隔离、安全要求而设置的,其功能是对自然灾害、城市公害等起到一定的防护或减弱作用,不宜兼作公园绿地使用。

城市防护绿地实施率是指依《城市绿地系统规划》在建成区内已建成的防护绿地面积占建成区内防护绿地规划总面积的比例。

计算方法:城市防护绿地实施率＝城市建成区内已建成的防护绿地面积(hm²)/城市建成区内防护绿地规划总面积(hm²)×100%

16. 城市园林绿化建设综合评价值

指标解释:是对城市园林绿化建设水平、城市园林绿地养护管理水平、城市绿地功能实现水平、城市绿地景观水平及城市绿地人文特性(文化性、艺术性和地域特色性)进行综合评价。

该指标由实地考察专家组负责按抽样统计法现场考查、评估、打分、核算;最终结果以住房和城乡建设部专家考查组的综合评价值为准。

计算方法:$E_{综合} = E_{综1} \times 0.2 + E_{综2} \times 0.2 + E_{综3} \times 0.2 + E_{综4} \times 0.2 + E_{综5} \times 0.2$

城市园林绿化建设综合评价值评价表

评价内容		评价分值			代码	权重
		8.0～10.0分	6.0～7.9分	小于6.0分		
城市园林绿化建设水平	①城市绿地建设以植物造景为主,体现"因地制宜、生态优先"的基本原则。绿地营造考虑城市气候、地形、地貌、土壤等自然特点,充分保护和利用原有地形、植被等原生态要素和环境。②公园绿地设计符合《公园设计规范》及其他相关规范的要求,设计具有系统性、科学性和前瞻性。③绿地施工符合《园林绿化工程施工及验收规范》(CJJ 82—2012)要求,施工工艺应具备科学性、先进性、独特性、新颖性,主要节点的细部处理精致、流畅,工程施工技术资料应按照相关规范的要求做到规范、准确、及时、完备。	好	一般	差	$E_{综1}$	0.2

续表

评价内容		评价分值			代码	权重
		8.0～10.0分	6.0～7.9分	小于6.0分		
城市园林绿地养护管理水平	①各类绿地维护管理制度健全,有完整的组织管理体系,养护管理人员专业、年龄及能力结构合理。 ②植物生长健壮,无明显病虫害,无死株、缺株;植物修剪适度,无明显枯枝、断枝、病枝,植物保存率为100%。 ③临时摆放的植物更换及时,草坪无空秃,绿地无黄土裸露现象。 ④公园绿地的附属设施、建筑、小品、园路、标牌标识等布局合理,维护保养完好。	好	一般	差	$E_{综2}$	0.2
城市绿地功能实现水平	①满足城市居民日常休闲健身等需求;公园绿地出入口位置、外部道路交通条件方便市民使用;公园绿地内部道路组织以及公厕、售卖、停车场等公共服务设施设置的数量、规模和位置符合《公园设计规范》要求。 ②满足科普教育、防灾避险以及地方历史文化遗产、遗存、遗迹等的保护与展示需求。 ③道路绿地满足对城市街区识别、交通隔离、遮阴防尘降噪等需求。 ④防护绿地植物种类选择、配置方式、种植宽度等满足相应的防护要求。	好	一般	差	$E_{综3}$	0.2
城市绿地景观水平	①因地制宜,植物材料选择以适应生境、成活并健康生长为基本原则;乔灌草(地被)合理配置、层次丰富、重视植物群落的配置,突出季相变化,体现适地适树和生物多样性;生态效益与景观效果兼顾。 ②绿地设计对于自然和人文景观的塑造表达准确、完整、真实,特色鲜明,景观效果符合园林美学的要求。 ③城市绿地系统具有鲜明的地域特色,对城市风光带的保护和完善成效显著,形成具有地方特色的独特植物景观。 ④城市出入口和重要的街头绿地节点景观特色明显,城市主干道绿化基本体现"一路一景"的园林设计特色。	好	一般	差	$E_{综4}$	0.2
城市绿地人文特性	①公园绿地设计风格、植物配置符合当时当地的历史文化独特性,注重历史文化、艺术景观的结合;雕塑小品、亭廊等园林构筑物应体现历史文化特性。 ②绿地建设能有效保护历史文化遗址、遗迹和其他具有文化或历史纪念意义的资源;能体现当地历史传统、文化艺术特征、经济发展水平及地域风貌特色等。 ③博物馆、陈列馆等展示馆舍应布局合理、功能适用,与周边环境协调。 ④利用各类绿地积极举办各种与地方文化内涵相关的文化活动,并体现教育性、娱乐性、普及性、针对性。	好	一般	差	$E_{综5}$	0.2

17. 公园建设管理规范化

公园的规划设计、施工建设、维修管养及运行管理符合《公园设计规范》以及国家和地方现行的公园管理条例等法规规章。

其中：

(1)根据《城市绿地分类标准》，历史名园是体现一定历史时期代表性的造园艺术，需要特别保护的园林。

(2)根据《国家重点公园评价标准》，国家重点公园是指具有重要影响和较高价值，且在全国有典型性、示范性或代表性的公园。

18. 公园免费开放率

计算方法：公园免费开放率＝城市建成区内免费开放的公园数量(个)/城市建成区内公园总数量(个)×100%

考核说明：

(1)公园指具有良好的园林环境、较完善的设施，具有游憩、生态、景观、文教和应急避险等功能并向公众开放的场所。

(2)历史名园、动物园等特殊公园不列入考核范围。

19. 绿道

指以自然要素为依托和构成基础，串联城乡游憩、休闲等绿色开敞空间，以游憩、健身为主，兼具市民绿色出行和生物迁徙等功能的廊道。

20. 古树名木和后备资源保护

(1)根据《城市古树名木保护管理办法》，古树是指树龄在100年以上(含)的树木，名木是指国内外稀有的以及具有历史价值和纪念意义及重要科研价值的树木。

(2)古树后备资源是指城市绿地中树龄50(含)～99年的乔灌木(包括木本花卉)。

21. 城市生态评估

指坚持以城市生态系统为对象，以恢复、完善和提升城市生态系统服务功能为目标，对城市规划区范围内的山体、河流、湿地、绿地、林地等生态空间开展摸底普查，分析城市面临的主要生态问题及生态退化主要原因，分级分类梳理，并据此识别城市生态安全格局，确定城市生态修复的重点区域，

列出实施城市生态修复的项目清单及其优先等级。

基本路径：现状调查→问题梳理和分析→生态安全格局识别→分类分级确定实施生态修复任务的优先次序和空间区域→确定生态修复项目和四至坐标。

22. 城市生态修复

指合理保护城市自然资源的前提下，采取自然恢复、人工修复的方法，优化城市绿地系统等生态空间布局，修复城市中被破坏且不能自我恢复的山体、水体、植被等，修复和再利用城市废弃地，实现城市生态系统净化环境、调节气候与水文、维护生物多样性等功能，促进人与自然和谐共生的城市建设方式。

23. 综合物种指数

(1)综合物种指数

物种多样性是生物多样性的重要组成部分，用于衡量一个地区生态保护、生态建设与恢复水平。本指标选择代表性的动植物(鸟类、鱼类和植物)作为衡量城市物种多样性的标准。综合物种指数为单项物种指数的平均值。

计算方法：

$$H = \frac{1}{n}\sum_{i=1}^{n} p_i \qquad p_i = \frac{N_{bi}}{N_i}$$

其中，H 为综合物种指数，p_i 为单项物种指数，N_{bi} 为城市建成区内该类物种数，N_i 为市域范围内该类物种总数。本指标选择代表性的动植物(鸟类、鱼类和植物)作为衡量城市物种多样性的标准。$n=3$，$i=1,2,3$，分别代表鸟类、鱼类和植物。鸟类、鱼类均以自然环境中生存的种类计算，人工饲养者不计。

(2)本地木本植物指数

本地木本植物应包括：

①在本地自然生长的野生木本植物种及其衍生品种；

②归化种(非本地原生，但已逸生)及其衍生品种；

③驯化种(非本地原生，但在本地正常生长，并且完成其生活史的植物种类)及其衍生品种，不包括标本园、种质资源圃、科研引种试验的木本植

物种类。

计算方法:本地木本植物指数=本地木本植物物种数(种)/木本植物物种总数(种)

考核说明:纳入本地木本植物种类统计的每种本地植物应符合在建成区每种种植数量不应小于50株的群体要求。

24.破损山体生态修复率

指城市规划区内的破损山体经生态修复到至少覆绿的面积占城市规划区内破损山体总面积的比例。

计算方法:破损山体生态修复率=城市规划区内已修复的破损山体面积/城市规划区内破损山体总面积×100%

25.废弃地生态修复率

指经修复达到相关标准要求并可再利用的废弃地面积占城市规划区内废弃地总面积的比例。

计算方法:废弃地生态修复率=经修复达到相关标准要求并可再利用的废弃地面积/城市规划区内废弃地总面积×100%

26.水体岸线自然化率

计算方法:水体岸线自然化率=符合自然岸线要求的水体岸线长度(km)/水体岸线总长度(km)×100%

考核说明:

(1)纳入统计的水体,应包括《城市总体规划》中被列入E水域的水体;

(2)纳入自然岸线统计的水体应同时满足以下两个条件:

①在满足防洪、排涝等水工(水利)功能基础上,岸体构筑形式和所用材料均符合生态学和自然美学要求,岸线形态接近自然形态;

②滨水绿地的构建本着尊重自然地势、地形、生境等原则,充分保护和利用滨水区域原有野生和半野生生境;

(3)岸线长度为河道两侧岸线的总长度;

(4)具有地方传统特色的水巷、码头和历史名胜公园的岸线可不计入统计范围。

27.地表水Ⅳ类及以上水体比率

计算方法:地表水Ⅳ类及以上水体比率=地表水体中达到和优于Ⅳ类标准的监测断面数量/地表水体监测断面总量×100%

考核说明:水质评价按照《地表水环境质量标准》规定执行。

28.全年空气质量优良天数

根据《环境空气质量指数(AQI)技术规定(试行)》(HJ 633—2012)规定,空气污染指数划分为0～50、51～100、101～150、151～200、201～300和大于300六个等级,与之相对应的空气质量指数分别为一级、二级、三级、四级、五级、六级,共六个级别。空气质量指数达到一级或二级为良。全年空气质量优良天数指《环境空气质量指数(AQI)技术规定(试行)》评价,每年达到空气质量指数二级以上的总天数。

29.城市热岛效应强度

指因城市环境造成城市市区气温明显高于外围郊区同期气温的现象。

计算方法:城市热岛效应强度=建成区气温的平均值(℃)-建成区周边区域气温的平均值(℃)

考核说明:城市建成区与建成区周边区域(郊区、农村)气温的平均值应采用在6～8月间的气温平均值。

30.环境噪声达标区覆盖率

指在城市的建成区内,已建成的环境噪声达标区面积占建成区总面积的百分比。依照《声环境质量标准》,按区域的使用功能特点和环境质量要求对声环境功能区进行分类,考核不同声环境功能区环境噪声质量达到《声环境质量标准》要求的面积比例。

计算公式:环境噪声达标区覆盖率=已建成的环境噪声达标区面积(km²)/建成区总面积(km²)×100%

31.城市容貌评价值

计算公式:$E_容 = E_{容1} \times 0.3 + E_{容2} \times 0.3 + E_{容3} \times 0.2 + E_{容4} \times 0.2$

式中:$E_容$——城市容貌评价值;$E_{容1}$——公共场所评价分值;$E_{容2}$——广告设施与标识评价分值;$E_{容3}$——公共设施评价分值;$E_{容4}$——城市照明评价分值。

考核说明:城市容貌中的公共场所、广告设施

与标识、公共设施和环境照明等对城市园林绿化的整体效果也有较大影响。本项内容依据现行国家标准《城市容貌标准》的要求进行评价，具体评价如下表所示：

城市容貌评价值评价表

评价内容		评价取分标准					评价分值	权重
		9.0～10.0分	8.0～8.9分	7.0～7.9分	6.0～6.9分	小于6.0分		
1	公共场所	依据现行国家标准《城市容貌标准》GB 50449的有关规定	好	较好	一般	较差	差	$E_{容1}$	0.30
2	广告设施与标识		好	较好	一般	较差	差	$E_{容2}$	0.30
3	公共设施		好	较好	一般	较差	差	$E_{容3}$	0.20
4	城市照明		好	较好	一般	较差	差	$E_{容4}$	0.20

32. 城市管网水检验项目合格率

根据《城市供水水质标准》管网水检验项目合格率为浑浊度、色度、臭和味、余氯、细菌总数、总大肠菌群、COD_{Mn} 7项指标的合格率。

计算方法：城市管网水检验项目合格率＝城市管网水检验合格的项目数量（项）/城市管网水检验的项目数量（项）×100%

33. 城市污水处理率

计算方法：城市污水处理率＝经过污水处理设施处理并达到排放标准的污水量（万t）/城市污水排放总量（万t）×100%

考核说明：

(1)城市污水排放总量为城市生活污水和工业污水排放总量之和；

(2)经处理后达到《城镇污水处理厂污染物排放标准》和《污水综合排放标准》要求的出厂水均为达标排放。

34. 城市污水处理厂污泥处置达标率

指统计周期内，城镇污水处理厂污泥处置达到相应污泥泥质标准的处置量，占同期污泥产生量的百分比。其中，污泥泥质按照国家现行的城镇污水处理厂污泥处置泥质，包括土地改良用、园林绿化用、林地用、农用、制砖用、混合填埋用、焚烧用等标准执行。

计算方法：污泥处置达标率＝处置达标的污泥量（t）/污水处理厂污泥产生总量（t）×100%

35. 城市垃圾处理

(1)城市生活垃圾无害化处理率是指城市建成区生活垃圾无害化处理量占生活垃圾产生量（以清运量代替）的百分比。

(2)生活垃圾回收利用率指考核区域内生活垃圾回收利用量占生活垃圾产生总量（清运量＋废品回收量）的百分比。

36. 城市道路

(1)城市道路完好率指城市建成区内路面完好的道路面积与城市道路总面积的比率。道路路面完好是指路面没有破损，具有良好的稳定性和足够的强度，并满足平整、抗滑和排水等要求。

(2)路网密度指建成区内每平方千米内市政道路总长度。

计算方法：路网密度＝区域内市政道路总长度（km）/区域总面积（km²）

(3)道路面积率指建成区内市政道路面积占建成区总面积的比例。

计算方法：道路面积率＝建成区内市政道路总面积（km²）/建成区总面积（km²）×100%

37. 城市地下管线和综合管廊建设管理

(1)城市地下综合管廊是指建于城市地下用于容纳两类及以上城市工程管线的构筑物及附属设施，可分为干线综合管廊、支线综合管廊、缆线管廊。

组织编制地下综合管廊建设规划，规划期限原则上应与城市总体规划相一致。结合地下空间开发利用、各类地下管线、道路交通等专项建设规划,合理确定地下综合管廊建设布局、管线种类、断面形式、平面位置、竖向控制等,明确建设规模和时序,综合考虑城市发展远景,预留和控制有关地下空间。建立建设项目储备制度,明确五年项目滚动规划和年度建设计划,积极、稳妥、有序推进地下综合管廊建设。

(2)地下管线综合管理信息系统是指在计算机软件、硬件、数据库和网络的支持下,利用地理信息系统技术实现对综合地下管线数据进行输入、编辑、存储、统计、分析、维护更新和输出的计算机管理信息系统。

38.城市再生水利用率

指城市污水再生利用的总量与污水处理总量的比率。

考核说明:污水经再生处理后用做景观用水、生态补水等也纳入再生水利用统计。

39.住宅供热计量收费比例

指建成区内实施供热计量收费的住宅建筑面积占集中供热住宅总建筑面积的比例。

计算方法:供热计量收费比例＝实施供热计量收费的住宅建筑面积(m^2)/集中供热住宅总建筑面积(m^2)×100%

40.林荫路推广率

指城市建成区内达到林荫路标准的步行道、自行车道长度占步行道、自行车道总长度的百分比。林荫路指绿化覆盖率达到90%以上的人行道、自行车道。

计算方法:林荫路推广率＝建成区内达到林荫路标准的步行道、自行车道长度(km)/建成区内步行道、自行车道总长度(km)×100%

41.绿色建筑和装配式建筑

(1)新建建筑中绿色建筑比例,指新建绿色建筑面积占建成区内新建建筑总建筑面积的比例。

计算方法:新建建筑中绿色建筑比例＝新建绿色建筑面积/建成区新建建筑总面积×100%

(2)节能建筑比例指建成区内符合节能设计标准的建筑面积占建成区内总建筑面积的比例。

计算方法:节能建筑比例＝建成区内符合节能

设计标准的建筑面积(m^2)/建成区内建筑总面积(m^2)×100%

(3)装配式建筑是指用预制部品、部件在工地装配而成的建筑,主要包括装配式混凝土建筑、钢架构建筑和现代木结构建筑。

(4)绿色建材指在全生命期内减少对自然资源消耗和生态环境影响,具有"节能、减排、安全、便利和可循环"特征的建材产品。

42.住房保障率

住房保障率指累计实施住房保障户数占累计已申请登记应保障户数的比重。住房保障包括货币保障和住房实物保障。住房实物保障包括廉租住房、经济适用住房、公共租赁住房、限价商品住房。

计算方法:住房保障率＝已保障户数(户)/已申请登记应保障户数(户)×100%

43.保障性安居工程目标任务完成率

指城市年度新开工(筹集)保障性安居工程量占目标任务量的百分比。连续两年目标任务完成率≥100%。

计算方法:保障性安居工程目标任务完成率＝实际新开工(筹集)保障性安居工程量(户)/计划新开工(筹集)各类保障性安居工程(户)×100%

44.万人拥有综合公园指数

计算方法:

$$万人拥有综合公园指数＝\frac{综合公园总数(个)}{建成区内的人口数量(万人)}$$

(1)纳入统计的综合公园应符合《城市绿地分类标准》;

(2)人口数量统计符合《中国城市建设统计年鉴》要求;

(3)按照现行的《公园设计规范》:综合公园应设置游览、休闲、健身、儿童游戏、运动、科普等配套设施。全园面积不应小于5 hm^2。

45.城市新建、改建居住区绿地达标率

计算方法:城市新建、改建居住区绿地达标率＝绿地达标的城市新建、改建居住区面积(hm^2)/城市新建、改建居住区总面积(hm^2)×100%

考核说明:

（1）绿地率达到《城市居住区规划设计规范》要求的新建、改建居住区，视为达标；

（2）新建、改建居住区为2002年（含）以后建成或改造的居住区或小区。

46.城市道路绿化普及率

计算方法：城市道路绿化普及率＝城市建成区内道路两旁种植有行道树的道路长度（km）/城市建成区内道路总长度（km）×100％

考核说明：

（1）道路红线外有行道树但道路红线内没有行道树的，一律不纳入统计；

（2）历史文化街区内的道路可不计入统计范围。

47.城市照明

指在城市规划区内城市道路、隧道、广场、公园、公共绿地、名胜古迹以及其他建（构）筑物的功能照明或者景观照明（详见2010年颁布的住房和城乡建设部第4号令《城市照明管理规定》）。

48.城市照明功率密度（LPD）

指建筑的房间或场所，单位面积的照明安装功率（含镇流器、变压器的功耗）。

49.城市照明功率密度（LPD）达标率

指城市照明功率密度达标的项目数占城市照明项目总数的比例。

计算方法：城市照明功率密度（LPD）达标率＝城市照明功率密度（LPD）达标项目数/城市照明项目总数×100％

50.河道绿化普及率

计算方法：河道绿化普及率＝单侧绿地宽度大于或等于12 m的河道滨河绿带长度（km）/河道岸线总长度（km）×100％

考核说明：

（1）纳入统计的河道包括城市建成区范围内和（或）与之毗邻、在《城市总体规划》中被列入E水域的河道；

（2）滨河绿带长度为河道堤岸两侧绿带的总长度，河道岸线长度为河道两侧岸线的总长度；

（3）宽度小于12 m的河道和具有地方传统特色的水巷可不纳入统计范围；

（4）因自然因素造成河道两侧地形坡度大于33％的河道可不纳入统计范围。

参 考 文 献

[1] 俞孔坚,李迪华.论反规划与城市生态基础设施建设[C]//中国科协2002年学术年会第22分会场论文集,2002.

[2] 俞孔坚,李迪华,潮洛蒙.城市生态基础设施建设的十大景观战略[J].规划师,2001(6):9-13,17.

[3] 俞孔坚,高中潮.景观生态和环境保护规划的生态安全格式途径[J].陕西环境,1999(4):43-45.

[4] 俞孔坚.生物保护的景观生态安全格局[J].生态学报,1999(1):10-17.

[5] 刘晟呈.城市生态红线规划方法研究[J].上海城市规划,2012(6):24-29.

[6] 许妍,梁斌,鲍晨光,等.渤海生态红线划定的指标体系与技术方法研究[J].海洋通报,2013(4):361-367.

[7] 解读《国家生态保护红线—生态功能基线划定技术指南(试行)》[J].中国资源综合利用,2014(2):13-17.

[8] 刘蕾.城乡绿地系统规划发展研究综述[J].中外建筑,2015(4):90-91.

[9] 刘滨谊,王鹏.绿地生态网络规划的发展历程与中国研究前沿[J].中国园林,2010(3):1-5.

[10] 陈自新,苏雪痕,刘少宗,等.北京城市园林绿化生态效益的研究(2)[J].中国园林,1998(2):49-52.

[11] 蔺银鼎.城市绿地生态效应研究[J].中国园林,2003(11):37-39.

[12] 刘志强.中国《城市园林绿化评价标准》刍议[J].苏州科技学院学报(工程技术版),2011(1):65-68,73.

[13] 金云峰,王小烨.绿地资源及评价体系研究与探讨[J].城市规划学刊,2014(1):106-111.

[14] 申世广.3S技术支持下的城市绿地系统规划研究[D].南京:南京林业大学,2010.

[15] 刘纯青.市域绿地系统规划研究[D].南京:南京林业大学,2008.

[16] 况平.城市园林绿地系统规划中的适宜度分析[J].中国园林,1995(4):22,48-51.

[17] 刘小钊.现代信息技术在风景园林中的应用[J].江苏林业科技,2000(S1):1-7.

[18] 何瑞珍,张敬东,赵巧红,等.RS与GIS在洛阳市绿地系统规划中的应用[J].中国农学通报,2006(6):445-448.

[19] 石雪冬,李敏,张宏利,等.遥感技术在广州市城市绿地系统总体规划中的应用[J].测绘科学,2001(4):0,42-44.

[20] 温全平.城乡统筹背景下绿地系统规划的若干问题探讨[J].风景园林,2013(6):144-148.

[21] 万美强.山地城市多层次生态绿地系统规划研究[D].武汉:中国地质大学,2014.

[22] 姜允芳,刘滨谊,石铁矛.城市绿地系统多学科的协作研究[J].城市问题,2009(2):27-31.

[23] 张国忠.近10年中国城市绿地系统研究进展及分析[C]//现代城市研究,2005:52-57.

[24] 刘晓光.城市绿地系统规划评价指标体系的构建与优化[D].南京:南京林业大学,2015.

[25] 王之佳.我们共同的未来[M].长春:吉林人民出版社,1997.

[26] Mcharg Ian-L,芮经纬,李哲.设计结合自然[M].天津:天津大学出版社,2006.

[27] 费移山,王建国.明日的田园城市———一个世纪的追求[J].规划师,2002,18(2):88-90.

[28] 吴良镛.人居环境科学导论[M].北京:中国建筑工业出版社,2001.

[29] 吴志强,李德华.城市规划原理[M].北京:中国建筑工业出版社,2010.

[30] 李德华.城市规划原理[M].北京:中国建筑工业出版社,2001.

[31] 托亚,闫晓云,谢鹏.西方城市公园的发展历程及设计风格演变的研究[J].内蒙古农业大学学报(自然科学版),2009,30(2):304-308.

[32] 麦华.西方城市公园发展演变[J].南方建筑,2006(A08):11-13.

[33] 赵大壮.也谈带形城市[J].新建筑,1983(1):38-41.

[34] 麦克哈格.设计结合自然[M].北京:中国建筑工业出版社,1992.

[35] 张坤民.可持续发展论[M].北京:中国环境科学出版社,1997.

[36] 世界环境与发展委员会.我们共同的未来[M].国家环保局外事办公室,译.长春:吉林人民出版社,1997.

[37] 廖红.循环经济理论:对可持续发展的环境管理的新思考[J].中国发展,2002(2):24-30.

[38] 冯久田,尹建中,初丽霞.循环经济理论及其在中国实践研究[J].中国人口·资源与环境,2003,13(2):28-33.

[39] 成刚,董晓峰,高峰,等.循环经济理论在都市圈规划中的应用[J].城市问题,2006(8):10-14.

[40] 任勇,吴玉萍.中国循环经济内涵及有关理论问题探讨[J].中国人口资源与环境,2005,15(4):131-136.

[41] 彭少麟,陆宏芳.恢复生态学焦点问题[J].生态学报,2003,23(7):1249-1257.

[42] 章家恩,徐琪.恢复生态学研究的一些基本问题探讨[J].应用生态学报,1999,10(1):109-113.

[43] 任海,彭少麟,陆宏芳.退化生态系统恢复与恢复生态学[J].生态学报,2004,24(8):1756-1764.

[44] 邬建国.景观生态学[M].北京:高等教育出版社,2007.

[45] 王迪生.关于城市园林绿地碳汇问题的初步探讨[C]//2008北京奥运园林绿化的理论与实践研讨会(首都城市园林绿化建设与展望研讨会),北京,2008.

[46] 张宝鑫.浅谈基于碳汇理论的城市园林绿化建设[C]//2008北京奥运园林绿化的理论与实践研讨会(首都城市园林绿化建设与展望研讨会),北京,2008.

[47] 董恒宇.碳汇理论与绿色发展[J].鄱阳湖学刊,2012(1):5-12.

[48] 俞孔坚,李迪华,袁弘,等."海绵城市"理论与实践[J].城市规划,2015,39(6):26-36.

[49] 石坚韧,肖越,赵秀敏.从宏观的海绵城市理论到微观的海绵社区营造的策略研究[J].生态经济,2016,32(6):223-227.

[50] 仇保兴.海绵城市(LID)的内涵、途径与展望[J].建设科技,2015(1):11-18.

[51] 王国荣,李正兆,张文中.海绵城市理论及其在城市规划中的实践构想[J].山西建筑,2014,40(36):5-7.

[52] Lyle J. Design for Human Ecosystems:Landscape, Land Use, and Natural Resources[M]. Washington, DC:Island Press,1999.

[53] 张康聪,陈健飞,张筱林.地理信息系统导论[M].5版.北京:科学出版社,2006.

[54] 赵英时.遥感应用分析原理与方法[M].北京:科学出版社,2003.

[55] 刘颂,刘滨谊,温全平.城市绿地系统规划.北京:中国建筑工业出版社,2010.

[56] 杨赉丽.城市园林绿地规划[M].3版.北京:中国林业出版社,2012.

[57] 王绍增.城市绿地规划[M].北京:中国农业出版社,2005.

[58] 王浩.城市生态园林与绿地系统规划[M].北京:中国林业出版社,2003.

[59] 苏雪痕.植物造景[M].北京:中国林业出版社,1994.

[60] 刘承华.园林城市的文脉营构[J].中国园林,1999(5):17-19.

[61] 左志高.城市绿地景观的人文化研究[D].南京:南京林业大学,2005.

[62] CJJ/T 85—2002 城市绿地分类标准.

[63] CJJ/T 168—2011 镇(乡)村绿地分类标准.

[64] GB/T 50563—2010 城市园林绿化评价标准.

[65] 吕红.城市公园游憩活动与其空间关系的研究[D].泰安:山东农业大学,2013.

[66] 徐文俊.乡镇公园的基础性研究[D].合肥:安徽农业大学,2010.

[67] 周涛.居住小区绿地的人性化景观设计研究[D].泰安:山东农业大学,2008.

[68] 邢篯.游乐公园的基础性研究[D].上海:同济大学,2005.

[69] 文彤.镇(乡)村绿地分类研究[J].中国园林,2010,7:73-75.

[70] 张青萍.城市园林绿化评价标准中有关公园绿地规划的评价体系研究以南京市为例[J].风景园林,
     2013,3:101-105.

[71] 费雯.儿童游乐场环境设计研究[D].武汉:湖北工业大学,2005.

[72] 金云峰.动物园规划设计研究[D].上海:同济大学,2005.

[73] 包路林.北京市公园绿地投资标准测算[J].林业调查规划,2014,6:100-104.

[74] 中国城市规划设计院.城市规划资料集(第九分册风景·园林·绿地·旅游)[M].北京:中国建筑工业
     出版社,2006:81-91.

[75] 王绍增.城市绿地规划[M].北京:中国农业出版社,2005.

[76] 杨瑞卿.城市绿地系统规划[M].重庆:重庆大学出版社,2011.

[77] 杨赍丽.城市园林绿地规划[M].北京:中国林业出版社,2007.

[78] 李铮生.城市园林绿地规划与设计[M].北京:中国建筑工业出版社,2006.

[79] 徐文辉.城市园林绿地系统规划[M].武汉:华中科技大学出版社,2007.

[80] 黄佩.冷水江市城市绿地系统优化研究[D].武汉:华中农业大学,2015.

[81] 李永利.城市公园绿地规划设计[J].装饰装修天地,2015,9:109-109.

[82] 丁静雯.上海城市综合性公园水体形态与水景特征研究[D].上海:上海交通大学,2013.

[83] 王丹.综合性公园选址及园内设置规划设计[J].现代农业科技,2013,5:173-173.

[84] 徐南.住区儿童友好型开放空间及其评价体系研究[D].杭州:浙江大学,2013.

[85] 师婧.应用 SWOT 分析法探讨我国城市动物园的可持续发展[J].安徽农业科学,2015,11:132-133.

[86] 闫会玲.植物园规划设计原则初探[J].陕西林业科技,2015,4:113-115.

[87] 田书燕.保护与传承:具有文物古迹的城市综合公园设计研究——以绵阳西山公园为例[D].成都:西南
     交通大学,2014.

[88] 杨淑颖.基于服务半径的城市公园绿地布局合理性研究——以浙江省慈溪市为例[D].杭州:浙江大学,
     2014.

[89] 张雯.村镇公园的规划设计研究[D].武汉:华中科技大学,2012.

[90] 文彤.镇(乡)村绿地分类研究[J].中国园林,2010,7:73-75.

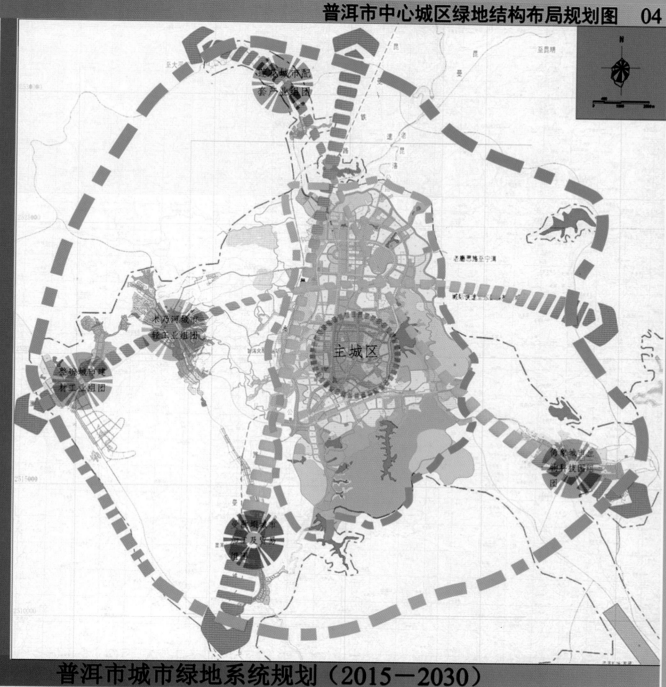

主城区

图例

○ 一中心

❀ 莲花城市配套产业组团

❀ 木乃河城市轻工业组团

❀ 整碗城市建材工业组团

❀ 曼歇坝城市加工及贸易组团

❀ 倚象城市生物科技园组团

—·— 二环

⊢⊣ 景观轴

普洱市城市绿地系统规划（2015－2030）

结合普洱市国家生态园林城市建设目标，中心城区绿地系统空间布局为"一心、二环、三轴、五园"。

一心即普洱市主城区为中心城区范围内的城市绿化中心。

二环为围绕中心城区范围内天然森林、经济林等形成的生态安全保护环和环绕主城形成的城市生态景观保护环。

三轴为中心城区范围内贯穿主城及5个组团的道路生态景观轴、

五园为除主城区以外的五个工业组团绿地。

西南林学院城市设计院

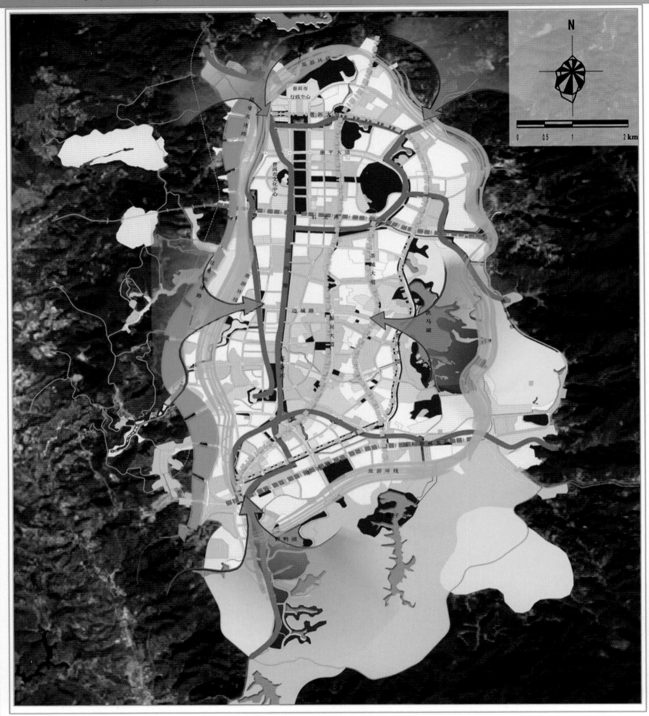

图
例

	一环		五楔
	一带		五廊
	二横		水域
	三纵		多斑块

普洱市城市绿地系统空间布局以普洱市主城区绿地系统为核心，以周边山水茶园绿色空间为依托，城市内的环状、带状、点状、楔状绿地相互交织成网状系统向外拓展，与规划区外的其他绿地相融共生。　规划普洱市城市绿地系统空间布局为："一环、一带、二横、三纵、五楔、五廊、多斑块"。

普洱市城市绿地系统规划　（2015—2030）

西南林学院城市设计院

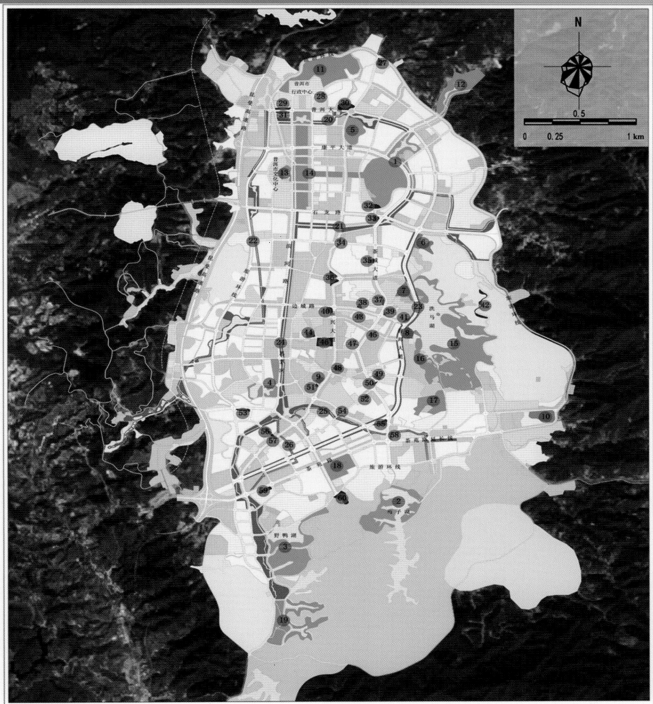

图例

- 综合公园（G₁₁）
- 社区公园（G₁₂）
- 专类公园（G₁₃）
- 带状公园（G₁₄）
- 街旁绿地（G₁₅）

2014年末，普洱市主城区公园绿地面积为133.81 hm²，规划期末公园绿地面积达到712.68 hm²。

2014年人均公园绿地面积为5.58 m²/人，规划期末人均公园绿地面积达到15.73 m²/人。与原有公园绿地构成公园绿地系统，共5个综合公园，5个社区公园，9个专类公园，7个带状公园，34个街旁绿地。

普洱市城市绿地系统规划（2015—2030）

西南林学院城市设计院

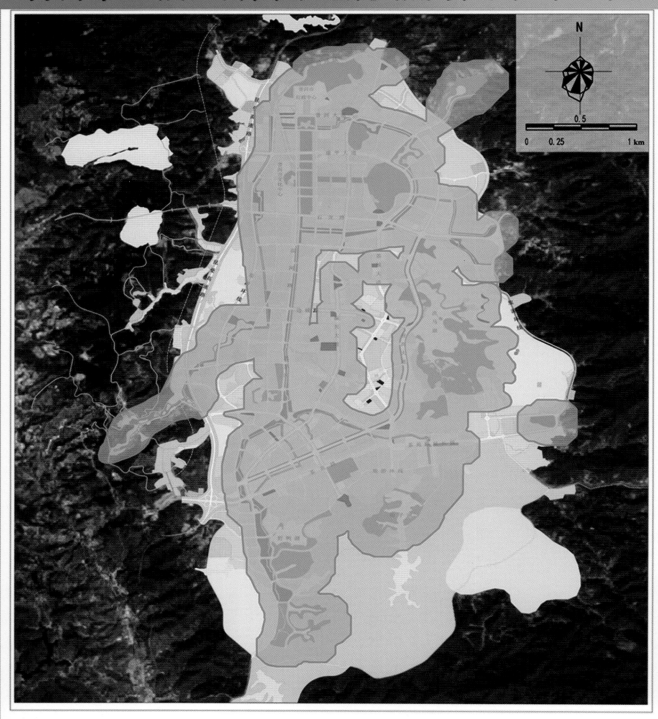

图例

居住用地

5 000 m² 以上公园
（服务半径500 m）

　　规划期末，普洱市主城区公园总占地面积为712.68 hm²，人均公园绿地面积15.73 m²/人，普洱市主城区共60个公园绿地，其服务半径为500 m，普洱市主城区公园绿地服务半径覆盖率为90.31%。

普洱市城市绿地系统规划（2015－2030）

西南林学院城市设计院

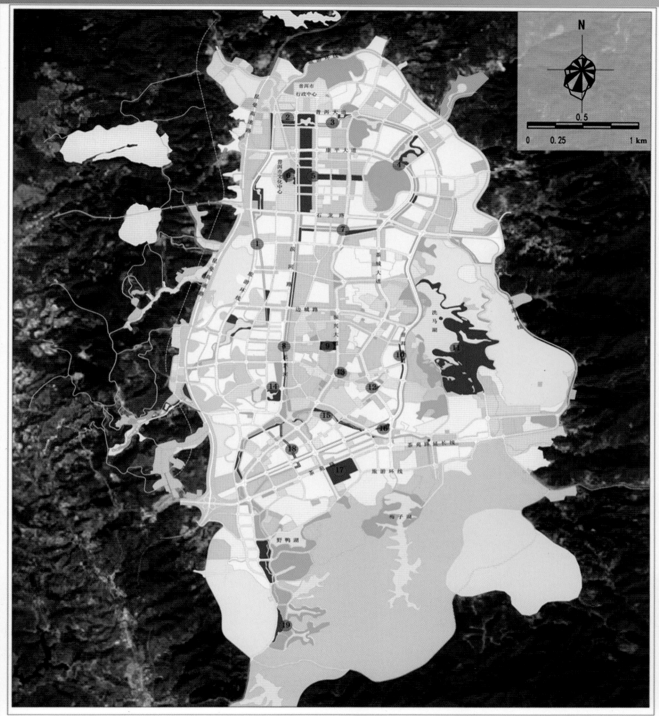

图 例

■ 雨洪调蓄公园绿地

■ 其他公园绿地

至规划期末普洱市主城区公园绿地总占地面积达到 712.68 hm²。

共规划雨洪调蓄公园绿地 19 个，总占地面积 239.51 hm²，规划为雨洪调蓄公园绿地的面积占公园绿地总占地面积的 33.61%。

1　机场河滨河公园（G₁₄）
2　普洱大道与滨河路南侧岔口街旁绿地（G₁₅）
3　石屏河滨河公园（G₁₄）
4　架龙山公园（G₁₁）
5　普洱北部湿地公园（G₁₃）
6　文化中心公园（G₁₃）
7　石龙河滨河公园（G₁₄）
8　思茅河滨河公园（G₁₄）
9　红旗广场（G₁₅）
10　普洱大道带状公园（G₁₄）
11　洗马湖湿地公园（G₁₃）
12　林源路与茶城大道岔口街旁绿地（G₁₅）
13　世纪广场（G₁₅）
14　西区公园（G₁₁）
15　老杨箐河滨河公园（G₁₄）
16　茶花园（G₁₅）
17　万人体育馆（G₁₅）
18　曼连河滨河公园（G₁₄）
19　民族体育公园（G₁₃）

普洱市城市绿地系统规划（2015—2030）

图
例

▨	绿地率≥40%
▨	绿地率≥35%
▨	绿地率≥30%
▨	水域

规划新建的一类居住用地，在新城区的，不得低于40%；位于老城区的，可根据实际情况适当下调5%。二类居住用地不得低于35%。

西南林学院城市设计院

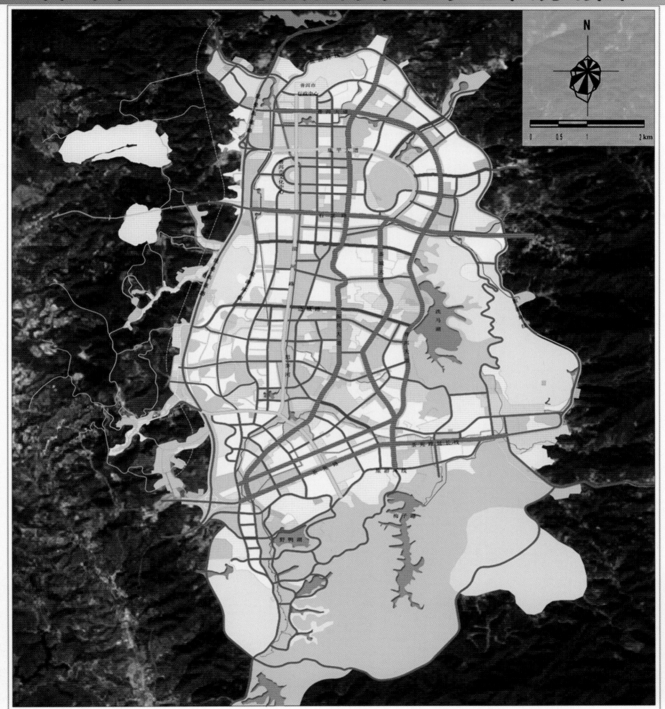

绿地率≥40%

绿地率≥30%

绿地率≥25%

绿地率≥20%

水域

园林景观路绿地率不得低于40%，红线宽度大于50 m的道路绿地率不得低于30%，红线宽度在40~50 m的道路绿地率不得低于25%，红线宽度在12~40 m的道路绿地率不得低于20%，12 m以下的支路不要求绿地建设的硬性指标，提倡垂直绿化。

普洱市城市绿地系统规划（2015－2030）

西南林学院城市设计院

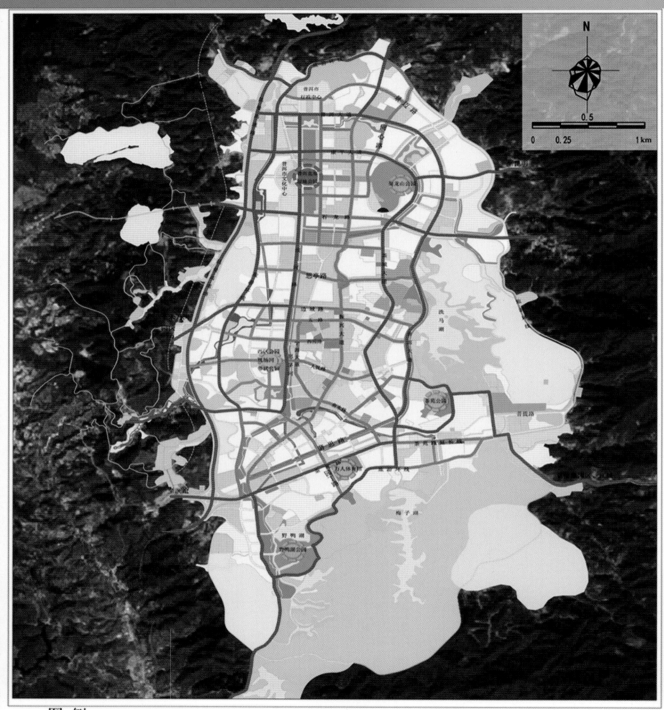

图 例

- 紧急避灾绿地
- 其他避灾绿地
- 救灾通道
- 避灾通道
- ⊙ 中心防灾公园
- ⊙ 固定防灾公园

　　共规划各类避灾绿地30个，有效避灾面积合计193.23 hm²。其中紧急避灾绿地24个，固定防灾公园5个，中心防灾公园1个，通过以上建设可满足灾时40万人紧急避难。

　　规划疏散通道共28条，形成"一环，十六横，九纵"的避灾道路网络。

普洱市城市绿地系统规划（2015－2030）

西南林学院城市设计院

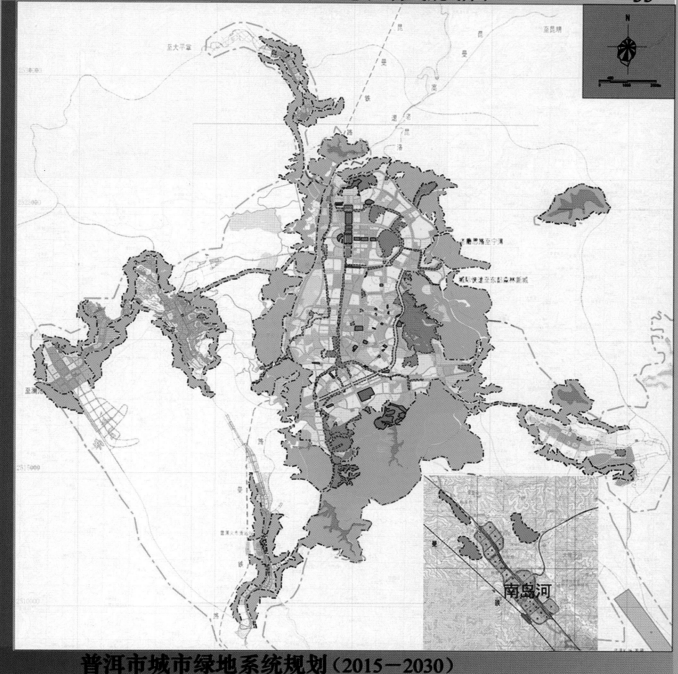

普洱市城市绿地系统规划（2015－2030）

普洱市中心城区公园绿地绿线控制面积为756.99 hm²，生产绿地绿线控制面积为148 hm²，防护绿地绿线控制面积为364.21 hm²，其他绿地生态控制线控制面积为10 300 hm²。

图例

———————　　现状绿线

— — — — —　　规划绿线

—·—·—·—　　生态控制线

▇▇▇　　水域

西南林学院城市设计院

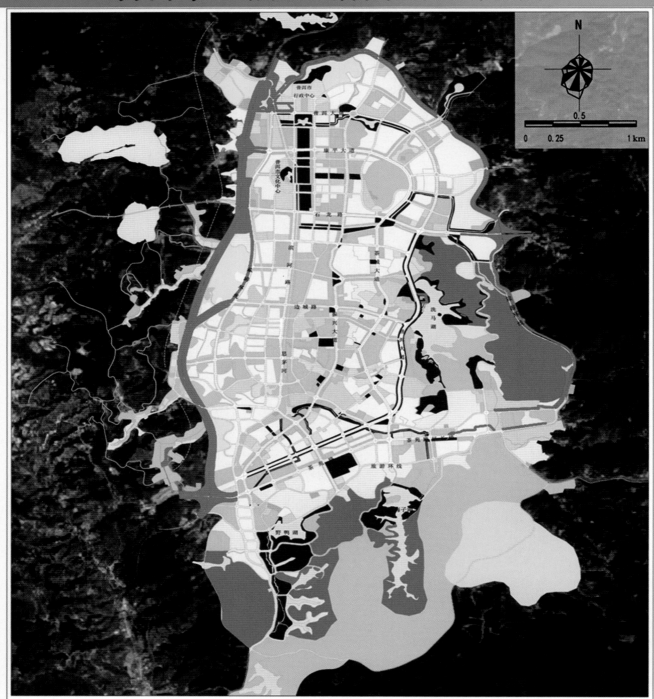

西南林学院城市设计院

图例

- ■ 公园绿地
- ▨ 防护绿地
- ▨ 其他绿地
- ▨ 水域

规划近期末(2020年),公园绿地面积为391.36 hm²,防护绿地面积为243.58 hm²,附属绿地面积为452.06 hm²,规划其他绿地面积约9 319 hm²,人均公园绿地面积达11.97 m²/人,绿地率为35.86%,绿化覆盖率为40.86%。

普洱市城市绿地系统规划（2015－2030）